普通高等教育"十三五"规划教材

农村饮水安全工程 —— 设计、施工与管理

主编 倪福全 邓玉 张莹

中国水利水电出版社
www.waterpub.com.cn

·北京·

内 容 提 要

本书是普通高等教育"十三五"规划教材,包括绪论、农村饮水安全评价、供水规模与水源选择、取水构筑物、净水处理工艺、工程布置、净水构筑物设计、输配水系统、施工与验收、农村供水工程的运行管理、案例等内容,并配有课外知识和习题。

本教材的目的是力求让读者了解与掌握农村饮水安全工程设计、施工与管理的理论与技术体系,通过本课程的学习,能够更好地在农业水利工程建设中发挥更大的作用,促进农村水安全问题的解决。

本书可作为农业水利工程、水利水电工程、环境科学、环境工程、水土保持等专业的教学参考书,也可供广大水利工程技术人员参考。

图书在版编目(CIP)数据

农村饮水安全工程 : 设计、施工与管理 / 倪福全,
邓玉, 张莹主编. -- 北京 : 中国水利水电出版社,
2018.7
普通高等教育"十三五"规划教材
ISBN 978-7-5170-6598-2

Ⅰ. ①农… Ⅱ. ①倪… ②邓… ③张… Ⅲ. ①农村给
水-饮用水-给水工程-高等学校-教材 Ⅳ.
①S277.7

中国版本图书馆CIP数据核字(2018)第147565号

书　　名	普通高等教育"十三五"规划教材 **农村饮水安全工程——设计、施工与管理** NONGCUN YINSHUI ANQUAN GONGCHENG ——SHEJI、SHIGONG YU GUANLI
作　　者	主编 倪福全 邓玉 张莹
出版发行	中国水利水电出版社 (北京市海淀区玉渊潭南路1号D座　100038) 网址:www.waterpub.com.cn E-mail:sales@waterpub.com.cn 电话:(010)68367658(营销中心)
经　　售	北京科水图书销售中心(零售) 电话:(010)88383994、63202643、68545874 全国各地新华书店和相关出版物销售网点
排　　版	中国水利水电出版社微机排版中心
印　　刷	北京合众伟业印刷有限公司
规　　格	184mm×260mm　16开本　22.75印张　540千字
版　　次	2018年7月第1版　2018年7月第1次印刷
印　　数	0001—2000册
定　　价	**56.00元**

编写人员名单

主　编　四川农业大学　倪福全　邓　玉　张　莹

副主编　华南农业大学　张　巍

　　　　　安徽农业大学　周　婷

　　　　　四川农业大学　胡　建　谭燕平　唐科明　马　箐

参　编　四川农业大学　张志亮　王丽峰　郑彩霞　王　勇

　　　　　　　　　　　王　莹

前　言

生命源于水，水是人体不可缺少的重要组成部分，也是人类生存与发展的物质基础，是社会经济得以不断发展的前提条件。农村地区作为我国经济发展最薄弱、贫困面最大的地区，其经济的总体发展对促进我国社会主义现代化建设及全面建成小康社会具有重要意义。农村水资源量、水质、取水方便程度、供水保证率等都对农村经济的发展产生一定的影响。因此，农村饮水安全问题就显得比较重要，农村饮水安全问题不仅体现在水量的短缺上，更体现在水质的污染上。

新时期背景下，水安全是关乎社会经济可持续发展的基础性、全局性和战略性问题。农村饮水安全更是直接关系到农村居民的基本生存、生活问题，党中央和地方政府都高度重视农村饮水安全问题的解决。

"十一五"期间，总投资1053亿元，新建集中供水工程22.1万处，分散式供水工程66.1万处，解决饮水不安全人口2.12亿人。

"十二五"期间，总投资1768亿元，新建集中供水工程28万处，解决饮水不安全人口3.04亿人。截至2015年年底，我国集中供水工程有100万处，全国农村集中供水率为82%，自来水普及率为76%，集中供水人口在7.5亿人左右，基本形成了农村供水工程建设管理办法、管理组织和管理模式。

"十三五"是我国全面建设小康社会的决战期，也是我国农村饮用水建设的重要拐点。到2020年，全国农村集中式供水率达到85%以上，自来水普及率达到80%以上，水质达标率整体有较大提高，小型工程供水保证率不低于90%，其他工程的供水保证率不低于95%。

发展农村供水、保障饮水安全、实施农村饮水安全巩固提升工程对乡村振兴具有重大的战略意义。为契合当前水利发展的新需求，编者编写了本教材，目的是力求让读者了解与掌握农村饮水安全工程设计、施工与管理的理论与技术体系，通过本课程的学习，能够更好地在农业水利工程建设中发挥更大的作用，促进农村水安全问题的解决。

本教材是普通高等教育"十三五"规划教材。本教材作为内部教材，自2012年起已在四川农业大学试用了5年。

本书共10章，由倪福全、邓玉、张莹主编，张巍、周婷、胡建、谭燕平、唐科明、马箐担任副主编，参编人员有张志亮、王丽峰、郑彩霞、王勇、王莹。全书由邓玉统稿。

在编写过程中，参阅并引用了大量的教材、专著和论文，在此对已列举和未列举的全体文献的撰写者表示衷心的感谢。

感谢向编者提供资料、编写建议和意见及关心本教材出版的所有同志。

由于编写者水平有限，书中难免出现不妥之处，恳请读者批评指正并提出修改意见。

编 者

2017 年 10 月

目 录

绪　　论

0.1　农村饮水安全问题、特点和概念

0.1.1　中国农村饮用水的主要问题

1. 水质问题

农村供水水质受水文地质、人类生产活动等影响，高氟、高砷、苦咸、高铁锰、污染水源多。由于无供水工程，供水设施简陋以及缺乏净水设施和消毒设施，饮用水中有害矿物成分高，微生物和有机物超标严重，严重影响群众的身体健康。

（1）高氟水。氟（F）是一种非常活跃的元素，在自然界中以氟化物形式广泛存在于多种矿物中，也是人体必需的微量元素，对人体的牙齿和骨骼的形成，钙、磷代谢以及体内酶系统具有重要的生理作用。但是，氟化物摄入过量时，对人体有害，可致急、慢性中毒。矿物中的氟化物可溶于水，并可能造成地下水中氟化物含量过高，这种情况在以沉积相为主的滨海区、低平原区、古河道区以及煤炭、石油产区尤为普遍。水中氟化物含量过高，长期饮用，对骨组织有危害，轻者会产生氟斑牙，重者造成氟骨症，甚至丧失劳动能力、导致残疾。饮水型地方性氟中毒发生地区，青少年骨骼生长发育障碍发生率为 30%～46%，明显高于非病区。我国饮水型地方性氟中毒病区分布十分广泛，除上海外，其余各省（自治区、直辖市）均有地方性水氟病流行，华北、西北、东北和黄淮海平原分布较为广泛。

（2）高砷水。砷（As）是一种有毒的非金属元素，受水文地质条件的影响或工业高砷废渣、废水的污染，我国部分地区的地下水砷含量高。砷的化合物大部分属高毒，三氧化二砷口服中毒剂量一般为 5～50mg，致死剂量是 100～300mg，敏感者 1.0mg 即可中毒、20mg 可致死。由于砷化合物的高毒性，当饮用水中砷浓度为 20mg/L 时，可引起急性中毒。长期饮用高砷水，会造成砷中毒，主要表现为皮肤损害，严重的会导致皮肤癌和多种内脏器官癌变，影响生命安全，危害极大。根据各省的调查和检测，目前全国饮水型砷病区主要分布在内蒙古、山西、宁夏、江苏、安徽、山东、河南、湖南、云南、贵州和陕西等省（自治区）。

（3）苦咸水。由于水文地质、地理位置和地形等原因，我国地下水含水层中咸水、苦咸水分布较广。苦咸水在东部沿海地区、西北、华北、东北以及四川、河南和安徽等省分布较为广泛，主要成分为氯化物、硫酸盐和碳酸盐等。生活饮用水卫生标准规定，饮用水中溶解性总固体不宜超过 1.0g/L，超过 1.5g/L 就有苦涩或咸的感觉，超过 2.5g/L 的苦咸水很难直接饮用。长期饮用苦咸水会导致胃肠功能紊乱、免疫力低下，诱发和加重心脑血管疾病等。

（4）血吸虫疫区的饮水状况。血吸虫病是一种严重危害人民身体健康、阻碍社会经济发展的人畜共患寄生虫病，易造成腹痛、腹泻、肝脾肿大甚至是消化道大量出血。目前血吸虫病尚未得到控制的地区主要集中在长江流域的湖南、湖北、江西、安徽、江苏、四川、云南7省的110个县（市、区）。重疫区主要是江汉平原、洞庭湖区、鄱阳湖区、沿长江的江（湖、洲）滩地区，以及四川、云南的部分山区。目前，血吸虫疫区供水设施简陋，甚至无供水设施直接从湖泊、河道、坑塘取用水，人畜共饮，水源卫生防护条件差，使得生活用水成为血吸虫传播的途径之一。

（5）饮用水中有机物、微生物超标严重。随着我国工农业和城镇化的发展，生活污水和工业废水排放量越来越大，但污水处理能力远远不能满足污水处理的需要。大量未经充分处理的生活污水和工业废水直接排放，造成地表水体和地下水体的严重污染。农田大量施用农药和化肥以及高强度的水产养殖等更加重了地表水体和地下水体的污染。除氮、磷和有机物污染严重外，饮用水中微生物超标也是农村饮水中面临的问题。饮用微生物污染严重、未经消毒处理的水，易导致伤寒、痢疾和肝炎等水致传染性疾病的暴发。

（6）饮水中铁（Fe）、锰（Mn）超标问题。在以沉积相为主的低平原区、湖区、古河道区以及矿区，地下水中铁、锰含量高的问题很普遍。生活饮用水卫生标准规定，饮用水中铁含量不得超过 0.3mg/L、锰含量不得超过 0.1mg/L。铁、锰超标的饮用水，色、嗅、味等感官性状差，严重的会导致胃肠功能紊乱。

2. 干旱缺水问题

干旱缺水也是造成我国部分地区农村饮水不安全的重要因素，在北方干旱半干旱地区较易发生。主要原因是过去的供水工程标准太低，水源保证率低，不具备抵御干旱等自然灾害的能力。北方半干旱的平原区和丘陵区常以浅井、山泉等地下水作为供水水源。干旱季节，降雨量不足，灌溉用水量大，地下水位下降严重，造成一家一户或联户使用的浅井供水不足或干枯。即使是在降雨量较大的南方山丘区，也存在供水水源保证率不满足饮水安全要求的情况。这些地区农村人口一般居住位置较高且分散，远离河道、水库，地表存不住水，如遇干旱，极易发生季节性缺水现象。西北干旱地区，农村人口常采用水窖集雨的形式供水。由于过去采用的标准较低，集雨面积和水窖容积偏小，遇有大旱年份，往往发生季节性缺水现象。这也属于水源保证率低，不满足饮水安全要求的情况。一般来说，气候因素、地理因素等是饮水水源保证率低的自然原因。而农村普遍采用的分散供水方式，使得农村饮水无法避免自然因素的不利影响。解决的有效途径是在有条件的地方，通过寻找水量充足的水源，建造集中供水工程，提高抗御干旱等自然灾害的能力。

3. 缺乏净水消毒设备和水质检测设施

由于缺乏净水和消毒措施，造成一些地区饮用水中微生物超标问题很严重。水质检测包括对原水、出厂水和管网末梢水的检测，是控制供水水质的重要手段，是供水水质管理的重要内容，尤其以地表水、需要特殊处理的地下水为水源的水厂，净水措施、药剂（凝聚剂、消毒剂）投加、水源和供水水质是否符合要求等都需通过水质检测确定。目前，大部分乡镇水厂和村庄水厂，无检验设备、也不进行日常化验，多数单村供水工程投入运行后就没有再进行过水质化验，分散供水更谈不上进行水质检测，随着农村饮水水质恶化问题的不断加剧，存在严重的安全隐患，完善农村供水水质检测体系、加强水质检测十分必要。由于水质检验专业性强、设备投资高,有些水质检验设备小规模水厂配不起、也用不了,需要研究简易且有效的检测方法和设备,需要研究建立社会化的监测服务体系,以保证大量的小规模水厂和分散供水能进行必要的水质检测。

总之,水安全问题正在成为中华民族的"心腹之患"。伴随人口增加、经济发展和城市化进程加快,水资源供需不平衡、过度用水引发的生态破坏以及水污染触目惊心,水安全正在成为新时期经济社会发展的基础性、全局性和战略性问题。

0.1.2　农村供水的特点和难点

（1）农村人口居住分散,供水工程规模小,点多、面广、量大,难以实现专业化管理。

（2）地形条件复杂,区域差异性大。特别是包括青藏高原、云贵高原等在内的广大山丘区农村,山高水低、地形变化大,工程建设难度大。

（3）水源条件千差万别,劣质水、污染水问题突出。农村供水水源往往是就地选择,水源类型多、规模小,保护性差,多数保证率低;水质条件差,高氟水、苦咸水、铁锰超标水和污染水问题突出,缺乏适宜的水处理技术和设备。

（4）农村供水发展滞后,工程建设与管理人员缺乏。

（5）农村经济条件差,管理水平低。农村基础设施薄弱,经济发展滞后,农民收入和管理水平低,需要经济适用、操作简单、管理方便的农村供水技术和设备。与此同时,部分农村居民的饮水安全意识薄弱,对水价政策不理解,存在用水量少、不愿缴水费等问题,影响工程正常运行。

（6）农村供水科研积累严重不足。重大的农村供水科技计划项目偏少;研究资料、实验条件、规划设计与研发技术人员不足;适合农村供水特点的工程规划设计指南、标准图集和水处理、消毒与水质检测技术及设备等应强化研发。

0.1.3　农村饮水安全的基本概念

水是生命之源,是人类生存与发展不可或缺的基本需求和条件。农村饮水安全是人类安全的重要内容,获得安全的饮用水是人的基本权利。农村供水一是解决对水的基本需求,二是确保安全饮用水。

安全卫生的饮用水应满足如下要求:

（1）不含有能对人造成危害的细菌、病毒及寄生虫卵。人们随意饮用,都不可能因水而患传染病。

（2）对人体无害。天然水中都含有多种化学物质,其中有些是人体需要的。只要这些化学物质的含量不超过国家饮用水卫生标准,经常饮用,不仅无害,而且对健康有益。如果水源被污染,水中化学物质大量增加,超过了国家饮用水卫生标准允许范围,就可能危害人体健康,甚至可能影响下一代的生长发育和身体健康。

（3）颜色和口感不会给人不舒适的感觉,用水来洗涤衣物、器具时,不会留下不应有的痕迹。

（4）经过净化、消毒处理或经过煮沸处理后的水。

农村饮水安全是指农村居民能够获得并且在经济上负担得起符合国家卫生标准的足够的饮用水。按照水利部、卫生部 2004 年 11 月《农村饮用水安全卫生评价指标体系》规定，农村饮用水安全评价分为"安全"和"基本安全"两个等级，主要由水质、水量、方便程度和保证率 4 项指标组成，其中任何一项达不到基本安全标准即为饮水不安全。

（1）水质。符合国家《生活饮用水卫生标准》要求的为安全；符合《农村实施〈生活饮用水卫生标准〉准则》要求的为基本安全。

（2）水量。每人每天可获得的水量不低于 40～60L 为安全；不低于 20～40L 为基本安全。

（3）方便程度。人力取水往返时间不超过 10min 为安全；取水往返时间不超过 20min 为基本安全。

（4）保证率。供水保证率不低于 95％为安全；不低于 90％为基本安全。

0.1.4　农村饮水安全工程的重要性和意义

农村饮水安全直接关系到农村居民的基本生存、生活问题。发展农村供水、保障饮水安全是改善农村居民生存条件的基本需要，是全面建设小康社会和社会主义新农村的重要任务，对改善居民生活环境、提高卫生健康水平、解放农村劳动力、促进农村社会经济发展和解决"三农"问题具有重大的意义和作用。

农村饮水安全工程是水利基础设施的重要组成部分。农村饮水安全工程又是村镇发展的基础设施之一，它为村镇广大群众提供符合卫生标准的生活饮用水，也为村镇企业、牧副渔业等提供生产用水及环境用水。农村饮水安全工程是乡村振兴的一项重要工程，是关注民生、解除民忧、谋求民利的具体体现。新中国成立以来，村镇供水工作取得了可喜的成就，产生了巨大的社会效益、经济效益和环境效益，主要表现如下：

（1）减少介水性疾病，提高人民健康水平。其中肠道传染病发病率下降了 70％～90％，传染性肝病痢疾、伤寒的发病率下降了 75％～85％。

（2）解放了生产力，促进了经济发展。缺水地区群众每年要花费大量的时间和劳力，到几里甚至几十里以外的地方取水，劳动强度很大。农村饮水安全工程的实施使他们从繁重的取水劳动中解脱出来，使当地人民的生活发生很大变化。

（3）解决了消防用水，确保防火安全。随着乡镇经济的发展和高层建筑群的出现，提供消防用水也十分迫切。

（4）改善了村镇卫生环境条件，缩小城乡差距，对实施乡村振兴战略、构建和谐社会具有重要的意义。

0.2　农村饮水安全发展历程与趋势

0.2.1　农村供水工程发展历程

1. 农村供水起步阶段（1949—1973 年）

20 世纪 50—60 年代，国家主要结合兴修灌溉工程，兼顾解决农村饮水困难，组织缺水地区群众，以一家一户为单位挖水窖、打旱井、修水池，工程规模很小。

2. 农村饮水解困阶段（1974—2004 年）

1974—2004 年，国家通过以工代赈、氟病区改水、扶贫攻坚、安排专项财政资金等措施，累计解决了 2.8 亿农村居民饮水困难问题，结束了农村长期存在的"没水吃"和取水困难的历史。

3. 农村饮水安全阶段（2005—2015 年）

2005—2015 年，历时 11 年的全国农村饮水安全工程建设，总投资 2800 多亿元。其中 2005 年，通过实施农村饮水安全应急工程，总投资 77.9 亿元，解决了 2120 万人的饮水安全问题。"十一五"期间，总投资 1053 亿元，新建集中供水工程 22.1 万处，分散供水工程 66.1 万处，解决饮水不安全人口 2.12 亿人。"十二五"期间，总投资 1768 亿元，新建集中供水工程 28 万处，解决饮水不安全人口 3.04 亿人。截至 2015 年年底，我国集中供水工程 100 万处，全国农村集中供水率为 82%，自来水普及率为 76%，集中供水人口 7.5 亿人左右，占农村总人口 80% 左右。2005 年以来，全国农村供水发展迅速，成效显著，解决了农村饮水不安全人口 5.2 亿人，占农村总人口的 55.3%；新建集中供水工程 50 万处，农村供水状况大幅度改善。农村集中供水人口由 2004 年的 3.6 亿人增加到 7.5 亿人，集中供水人口比例由 38% 提高到 82%，增加 1.08 倍；基本形成了农村供水工程建设管理办法、管理组织和管理模式。管理办法：2007 年国家发展和改革委员会、水利部、卫生部等 3 部委出台《农村饮水安全项目建设管理办法》，经修订，2013 年国家发展和改革委员会、水利部、卫生部、环境保护部、财政部等 5 部委出台《农村饮水安全工程建设管理办法》等；内蒙古、甘肃、山东、安徽、浙江、湖北等省（自治区）先后发布了省级《农村供水管理办法》。专管机构：水利部成立了农村饮水安全中心，湖北、四川、辽宁、贵州、陕西、安徽等省先后成立了农水局、供水管理总站等省级专管机构，安徽定远、湖北潜江、辽宁黑山等县成立供水管理总站、供水公司等县级专管机构。工程管理模式：形成了多种管理模式，如山东商河和桓台、河北固安和海兴等县级事业单位管理模式，江西省、湖北潜江、辽宁黑山等公有水务公司管理模式，安徽阜南和泗县、湖北潜江、山东沂源等县级政府授权管理模式，安徽定远股份制公司管理模式，安徽阜南、山东临朐小型工程委托管理模式等；初步建立农村供水工程技术标准体系，包括规划设计、施工验收和运行管理规范，即《村镇供水工程技术规范》（SL 310—2004）、《村镇供水工程设计规范》（SL 687—2014）、《村镇供水工程施工质量验收规范》（SL 688—2013）、《村镇供水工程运行管理规程》（SL 689—2013）。

但由于基础薄弱、工程量大面广、投资标准低，农村供水总体处于"低水平、广覆盖"的普及阶段，依然存在供水规模小、设施不完善，供水保证率、自来水普及率、水质达标率、信息化、专业管理水平低的问题，与全面建成小康社会的要求不适应。主要问题是：

（1）多数供水工程规模小、持续性差。全国 100 万处农村集中供水工程，平均每处受益人口 750 人。其中 90% 以上为小型单村供水工程，占供水人口 40% 以上，难以持续运行。

（2）水源可靠性差，缺乏保护。规模以上集中供水工程水源可靠率为 70% 左右，规模以下集中供水工程水源可靠率为 50% 左右。大多数工程没有划定水源保护区或保护范围，更缺少污染防控措施。

（3）净水消毒设施不完备、使用不规范，水质合格率比较低。规模以上工程配备水质化验室的比例为 30%；供水规模为 $20\sim1000\mathrm{m^3/d}$ 的工程配备水处理设施比例为 23%，配备消毒设备比例为 29%；供水规模为 20m³/d 以下的工程基本没有水处理和消毒设备。规模以下工程消毒设备普遍没有正常运行。卫生部门监测结果显示，农村供水水质合格率还比较低，部分地区中小型工程细菌学指标超标严重。

（4）部分工程设施和管网老化失修。特别是 2004 年以前建设的 30 多万处集中供水工程，由于建设标准低、运行维护机制不健全，取水工程、净水设施和管网老化严重，供水可靠性差，漏损率高。全国集中供水工程管网漏损率多在 20%～30%。

（5）农村供水法律法规、管理体制机制不健全。全国及大部分地方尚未出台农村供水管理条例或管理办法，多数工程产权不清、管护责任不明。全国农村集中供水工程由村委会、乡镇、县级水利部门和企业管理的比例分别为 45.6%、22.8%、18.2% 和 13.4%，专业化管理程度低；大多数工程尚未建立合理的水价形成机制，执行水价低于运行成本，实收率低，还有 1/5 以上工程不计收水费。此外，部分县没有建立专管机构和维修养护基金，农村供水技术服务体系建设滞后。

4. 提质增效阶段（2016 至今）

按照全面建成小康社会的总体要求，到 2020 年，全国农村饮水安全集中供水率达到 85% 以上，自来水普及率达到 80% 以上；水质达标率整体有较大提高；小型工程供水保证率不低于 90%，其他工程的供水保证率不低于 95%。推进城镇供水公共服务向农村延伸，使城镇自来水管网覆盖行政村的比例达到 33%。健全农村供水工程运行管护机制、逐步实现良性持续运行。

工程建设标准为：

（1）根据需要配备完善和规范使用水质净化消毒设施，使供水水质达到《生活饮用水卫生标准》（GB 5749—2006）的要求。

（2）改造和新建的集中式供水工程供水量参照《村镇供水工程设计规范》（SL 687—2014）等确定，满足不同地区、不同用水条件的要求。以居民生活用水为主，统筹考虑饲养畜禽和二产业、三产业等用水。

（3）改造和新建的集中式供水工程供水到户。

（4）改造和新建的设计供水规模 200m³/d 以上的集中式供水工程供水保证率一般不低于 95%，其他小型供水工程或严重缺水地区不低于 90%。

（5）改造和新建的供水工程各种构筑物和输配水管网建设应符合相关技术标准要求。

工程建设任务为：

（1）配套完善，更新改造。对近年新建工程配套完善水处理、消毒等设施，对 2004 年以前建设的老旧工程实施更新改造。

（2）规模化工程建设。统筹县域工程布局，通过新建、联网和管网延伸等方式，推进城乡一体和跨乡村规模化供水发展。

（3）加大农村饮用水水源保护、水质检测能力建设以及水厂信息化试点建设。

保障措施为：

（1）高度重视，坚持政府主导。由于农村供水的社会公益性特点，工程建设及投资应以国家和地方政府投资为主，吸收社会资金和受益群众投资投劳为辅。

（2）统筹规划，合理布局。首先做好县级农村供水工程统筹规划和布局。根据县域人口分布、城镇化发展、区域内外水源条件、地形条件等，按照规模化建设、专业化管理、技术经济合理等原则，合理规划农村供水工程总体布局；根据工程建设标准和投资规模确定配套完善、更新改造、新建扩建和加强管理任务，形成县级规划。然后，按照"从下到上、从上到下、上下结合"的方式，编制省级和全国规划。各级规划应报同级政府审批，落实政府投资和主体责任。

（3）加强科技支撑，提升技术水平。针对农村供水面临的主要问题和供水工程提质升级、配套完善、提高行业技术水平的需要，建立全国农村供水水质监测分析与技术服务平台，成立水利部农村供水设备质量监督检验中心，提升行业技术服务、技术指导与监管能力；开展共性关键技术研究，解决技术难题，如风险评估与改造技术、水处理技术及设备升级改造、适宜农村供水消毒与水质检测技术及设备、农村供水管网优化设计与安全调控技术及设备、农村供水工程自动化与信息化集成技术；开展技术集成与示范应用，促进行业技术进步。

（4）强化管理，完善法律法规。建立健全县级农村供水管理服务机构，开展技术服务和人员培训；规模较大及以上供水工程实行专业化管理，小型工程委托专业公司或协会管理；建立合理的水价政策或工程管护经费保障机制；全国及地方出台农村供水管理条例或管理办法，明确政府、工程管理单位和社会群众的责任，加强政府监管。

（5）加强宣传培训，提高安全认识。针对部分干部群众对饮水安全重要性认识不足，不愿意缴纳水费等问题，开展宣传教育和引导，提高饮用安全水、缴纳水费和管好用好供水工程的自觉性。

0.2.2 发展趋势

（1）划定水源保护区。根据农村饮水供水规模，分级分类划定水源保护区，首要工作以千人以上供水规模为重点，参照《饮用水水源保护区划分技术规范》（HJ/T 338—2007）进行划定；对千人以下的小型供水规模也不能放松，参照《分散式饮用水水源地环境保护指南（试行）》划定保护范围。要规定保护区内严禁行为。对新建、改建、扩建的农村饮水工程，在论证阶段做好相关工作，水源保护区与农村饮水工程同时设计、同时建设、同时验收。

（2）建立完善的监测与检测体系。加强农村饮水水源及水厂水质监测和检测，对于日供水量1000m³或受益人口1万人以上的供水工程，尽快建立水质化验室，配备相关检验人员及仪器设备，做好日常水质检测，对于小型饮水工程，县级政府采取措施加大监测频度和检测指标，做到全方位检测农村饮水质量。

（3）研制推广小型"傻瓜式"水质处理技术。在保障集中式供水水质处理技术的基础上，结合中国农村供水分散国情，研制成本低、管理方便、可操作性强、处理效果好的小型"傻瓜式"水质处理技术，解决分散农村饮水水质提升的难题。

（4）筹集农村饮水检测专项资金。无论是大型集中式农村饮水供水工程还是小型分散农村饮水工程，水质检测都是一项不小的开支，设备的购进维护和管理、检测人员的培训和使用、检测的系列费用都需要大量的资金维持，目前缺乏相关资金的保障，应筹集农村饮水检测专项资金，保障农村饮水水质提升检测需求。

（5）区分事权强化责任。农村饮水质量提升是农村饮水转型升级重要组成部分，复杂且涉及面广,相关部门各司其职的前提是进行事权划分,列出权利清单,为强化责任打下坚实基础。建立科学的指标和考核标准,对考核不达标的追究责任,强化地方行政首长负责制,确保农村饮水水质提升责任落实。

0.3　农村饮水安全工程分类、特点及其规划

0.3.1　工程分类

农村饮水安全工程是保证农村居民饮水以及村镇的工矿企业生产、生活用水的各项构筑物和输配水管网组成的系统。

根据工程的不同性质,可分为不同的类型。

按照服务对象和规模的大小,可分为村镇集中供水工程系统和农村分散供水工程系统,其中村镇集中供水工程系统按照规模大小又可分为表0.1中的5种类型。

表 0.1　　　　　　　　　　集中式供水工程类型划分

工程类型	Ⅰ型	Ⅱ型	Ⅲ型	Ⅳ型	Ⅴ型
供水规模 $W/(m^3/d)$	$W>10000$	$10000 \geqslant W>5000$	$5000 \geqslant W>1000$	$1000 \geqslant W \geqslant 200$	$W<200$

按照水源种类分为地表水(如江河湖泊、水库溪流等)供水系统和地下水(引泉、管井、大口井、辐射井以及渗渠等)供水系统。

按照供水方式分为重力供水系统,即利用地形自流供水;压力供水系统,即依靠水泵供给所需要的水压来满足供水需求;混合供水系统,即该系统内既有可以直接依靠地形自流供水的区域,也有依靠水泵供水的区域。

0.3.1.1　村镇集中供水工程

村镇集中式供水(又叫自来水)工程是指由水源集中取水,经统一净化处理和消毒后,由输水管网送到村镇用户的供水形式。在城市供水中,水质净化部分一般称为自来水厂,而在村镇区域,水质净化部分一般称为供水站或集中供水站。

由于集中取水,有条件和可能选择较好的水源。水源集中取水有利于进行水源卫生防护,集中取水、水质净化、消毒和严密的配水管网输水能防止水在运送过程中受到污染而保证水质。由于取水方便,从而可以大大提高人民的生活卫生水平,比较集中也便于实行卫生管理和监督。但集中式供水如果设计和管理不当,水一旦受到污染,就有可能引起大范围的疾病流行或中毒,危害人民的身体健康和生命安全。因此,必须搞好集中式的供水卫生,提供安全的生活饮用水。

水源既可以是地表水,如溪流、江河、湖泊、水库,也可以是地下水,如泉水、浅层地下水和深层地下水。

按照用户对水压、水质的要求,村镇集中供水工程一般分为统一供水工程系统、分质供水工程系统、分压供水工程系统和分区供水工程系统。

1. 统一供水工程系统

该工程系统统一按生活饮用水水质供水,为大多数城市和村镇供水所采用。

2. 分质供水工程系统

根据不同用户对水质要求的不同，采用分质供水系应。例如，将水质要求较低的工业用水单独设置工业用水系统，其余用水则合并为另一供水系统（图 0.1）；将城市污水再生后回用作为厕所便器冲洗、绿化、洗车等用水，另设生活杂用水系统；利用海水作为冲厕用水，另设海水系统等。

3. 分压供水工程系统

根据管网压力的不同要求，如村镇中某些较高建筑区或地势较高处，要求较高的供水压力，此时可采用不同压力的供水系统，如图 0.2 所示。

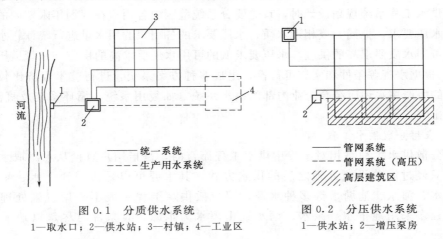

—— 统一系统	—— 管网系统
----- 生产用水系统	----- 管网系统（高压）
	////// 高层建筑区

图 0.1　分质供水系统　　　　图 0.2　分压供水系统
1—取水口；2—供水站；3—村镇；4—工业区　　1—供水站；2—增压泵房

4. 分区供水工程系统

按地区地形和对供水水压的要求形成不同的供水区域。对于地形起伏较大的村镇，其高、低区域采用由统一供水工程分压供水的系统，称为并联分区供水系统；当采用增压泵房（或减压措施）从某一区域取水，向另一区域供水的系统，称为串联分区系统，如图 0.3 所示。

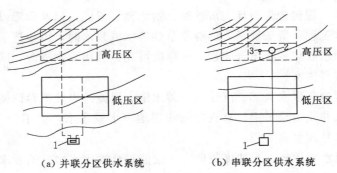

（a）并联分区供水系统　　　　（b）串联分区供水系统

图 0.3　分区供水系统
1—供水站；2—调节池；3—增压泵房

当村镇用水区域划分成相距较远的几部分时，由于统一供水不经济，也可采用几个独立系统分区供水，待村镇发展后逐步加以连接，成为多水源的统一系统。

5. 区域供水系统

按照水资源合理利用和管理相对集中的原则，供水区域不局限于某一场镇，而是包含了若干场镇及周边的村镇和农村聚居点，形成一个较大范围的供水区域。区域供水系统可以由单一水源和供水站供水，也可由多个水源和供水站组成。

除了以上供水工程系统的分类外，有时还根据系统中的水源多少，分为单水源系统和多水源系统等。

对于规模较大的场镇以及大型联合企业的供水系统，还可能同时具有几种供水系统。例如既有分质，又有分区分压的系统等。

进行供水工程系统规划设计时，首先要分系统范围内各用户在规划年限期内的用水量和水质、水压要求，把同一或相近水质、水压要求的各用户的用水量进行统计，水质要求低的用水可用水质要求高的供应、水压要求低的可用水压要求高的供应（在管道压力允许范围内），根据水资源条件和实施可行性，组成多种方案系统，进行技术经济比较。对于大型企业的生产用水还应结合企业内部的供水系统（如复用系统、循环系统及直流系统）进行综合比较。

0.3.1.2　农村分散供水工程

农村分散供水工程是相对于集中供水工程而言的，是指用户直接从水源取水，不经过任何或只经过简单设施处理之后的供水方式，其水源可以是浅层地下水、泉水、山溪水、雨水、河水、池塘水等多种水源，因分散供水工程一般不采用设施处理，故分散供水工程多采用地下水、泉水、雨水或山溪水为水源，有条件时尽量以地下水和山泉水为水源。

农村分散供水工程按照水源的条件，一般分为雨水集蓄供水工程、引蓄供水工程和分散供水井或引泉工程。

（1）雨水集蓄供水工程。淡水资源缺乏或开发利用困难，但多年平均降雨量大于250mm时，可建造雨水集蓄供水工程，其形式可采用单户雨水集蓄的方式，也可在有条件时采用多户公共集雨的方式。

雨水集蓄供水工程包含集雨坪、沉沙池、蓄水池、慢滤池以及消毒设施等组成部分。

（2）引蓄供水工程。资源缺乏，但有季节性客水或泉水时，可建造引蓄供水工程。引蓄供水系统宜同雨水收集系统结合建设，这样既可充分利用雨水资源，同时也可在雨水不足时依靠引蓄水实现供水。

引蓄供水工程包含取水头部、沉沙池、蓄水池、慢滤池以及消毒设施等组成部分。

（3）分散供水井或引泉工程。有良好的浅层地下水或泉水，但用户少、居住分散时，可建造分散式供水井或引泉工程。

因地下水或泉水水质较好，浊度较低，一般能符合饮用水水质的要求，故其一般仅经过消毒处理即可，若用户距离水井或引泉较近，也可不进行消毒处理，但应烧沸后饮用。

分散供水井工程包含管井、水泵、输配水管以及消毒设施等组成部分，其核心部分为管井和水泵。

分散引泉工程包含引泉池、调节池、输配水管以及消毒设施等组成部分，如水压不能满足用户需要，还要设置水泵增压设施。

0.3.2 工程特点

（1）在经济不发达地区，农村饮水安全工程以提供生活饮用水为主，同时包括牲畜和必要的庭院作物所需要的用水量。而在经济发达地区，提供生产用水比重很大，有的地区约占总供水量的 70% 左右。

（2）农村供水用水点多且分散，尤其在山区或丘陵地区更为分散，甚至采用一家一户的供水方式。村镇人口较为集中，因此村镇供水大都采用集中式供水，农村供水尤其偏远山区的农村供水则采用分散供水的方式。

（3）村镇供水多数是单水源单电源、单供水站的供水系统，供水管网以树枝状为多，水压要求较低。

（4）用水时间比较集中，时变化系数大，一般村镇供水时变化系数可达 3～5，而城市供水时变化系数一般只有 1.3～1.6。

（5）以提供生活饮用水为主的小型供水工程，对不间断供水的要求程度较低，并非全天候供水，由于生产用水量很少，即使发生短时间停水，所造成的损失也较小。因此，可采用间歇运行方式。

（6）机电设备、自控仪表、工艺操作等比较简单。

0.3.3 工程规划

农村饮水安全工程一般都是由取水、水质净化、输配水三部分组成。取水是指将水从天然水源中取出来，并使水量达到使用的要求，由取水构筑物和取水泵房组成；水质净化指把取来的原水经过适当的物理、化学或生物化学的处理，使水质达到国家规定的生活饮用水标准，由净化构筑物和消毒设备组成；输配水指把经过净化后符合饮水标准的水，在保证水量和压力要求的条件下，通过管网输送到各用水点，由清水池、出水泵房、输配水管和高位水池或水塔等组成。

0.3.3.1 规划设计原则

（1）合理利用、优化配置水资源，优质水优先供给生活用水，加强水源卫生防护，保证水源的可持续性。我国是一个水资源匮乏的国家，随着人口的增加和工农业生产的发展，水资源供需矛盾日益突出，已成为制约我国经济发展的关键性因素。同时，水源污染和地下水超采加剧。因此，农村饮水安全工程的建设和管理应合理利用水资源，充分发挥有限水资源的效益；水源的水质和水量直接关系到供水水质和供水保证率。因此，工程的建设和管理应有效保护供水水源的水质和水量。

（2）因地制宜，科学规划，以城乡供水一体化为目标，优先建设规模化集中式供水工程。我国村镇的自然、经济、用水和管理等条件差异甚大。因此，农村饮水安全工程的建设和管理应坚持以人为本的原则，充分听取用水户意见，反映民意；从实际出发，充分考虑当地的运行管理条件，因地制宜选择供水方式和供水技术，以保证工程良性运营。县城、乡镇自来水厂的周边农村，应优先依托自来水厂的扩建、改建、辐射扩网、延伸配水管线发展自来水，供水到户。在人口居住集中、有好水源的地区，应优先建设适度规模的集中式供水工程，必要时可跨区域取水、联片供水。无联片供水条件，又相对独立的村庄，可选择适宜水源，建造单村集中供水工程。居住相对集中，又无好水源地区，需特殊处理，制水成本较高时，可采用分质供水（饮用水与其他生活用水分别供水）。受水源、地形、居住、电力、经济等条件限制，不适宜建造集中式供水工程时，可根据当地实际情况规划建造分散式供水工程。

农村饮水安全工程建设与村镇的人口、企业、建造用地、道路、电力、排水、防洪、环境卫生和区域水资源等规划密切相关，为使供水工程布局合理、满足发展需要、避免建后矛盾、合理投资，农村饮水安全工程的建设应与村镇总体规划相协调，统一规划，可分期实施。

（3）合理设计供水规模，发挥投资效益，保证水厂良性运营。农村饮水安全工程的供水规模，是指水厂的供水能力，为集中供水工程规划设计的重要参数。供水规模（即最高日用水量）包括：居民生活用水量、饲养畜禽用水量、工业企业用水量、公共建筑用水量、消防用水量、浇洒道路与绿地用水量、管网漏失与未预见水量。供水规模按该工程供水范围内的最高日用水量计算，以 m^3/d 表示。

供水规模的确定应能够反映当前区域实际用水的需要，同时还应考虑一定的发展规划的要求，要尽可能做到经济和效益的有效统一。

（4）加强水质检验监测，逐步建立水质监测网络。饮用水水质问题直接关系到人们的生活与身体健康，必须重视已建和规划建设饮水工程的水质监测，逐步建立和完善水质检验和监督体系，检测的目的在于及时掌握水质情况、查找原因，采取有效措施和技术对策，确保供水水质达到生活饮用水卫生标准。同时应建立和健全饮水安全信息化管理系统，可以方便主管部门对整个区域内供水工程的运行进行统一管理。

0.3.3.2　规划设计任务与内容

发展村镇供水，应制定区域供水规划和供水工程规划。区域供水规划应根据规划区域内各村镇的社会经济状况、总体规划、供水现状、用水需求、区域水资源条件及其管理要求、村镇分布和自然条件等进行编制，既要兼顾近期使用，同时要考虑远期发展需求。

满足生活饮用水需求、保障生活饮用水卫生安全，是村镇供水的主要任务。因此，农村饮水安全工程的建设和管理应符合国家现行的有关生活饮用水卫生安全的规定。如供水工程应有必要的净水设施和消毒措施；凡与生活饮用水接触的材料、设备和化学处理剂不应污染水质；集中供水系统不应与非生活饮用水管网和自备供水系统相连接；供水单位应建立水质检验制度和卫生防护措施；供水水质应符合生活饮用水卫生标准等。

规划内容应包括供水现状分析与评价，拟建供水工程的类型、数量、布局及受益范围，各工程的主要建设内容、规模、投资估算，建设和管理的近、远期目标，保障供水工程良性运营的管理措施，以及实现规划的保障措施等。区域供水规划应能指导当地农村饮水安全工程的建设和管理。

0.4　建设程序和设计阶段划分

0.4.1　基本建设程序

从事建设工程活动，必须严格执行基本建设程序，坚持先勘察、后设计、再施工的原则。

按照基本建设程序，工程建设项目实施可分为建设项目前期工作、建设准备、建设实施和竣工验收 4 个阶段。

设计工作一般可分为可行性研究报告、初步设计和施工图设计，重大项目技术复杂或缺乏经验的项目，可在施工图设计前增加一个技术设计阶段。

建设项目前期工作的主要内容包括：项目建议书的编报与审批；可行性研究报告的编报与审批；初步设计的编报与审批。对于农村饮水安全工程，由于其供水规模较小，工程建设的程序一般包括项目申请阶段，即将供水工程的基本情况和受益人口状况提交主管部门后，通常将可行性研究阶段和初步设计阶段合并，审查报批后再进入施工图设计阶段。

初步设计文件批准后，进入建设准备阶段，可开展施工图设计和施工准备工作，根据建设部规定，施工图文件未经审查批准的，不得使用。

在整个建设程序中，必须在完成上一环节后方可转入下一环节，不得任意超越。工程建设程序如图 0.4 所示。

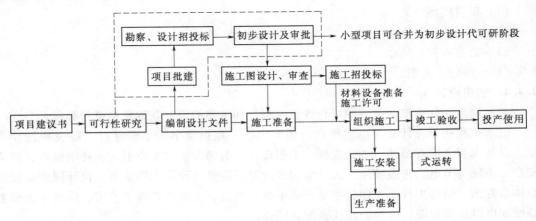

图 0.4 农村饮水安全工程建设程序

0.4.2 项目建议书

项目建议书是根据国民经济和社会发展的长远规划、产业政策、地区规划、经济建设方针、技术经济政策和建设任务，结合资源情况，建设布局等条件和要求经过调查、预测和分析，由国家计划部门、行业主管部门、或本地区有关部门提出的对投资项目需要进行可行性研究的建议性文件，是对投资建设项目的轮廓性设想。

供水工程项目建议书一般应包括以下内容：

（1）建设项目提出的必要性和依据。

（2）拟建规模、供水水质和建设地点的初步设想。

（3）水资源情况、建设条件、协作关系的初步分析。

（4）投资估算和资金筹措设想。

（5）项目的进度安排。

（6）经济效果和社会效益的初步估计。

0.4.3 可行性研究

可行性研究是在项目投资决策之前，调查、研究与拟建项目有关的自然、社会、经济、技术资料，分析、比较可能的投资决策建设方案，预测、评价项目建成后的社会经济效益并在此基础上，综合论证项目投资建设的必要性、财务上的盈利性、经济上的合理性、技术上的先进性和适用性以及建设条件上的可能性和可行性，为投资决策提供科学依据。

可行性研究的主要文件为可行性研究报告。供水工程可行性研究报告一般包括以下内容：

(1) 项目背景和建设必要性。

(2) 需水量预测和供需平衡计算。

(3) 工程规模和目标。

(4) 工程方案和评价。

(5) 推荐方案的工程组成和内容。

(6) 环境保护、劳动保护、消防、节能和防震措施。

(7) 项目实施计划。

(8) 投资估算和资金筹措。

(9) 结论和存在问题。

(10) 附件、附图。

0.4.4　初步设计

初步设计文件应根据批准的可行性研究报告和可靠的设计基础资料进行编制。

供水工程初步设计文件应包括设计说明书、工程概算书、主要材料设备表和设计图纸。设计说明书应有概述、方案选择、工程设计、劳动保护与工业卫生、环境保护、消防安全、节能与节电、防震措施、人员编制以及对下阶段设计要求等章节。设计图纸应包括总体布置图、枢纽工程布置图、主要管渠平纵断面图、主要构筑物工艺图、供电系统和主要变配电设备布置图、自动控制仪表配置图等。

初步设计和工程概算批准后，才能确定建设项目投资额，编制固定资产投资计划，签订建设工程总包合同、贷款合同，实行投资包干，控制建设工程拨款，组织主要设备订货，进行施工准备以及编制施工招标文件和编制施工图设计文件等。

0.4.5　施工图设计

施工图设计文件应根据批准的初步设计和主要设备订货情况进行编制。施工图设计的深度应能满足施工安装的要求和设备材料采购、非标准设备制作等需要。

供水工程施工图设计文件应包括设计说明书、施工图纸和施工图预算。设计文件还应注明建设工程合理使用年限。施工图预算经审定后，即作为预算包干、工程结算等的依据。

习　　题

0.1　什么是农村饮水安全？有什么意义？

0.2　农村饮水安全存在哪些问题？其主要形成原因有哪些？

0.3　农村饮水安全工程分为哪几类？规划设计内容有哪些？

0.4　农村饮水安全工程建设程序有哪些？如何划分设计阶段？

课外知识： 变化环境下的水安全：问题与对策

夏军（武汉大学）

水利部近期公布的数据显示，目前中国水库水源地水质有 11％不达标，湖泊水源地水质约 70％不达标，地下水水源地水质约 60％不达标。近 10 年来中国水污染事件高发，水污染事故近几年每年都在 1700 起以上。全国城镇中，饮用水源地水质不安全涉及人口 1.4 亿人。水资源的保护与可持续利用，已经成为全社会共同关注并应共同面对和解决的环境问题。

3 月 22 日世界水日，也是在 3 月 22—28 日中国水周期间，由阿拉善 SEE 生态协会、联合国环境规划署（UNEP）等联合主办的"水美中国"论坛在广州举行。面对日益突出的水资源问题，来自环保组织、企业、政府的数百位代表，从商业、政策及社会组织参与等不同维度，就水资源保护的经验和案例进行跨界交流，推动全社会共同参与水保护行动。这里根据夏军教授在论坛上的发言整理而成，未经发言者审阅。

今天想讲三方面的问题：第一，全球水安全与水战略；第二，直面中国水问题；第三，水的可持续利用对策与建议。

一、水安全事关国家安全问题

首先谈一下关于水安全和水战略。水安全在国际上是国家安全、全球安全，水安全的含义是非常广的，涉及水资源的供水安全，也有防洪安全，每年广东、湖南、江西容易发生洪涝灾害，到汛期 9 月份大江大河发生灾害，再往后一点北方的河流也会发生洪涝灾害，因此供水和防涝安全是一个非常重要的问题。随着经济发展我们有水质安全和水生态安全，水产生了问题，水多了、水少了、水脏了就引起生态环境的变化以及人居环境的变化。此外，中国也有很多国际性河流，跨境河流也涉及国家安全问题，涉及面非常广。

联合国教科文组织提出了水安全的定义，是关于水安全定义的一种，人类生存发展所需有量和质保障的水资源，可以被人类所利用的水叫水资源，包括了量和质的两个概念，除此之外还需要维系流域可持续的人与生态环境健康，确保人生命财产免受水灾害损失的能力。还有一个定义是涉及水灾害、滑坡、地震、泥石流等等，因此水安全的定义是相当广泛的。我们现在面临的水资源压力非常大。

水与人类未来关注的问题是什么呢？首先不光是我们当代人，子孙后代未来的生存也需要清洁的水，很多政策都在研究水需求的驱动机制是什么，包括了经济发展、人口增长、粮食安全、贸易的驱动机制，此外就是全球变化，它导致了水资源发生变化，水质变差了，这就涉及全球变化与水安全问题。此外，水与人体健康、水与环境、水与生态的问题叫水与环境健康，到 2050 年全球城市化率达到 70％，大部分人居住在城镇，因此水与城市化是一个很重要的问题。我们生产粮食需要水，我们的能源需要水资源，水与能源也有非常大的关系，未来的水变化，以及水安全战略与对策是联合国现在非常重视的，也是国际水资源协会等水组织重点关注的问题。

3 月 22 日的世界水日是 1993 年 1 月 18 日第 47 届联合国 UN 大会作出的 47/193 号决议，根据 UN 环境与发展会议通过的《21 世纪议程》第 18 章所提出的有关水资源保护、开发、管理的原则，考虑到虽然一切社会和经济活动都极大地依赖于淡水的供应量和质量，但人们并未普遍认识到水资源开发对提高经济生产力、改善社会福利所起的作用；还考虑到随着人口增长和经济发展，许多国家将很快陷入缺水的困境，经济发展将受到限制，因此确定每年的 3 月 22 日为世界水日，旨在推动水资源的综合性统筹规划和管理，加强水资源保护，解决日益严峻的缺乏淡水问题，开展广泛的宣传，以提高公众对节水意识、开发和保护水资源的认识。

2016 年世界水日确定的主题是"水与就业"，大家知道水与经济发展联系在一起，就业问题也是全球面临的一个严峻挑战，水如果做到可持续利用，实际上对就业是一个非常大的带动作用，3 月 22—28 日也是第 29 届中国水周，宣传主题是"落实五大发展理念，推进最严格水资源管理"。

二、中国的水安全问题十分严峻

中国无论是南方、北方和东北都面临着严峻的水资源挑战，这个挑战主要体现在以下几点：

（1）水资源供需矛盾十分尖锐，一个非常简单的、粗浅的指标就是总用水量，你要用多少水和可以供的水，如果用水量大于可供的水，就说明水量不够，中国有八大流域，还有西北、西南等，总共 10 个区域，10 个区域里面有 5 个是红颜色，供应是不足的。

（2）水污染水环境问题依然比较严重。环保部公布的《2015 年上半年全国环境质量状况》监测的 956 个地表水控断面中，Ⅳ类水以上比例为 36%，其中Ⅳ类占 18.9%，Ⅴ类占 6.7%，劣Ⅴ类占 10.3%，大家把这些数字加一下就知道我们面临的水环境问题的严峻性。

（3）中小河流山洪灾害与城市内涝问题突出。中小河流山洪灾害损失超过全国水灾害损失的 2/3，近三年 60% 以上的城市发生过内涝灾害，这就是为什么提出海绵城市建设的原因。

（4）水生态安全形势十分严峻。

（5）全球变化可能加剧中国水危机的风险。自 1949 年以来，中国水旱呈现增加趋势，水旱直接加剧了水环境的脆弱性。

因此，在自然禀赋方面，中国水资源时空变化大，水土资源不匹配，人均水量少，仅为世界平均的 1/4。环境变化产生了四大水问题，包括水多、水少、水脏、水浑，水危机威胁水安全，包括直接关系到防洪安全、供水安全、粮食安全、生态安全、经济安全和国家社会安全，所以这些问题的确是非常重要的。针对这些问题，我们应该怎么办？社会、政府、科研部门、流域管理机构、社会公众应该采取什么样的对策？这就涉及水的可持续利用和建议。

2000 年，全国人均可用量是 600 多 m^3，到 2030 年人口突破 16 亿，最近二胎也放开了，中间还有一些不确定性。不管怎么说，人口在 2030 年左右达到 16 亿，总用水量达到 7101 亿 m^3，中国北方人均可利用总量是 292m^3，全国人均可利用总量是 508m^3，这类问题是非常严峻的。

三、全社会节水是唯一必经之路

"十三五"期间中国水资源的重大需求是什么呢？其核心是支撑 2020—2050 年中国经

济社会可持续发展及健康，要有良好的生态关系，这里涉及水安全的保障问题，我们的挑战是什么？如何在坚持人与自然和谐理念下，破解中国复杂的水安全问题，包括城市水、农业水、环境水、生态水以及国际河流都面临着巨大的挑战。

因此我个人提出这样的观点：全社会节水战略是应对中国水危机、保障水安全的唯一的必经之路，无论气候怎样变化，这都是一个最有利的对策。中国用水的总量呈增长趋势，人口是刚性的，人口增长了，水用量必然要增长，针对这个问题，建议加速推进节水型社会建设和社会节水战略。

举一个例子，2012 年 UNEP 国际水战略项目中有一个启示，他们提出怎么样提高水的生产率，不是利用效率，水的生产率是指从生态系统影响中解耦经济增长。未来几十年，人类的主要挑战在于满足 2050 年高达 90 亿人口所需的能源、土地、水资源和材料的需求，同时要承受气候变化、生物多样性丧失和健康威胁的影响。为应对这一挑战，国际上提出"绿色经济"转型，绿色增长、绿色发展，要朝这块转型，探索生产和消费的可持续模式，为实现该目标，需要在可再生能源和能源效率及水资源利用效率方面进行大量的投资。

2012 年，UNEP 国际资源小组公布了从环境影响和经济增长中的解耦自然资源利用的报告，解耦是指使用最少的资源，例如水、化石燃料来保证经济增长，解除经济增长对环境的依赖性。水资源解耦是指单位经济活动水资源使用率减小，可通过随时间变化的经济输出与经济输入（即用水量）的比值体现出来。

水资源解耦的核心问题是要打破经济发展和资源利用之间的联系，集中方式就是相对解耦，水资源面积增加了，但水资源的增加率比 GDP 增长率要低，在没有办法的情况下这也是一种办法。最好的办法就是我下面要谈到的，这是在国际上比较推行的绝对解耦。什么叫绝对解耦？就是经济增长的情况下使水资源使用量减少，带来的挑战是中国社会经济增长。中国经济还处在相当波动甚至向下滑的阶段，怎么来最大限度实现水资源解耦，途径在什么地方呢？

以新加坡为例，因为新加坡的例子是国际水组织比较提倡的、非常好的用水模式，新加坡经济增长 25 倍，用水量只增长 5 倍，新加坡居民住宅用水量（1995—2005 年）不是零增长，而是衰减的，怎么达到衰减呢？在用水量减少的情况下，实际上保证了生态环境的用水，为了做到这点，它实现海水淡化、中水循环，通过高科技的循环利用生产出来的水可以直接喝，过去马来西亚向新加坡供水，就像深圳向香港供水，如果马来西亚不向新加坡供水，他们就会发生国家战争，现在新加坡通过发动它的节水战略，每个房屋自备的雨水利用都做到了极致，所以他们不需要马来西亚也能独立供水，我觉得这对我们是一个非常好的启示。

四、水管理体制与制度创新至关重要

我的第二个观点是保障水安全需要依靠科技创新，只有科技创新才能解决刚才说的瓶颈问题，中国经济要发展，要有非常好的生态环境，好的生态环境就需要水，社会经济也需要水，怎么处理好这样一个矛盾呢？我们面临着一个非常复杂的水系统问题，它不光是水量、水质、社会经济、人文活动。要解决问题，科技创新与现代化管理是一个非常重要的途径，比如低成本高效率污水处理新技术，在生物膜方面需要有创新；还比如海水淡化，这是有条件的，它必须靠近海，没有海，成本照样上去，海水淡化中的能源消耗是非常厉害的。此外，虚拟水/流域水的综合管理，都需要科技创新。

我的第三个观点是中国要实现水的可持续利用，水管理的体制与制度创新至关重要。过去中国是"九龙治水"，是从防洪的角度，而现在面临着水量和水质问题，涉水部门多，但尚无全国层面的节水法律法规，同时我们要唤醒公众的节水意识。建议尽快制定国家水安全中长期规划和战略路线图，从中国国情和发达国家的水管理经验教训看，以2020年零增长，2030—2050年逐步实现负增长为总体目标，制定中国水安全的战略目标。有效的途径就是"产学研用政"协同与联合的中国水安全科技创新联盟，来把城市水、农业水、环境水、生态水、流域水以及国际河流统筹管理，其中产业要起到非常重要的作用。

我的第四个观点是教育为本，道德为先。道德就是要重视水，把水作为生命之源，建议积极推动节约水资源、保护环境、生态文明建设的公共教育与宣传，其中一个非常重要的措施就是实现全民教育、全民行动，希望在全国甚至在农村进一步拓展。为实现水美中国，为子孙后代留下清洁的水、土地与空气，可持续发展的中国梦目标，大家一起努力、奉献与奋斗。

——引自《南方都市报》2016年4月12日发布

第1章 农村饮水安全评价

水是生命的源泉，也是构成人体细胞和组织的主要成分，还是保证正常生理功能运行的无可替代的物质。

获得安全的饮用水是每个人的基本权利。因为水作为人体新陈代谢的重要介质，维持细胞形态、调节血液和组织液的循环、溶解营养素。天然水中含有有利于生长发育和生理机能的微量元素，这是人从食物以外获得营养元素的一个途径。如果水中含有害物质，这些物质可能在洗澡、漱口时通过皮肤接触、呼吸吸收等方式进入人体，从而对人体健康产生影响。如果缺乏足够数量和洁净的饮用水，就谈不上人的生活质量和健康水平。

通过农村饮水安全评价能了解农村居民饮水安全现状，可为饮水安全问题解决提供依据。要评价某一地区农村饮水是否安全需要有一套科学合理的评价体系和评价标准，有条件的地方还可对水质可能引起的人体健康风险进行评价。

1.1 评价指标与标准

为统一标准，摸清全国农村饮水安全现状和问题，2004年水利部和卫生部联合制定了《农村饮用水安全卫生评价指标体系》，规定农村饮用水安全评价指标体系分为安全和基本安全两个档次，由水质、水量、方便程度和保证率4项指标组成。4项指标中只要有一项低于安全或基本安全最低值，就不能定为饮用水安全或基本安全。

1.1.1 水质

饮用水水质关系到群众的身体健康，因此把饮用水水质作为饮水安全评价的重要指标之一。

按照2004年水利部和卫生部联合制定的《农村饮用水安全卫生评价指标体系》的有关规定，符合国家《生活饮用水卫生标准》（GB 5749—2006）要求的为安全；符合《农村实施〈生活饮用水卫生标准〉准则》要求的为基本安全。

1.1.1.1 生活饮用水卫生标准

水中的物质对人体的身体健康影响很大，优良的水质可促进人体健康，但因水质问题所引起的疾病也不鲜见。世界卫生组织报道称80％的疾病和50％的儿童死亡率多与饮用水水质不良有关。我国流行病学调查表明50多种疾病是由于饮用水不卫生引起的，包括介水传染病、中毒性地方病、水致地方病。饮用水中微生物（细菌、病毒、原虫、蠕虫藻类等）指标超标，可引起腹泻、伤寒、痢疾、霍乱、肝炎等疾病。饮用水中化学物质超标，一般会引起慢性中毒性疾病，如水中氟超标引起的氟斑牙、氟骨症；水中砷超标引起的皮肤角质症、皮肤癌等。而对于突发事故造成饮用水毒理学指标超标，则可引起人体急性、亚急性中毒。

为保证饮水安全，2006 年卫生部、标准化委员会发布了《生活饮用水卫生标准》（GB 5749—2006），对原标准《生活饮用水卫生标准》（GB 5749—85）做了修改。标准中对生活饮用水的感官性状和一般化学指标、微生物指标、毒理学指标以及放射性指标进行了限值，总共 106 项，具体而言常规指标 42 项，非常规指标 64 项，见表 1.1～表 1.3。

表 1.1　　　　　　　　　　　　　　水质常规指标及限值

指　标	限　值
1. 微生物指标[①]	
总大肠菌群/(MPN/100mL 或 CFU/100mL)	不得检出
耐热大肠菌群/(MPN/100mL 或 CFU/100mL)	不得检出
大肠埃希氏菌/(MPN/100mL 或 CFU/100mL)	不得检出
菌落总数/(CFU/mL)	100
2. 毒理指标	
砷/(mg/L)	0.01
镉/(mg/L)	0.005
铬(六价)/(mg/L)	0.05
铅/(mg/L)	0.01
汞/(mg/L)	0.001
硒/(mg/L)	0.01
氰化物/(mg/L)	0.05
氟化物/(mg/L)	1.0
硝酸盐（以 N 计）/(mg/L)	10；地下水源限制时为 20
三氯甲烷/(mg/L)	0.06
四氯化碳/(mg/L)	0.002
溴酸盐（使用臭氧时）/(mg/L)	0.01
甲醛（使用臭氧时）/(mg/L)	0.9
亚氯酸盐（使用二氧化氯消毒时）/(mg/L)	0.7
氯酸盐（使用复合二氧化氯消毒时）/(mg/L)	0.7
3. 感官性状和一般化学指标	
色度/铂钴色度单位	15
浑浊度/NTU -散射浊度单位	1；水源与净水技术条件限制时为 3
嗅和味	无异嗅、异味
肉眼可见物	无
pH 值	不小于 6.5 且不大于 8.5
铝/(mg/L)	0.2
铁/(mg/L)	0.3
锰/(mg/L)	0.1
铜/(mg/L)	1.0

续表

指 标	限 值
锌/(mg/L)	1.0
氯化物/(mg/L)	250
硫酸盐/(mg/L)	250
溶解性总固体/(mg/L)	1000
总硬度（以 $CaCO_3$ 计）/(mg/L)	450
耗氧量（COD_{Mn}法，以 O_2 计）/(mg/L)	3；水源限制，原水耗氧量＞6mg/L 时为 5
挥发酚类（以苯酚计）/(mg/L)	0.002
阴离子合成洗涤剂/(mg/L)	0.3
4. 放射性指标[②]（指导值）	
总 α 放射性/(Bq/L)	0.5
总 β 放射性/(Bq/L)	1

① MPN 表示最可能数；CFU 表示菌落形成单位。当水样检出总大肠菌群时，应进一步检验大肠埃希氏菌或耐热大肠菌群；水样未检出总大肠菌群，不必检验大肠埃希氏菌或耐热大肠菌群。

② 放射性指标超过指导值，应进行核素分析和评价，判定能否饮用。1Bq＝$2.2×10^{-5}$毫西弗。超过 100 毫西弗时，会对人体造成危害；100～500 毫西弗时，人们不会有感觉，但血液中白细胞数会减少；1000～2000 毫西弗时，可导致轻微的射线疾病，如疲劳、呕吐、食欲减退、暂时性脱发、红细胞减少等；2000～4000 毫西弗时，人的骨髓和骨密度受到破坏，红细胞和白细胞数量大量减少，有内出血、呕吐等症状；大于 4000 毫西弗时能危及生命，但依然可以救治，成功率可达 90％；超过 6000 毫西弗时，救治存在一定困难；超过 8000 毫西弗时，救治希望会比较渺茫。

表 1.2   饮用水中消毒剂常规指标及要求

消毒剂名称	与水接触时间	出厂水中限值	出厂水中余量	管网末梢水中余量
氯气及游离氯制剂（游离氯)/(mg/L)	≥30min	4	≥0.3	≥0.05
一氯胺（总氯)/(mg/L)	≥120min	3	≥0.5	≥0.05
臭氧（O_3)/(mg/L)	≥12min	0.3		0.02；如加氯，总氯≥0.05
二氧化氯（ClO_2)/(mg/L)	≥30min	0.8	≥0.1	≥0.02

表 1.3   水质非常规指标及限值

指 标	限 值
1. 微生物指标	
贾第鞭毛虫/(个/10L)	＜1
隐孢子虫/(个/10L)	＜1
2. 毒理指标	
锑/(mg/L)	0.005
钡/(mg/L)	0.7
铍/(mg/L)	0.002
硼/(mg/L)	0.5
钼/(mg/L)	0.07

指　　标	限　　值
镍/(mg/L)	0.02
银/(mg/L)	0.05
铊/(mg/L)	0.0001
氯化氰（以 CN⁻ 计）/(mg/L)	0.07
一氯二溴甲烷/(mg/L)	0.1
二氯一溴甲烷/(mg/L)	0.06
二氯乙酸/(mg/L)	0.05
1,2 -二氯乙烷/(mg/L)	0.03
二氯甲烷/(mg/L)	0.02
三卤甲烷（三氯甲烷、一氯二溴甲烷、二氯一溴甲烷、三溴甲烷的总和）	该类化合物中各种化合物的实测浓度与其各自限值的比值之和不超过 1
1,1,1 -三氯乙烷/(mg/L)	2
三氯乙酸/(mg/L)	0.1
三氯乙醛/(mg/L)	0.01
2,4,6 -三氯酚/(mg/L)	0.2
三溴甲烷/(mg/L)	0.1
七氯/(mg/L)	0.0004
马拉硫磷/(mg/L)	0.25
五氯酚/(mg/L)	0.009
六六六（总量）/(mg/L)	0.005
六氯苯/(mg/L)	0.001
乐果/(mg/L)	0.08
对硫磷/(mg/L)	0.003
灭草松/(mg/L)	0.3
甲基对硫磷/(mg/L)	0.02
百菌清/(mg/L)	0.01
呋喃丹/(mg/L)	0.007
林丹/(mg/L)	0.002
毒死蜱/(mg/L)	0.03
草甘膦/(mg/L)	0.7
敌敌畏/(mg/L)	0.001
莠去津/(mg/L)	0.002
溴氰菊酯/(mg/L)	0.02
2,4 -滴/(mg/L)	0.03
滴滴涕/(mg/L)	0.001
乙苯/(mg/L)	0.3

指　　标	限　　值
二甲苯/(mg/L)	0.5
1,1-二氯乙烯/(mg/L)	0.03
1,2-二氯乙烯/(mg/L)	0.05
1,2-二氯苯/(mg/L)	1
1,4-二氯苯/(mg/L)	0.3
三氯乙烯/(mg/L)	0.07
三氯苯（总量）/(mg/L)	0.02
六氯丁二烯/(mg/L)	0.0006
丙烯酰胺/(mg/L)	0.0005
四氯乙烯/(mg/L)	0.04
甲苯/(mg/L)	0.7
邻苯二甲酸二（2-乙基己基）酯/(mg/L)	0.008
环氧氯丙烷/(mg/L)	0.0004
苯/(mg/L)	0.01
苯乙烯/(mg/L)	0.02
苯并（a）芘/(mg/L)	0.00001
氯乙烯/(mg/L)	0.005
氯苯/(mg/L)	0.3
微囊藻毒素-LR/(mg/L)	0.001
3. 感官性状和一般化学指标	
氨氮（以 N 计）/(mg/L)	0.5
硫化物/(mg/L)	0.02
钠/(mg/L)	200

GB 5749—2006 规定了生活饮用水水质卫生要求、生活饮用水水源水质卫生要求、集中式供水单位卫生要求、二次供水卫生要求、涉及生活饮用水卫生安全产品卫生要求、水质监测和水质检验方法。标准适用于城乡各类集中式供水的生活饮用水，也适用于分散式供水的生活饮用水。

标准规定生活饮用水水质应符合下列基本要求，保证用户饮用安全。

（1）生活饮用水中不得含有病原微生物。

（2）生活饮用水中化学物质不得危害人体健康。

（3）生活饮用水中放射性物质不得危害人体健康。

（4）生活饮用水的感官性状良好。

（5）生活饮用水应经消毒处理。

（6）生活饮用水水质应符合表 1.1 和表 1.3 卫生要求。集中式供水出厂水中消毒剂限值、出厂水和管网末梢水中消毒剂余量均应符合表 1.2 要求。

（7）农村小型集中式供水和分散式供水的水质因条件限制，部分指标可暂按照表 1.4 执行，其余指标仍按表 1.1、表 1.2 和表 1.3 执行。

（8）当发生影响水质的突发性公共事件时，经市级以上人民政府批准，感官性状和一般化学指标可适当放宽。

表 1.4　　　　　农村小型集中式供水和分散式供水部分水质指标及限值

指　　标	限　　值
1. 微生物指标	
菌落总数/（CFU/mL）	500
2. 毒理指标	
砷/（mg/L）	0.05
氟化物/（mg/L）	1.2
硝酸盐（以 N 计）/（mg/L）	20
3. 感官性状和一般化学指标	
色度/铂钴色度单位	20
浑浊度/NTU－散射浊度单位	3；水源与净水技术条件限制时为 5
pH 值	不小于 6.5 且不大于 9.5
溶解性总固体/（mg/L）	1500
总硬度（以 $CaCO_3$ 计）/（mg/L）	550
耗氧量（COD_{Mn}法，以 O_2 计）/（mg/L）	5
铁/（mg/L）	0.5
锰/（mg/L）	0.3
氯化物/（mg/L）	300
硫酸盐/（mg/L）	300

1.1.1.2　农村实施《生活饮用水卫生标准》准则

经处理后的生活饮用水，应满足 GB 5749—2006 的要求。但是对于农村饮水安全工程而言，其技术管理和检验设备都不如城市，根据我国农村供水的具体特点，全国爱国卫生运动委员会和卫生部于 1991 年批准实施了《农村实施〈生活饮用水卫生标准〉准则》，对饮用水的基本要求是水量充足、水质良好。在水质方面的要求是：①流行病学方面安全，要求饮用水中不含有病原体，以防止急性传染病的发生和传播；②水中所含的化学物质对人体健康不产生急性或慢性不良影响；③感官性状良好。

由于我国幅员辽阔，水质情况复杂，广大农村经济发展极不平衡，根据具体情况，《农村实施〈生活饮用水卫生标准〉准则》提出了农村供水水质分级的要求，把农村生活饮用水水质划分为三个等级：Ⅰ级为期望值，符合国家标准 GB 5749—2006 要求，属安全饮用水；Ⅱ级为允许值，属基本安全的饮用水；Ⅲ级为缺乏其他可选择水源时的放宽值；超过Ⅲ级的为不安全饮用水。因此，农村供水部分指标可暂按照表 1.5《农村实施〈生活饮用水卫生标准〉准则》执行，其余指标仍按照表 1.1、表 1.2 和表 1.3 执行，但对于常规的几项指标必须检验，如浊度和余氯等。同时，对于有机物污染严重的地区，还应增加对耗氧量（COD_{Mn}）的检测，饮用水的 COD_{Mn} 一般不应超过 3mg/L，特殊情况下不应超过 5mg/L；对于一些特殊水源水质，要重点监测特殊项目，如高氟水须检验处理后的氟化物含量，含铁锰地下水和矿化度高的水源，要重点检验铁锰和硬度等指标。

表 1.5   《农村实施〈生活饮用水卫生标准〉准则》规定的水质指标及限值

项　　　　目	Ⅰ级	Ⅱ级	Ⅲ级
感官性状和一般化学指标			
色/度	15，并不呈现其他异色	20	30
浑浊度/度	3，特殊情况不超过 5	10	20
肉眼可见物	不得含有	不得含有	不得含有
pH 值	6.5～8.5	6～9	6～9
总硬度（以 $CaCO_3$ 计）/(mg/L)	450	550	700
铁/(mg/L)	0.3	0.5	1.0
锰/(mg/L)	0.1	0.3	0.5
氯化物/(mg/L)	250	300	450
硫酸盐/(mg/L)	250	300	400
溶解性总固体/(mg/L)	1000	1500	2000
毒理学指标			
氟化物/(mg/L)	1.0	1.2	1.5
砷/(mg/L)	0.05	0.05	0.05
汞/(mg/L)	0.001	0.001	0.001
镉/(mg/L)	0.01	0.01	0.01
铬（六价）/(mg/L)	0.05	0.05	0.05
铅/(mg/L)	0.05	0.05	0.05
硝酸盐（以 N 计）/(mg/L)	20	20	20
细菌学指标			
细菌总数/(个/mL)	100	200	500
总大肠菌群/(个/L)	3	11	27
游离余氯/(mg/L)（接触 30min 后出厂水不低于）	0.3	不低于 0.3	不低于 0.3
末梢水不低于	0.05	不低于 0.05	不低于 0.05

一般，新建工程的供水水质应达到Ⅰ级要求，而Ⅱ级、Ⅲ级水质要求主要是考虑某些地区由于经济、地理等因素所致的水源选择和处理条件受到限制的情况，对某些指标适当放宽了要求。农村给水的水质应达到Ⅱ级以上，但是，在特殊情况下，如水源选择和处理条件受限制的地区，容许按Ⅲ级水质要求处理。

1.1.2　水量

按照 2004 年水利部和卫生部联合制定的《农村饮用水安全卫生评价指标体系》的有

关规定，每人每天可获得的水量不低于 40~60L 为安全；不低于 20~40L 为基本安全。农村生活用水包括居民的餐饮用水、洗涤用水、散养畜禽用水等日常用水，必须每天获取，关系到群众的正常生活。根据气候特点、地形、水资源条件和生活习惯，将全国分为 5 个类型区，不同地区的具体水量标准可参照表 1.6 确定。

表 1.6   不同地区农村生活饮用水量评价指标   单位：L/(人·d)

分区	一区	二区	三区	四区	五区
安全	40	45	50	55	60
基本安全	20	25	30	35	40

注   一区包括：新疆，西藏，青海，甘肃，宁夏，内蒙古西北部，陕西、山西黄土高原丘陵沟壑区，四川西部。

    二区包括：黑龙江，吉林，辽宁，内蒙古西北部以外地区，河北北部。

    三区包括：北京，天津，山东，河南，河北北部以外地区，陕西关中平原地区，山西黄土高原丘陵沟壑区以外地区，安徽、江苏北部。

    四区包括：重庆，贵州，云南南部以外地区，四川西部以外地区，广西西北部，湖北、湖南西部山区，陕西南部。

    五区包括：上海，浙江，福建，江西，广东，海南，安徽、江苏北部以外地区，广西西北部以外地区，湖北、湖南西部山区以外地区，云南南部。

    本表不含香港、澳门和台湾的数据。

实行分质供水的地区，可根据具体情况分别确定饮用水水量与其他生活用水量，以降低工程造价。

1.1.3 方便程度

按照 2004 年水利部和卫生部联合制定的《农村饮用水安全卫生评价指标体系》的有关规定，供水到户或人力取水往返时间不超过 10min 为安全；人力取水往返时间不超过 20min 为基本安全。这里，人力取水往返时间 20min，大体相当于水平距离 800m 或垂直高差 80m 的情况。

考虑到全国全面建设小康社会的需要，结合全国实施农村"村村通自来水工程"的实际情况，新建饮水安全工程以集中供水为主，工程标准应以入户为主。

1.1.4 保证率

按照 2004 年水利部和卫生部联合制定的《农村饮用水安全卫生评价指标体系》的有关规定，供水水源保证率不低于 95% 为安全；不低于 90% 为基本安全。水源保证率是保证用水量的首要条件，规定的水源保证率不低于 90% 为基本安全，是指在十年一遇的干旱年，供水水源水量能满足基本生活用水量要求。

1.2 水质健康风险评价

饮用水是人类生存与发展的基本需求，供给稳定、洁净、安全的饮用水是文明社会公民的基本权利和政府的不二职责。水安全问题一直是国际、国内关注的焦点问题之一，世界各国及一些国际组织均对饮用水安全高度重视。2000 年 9 月，"联合国千年宣言（The United Millennium Declaration）"提出：在 2015 年年底前，要使无法得到或负担不起安全饮用水的人口比例降低一半，各国元首和政府首脑已承诺最迟在 2015 年实现上述目标。

欧盟对各成员国饮用水水源地进行抽样检测，自 2000 年以来发布了 4 期饮水水质的检测报告，分析了欧洲饮水水质改善的情况。美国于 1969 年调查了 1000 个社区，发现 41％的社区饮水水质不达标；1972 年从密西西比 Louisona 供水系统活性炭吸附后的出水中检出 36 种有机物；1974 年发现饮水消毒副产物三卤甲烷（Trihalomethans，THMs），引发民众对饮用水法规和标准的极大关注。在此情况下，美国国会于 1974 年颁布新的《安全饮水法》（Safety Drinking Water Act，SDWA），在 1986 年、1996 年进行了修订，使饮用水法规标准日趋完善。根据水利部调查结果，2004 年底全国农村地区有 3.23 亿人口饮水不安全，占农村总人口的 34％；其中，水质不达标涉及人口 2.26 亿人，约占 70％；水量不足、保证率低下和取水不方便涉及人口 9558 万人，约占 30％。由此看出，农村饮水安全问题，特别是农村饮水水质问题是影响农民生存和健康的主要问题，解决农村饮水水质问题的关键在于水质污染风险控制。

1.2.1　饮水与健康

我国农村饮水安全评价工作都是依据 2004 年水利部和卫生部联合制定了《农村饮用水安全卫生评价指标体系》，主要依赖于传统的水质评价方法，大多基于现有水质标准进行评价工作，只停留在对化学物污染（或超标）是否严重的描述上，忽略了水质引起的人体健康危害。通常，当水体受到化学物污染后，污染物可通过饮水、食物的形式进入人体，影响人体健康，引起急慢性中毒，甚至死亡等现象。因此，采用传统的水质评价方法是不能直接反映水质污染对人体健康的危害程度，不能适应因环境污染带来健康风险。

1948 年美国制定《清洁水法》，建立了美国水域的污染物排放规范的基本结构和地表水的质量标准。随着健康风险评价的不断发展，逐步将其引入饮水水质管理日常工作中。

水质健康风险评估是专门针对水质开展的基于人群健康的风险评价，指对已经或可能污染的水环境中污染物对人体健康的危害程度进行概率估计，并提出削减、管控、适应风险的方案和对策的一种有效方法，为水环境污染防治提供决策依据。

根据我国农村饮水的特点，可将农村饮用水健康风险定义为：农村居民通过摄入不良饮用水的方式，致使不良饮用水中的危害物的毒性和污染物的摄取量可能危害人体健康的程度或者概率的大小。

微观上讲，饮用水与健康的关系主要是饮用水中常量无机物质（如碳、氢、氧、氨、钙、钾、磷、硫、镁、钠、氯等）、生物微量元素（铁、锌、铜、碘、锰、硒、氟、钼、钴、铬、镍、钒、锡、锶等）、其他有毒元素或化合物（铝、砷、汞、镉、铅、硝酸盐、亚硝酸盐、氨氮等）、常量有机物（指的是因为生活污水的污染而带来的杂质，比如腐殖质、糖类、蛋白质、脂肪等）、微量有机物（如卤代有机物、多环芳烃、邻苯二甲酸酯、农药、亚硝胺、有机氯农药等）、微生物（如伤寒沙门氏菌、传染菌痢的志贺氏菌、霍乱弧菌等）、藻毒素（多肽毒素、生物碱毒素及其他毒素等）、放射性核素等与人体的关系。通过调查统计其高于危险性水平较高的特殊地区和人群，通过流行病学和实验室毒性试验研究评价其危害，建立其与人体健康的对应关系，确立相应危害物的作用阈值。

1.2.2　摄取机制

据 WHO 的相关资料，污染物可以通过呼吸、饮食和皮肤接触等途径进入人体；而饮水和食物又是人体通过饮食途径摄取污染物质的主要方式。饮水和食物直接进入人体胃、肠之后中，首先参与物理性消化过程，在此过程中，除极少部分在口腔中通过物理性粉碎以及化学消化分解外，绝大部分饮水和食物在胃和小肠被消化、分解为可吸收的小分子物质，然后通过小肠肠壁黏膜进入血液，并参与到人体新陈代谢之中。显然，在此过程中，可将剂量理解为某一个可以影响人体健康的物质（即危害物）一旦通过摄取或者吸收进入人体的数量。如图 1.1 所示为人体摄取污染物质的 3 种途径的剂量示意图。

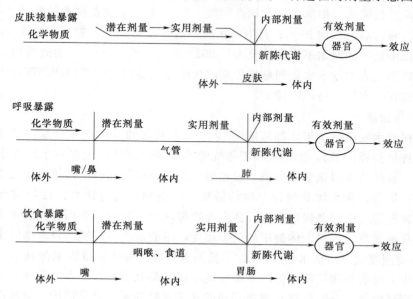

图 1.1　人体摄取污染物质的 3 种途径的剂量示意图

有 1/3 的危害物通过饮用水的途径进入人体，饮用水一旦进入人体就会经历各种物理的作用和生物化学的作用，其数量和形态必然会将发生较大的变化，这种变化不仅与危害物的性质有着密切的关系，而且与人体相应组织和器官的结构以及特征也存在着密切的关系。

1.2.3　化学物质毒性

毒性是指一种物质对生物体易感部位产生有害作用的性质和能力。根据水环境中毒物的性质可将其划分为生物性毒物、物理性毒物和化学性毒物。

（1）生物性毒物，主要指可引起介水性传染病传播和流行的各种致病微生物，比如疟疾、伤寒、副伤寒、细菌性痢疾、甲肝等。一般地，加强水源卫生管理和常规饮水消毒处理可保障饮水的微生物安全。

（2）物理性毒物，主要指可诱发人体细胞癌变、基因突变及先天性畸形的各类放射性物质，但是一般作为饮用水源的水体，放射性污染程度很轻，不会被检出。

（3）化学性毒物，主要指随污染源进入水环境中，并可引起人体急性、慢性中毒和致癌、致畸、致突变等危害效应的有机和无机化学物。饮用水水质安全的威胁主要来自化学污染物，但常规的饮用水处理工艺对绝大部分化学污染物去除效果欠佳。化学污染物根据其对人体危害性质的不同可分为致癌性化学物和非致癌性化学物。

1.2.3.1　化学物的非致癌毒性

化学物质的非致癌毒性包括神经毒性、生殖毒性和发育毒性。

(1) 神经毒性，是指因暴露于生物、物理和化学有害物环境下导致的中枢神经系统和外周神经系统在结构或功能上的不良变化，主要表现为神经化学、神经生理学、神经行为学和形态学等方面的改变。已有多种化学物被证实具有神经毒性，如汞及其化合物、甲醛、锰、四溴双酚A、有机磷、多氯联苯、正己烷等。

(2) 生殖发育毒性，是指因暴露于有害化学物质环境下引起雄性或雌性生殖系统的不良影响及损害，可能对成人性功能或生育能力的不良影响，也包括对后代产生的发育毒性，主要表现为对雌性或雄性生殖器官、内分泌系统和后代发育的毒性。迄今为止，研究发现至少有50种化学物质对实验动物具有生殖毒性，包括内分泌干扰物（如邻苯二甲酸酯类、有机农药、黄酮等）和重金属（如铅、镉、汞、砷和锰等）。

(3) 发育毒性，指在个体发育期间由于外源性化学物的毒性而引起的改变，通过损伤功能和引起长期存活的个体生长发育迟缓，接触时期和强度的不同诱发个体在成体之前发生的任何有害影响。发育毒性主要表现为：发育个体死亡、生长迟缓、功能缺陷、结构异常等，如自然流产、视力或听力异常、行为发育迟缓、胎儿生长发育迟缓、胎儿发育畸形等。

1.2.3.2　化学物的致癌毒性

化学物的致癌毒性，亦称为化学致癌，是指化学物引起正常细胞发生恶性变化并发展成肿瘤的过程。具体来说，接触化学致癌物的人群或实验动物可出现以下几种反应形式：某一肿瘤的发生率升高；出现新的肿瘤类型；肿瘤潜伏期缩短；平均肿瘤患者数量增多。具有诱发肿瘤形成能力的化学物称为化学致癌物。根据化学致癌物的作用机制，可被划分为遗传毒性、非遗传毒性及暂未确定遗传毒性化学致癌物三类。

1.2.3.3　化学污染物对人体健康影响的分类

美国环境保护局（United States Environmental Protection Agency，USEPA）通过分析流行病学、动物毒理学实验数据以及临床统计资料等，根据化学物质对人体和动物致癌证据的充分程度将其划分为4类：A类为致癌，B1类为很可能致癌，B2类为可能致癌，C类为可疑致癌。国际癌症研究中心（International Agency for Research on Cancer，IARC）也作了类似分类，将致癌物划分为：1类（对人类致癌）、2A类（可能对人体致癌，对人体致癌的可能性较高，在动物实验中发现充分的致癌性证据）、2B类（可能对人体致癌，对人体致癌的可能性较低，在动物实验中发现的致癌性证据尚不充分）、3类（对人体致癌性尚未归类的物质或混合物）、4类（对人体可能没有致癌性的物质）。以USEPA的分类标准为基础，结合IARC的分类数据，确定化学物中具致癌作用的有46种，非致癌作用的有52种，并且化学致癌物同时也表现出对人体的非致癌慢性危害效应；另有8种化学物对人体的健康危害效应暂时不能定性。具体的分类见表1.7。

1.2.4　健康风险评估方法

目前，有两种评估模式被广泛采用：①NAS提出的"四步法"，即危害鉴定、剂量-效应关系、暴露评估和风险表征；②1989年USEPA颁布的《超级基金场地健康评价手册》中提出的评估模式，即数据的收集与分析、毒性评估、暴露评估、风险表征，通常被称为USEPA模式。这两种评估模式存在细微的差别，NAS模式的内容更为通用，适用

表 1.7　　　　　　　　　　化学污染物对人体健康危害的分类

分类	化学污染物					总计
A 类	砷	苯	铬（六价）	氯乙烯		4
B1 类	镉	铍	钴	甲醛	丙烯腈	5
B2 类	铅	溴仿	百菌清	四氯乙烯	2,4,6-三氯酚	26
	氯仿	甲草胺	六六六	二氯甲烷	1,2-二氧乙烷	
	七氯	六氯苯	五氯酚	苯并（a）芘	1,2-二氯乙烷	
	林丹	滴滴涕	2,4-滴	丙烯酰胺	七氯环氧化物	
	乙醛	水合肼	四氯化碳	环氧氯丙烷	一溴二氯甲烷	
	苯胺					
C 类	丙烯醛	二氯乙酸	1,4-二氯苯	六氯丁二烯	1,1-二氯乙烯	11
	对硫磷	三氯乙烯	三氯乙醛	三硝基甲苯	二溴一氯甲烷	
	三氯乙酸					
非致癌	铝	镍	黄磷	异丙苯	亚氯酸盐	52
	铁	银	石油	内吸磷	二硫化碳	
	锰	铊	氰化物	甲萘威	二硝基苯	
	铜	钒	氟化物	一氯胺	己内酰胺	
	锌	钛	硝酸盐	氯化氰	1,2-二氯苯	
	汞	甲苯	四氯苯	灭草松	邻苯二甲酸二酯	
	钡	乙苯	苯乙烯	四乙基铅	甲基对硫磷	
	硼	吡啶	三氯苯	挥发酚类	1,1,1-三氯乙烷	
	硒	乐果	叶枯唑	溴氰菊酯	1,2-二氯乙烯	
	锑	乙腈	二甲苯	马拉硫磷	微囊藻毒素-LR	
	钼	氯苯				
暂未定性	松节油	苦味酸	活性氯	硝基氯苯	二硝基氯苯	8
	三乙胺	氯丁二烯	丁基黄原酸			

于由于事故、空气、水和土壤等环境介质污染造成的人体健康风险评价；而 USEPA 模式较为具体，强调对某一环境各种参数的收集，其操作性更强。此外，还有生命周期分析、预期寿命损失法等。

这里主要研究饮用水中污染物对人体健康的危害作用。因此，采用 USEPA 健康风险评估模式，即数据收集与分析、毒性评估、暴露评估和风险表征。

1. 2. 4. 1　数据收集与分析

数据的收集与分析是指调查与分析研究区的基本情况，正确判定水环境中污染物的直接或潜在来源和途径。收集的数据主要包括：土地利用现状、工业发展情况、工业和生活污染物排放情况；与研究区有关的自然环境、社会经济、农村饮水现状、污染来源、原生和次生环境情况；与研究区有关的有害物质及其潜在来源、扩散途径和受影响的介质；区域流行病学、毒理学、死亡情况；研究区居民的人群结构、分布、生活方式、饮水习惯等信息。

1.2.4.2 毒性评估

毒性评估指分析化学污染物引起暴露人群不良健康效应的各种证据，估算暴露强度与健康危害效应增加的概率、健康危害效应程度之间的关系。完整的毒性评估包括危害鉴定和剂量-效应关系确定两个部分。

1. 危害鉴定

危害鉴定是根据生物学和化学资料，筛选饮用水源中的污染物，判定是否对饮用人群产生健康危害，即对水源中污染物可能引起健康危害效应的潜力做出定性评估。危害鉴定的第一步是收集与污染物有关的资料，包括人群暴露途径和方式、理化性质、毒理学作用等。然后整理、分析、评价数据的质量、适用性及可靠性。最后判别污染物对人体的毒性，并按毒性的有无及确凿程度划分等级。

2. 剂量-反应关系

剂量-反应关系，主要探讨特定化学物在某种条件下引起某种致毒作用，并试图了解接触剂量与毒性反应之间的定量关系，是毒理学中确定有害物质毒性类型和大小最重要的方法。一般认为大部分致癌物在任何剂量下（除非是零接触）都可引起风险，当接触致癌物超过一定量（即阈剂量）时会产生致毒效应。人类活动与风险总是相伴随的，因此接触和使用化学物都要承担一定的风险，关键在于发生危险的可能性有多大。

饮水是人体终生必需的并且水中化学物浓度一般很低，其对人体的健康危害效应主要表现为慢性中毒。根据化学物导致人体疾病类型的不同，可将化学物慢性中毒分为致癌效应（导致人体患癌症）和非致癌效应（导致人体患癌症以外的疾病）。不同的危害效应的致病毒理学机理不同，其剂量-反应关系也不同。化学物的致癌效应定量反映了暴露剂量与致癌概率之间的关系，用致癌强度系数（Slope Factor，SF）来表示；化学物的非致癌效应定量反映了暴露剂量与人群健康危害效应之间的关系，用参考剂量（Reference Dose，RfD）来表示。

（1）非致癌剂量-反应关系评价。非致癌风险的标准建议值，即 RfD，往往是根据化学物质的阈值计算出来的。非致癌性评估，其本质就是通过估计化学物质的致毒阈值而开展的评估工作。一般认为化学毒物的非致癌性剂量-反应关系普遍有阈值存在，就是说当化学毒物低于某一剂量时，不会产生任何可观察到的对机体有损害作用的现象。非致癌效应阈值的表征方法主要有 3 种：无可见有害作用水平（No Observed Adverse Effect Level，NOAEL）、可见最小有害作用水平（Lowest Observed Adverse Effect Level，LOAEL）、基准剂量（Benchmark Dose，BMD）。

RfD 指人群（包括敏感亚群）在终生接触某剂量水平化学物的条件下，预期一生可能发生非致癌或非致突变有害效应的概率可低至不被检出的程度。在推算 RfD 时常使用 NOAEL，但由于 NOAEL 存在一定缺陷，NOAEL 只是受试动物中单一试验组的剂量，往往忽视剂量-反应关系曲线中的其他剂量，少数动物试验的结果得出较大的或不可靠的 NOAEL，以及 NOAEL 随实验设计而发生变异，影响非确定性因子（Uncertainty Factors，UFs）的推算。因此，近年来多推荐采用 BMD 代替 NOAEL，其计算公式为

$$RfD = \frac{BMDx}{UFs}MF \tag{1.1}$$

式中　　$BMDx$——$x\%$反应率的基准剂量；

　　　　UFs——非确定性因子系数；

　　　　MF——修正因子。

部分污染物 RfD 值见表 1.8。

表 1.8　　　　　　　　　　　　　　　**部分污染物 RfD 值**　　　　　　　　　　单位：mg/(kg·d)

污染物	RfD_{oral}	RfD_{dermal}	来源	污染物	RfD_{oral}	RfD_{dermal}	来源
铬（六价）	0.003	0.00006	IRIS	铜	0.04	0.012	IRIS
砷	0.0003	0.000123	IRIS	汞	0.0003	0.0003②	IRIS
铅	0.0014	0.000525①	IRIS	镉	0.0005	0.00001①	IRIS
铁	0.3	0.3②	IRIS	硝酸盐	1.6	1.6②	IRIS
锰	0.046	0.00184	IRIS	氨氮	0.97	0.97②	PPRTV
氟化物	0.06	0.06②	IRIS	亚硝酸盐	0.1	0.1②	IRIS

①　此数据来源于参考文献［64］。

②　暂无经皮肤暴露途径的数值，饮用经口途径的数值。

（2）致癌剂量-反应关系评价。无阈化学物质通常指致癌物，是已知或假设其作用是无阈的，即大于零的所有剂量都可以诱导出致癌反应的物质。在最低剂量下就可能出现癌症效应为无阈效应，也称致癌效应。量化致癌效应的最常用的毒性指标是斜率系数及与之相联系的致癌能力分级系统。致癌强度系数是指受试动物或人体终生接触剂量为 1mg/(kg·d)致癌物时可能引起的终生超额危险度，单位为 mg/(kg·d)。当以动物实验资料为依据时，其值为剂量-反应关系曲线斜率的 95% 可信限上限；根据人群流行病学调查资料为斜率的最大似然估计值。部分污染物 SF 值见表 1.9。

表 1.9　　**部分污染物 SF 值**　　单位：mg/(kg·d)

污 染 物	SF_{oral}	来　源
铬（六价）	41	IRIS
砷	15	IRIS

1.2.4.3　暴露评估

暴露评估是估算、测量或预测人群暴露于环境化学污染物的强度、时间和频率的过程，是健康危害定量评价的依据。暴露评估的目的在于估测整个国家或某一地区人群暴露于某种化学污染物的程度或可能程度。因此，鉴定暴露人群的特征和确定环境介质中化学污染物的浓度与分布，是暴露评估中互相关联又不可分割的两个组成部分。在暴露评估时，需要对暴露人群的性别、年龄、数量、活动状况、居住地域分布、暴露途径、暴露剂量、暴露时间、暴露频率以及其他无法估计的不确定因素等情况进行描述。确定人群对某一种化学污染物的暴露水平，可对直接测定的数据进行评估，但大多数情况下，是由化学污染物的排放量、排放浓度及其迁移转化规律等参数通过数学模式推导、估算得来的。

饮用水水质健康风险评估中暴露评估主要包括：测定饮用水中有害物质的浓度；确定饮用人群的数量、性别、年龄和生活习惯，估算饮用人群的饮水率、持续时间、暴露频率、体重等参数，并依据这些数据计算出饮用人群的平均每日暴露剂量。

饮用水中化学污染物可通过经口摄入、皮肤接触和呼吸 3 种途径进入人体，危害饮用人群的健康。饮水是主要的经口摄入途径之一，也是化学污染物进入人体最直接的方式，通过饮水途径进入人体的化学污染物，首先到达人体的胃肠，再由小肠肠壁黏膜吸收进入血液循环系统，参与新陈代谢，到达各个器官，危害人体健康。皮肤接触途径主要是指人群在游泳、洗澡及每日洗脸洗手洗脚等活动时与水体直接接触，化学污染物通过皮肤渗透作用直接进入血液循环系统，对人体产生健康危害的过程，其作用机理与饮水途径类似。呼吸途径是指水中的挥发性化学污染物可能会在淋浴或其他活动时释放进入空气，再通过呼吸系统进入人体。这里主要针对饮水摄入和皮肤接触两种途径进行研究，其日均暴露剂量 CDI 的计算公式如下：

经口摄入：

$$CDI = \frac{C \cdot IR \cdot ABS \cdot EF \cdot ED}{BW \cdot AT} \tag{1.2}$$

经皮肤接触：

$$CDI = \frac{C \cdot SA \cdot K_p \cdot EV \cdot ET \cdot EF \cdot ED \cdot CF}{BW \cdot AT} \tag{1.3}$$

式中 C——水中污染物的实测浓度，mg/L；

　IR——饮水率，L/d；

ABS——胃肠吸收系数，与污染物质有关；

　EF——暴露频率，d/a；

　ED——暴露持续时间，a；

　BW——居民平均体重，kg；

　AT——预期寿命，d；

　SA——皮肤接触表面积，cm²；

　K_p——污染物的皮肤渗透系数，cm/h；

　EV——洗澡频率，d/event；

　ET——洗澡时间，h/d；

　CF——体积转换因子。

具体参数值见表 1.10 和表 1.11。

表 1.10　　　　　　　　　　　部 分 参 数 情 况

参数	值	来源	参数	值	来源
IR	2.2L/d	参考文献［3］	BW	57.6kg	参考文献［3］
EF	350d/a	IRIS	SA	1.6×10^4cm²	参考文献［3］
ED	30a	IRIS	EV	1d/event	RAIS
AT	非致癌 365×30d	IRIS	ET	0.167h/d	RAIS
	致癌 365×72d	IRIS	CF	1L/1000cm³	RAIS

注　RAIS 是风险评估信息系统 Risk Assessment Information System 的缩写。

表 1.11　　　　部分污染物的胃肠吸收系数 *ABS* 和皮肤渗透系数 K_p

污染物	*ABS*	K_p	来源	污染物	*ABS*	K_p	来源
铬（六价）	0.02	0.002	IRIS	铜	0.3	0.0006	IRIS
砷	0.41	0.0018	IRIS	汞	0.07	0.001	IRIS
铅	—	0.000004	IRIS	镉	0.05	0.001	IRIS
铁	0.15	0.001	IRIS	硝酸盐	0.5	0.001	IRIS
锰	0.04	0.0001	IRIS	氨氮	0.2	0.001	PPRTV
氟化物	—	0.001	IRIS	亚硝酸盐	0.5	0.001	IRIS

注　"—"表示未查询到该参数，计算时取值"1"。

1.2.4.4　风险表征

风险表征是在前三个阶段所获得数据的基础上，估算在不同暴露条件下，人群可能产生的健康风险水平或某种健康效应发生的概率，分析评价过程中的不确定性因素，提供人群暴露于有害物质的健康风险信息，为环境管理和决策提供科学依据。化学污染物的毒性不同，其对人体的健康危害效应也不同，在风险表征时，具体计算公式也有差别。

1. 非致癌物风险

通常，非致癌健康效应都是阈值效应，低于阈值说明对人体健康不会产生不利影响。非致癌风险一般采用危害商（*HQ*）表示，其计算公式如下：

$$HQ_{ij} = \frac{CDI_{ij}}{RfD_{ij}} \tag{1.4}$$

$$HQ = \sum_{j=1}^{k} \sum_{i=1}^{n} HQ_{ij} \tag{1.5}$$

式中　HQ_{ij}——第 i 种污染物第 j 种暴露途径的危害指数；

　　　CDI_{ij}——第 i 种污染物第 j 种暴露途径的日均暴露剂量，mg/(kg·d)；

　　　RfD_{ij}——第 i 种污染物第 j 种暴露途径的参考剂量，mg/(kg·d)；

　　　HQ——多种污染物多暴露途径的非致癌总危害指数；

　　　n——某一暴露途径的污染物种类；

　　　k——污染物的暴露途径种类。

对于单一化学污染物，当 $HQ>1$ 时，表示可能对人体健康有非致癌效应，超过了可接受水平，应当立即采取措施削减风险；当 $HQ<1$ 时，表明对人体健康的不利影响在可接受水平。对于多种化学污染物，HQ 值越大，表示对人体健康不利影响的非致癌效应发生的可能性越大，反之越小。特别注意的是，即使是单个化学污染指标的日均暴露剂量低于各自的参考剂量，所有化学污染物质的对人体健康的非致癌总风险也可能远高于可接受水平 1。

2. 致癌物风险

根据健康风险表征方法，多种污染物、多暴露途径的致癌风险计算公式如下：

当 $R_{ij}<0.01$ 时：

$$R_{ij} = SF_{ij} \cdot CDI_{ij} \tag{1.6}$$

当 $R_{ij} \geq 0.01$ 时：

$$R_{ij} = 1 - \exp(-SF_{ij} \cdot CDI_{ij}) \tag{1.7}$$

$$R = \sum_{j=1}^{k} \sum_{i=1}^{n} R_{ij} \tag{1.8}$$

式中　　R_{ij}——第 i 种污染物第 j 种暴露途径的致癌风险；

　　　　SF_{ij}——第 i 种污染物第 j 种暴露途径的致癌强度斜率系数，mg/(kg·d)；

　　　　R——多种污染物多暴露途径的致癌总风险。

致癌风险，表示一定数量人口出现癌症患者的个体数，通常以人体终生日摄取量和致癌强度斜率因子描述。国际辐射防护委员会（International Commission on Radiological Protection，ICRP）、USEPA、瑞典环保局（The Swedish Environmental Protection Agency，SEPA）与荷兰住房、空间规划与环境部（Ministerie van Volkshuisvesting，Ruimtelijke Ordening en Milieu，VROM）推荐的最大可接受致癌风险水平分别为 $5×10^{-5}$、10^{-6}～10^{-4} 和 10^{-6}。

3. 不确定性分析

不确定性，指的是健康风险评估中由于研究者对环境系统目前和将来的状态、危害和表征方式认识的局限性而产生的不肯定性，是风险的重要组成部分。

不确定性贯穿于健康风险评估全过程，因此，健康风险评估必须分析评估结果的不确定性，确定不确定性的来源、性质以及在评估过程中的传播，尽可能对不确定性做出定量评估，并通过技术手段减少不确定性，从而提高评估结果的可靠性。目前，在健康风险评估中如何正确处理不确定性已经成为一个研究热点。

健康风险评价的各个阶段都可能引入不确定性，这些不确定性可能是由于数据的不足、人类认知的不足以及自然条件的随机性和可变性造成的，可能使风险被低估，也可能使风险被高估。为减小不确定性对评估结果的影响，理论上应采用更加先进的方法描述不确定性，以便更明确地描述不确定性的范围，但无法降低不确定性。目前，对不确定性的处理方法比较少也不够完善，用于不确定性分析的数学模型主要有：蒙特卡罗模拟法、模糊数学方法、灰色理论分析法等。

习　　题

1.1　农村饮用水安全有哪几个档次？评价指标有哪些？如何评价？

1.2　生活饮用水卫生标准一共有多少项指标？这些指标如何划分？

1.3　什么是水质健康风险评价？为什么要进行水质健康风险评价？如何评价？

课外知识：　　中国饮用水安全现状与可持续发展

陶　涛（同济大学）　　信昆仑（同济大学）

饮用水安全是中国的当务之急。在水质较差的地区会带来健康和社会问题。在中国，每年有 1.9 亿人患病、6 万人死于水污染引起的疾病（比如肝癌和胃癌）；大约有 3 亿人面临饮用水短缺。在 2009 年一项全国范围内的评估中，受调查的 4000 个城市水处理厂里有四分之一不符合质量控制要求，这引发了公众对于健康影响的担忧。

中国政府正在实施一个花费 4100 亿人民币（660 亿美元）的五年计划——到 2015 年，向所有城镇和城市居民（大约占全国人口的 54％）提供安全饮用水。此计划的重点是修建新的水厂和管网系统，以及更新改造 92300km 的主要管道和水处理厂，达到发达国家标准。

但是，这种关注基础设施建设的方法，并不适合中国——至少到 2050 年，中国都仍将是发展中国家。城市扩张的速度会超过公共水系统改进的速度，并且处理被污染的水会需要大量的能量、昂贵的技术和化学品。相反，关注清洁水源和再生水应该是更加有效的方法。第一要务必清除江水和湖水中的工业和农业污染物，并且要从一开始就防止它们进入水体。使用成本稍低的技术，比如水龙头上面的净化器，就足以向大多数中国人口提供清洁的饮用水了——饮用水只占了中国水总消耗量的几个百分点。稍低品质的水则可以满足洗衣、洗澡和厨房用水的需求。

2012 年，中国颁布标准，所有城市的自来水应该满足 106 项饮用水安全指标，该标准与世界卫生组织的标准基本相符。除了加快基础设施建设改造及标准更新外，中国政府已经把饮用水安全列入 13 个主要科技重大专项中，这些项目还包括探月和载人航天计划项目。为了研究重点河流流域和湖泊的饮用水问题，中国政府已经花费了数十亿资金。但是至今，能够达到期望标准的城市还是很有限。

一、供不应求的水资源

中国水资源的问题是一个关于供和求的问题。供水面临挑战，因为几乎一半的水源都被污染了。水井和含水层都被化肥农药的残留物和重金属（比如采矿、石油化工工业、生活和工业垃圾中的锰）污染了。在 2011 年的全国评估中，包括北京、上海和广州等 9 个省（自治区、直辖市）的 800 多口监测井中超过四分之三（76.8％）都不符合地下水饮用水水源标准。

由于迅速的经济增长和城市化，水的需求量也成为另一个挑战。中国每年平均缺乏 400 亿 m^3 的水。2011 年，665 个城市用水量共 440 亿 m^3，平均每个城市使用 6600 万 m^3 水。到 2020 年，当中国的城市人口比例达到 60％时，城市的需水量可能达到 580 亿 m^3。

但是仔细看一下这些水是如何被利用的，问题就变得容易处理了。几乎三分之二的城市用水被用于工业、农业和建筑业。剩下的三分之一为居民生活用水（2011 年，3.65 亿人用了 153 亿 m^3 水）。其中，洗衣、洗澡和洗餐具用水占得最多（加在一起超过 80％）。烹饪用水和饮用水只略超过 2％（11 亿 m^3）。换句话说，大多数居民生活用水不需要达到饮用水水质标准。

一个像中国这么大的发展中国家，如果令其标准达到发达国家的标准，将会需要更强的水处理。这会带来一些环境问题。比如，在江苏省，如果采用"臭氧活性炭"深度处理工艺处理省内四分之一供水（每天 530 万 m^3）时，2012 年该省饮用水处理的二氧化碳排放会增加 28％。中国需要低成本、高效能及尽量少用化学品的水处理方法。

即便水龙头里的水可以直接饮用了，也会有很少人不去烧开水——这是在中国一个普遍存在的习惯。煮沸会杀死或降低水媒病原体的活性，包括隐孢子虫一类的对化学消毒有抵抗力的原生动物，以及像轮状病毒和诺瓦克病毒一类太小而无法被过滤除去的病毒。即便水是浑浊的，煮沸也可以消除微生物和苯和氯仿一类的易挥发性有机化合物。在此背景下，提高饮用水质量的净化系统是一个不错的选择。在肯尼亚、玻利维亚和赞比亚，净水器的使用已经减少了 30％～40％的腹泻病。使用这些设备的中国家庭少于 5％，尽管其单

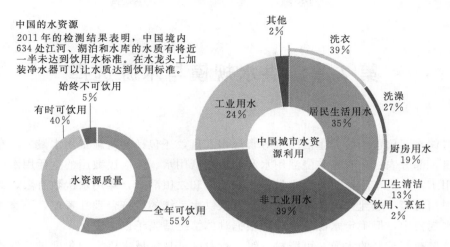

中国水资源质量和城市水资源利用状况

位成本只有大约 1500～2000 元人民币。

二、让饮用水安全保障惠及所有人

接下来呢？通过在所有家庭中使用成本低廉的、低碳的水净化器，中国可以避免导致发达国家浪费饮用水的技术"锁定"（作者注："技术锁定"是指为了使龙头水达到直饮，发达国家的做法就是加强处理工艺和管网的改造，这种技术可以达到目标，但实际上我们也浪费了很多优质的水，如冲厕、清洗等用高标准的水），跨越到一个可持续的供水模式。从长远来

家庭用净水器安装实例

看，水源的改善将会确保大多数人喝上安全的饮用水。

当地和国家监管供水和水源污染的治理机构应该在职能上进行整合，并创建一个统一协调的机构来管理它们——目前这些是被住房和城乡建设部、水利部、环保部分开管理的。权责必须要清晰划分。此外，还要加强对净水器的监管和执行标准。按比例增大技术投资和测试，包括生产和安装启用、定价、补贴和小额信贷的费用。正如 1990 年安全用水与卫生全球协商会议所说，中国提供清洁水的目标应该是"所有人都得到惠及"，而不是"一些人得到全部"。

在污染源头和污水处理这两端，如何分配财力物力，才是最适合中国当前形势的策略？事实上，在任何一个发达国家发展过程中，都存在着环境与经济发展的矛盾问题。在经济发展过程中，势必会影响到生态环境。但没有经济的发展，也很难有足够的财力去改善环境。因此我国现在已把环境治理和保护问题当作发展过程中的重点问题，环境已有了适当的改善。相信不久的未来，我们的环境也会达到发达国家水平。

——引自北极星环保网，http：//huanbao.bjx.com.cn/news/20160219/709360.shtml，译文来源：Nature，Public health：A sustainable plan for China's drinking water

第 2 章　供水规模与水源选择

农村饮水不仅包括居民生活用水等常规用水量，还包括建筑施工用水量、汽车和拖拉机用水量，部分农村还有庭院浇灌用水和农田灌溉用水。但居民散用的生活用水已包括建筑施工用水量、汽车和拖拉机用水量；庭院浇灌和农田灌溉，年用水次数有限，为非日常用水。根据村镇一般允许间断供水的特点，从供水系统的经济合理性考虑，不宜将其列入日常供水规模中，但确定水源规模时可根据具体情况适当予以考虑。

为了选择到较好的水源，可跨村、镇、行政区，从区域水资源的角度进行选择，有多水源可供选择时，应通过技术经济比较确定，并优先选择技术条件好、工程投资低、运行成本低和管理方便的水源。水源水质和水量的可靠性是水源选择的关键。

2.1　供水水量确定

村镇的用水量应根据当地实际用水需求列项，按最高日用水量进行计算。

确定供水规模时，应综合考虑现状用水量、用水条件及其设计年限内的发展变化、水源条件、制水成本、已有供水能力、当地用水定额标准和类似工程的供水情况。

连片集中供水工程的供水规模，应分别计算供水范围内各村、镇的最高日用水量。

2.1.1　居民生活用水量 (Q_1)

生活用水是指人们从事生活活动需要的水，包括居民家庭用水，学校、机关、医院、餐馆、浴室等公共建筑的用水。其中居民生活用水量可按式（2.1）和式（2.2）计算。

$$W = \frac{Pq}{1000} \tag{2.1}$$

$$P = P_0(1+\gamma)^n + P_1 \tag{2.2}$$

式中　W——居民生活用水量，m^3/d；

$\quad\ \ P$——设计用水居民人数，人；

$\quad\ \ P_0$——供水范围内的现状常住人口数，其中包括无当地户籍的常住人口，人；

$\quad\ \ \gamma$——设计年限内人口的自然增长率，‰，可根据当地近年来的人口自然增长率确定；

$\quad\ \ n$——工程设计年限，a；

$\quad\ \ P_1$——设计年限内人口的机械增长总数，人，可根据各村镇的人口规划以及近年来流动人口和户籍迁移人口的变化情况，按平均增长法确定；

$\quad\ \ q$——最高日居民生活用水定额，可按表 2.1 确定，$L/(人 \cdot d)$。

当实际居民生活用水量与表 2.1 有较大出入时，可按当地生活用水量统计资料适当增减。

表 2.1　　　　　　　　　　　　**最高日居民生活用水定额**　　　　　　单位：L/(人・d)

主要用（供）水条件	一区	二区	三区	四区	五区
集中供水点取水，或水龙头入户且无洗涤池和其他卫生设施	30～40	30～45	30～50	40～55	40～70
水龙头入户，有洗涤池，其他卫生设施较少	40～60	45～65	50～70	50～75	60～100
全日供水，户内有洗涤池和部分其他卫生设施	60～80	65～85	70～90	75～95	90～140
全日供水，室内有给水、排水设施且卫生设施齐全	80～110	85～115	90～120	95～130	120～180

注　1. 本表所列用水量包括居民散养畜禽用水量、散用汽车和拖拉机用水量、家庭小作坊生产用水量。
　　2. 一区包括：新疆、西藏、青海、甘肃、宁夏，内蒙古西北部，陕西和山西两省黄土沟壑区，四川西部。
　　　　二区包括：黑龙江、吉林、辽宁，内蒙古西北部以外地区，河北北部。
　　　　三区包括：北京、天津、山东、河南，河北北部以外，陕西和山西两省黄土沟壑区以外的地区，安徽、江苏两省的北部。
　　　　四区包括：重庆、贵州、云南，四川西部以外地区，广西西北部，湖北、湖南两省的西部山区。
　　　　五区包括：上海、浙江、福建、江西、广东、海南、台湾，安徽、江苏两省的北部以外地区，广西西北部，湖北、湖南两省的西部山区以外地区。
　　3. 取值时，应对各村镇居民的用水现状、用水条件、供水方式、经济条件、用水习惯、发展潜力等情况进行调查分析，并综合考虑一下情况：村庄一般比镇区低；定时供水比全供水低；发展潜力小取较低值；制水成本高取较低值；村内有其他情节水源便于使用时取较低值。
　　4. 本表中的卫生设施主要指洗涤池、洗衣机、淋浴器和水冲厕所等。

2.1.2　公共建筑物用水量（Q_2）

公共建筑的生活用水量应根据公共建筑性质、规模及其用水定额确定。

（1）条件好的村镇，公共建筑用水量应按其使用性质、规模，根据卫生器具完善程度和区域条件，采用表 2.2 中的用水定额经计算确定。条件一般或较差的村镇，可根据具体情况对表 2.2 中公共建筑用水定额适当折减。

（2）缺乏资料时，公共建筑用水量可按居民生活用水量的 5%～25% 估算，其中村庄为 5%～10%、集镇为 10%～15%、建制镇为 10%～25%；无学校的村庄不计此项。

表 2.2　　　　　　　**集体宿舍、旅馆等公共建筑物的生活用水定额及时变化系数**

序号	建筑物名称		单位	最高日生活用水定额/L	使用时数/h	时变化系数 K_h
1	单身职工宿舍、学生宿舍、招待所、培训中心、普通旅馆	设公共盥洗室	每人每日	50～100	24	3.0～2.5
		设公共盥洗室、淋浴室	每人每日	80～130		
		设公共盥洗室、淋浴室、洗衣室	每人每日	100～150		
		设单身卫生间、公共洗衣室	每人每日	120～200		
2	宾馆客房	旅客	每人每日	250～400	24	2.5～2.0
		员工	每人每日	80～100		
3	医院住院部	设公共盥洗室	每床位每日	100～200	24	2.5～2.0
		设公共盥洗室、淋浴室	每床位每日	150～250	24	2.5～2.0
		设单独卫生间	每床位每日	250～400	24	2.5～2.0
		医务人员	每人每班	150～250	8	2.0～1.5
		门诊部、诊疗所	每病人每次	10～15	8～12	1.5～1.2
		疗养院、休养所住房部	每床位每日	200～300	24	2.0～1.5

续表

序号	建 筑 物 名 称		单位	最高日生活用水定额/L	使用时数/h	时变化系数 K_h
4	养老院、托老院	全托	每人每日	100～150	24	2.5～2.0
		日托	每人每日	50～80	10	2.0
5	幼儿园、托儿所	有住宿	每儿童每次	50～100	24	3.0～2.5
		无住宿	每儿童每次	30～50	10	2.0
6	公共浴室	淋浴	每顾客每次	100	12	2.0～1.5
		浴盆、淋浴	每顾客每次	120～150	12	
		桑拿浴（淋浴、按摩池）	每顾客每次	150～200	12	
7	理发室、美容院		每顾客每次	40～100	12	2.0～1.5
8	洗衣房		每千克干衣	40～80	8	1.5～1.2
9	餐饮业	中餐酒楼	每顾客每次	40～60	10～12	1.5～1.2
		快餐店、职工及学生食堂	每顾客每次	20～25	12～16	
		酒吧、咖啡馆、茶座、卡拉OK房	每顾客每次	5～15	8～18	
10	商场员工及顾客		每平方米营业厅面积每日	5～8	12	1.5～1.2
11	办公楼		每人每班	30～50	8～10	1.5～1.2
12	教学楼	中小学楼	每学生每日	20～40	8～9	1.5～1.2
		高等院校	每学生每日	40～50		
13	电影院、剧院		每观众每场	3～5	8～12	1.5～1.2
14	健身中心		每人每次	30～50	8～12	1.5～1.2
15	体育场（馆）	运动员淋浴	每人每次	30～40	—	3.0～2.0
		观众	每人每次	3	4	1.2
16	会议厅		每座位每次	6～8	4	1.5～1.2
17	客运站旅客、展览中心观众		每人每次	3～6	8～16	1.5～1.2
18	菜市场地面冲洗及保鲜用水		每平方米每日	10～20	8～10	2.5～2.0
19	停车库地面冲洗水		每平方米每日	2～3	6～8	1.0

注　1. 除养老院、托儿所、幼儿园用水定额中含食堂用水，其他均不含食堂用水。
　　2. 除注明外，均不含员工生活用水，员工用水定额为每人每班 40～60L。
　　3. 医务建筑物用水已含医疗用水。
　　4. 空调用水应另计。

2.1.3　饲养畜禽用水量（Q_3）

集体或专业户饲养畜禽虽高日用水量，应根据畜禽饲养方式、种类、数量、用水现状和近期发展计划确定。

（1）圈养时，饲养畜禽最高日用水定额可按表 2.3 选取。表中的用水定额未包括卫生清扫用水。

表 2.3		饲养畜禽最高日用水定额			单位：L/(头或只·d)
畜禽类别	用水定额	畜禽类别	用水定额	畜禽类别	用水定额
马	40～50	育成牛	50～60	育肥猪	30～40
骡	40～50	奶牛	70～120	羊	5～10
驴	40～50	母猪	60～90	鸡/鸭	0.5～1.0/1.0～2.0

（2）放养畜禽时，应根据用水现状对按定额计算的用水量适当折减。

（3）有独立水源的饲养场可不考虑此项。

2.1.4 企业生产用水量（Q_4）

（1）企业生产用水量应根据企业类型、规模、生产工艺、用水现状、近期发展计划和当地的生产用水定额标准确定，也可按照表 2.4 的规定计算。当用水量与表 2.4 有较大出入时，可按当地用水量统计资料经主管部门批准，适当增减用水定额。

表 2.4		各类乡镇企业用水定额	
工业类别	用水定额	工业类别	用水定额
榨油	60～30m³/t	制砖	7～12m³/万块
豆制品加工	5～15m³/t	屠宰	0.3～1.5m³/头
制糖	15～30m³/t	制革	0.3～1.5m³/张
罐头加工	10～40m³/t	制茶	0.2～0.5m³/担
酿酒	20～50m³/t		

工业企业建筑，管理人员的生活用水定额可取 30～50L/(人·班)；车间工人的生活用水定额应根据车间性质确定，一般宜采用如 30～50L/(人·班)；用水时间为 8h，时变化系数为 1.5～2.5。工业企业建筑淋浴用水定额，应根据《工业企业设计卫生标准》（GBZ 1—2010）中车间的卫生特征分组确定，一般可采用仍 40～60L/(人·次)，延续供水时间为 1h。

（2）对耗水量大、水质要求低或远离居民区的企业，是否将其列入供水范围，应根据水源充沛程度、经济比较和水资源管理要求等确定。

2.1.5 消防用水量（Q_5）

（1）编制村镇规划时应同时规划消防给水和消防设施，并宜采用消防、生产、生活合一的给水系统。室外消防用水量，应按需水量最大的一座建筑物计算，且不宜小于表 2.5 的规定。

表 2.5		工厂、仓库和民用建筑一次灭火的室外消火栓用水量					单位：L/s
耐火等级	建筑物级别	建筑物体积/m³					
		$V \leqslant 1500$	$1500 < V$ $\leqslant 3000$	$3000 < V$ $\leqslant 5000$	$5000 < V$ $\leqslant 20000$	$20000 < V$ $\leqslant 50000$	$V > 50000$
一、二级	厂房 甲、乙类	10	15	20	25	30	35
	丙类	10	15	20	25	30	40
	丁、戊类	10	10	10	15	15	20

耐火等级	建筑物级别		建筑物体积/m³					
			$V \leqslant 1500$	$1500 < V \leqslant 3000$	$3000 < V \leqslant 5000$	$5000 < V \leqslant 20000$	$20000 < V \leqslant 50000$	$V > 50000$
一、二级	仓库	甲、乙类	15	15	25	25	—	—
		丙类	15	15	25	25	35	45
		丁、戊类	10	10	10	15	15	20
	民用建筑		10	15	15	20	25	30
三级	厂房（仓库）	乙、丙类	15	20	30	40	45	—
		丁、戊类	10	10	15	20	25	35
	民用建筑		10	15	20	25	30	—
四级	丁、戊类厂房（仓库）		10	15	20	25	—	—
	民用建筑		10	15	20	25	—	—

注　1. 室外消火栓用水量按消防用水量最大的一座建筑物计算。成组布置的建筑物应按消防用水量较大的相邻两座计算。

　　2. 国家文物保护单位的重点砖木或木结构建筑物，其室外消火栓用水量应按三级耐火等级民用建筑的消防用水量确定。

　　3. 铁路车站、码头和机场的中转仓库其室外消火栓用水量可按丙类仓库确定。

可燃材料堆场、可燃气体储罐（区）的室外消防用水量不应小于表 2.6 的规定。

表 2.6　　　　　可燃材料堆场、可燃气体储罐（区）的室外消防用水量　　　　　单位：L/s

名　称		总储量或总容量	消防用水量
粮食 W/t	土圆囤	$30 < W \leqslant 500$	15
		$500 < W \leqslant 5000$	25
		$5000 < W \leqslant 20000$	40
		$W > 20000$	45
	席穴囤	$30 < W \leqslant 500$	20
		$500 < W \leqslant 5000$	35
		$5000 < W \leqslant 20000$	40
棉、麻、毛、化纤百货 W/t		$10 < W \leqslant 500$	20
		$500 < W \leqslant 1000$	35
		$1000 < W \leqslant 5000$	50
稻草、麦秸、芦苇等易燃材料 W/t		$50 < W \leqslant 500$	20
		$500 < W \leqslant 5000$	35
		$5000 < W \leqslant 10000$	50
		$W > 10000$	60
木材等可燃材料 $V/m³$		$50 < V \leqslant 500$	20
		$500 < V \leqslant 5000$	30
		$5000 < V \leqslant 10000$	45
		$V > 10000$	55

名　称	总储量或总容量	消防用水量
煤炭和焦炭 W/t	100＜W≤5000	15
	W＞5000	20
可燃气体储罐 V/m³	500＜V≤1000	15
	1000＜V≤50000	20
	50000＜V≤100000	25
	100000＜V≤200000	30
	V＞200000	35

注　1. W 表示质量（t），V 表示体积（m³）。
　　2. 固定体积的可燃气体储罐的总体积按其几何容积（m³）和设计工作压力（绝对压力，10^5Pa）的乘积计算。

消防水池的容量应满足在火灾延续时间内消防用水量的要求。甲、乙、丙类液体储罐和易燃、可燃材料堆场的火灾延续时间，不应小于 4h，其他建筑不应小于 2h。

（2）允许短时间间断供水的村镇，当上述用水量之和高于消防用水量时，确定供水规模可不单列消防用水量，但设计配水管网时应按规定设置消火栓。

2.1.6　浇洒道路和绿地用水量（Q_6）

浇洒道路和绿地用水量，经济条件好或规模较大的镇可根据需要适当考虑。其余镇、村可不计此项。

2.1.7　管网损失水量和未预见水量（Q_7）

管网损失水量和未预见水量之和，宜按上述用水量之和的 10%～25% 取值，村庄取较低值，规模较大的镇区取较高值。

2.1.8　设计水量变化系数

（1）时变化系数，应根据各村镇的供水规模、供水方式，生活用水和企业用水的条件、方式和比例，结合当地相似供水工程的最高日供水情况综合分析确定。全日供水工程的时变化系数，可按表 2.7 确定。

表 2.7　　　　　　　　　　全日供水工程的时变化系数

供水规模 W/(m³/d)	W＞5000	5000≥W＞1000	1000≥W≥2000	W＜200
时变化系数 K_h	1.6～2.0	1.8～2.2	2.0～2.5	2.3～3.0

注　企业用水时间长且用水量比例较高时，时变化系数可取较低值；企业用水量比例很低或无企业用水量时，时变化系数可在 2.0～3.0 范围内取值，用水人口多、用水条件好或用水定额高的取较低值。

（2）定时供水工程的时变化系数，可在 3.0～4.0 范围内取值，日供水时间长、用水人口多的取较低值。

（3）日变化系数应根据供水规模、用水量组成、生活水平、气候条件，结合当地相似供水工程的年内供供水变化情况综合分析确定，可在 1.3～1.6 范围内取值。

2.1.9　其他水量（Q_8）

另外，水源取水量可按供水规模加水厂自用水量确定；利用已有渠道输水时，应考虑渠道的蒸发、渗漏损失量；有庭院浇灌和农田灌溉需求时，还应根据具体情况适当考虑庭院浇灌用水量和农田灌溉用水量。

水厂自用水量确定如下：水厂自用水量应根据原水水质、净水工艺和净水构筑物（设备）类型确定。采用常规净水工艺的水厂，可按最高日用水量的 5%～10% 计算；只进行消毒处理的水厂，可不计此项；采用电渗析工艺的水厂，可按电渗析器日产淡水能力的 120% 计算。

2.1.10　供水规模及供水工程系统各组成部分的设计水量

1. 供水规模

供水规模即供水站建成投产后，每天所能提供的最大供水量，为上述前 7 项之和：

$$Q_d = Q_1 + Q_2 + Q_3 + Q_4 + Q_5 + Q_6 + Q_7 \tag{2.3}$$

式中　Q_d——供水站最高日供水量，m^3/d。

2. 供水工程系统各组成部分的设计水量

一般情况下，整个供水工程系统由取水泵房、输水管道、净化构筑物、清水池、送水泵房及配水管网等部分或其中若干部分组成，各部分的计算水量如下：

（1）取水泵房、取水管道及水质净化构筑物的设计水量，应包含供水站自用水量：

$$Q_{取} = \frac{Q_d + Q_8}{T} \tag{2.4}$$

式中　$Q_{取}$——取水泵房计算水量，m^3/h；

　　　T——供水站每天工作小时数。

（2）送水泵房及配水管网。由于送水泵房及配水管网的工作与用户的用水情况直接相关，因此，其供水能力必须满足用户最高时用水的要求，计算公式为

$$Q_{送} = \frac{Q_d K_h}{24} \tag{2.5}$$

式中　$Q_{送}$——送水泵房的计算流量，m^3/h；

　　　K_h——时变化系数。

2.2　水源种类及水源水质

2.2.1　水源种类

水源可分为两大类：地下水源和地表水源。地下水源包括上层滞水、潜水、承压水、岩溶水和泉水等；地表水源包括江河水、湖泊水和水库水及坑塘、水池、水窖水等。

2.2.1.1　地下水

地下水是指以各种形式埋藏在地壳岩土介质空隙中的水，包括包气带和饱水带中的水。地下水也是参与自然界水循环过程中处于地下隐伏径流阶段的循环水。地下水是储存和运动于岩石和土壤空隙中的水，那么地下水必然要受到地质条件的控制。地质条件包括岩土性质、空隙类型与连通性、地质地貌特征、地质历史等。常用作水源的地下水有上层滞水、潜水、承压水、裂隙水、岩溶水和泉水等。

1. 上层滞水

当包气带存在局部隔水层（弱透水层）时，局部隔水层（弱透水层）上就会积聚具有自由水面的重力水，如图 2.1 所示。上层滞水分布最接近地表，接受大气降水或地表水体

的补给，通过蒸发或向隔水底板的边缘下渗排泄。它不能终年保持有水，同时由于其水量小，随季节变化显著。因此，只宜作少数居民或临时供水水源。上层滞水接近地表，极易遭受污染，利用它作为饮用水源时需注意。

2. 潜水

地面以下第一个稳定的隔水层以上的具有自由表面的重力水，称为潜水，如图 2.2 所示。潜水顶部连续的自由表面，叫潜水面；潜水面至地表面的距离称潜水面的埋藏深度（A）；由潜水面往下至隔水层顶板之间均充满重力水，称为潜水含水层，其距离称为潜水含水层的厚度（H）。其特点是：①潜水面以上无稳定的隔水层存在，与大气相通，具自由水面，为无压水；②潜水的补给区与分布区一致，直接接受大气降水补给，具有明显的季节性；③旱季时，以蒸发形式排泄。水量丰富的潜水可作为供水水源，但易受地面污染影响，需注意。

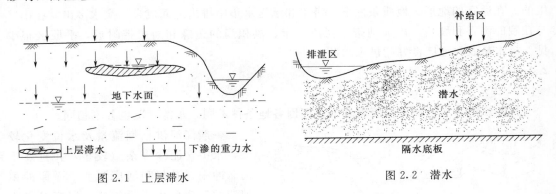

图 2.1 上层滞水   图 2.2 潜水

3. 承压水

承压水是指充满于地表以下两个隔水层（或弱透水层）之间的具有承压性质的重力水，如图 2.3 所示。其特点是：①承压水的重要特征是没有自由水面，并承受一定的静水压力；②承压含水层的分布区与补给区不一致；③由于隔水顶板的存在，承压水受气候影响比较小；④承压水不易受地面污染。因此，承压水是良好的供水水源。我国承压水分布广泛，如华北地区、广东、陕西关中平原、内蒙古河套地区及新疆等地很多山间盆地，是我国居民重要的水源。

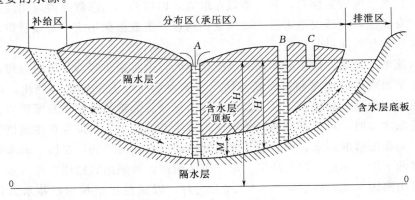

图 2.3 承压水埋藏示意图

4. 裂隙水

裂隙水是埋藏于基岩裂隙中的地下水。大部分基岩出露在山区，因此裂隙水主要出现在山区。

5. 岩溶水

通常在石灰岩、白云岩、泥灰岩等可溶性岩石分布地区，由于水流作用形成溶蚀地貌，如溶洞、落水洞、地下暗河等，储存和运动于岩溶层中的地下水称为岩溶水。其特征是低矿化度的重碳酸盐水，出水量在一年内变化较大。我国石灰岩分布广，特别是贵州、广西、云南等地，水量丰富，可作为供水水源。

6. 泉水

泉是地下水的天然集中地表出露，是地下含水层或含水通道呈点状出露地表的地下水涌出现象，为地下水集中排泄形式。它是在一定的地形、地质和水文地质条件的结合下产生的。在适宜的地形、地质条件下，潜水和承压水集中排出地面成泉。泉水多出露在山区与丘陵的沟谷和坡角、山前地带、河流两岸、洪积扇的边缘和断层带附近，平原区很少见。泉水是农村地区良好的供水水源。

2.2.1.2　地表水

1. 江河水

我国江河水水资源丰富流量较大，但因各地条件不同，水源状况也各不相同。

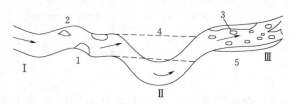

图 2.4　平原河流

Ⅰ—顺直微曲河段；Ⅱ—弯曲河段；Ⅲ—游荡性河段；
1—边滩；2—深槽；3—浅滩；4—截弯；5—主流摇摆

一般江河洪枯期流量及水位变化较大，水中含泥沙等杂质较多，并且发生河床冲刷、淤积和河床演变。平原冲积河流的河床常由土质组成，河床较易变形，呈顺直微曲、弯曲及游荡等河段，如图 2.4 所示，各段各具特点，稳定性出入很大。顺直微曲河段，一般河岸不易被冲刷，河面较宽，易在岸边形成泥沙淤积的边滩，应注意边滩下移造成取水口堵塞的可能性。对弯曲河段，应注意凹岸不断被冲刷，凸岸不断淤积，使河流弯曲度逐渐加大，甚至发展成为河套，并可能裁弯取直，以弯曲-裁直-弯曲做周期性演变。游荡性河段，河身宽浅，浅滩汊道密布，河床变化迅速，主流摇摆不定，对设置取水口较为不利，必要时应有整治河道的措施。

山区河流形态复杂，河床陡峻，流量变化很大，洪水来势猛烈，历时很短；枯水期流量较小，甚至出现多股细流和表面断流情况。河水水质随流量变化而变化，在平、枯水期，河水较清，浊度一般很小，洪水期水质浑浊且挟有大量的推移质和漂浮物。

在设置取水口时，对于平原地区的河流，应注意将取水头部设置在主河槽的附近，以便在不同时期都能够取到水，同时避开河道的游动段；在河道的弯曲段，取水口应设置在弯曲段凹岸的下游，不可设置在凸岸。对于山区河流，可采用底格栏栅坝取水（第 3 章），但坝不宜高出河床太高，一般以 0.5～1.5m 为好，以满足在枯水期拦蓄水为目的，也可在山区河流设置渗流段取水的方式，但应注意渗流段的维护和管理。

2. 湖泊及水库水

在我国南方湖泊或水库较多，可作为给水水源。其特点是水量充沛，水质较清，含悬浮物较少，同时由于蒸发，含盐量高于江河水。此外，水中易繁殖藻类及浮游生物较多，底部积有淤泥，水库或湖泊水质随着水深存在不同的变化，应注意分层水质不同对供水处理的影响。

在选择水库或湖泊作为水源时，应尽可能选择库容较大的。作为村镇供水的水源，考虑到水源和村镇之间的距离，多以中小型水库或湖泊作为水源，这时要注意其浊度指标的洪枯期变化，同时应注意分层水质变化对水处理的影响，还应考虑水库或湖泊的低温低浊高藻类水的处理问题。

3. 海水

随着近代工业的迅速发展，世界上淡水水源日益不足。为满足大量工业用水需要，特别是冷却用水，世界上许多国家，包括我国在内，尤其是淡水资源相对缺乏的地区，都使用海水作为给水水源。

对于村镇供水而言，由于其规模一般较小，且海水淡化处理的投资和运行成本较高，一般不采用海水作为供水水源。

2.2.2 水源水质

水源地取水是用水过程的起始环节，影响着整个用水过程的质量，因此要制定和完善相关标准规范，保证生活饮用水水质达标和保障人民身体健康。饮用水水源水质标准是由政府主管部门发布的水源地各项水质项的最大限定值或规定值，是政府主管部门由企业检验判定水源地水质质量的准绳，也是进行水源地水环境保护的依据。

2.2.2.1 天然水中的杂质

根据水中杂质的存在形态和基本颗粒大小，可将杂质分为溶解物、胶体颗粒和悬浮物3类，其颗粒大小和主要特征见表2.8。

表 2.8　　水中杂质分类和特点

分类	溶解物	胶 体 颗 粒	悬 浮 物	
粒径	$0.1 \sim 1nm$	$1 \sim 100nm$	$1 \sim 10\mu m$	$10\mu m \sim 1mm$
分辨工具	电子显微镜可见	超显微镜可见	显微镜可见	肉眼可见
水的外观	透明	光照下浑浊	浑浊	
形态	以分子或离子状态均匀分散于水中	1. 在水中相对稳定，即使静置较长时间也不会自然沉淀； 2. 无机矿物质胶体主要是铁、铝和硅的化合物； 3. 有机胶体主要是腐殖质	1. 一般在动水中悬浮，静水中可分离出来； 2. 大部分构成水的浊度、少部分形成水的色度和嗅味； 3. 导致人体疾病的病原菌等	

表中的颗粒尺寸系按球形计，且各类杂质的尺寸界限只是大体的概念，而不是绝对的。如悬浮物和胶体之间的尺寸界限，根据颗粒形状和密度不同而略有变化。一般来说，粒径为 $100nm \sim 1\mu m$ 属于胶体和悬浮物的过渡阶段。小颗粒悬浮物往往也具有一定的胶体特性，只有当粒径大于 $10\mu m$ 时，才与胶体有明显的差别。

1. 悬浮物和胶体杂质

悬浮物尺寸较大，易于在水中下沉或上浮。如果密度小于水，则可上浮到水面。易于下沉的一般是大颗粒泥沙及矿物质废渣等，能够上浮的一般是体积较大而密度较小的某些有机物，如藻类。

胶体颗粒尺寸很小，在水中经长期静置也不会下沉，水中所存在的胶体通常有黏土、某些细菌及病菌、腐殖质及蛋白质等。有机高分子物质通常也属于胶体一类。工业废水排入水体，会引入各种各样的胶质或有机高分子物质，例如人工合成的高聚物通常来自生产这类产品的工厂所排放的废水中。天然水中的胶体一般带负电荷，有时也含有少量带正电荷的金属氢氧化物胶体。

悬浮物和胶体是使水产生浑浊现象的根源。其中有机物、如腐殖质及藻类等，往往会造成水的色、嗅、味。随生活污水排入水体的病菌、病毒及原生动物等病原体会通过水传播疾病。

悬浮物和胶体是饮用水处理的主要去除对象。粒径大于 0.1mm 的泥沙较易去除，在水中可很快自行下沉。而粒径较小的悬浮物和胶体杂质，须投加絮凝剂方可去除。去除高分子物质比较困难，往往需要投加大量絮凝剂。

2. 溶解杂质

溶解杂质是指水中的低分子物质和离子。它们与水构成均相体系，外观透明，称真溶液。但有的溶解杂质可使水产生色、嗅、味。无机溶解杂质主要是某些工业用水的去除对象，但有毒、有害无机物也是生活饮用水的去除对象。有机溶解物主要来源于水污染，也有天然存在的，如腐殖质等。

（1）溶解性有机物。水中溶解性有机物影响着水厂处理工艺的许多方面，如混凝剂的投加、消毒剂的用量，尤其是有害消毒副产物的形成。而且，不同有机物在水处理工艺中的物理、化学、生物化学行为各不相同，形成消毒副产物的能力存在较大差异。水中有机物的来源较为复杂，包括外源有机物和内源有机物。内源有机物主要是水体中植物和动物死亡腐烂后的分解物。外源有机物主要包括地表径流和浅层地下水从土壤中渗沥出的有机物，也包括一些城市污水、垃圾填埋厂的渗漏液和工业废水排入水体的有机物等。水中有机物种类繁多，分子量分布从几十到几万甚至几十万不等，小分子量的物质如糖类、有机酸、脂类等，天然水中大分子量的有机物主要是腐殖质累物质。根据有关研究，供水处理的常规工艺对分子量大于 10000 道尔顿的有机物具有良好的去除作用，而分子量小于此的有机物则较难去除，也是目前水处理专家的重点研究对象之一。

（2）溶解气体。天然水中的溶解气体主要是氧、氮和二氧化碳，有时也含有少量硫化氢。

天然水中的氧主要来源于空气中氧气的溶解，部分来自藻类和其他水生植物的光合作用。地表水中溶解氧的含量与水温、气压及水中有机物含量等有关。不受工业废水或生活污水污染的天然水体，溶解氧含量一般为 5～10mg/L。最高含量不超过 14mg/L。当水体受到废水污染时，溶解氧含量降低。严重污染的水体，溶解氧甚至为零。

地表水中的 CO_2 主要来自有机物的分解。地下水中的 CO_2 除来源于有机物的分解外，还有在地层中所进行的化学反应。按亨利定律，水中 CO_2 含量已远远超过来自空气中

CO_2 的饱和溶解度。地表水中（除海水以外）CO_2 含量一般小于 $20\sim30mg/L$；地下水中 CO_2 含量约每升几十毫克至 $100mg$，少数竟高达数百毫克，海水中 CO_2 含量极少。水中 CO_2 约 99％呈分子状态，仅 1％左右与水作用生产碳酸。

水中氮主要来自空气中氮的溶解，部分是有机物分解及含氮化合物的细菌还原等生化工程的产物。

水中 H_2S 的存在与某些含硫矿物（如硫铁矿）的还原及水中有机物腐烂有关。由于 H_2S 极易被氧化，故地表水中含量极少。如果地表水中 H_2S 含量较高，往往与含有大量含硫物质的生活污水或工业废水污染有关。

（3）离子。天然水中所含主要阳离子有 Ca^{2+}、Mg^{2+}、Na^+；主要阴离子有 HCO_3^-、SO_4^{2-}、Cl^- 等。此外还含有少量 K^+、Fe^{2+}、Mn^{2+}、Cu^{2+} 等阳离子及 $HSiO_3^-$、CO_3^{2-}、NO_3^- 等阴离子。所有这些离子，主要来源于矿物质的溶解，也有部分可能来源于水中有机物的分解。例如，当水流接触石灰石（$CaCO_3$）且水中 CO_2 含量足够时，可溶解产生 Ca^{2+} 和 HCO_3^-；当水流接触白云石（$MgCO_3 \cdot CaCO_3$）或菱镁矿（$MgCO_3$）且水中有足够 CO_2 时，可溶解产生 Mg^{2+} 和 HCO_3^-；Na^+ 和 K^+ 则为水流接触含钠盐或钾盐的土壤或岩层溶解产生的，SO_4^{2-} 和 Cl^- 则为接触含有硫酸盐或氯化物的岩石或土壤时溶解产生的。水中 NO_3^- 一般主要来自有机物的分解，但也有可能由盐类溶解产生。

由于各种天然水所处环境、条件以及地质状况各不相同，所含离子种类和含量也有很大差别。

3. 受污染水源中的杂质

地面水源污染是当今世界范围所面临的普遍性问题，也是给水处理所面临的棘手问题，特别是有机物的污染更为严重。目前已知的有机化合物种类多达 400 万种，其中人工合成的化学物质已超过 4 万种，每年还有许多新品种不断出现。这些化学物质中相当大一部分通过人类活动进入水体，例如生活和工业废水的排放，农业上使用的化肥、除草剂和杀虫剂的流失等，使水源中杂质种类和数量不断增加，水质不断恶化。在进入水体的品种繁多的化学物质中，有机物种类和水量最多，还有一些重金属离子等。20 世纪 60 年代和 70 年代初，比较重视重金属离子的污染；80 年代后，水源中有机污染物成为人类最关注的问题。不少有机污染物对人体有急性或慢性、直接或间接的毒害作用，其中包括致癌、畸形和致突变的三种作用。根据现有检测技术，已发现给水水源中有 2221 种有机物，饮用水中有 765 种，并确认其中 20 种为致癌物，23 种为可疑致癌物，18 种为促癌物，56 种为致癌突变物，总计 117 种有机物成为优先控制的污染物。世界上许多国家特别是工业发达国家，都根据本国情况规定了有毒有机污染物名单。我国在有机物污染物方面也进行了大量调查研究工作。中国环境监测总站在调查研究基础上，参考国外文献资料，提出了反映我国环境特点的优先污染物名单，其中优先控制的有毒有机物有 12 类，58 种〔包括 10 种卤代（烷/烯）烃类、6 种苯系物、4 种氯代苯类、1 种多氯联苯、6 种酚类、6 种硝基苯、4 种胺、7 种多环芳烃、3 种钛酸酯、8 种农药、丙烯腈和两种亚硝胺〕；优先控制的无机物有 10 种（包括氰化物、砷、铍、铬、镉、铜、铅、汞、镍、铊等元素及其化合物）。值得注意的是有些有机污染物是在传统氯消毒或预氯化过程中产生的，例如，腐殖酸在加氯消毒过程中会形成有致癌作用的三氯甲烷。我国上海、北京、武汉、哈尔滨、新疆塔什库尔干等地均发现饮用水致突变阳反应。随着科学技术进步和医学研究进展，有机污染物的毒性和浓度限值将越来越明显。

水源污染给人类健康带来了严重威胁。解决的办法：①保护水源，控制污染源；②强化水处理工艺。

2.2.2.2　衡量水质的指标

生活饮用水一般指人类应用和日常生活用水。生活饮用水的水质是美乎人类用水安全的重要问题。从饮水安全角度考虑，主要基于 3 个方面来保障饮水的卫生和安全，即水中不得含有病原微生物，水中所含化学物质和放射性物质不得危害人体健康，水的感官性状良好。从上述要求出发，可将衡量水质指标分为下面 4 大类指标。

在《生活饮用水卫生标准》（GB 5749—2006）对上述各类指标的限值进行了明确规定，详见后文介绍。

1. 感官性状和一般化学指标

这两类指标不属于危害人体健康构成生命危险的直接指标，但会在视觉、味觉和嗅觉等方面对人产生不良影响。

感官性指标主要有色度、浑浊度、嗅和味。一般性化学指标有 pH 值、铁、氯化物、总硬度等。

（1）色度。衡量水中色度一般采用铂钴标准比色法，规定相当于 1mg 铂在 1L 水中所具有的颜色称为 1 度。水色度大于 15 度时，多数人用杯子喝水时即可察觉；色度较深不超过 15 度。但水源受工业废水污染后，可使呈现其他颜色，故标准同时规定，不得呈现其他异色。

（2）浑浊度（浊度）。浑浊度的大小与水中悬浮物质、胶体物质的含量有关，且与水中病菌、病毒和其他有害物质有关。浑浊度会影响消毒效果，浑浊度降低时，水中的细菌、病毒和有害物质会减少。故 GB 5749—2006 标准中规定浑浊度不能超过 1NTU，特殊情况下不得超过 3NTU。条件较好的供水站，应力求供给浑浊度更低的水。

（3）嗅和味。清洁卫生的水是无嗅无味的，异嗅和异味会使人产生厌恶感，同时还能提示原水受污染或水质处理不充分，故 GB 5749—2006 标准中规定：不得有异嗅和异味。

（4）pH 值。pH 值是水中氢离子浓度对数的倒数值，即 $1/\lg[H^+]$。优质是饮用水的 pH 值应在 7～8 之间。GB 5749—2006 标准规定的 pH 值在 6.5～8.5 范围内。pH 值过低腐蚀管道，影响水质；过高可使溶解盐类析出，并降低氯消毒效果。

（5）铁。水中铁的含量会增加水的浊度，使水呈黄褐色，会使给水管道产生铁菌，加速水管锈蚀。水中含铁量为 0.3～0.5mg/L 时，无任何异味，1mg/L 时有明显金属味。GB 5749—2006 标准中规定饮水铁不超过 0.3mg/L。

（6）氯化物。水中氯化物过高会使人对水的味道有厌恶感，长期饮用会导致高血压和心脏病等。GB 5749—2006 标准中规定不应超过 250mg/L。

（7）总硬度。水的硬度分暂时硬度（碳酸盐硬度）和永久硬度（非碳酸盐硬度），这两种硬度之和称为总硬度。硬度过高的水不宜饮用，可引起胃肠道功能的暂时性紊乱。GB 5749—2006 标准中规定总硬度不能大于 450mg/L。

2. 毒理性指标

这类指标超过一定量时，会对人体健康造成危害。有些有毒物质能引起急性中毒，大多数有毒物质可在人体中积蓄，引起慢性中毒。

主要的毒理学指标有：铬（六价）、铅、汞、氰化物、氟化物、硝酸盐含量。

铬（六价）毒性很大，对人的消化系统和皮肤都有刺激和腐蚀作用，还会致癌；铅是蓄积性毒物，铅的含量超过一定量时，会引起神经、血管和造血系统等方面的病变；汞是剧毒物质，能积蓄毒物在人体内，达到一定量时会危害人的神经系统、心脏、肾脏和肠胃道；氰化物是一种烈性毒物，超过一定量能很快使人死亡，在低 pH 值时更为严重；饮用水中含氟量达到 $8\sim20\text{mg/L}$ 时，长期饮用会引起骨骼损伤，长期饮用 $3\sim6\text{mg/L}$ 的含氟水可能导致氟骨症；硝酸盐容易在人体内积蓄引起中毒。

GB 5749—2006 标准中规定：六价铬不得超过 0.05mg/L；铅不得超过 0.01mg/L；汞不得超过 0.001mg/L；氰化物含量不得超过 0.05mg/L；饮用水中含氟量不得超过 1mg/L。一级水源水时，水中硝酸盐氮含量不得超过 10mg/L；二级水源水时，不得超过 20mg/L。

溶解性有毒物质不能通过一般的凝聚沉淀和过滤等方式有效去除。因此，这些指标应成为水源选择的重要依据，以确保水质安全。

3. 微生物指标

水中细菌繁多，病原菌会对人体健康产生危害。目前一般采取测定病原菌生存条件相近的细菌总数和大肠杆群的方法。这两项指标能反映水源受到污染的程度和水处理的效果。

总大肠杆菌群基本上来自人类粪便污染，GB 5749—2006 标准中规定不得检出。

菌落总数指 1mL 水样在普通琼脂培养基中在 37℃经过 24h 的培养所生长的各种细菌菌落总数。被污染的水，每毫升中细菌总数可能高达几十万个，但经过一般净化处理后大部分被杀死。培养后 1mL 水样中小于 100 个细菌菌落数时，水质良好。因此，GB 5749—2006 标准中规定每毫升水中不超过 100 个细菌。

4. 放射性指标

人类活动可能使环境中的天然辐射强度有所提高，特别是随着核能的发展和同位素技术的应用，很可能产生放射性物质对水环境的污染问题。因此，有必要对饮用水中的放射性指标进行常规监测和评价。一般以总 α 放射性和总 β 放射性强度这两个指标作为衡量水中放射性的指标。

GB 5749—2006 标准中规定总 α 放射性为 0.5Bq/L，总 β 放射性为 1.0Bq/L。

2.2.2.3 水源水质标准

作为饮用水水源，其除了满足水量的要求外，还应该满足一定的水质要求，否则应根据超标的具体水质指标采用相应的预处理措施。

水源地取水是用水过程的起始环节，影响着整个用水过程的质量，因此要制定和完善相关标准规范，保证生活饮用水水质达标和保障人民身体健康。饮用水水源水质标准是由政府主管部门发布的水源地各项水质项的最大限定值或规定值，是政府主管部门由企业检验判定水源地水质质量的准绳，也是进行水源地水环境保护的依据。

1. 地表水水质标准

符合《地表水环境质量标准》（GB 3838—2002）的要求，或符合《生活饮用水水源水质标准》（CJ 3020—1993）的要求。

（1）《生活饮用水水源水质标准》（CJ 3020—1993）。在《生活饮用水水源水质标准》（CJ 3020—1993）中，按照水源水质将水源分为两级，具体两级标准极限值见表 2.9。如水质浓度超过二级标准限值的水源水，不宜作为生活饮用水的水源。若限于条件需加以利用时，应采用相应的净化工艺进行处理。处理后的水质应符合 GB 5749—2006 规定，并取得省（自治区、直辖市）卫生厅（局）及主管部门批准。

表 2.9　　　　　　　　　　　　生活饮用水水源水质标准

指　　　标	一　　级	二　　级
1. 微生物指标		
总大肠菌群/(MPN/100mL 或 GFU/100mL)	≤1000	≤1000
2. 毒理指标		
砷/(mg/L)	≤0.05	≤0.05
镉/(mg/L)	≤0.01	≤0.01
铬（六价）/(mg/L)	≤0.05	≤0.05
铅/(mg/L)	≤0.05	≤0.07
银/(mg/L)	≤0.05	≤0.05
铍/(mg/L)	≤0.0002	≤0.0002
汞/(mg/L)	≤0.001	≤0.001
硒/(mg/L)	≤0.01	≤0.01
氰化物/(mg/L)	≤0.05	≤0.05
氟化物/(mg/L)	≤1.0	≤1.0
苯并芘/(μg/L)	≤0.01	≤0.01
滴滴涕/(μg/L)	≤1.0	≤1.0
六六六/(μg/L)	≤5.0	≤5.0
百菌清/(mg/L)	≤0.01	≤0.01
3. 感光性状和一般化学指标		
色度/铂钴色度单位	色度不得超过 15 度，并不得呈现其他异色	不应有其他明显的异色
浑浊度/NTU －散射浊度单位	≤3	
嗅和味	不得有异嗅、异味	不得有明显的异嗅、异味
pH 值	6.5～8.5	6.5～8.5
溶解铁/(mg/L)	≤0.3	≤0.5
锰/(mg/L)	≤0.1	≤0.1

续表

指　　标	一　级	二　级
铜/(mg/L)	≤1.0	≤1.0
锌/(mg/L)	≤1.0	≤1.0
氯化物/(mg/L)	<250	<250
硫酸盐/(mg/L)	<250	<250
溶解性总固体/(mg/L)	<1000	<1000
总硬度（以 $CaCO_3$ 计）/(mg/L)	≤350	≤450
耗氧量（COD_{Mn}法，以 O_2 计）/(mg/L)	≤3	≤6
氨氮（以 N 计）/(mg/L)	≤0.5	≤1.0
硝酸盐氮（以 N 计）/(mg/L)	≤10	≤20
挥发酚类（以苯酚计）/(mg/L)	≤0.002	≤0.004
阴离子合成洗涤剂/(mg/L)	≤0.3	≤0.3
4. 放射性指标		
总 α 放射性/(Bq/L)	≤0.1	≤0.1
总 β 放射性/(Bq/L)	≤1.0	≤1.0

一级水源水：水质良好。二级水源水：水质受轻度污染，经常规净化处理（如絮凝、沉淀、过滤、消毒灯），其水质即可达到 GB 5749—2006 的规定，可供生活饮用。

（2）《地表水环境质量标准》（GB 3838—2002）。根据地表水的功能划分，国家环境保护部门提出了《地表水环境质量标准》（GB 3838—2002），将我国的水域功能划分为 5 类功能区：

Ⅰ类：主要适用于源头水、国家自然保护区。

Ⅱ类：主要适用于集中式生活用水地表水源地一级保护区、珍稀水生生物栖息地、鱼虾类产卵场、仔稚幼鱼的索饵场等。

Ⅲ类：主要适用于集中式生活饮用水地表水源地二级保护区、鱼虾类越冬场、洄游通道、水产养殖区等渔业水域及游泳区。

Ⅳ类：主要应用于一般工业用水区及人体非直接接触的娱乐用水区。

Ⅴ类：主要适用于农业用水区及一般景观要求水域。

标准中检测项目共计 109 项，其中地表水环境质量标准基本项目 24 项，集中式生活饮用水地表水源地补充项目 5 项，集中式生活饮用水地表水源地特定项目 80 项。具体各项指标限值见表 2.10～表 2.12。

2. 地下水水源水质标准

依据我国地下水水质现状、人体健康基准值及地下水质量保护目标，参照生活饮用水、工业、农业用水水质要求，我国环境保护部门提出了地下水环境质量标准，根据《地下水质量标准》（GB/T 14848—1993），将我国的水域功能分为 5 类功能区：

Ⅰ类：主要反映地下水化学组分的天然低背景含量。适用于各种用途。

Ⅱ类：主要反映地下水化学组分的天然背景含量。适用于各种用途。

表 2.10　　　　　　　　　　　　　地表水环境质量分类指标　　　　　　　　　　　　单位：mg/L

序号	项　　目	Ⅰ类	Ⅱ类	Ⅲ类	Ⅳ类	Ⅴ类
		限值				
1	水温/℃	人为造成的环境水温变化应限制在：周平均最大温升≤1，周平均最大温降≤2				
2	pH 值	6～9				
3	溶解氧≥	饱和率90％或7.5	6	5	3	2
4	高锰酸钾盐指数≤	2	4	6	10	15
5	化学需氧量 COD≤	15	15	20	30	40
6	五日生化需氧量 BOD$_5$≤	3	3	4	6	10
7	氨氮（NH$_3$-N）≤	0.15	0.5	1.0	1.5	2.0
8	总磷（以 P 计）≤	0.02（湖、库，0.01）	0.1（湖、库，0.025）	1.0（湖、库，0.05）	1.5（湖、库，0.1）	2.0（湖、库，0.2）
9	总氮（湖、库，以 N 计）≤	0.2	0.5	1.0	1.5	2.0
10	铜≤	0.01	1.0	1.0	1.0	1.0
11	锌≤	0.05	1.0	1.0	2.0	2.0
12	氟化物（以 F$^-$计）	1.0	1.0	1.0	1.5	1.5
13	硒≤	0.01	0.01	0.01	0.02	0.02
14	砷≤	0.05	0.05	0.05	0.1	0.1
15	汞≤	0.00005	0.00005	0.0001	0.001	0.001
16	镉≤	0.001	0.005	0.005	0.005	0.01
17	铬（六价）≤	0.01	0.05	0.05	0.05	0.1
18	铅≤	0.01	0.1	0.05	0.05	0.1
19	氰化物≤	0.005	0.05	0.2	0.2	0.2
20	挥发酚≤	0.002	0.02	0.005	0.01	0.1
21	石油类≤	0.05	0.05	0.05	0.5	1.0
22	阴离子表面活性剂≤	0.2	0.2	0.2	0.3	0.3
23	硫化物≤	0.05	0.1	0.2	0.5	1.0
24	大肠菌群/(个/L)≤	200	2000	10000	20000	40000

表 2.11　　　　　　　　集中式生活饮用水地表水源地补充项目标准限值　　　　　　　　单位：mg/L

序号	项　　目	标　准　值
1	硫酸盐（以 SO$_4^{2-}$ 计）	250.0
2	氯化物（以 Cl$^-$ 计）	250.0
3	硝酸盐（以 N 计）	10.0
4	铁	0.3
5	锰	0.1

表 2.12　　　　　　集中式生活饮用水地表水源地特定项目标准限值　　　　单位：mg/L

序号	项目	标准值	序号	项目	标准值
1	三氯甲烷	0.06	36	2,4-二氯基苯酚	0.093
2	四氯化碳	0.002	37	2,4,6-三氯苯酚	0.2
3	三溴甲烷	0.1	38	五氯酚	0.009
4	二氯甲烷	0.02	39	苯胺	0.1
5	1,2-二氯乙烷	0.03	40	联苯酚	0.0002
6	环氧氯甲烷	0.02	41	丙烯酰胺	0.0005
7	氯乙烯	0.005	42	丙烯腈	0.1
8	1,1-二氯乙烯	0.03	43	邻苯二甲酸二丁酯	0.003
9	1,2-二氯乙烯	0.05	44	联苯二甲酸二（2-乙基己基）酯	0.008
10	三氯乙烯	0.07			
11	四氯乙烯	0.04	45	水合肼	0.01
12	氯丁二烯	0.002	46	四乙基铅	0.0001
13	六氯丁二烯	0.0006	47	吡啶	0.2
14	苯乙烯	0.02	48	松节油	0.2
15	甲醛	0.9	49	苦味酸	0.5
16	乙醛	0.05	50	丁基黄原酸	0.005
17	丙烯醛	0.1	51	活性氯	0.01
18	三氯乙醛	0.01	52	滴滴涕	0.001
19	苯	0.01	53	林丹	0.002
20	甲苯	0.7	54	环氧七氯	0.0002
21	乙苯	0.3	55	对硫磷	0.003
22	二甲苯[①]	0.5	56	甲基对硫磷	0.002
23	异丙苯	0.25	57	马拉硫磷	0.05
24	氯苯	0.3	58	乐果	0.08
25	1,2-二氯苯	1.0	59	敌敌畏	0.05
26	1,4-二氯苯	0.3	60	敌百虫	0.05
27	三氯苯[②]	0.02	61	内吸磷	0.03
28	四氯苯[③]	0.02	62	百菌清	0.01
29	六氯苯	0.05	63	甲萘威	0.05
30	硝基苯	0.017	64	溴氰菊酯	0.02
31	二硝基苯[④]	0.5	65	阿特拉津	0.003
32	2,4-二硝基甲苯	0.003	66	苯并（a）芘	$2.8×10^{-6}$
33	2,4,6-三硝基甲苯	0.5	67	甲基汞	$1.0×10^{-6}$
34	硝基氯苯[⑤]	0.05	68	多氯联苯[⑥]	$2.0×10^{-6}$
35	2,4-二硝基氯苯	0.5	69	微囊藻毒素-LR	0.001

序号	项　目	标准值	序号	项　目	标准值
70	黄磷	0.003	76	镍	0.02
71	钼	0.07	77	钡	0.7
72	钴	1.0	78	钒	0.05
73	铍	0.002	79	钛	0.1
74	硼	0.5	80	铊	0.001
75	锑	0.005			

① 二甲苯指对-二甲苯、邻-二甲苯、间-二甲苯。

② 三氯苯指 1,2,3-三氯苯、1,2,4-三氯苯、1,3,5-三氯苯。

③ 四氯苯指 1,2,3,4-四氯苯、1,2,3,5-四氯苯、1,2,4,5-四氯苯。

④ 二硝基苯指对-二硝基苯、邻-二硝基苯、间-二硝基苯。

⑤ 硝基氯苯指对-硝基氯苯、间-硝基氯苯、邻-硝基氯苯。

⑥ 多氯联苯指 PCB-1016、PCB-1221、PCB-1248、PCB-1254、PCB-1260。

Ⅲ类：以人体健康基准值为依据。主要适用于集中式生活饮用水水源及工、农业用水。

Ⅳ类：以农业和工业用水要求为依据。除适用于农业和部分工业用水外，适当处理后可作生活饮用水。

Ⅴ类：不宜饮用，其他用水可根据使用目的选用。

地下水质量的分类指标详见表 2.13。

表 2.13　　　　　　　　　　　　地下水质量的分类指标

序号	项　　目	Ⅰ类	Ⅱ类	Ⅲ类	Ⅳ类	Ⅴ类
		限值				
1	色/度	≤5	≤5	≤15	≤25	≤25
2	嗅和味	无	无	无	无	无
3	浑浊度/NTU	≤3	≤3	≤3	≤10	>10
4	肉眼可见物	无	无	无	无	无
5	pH 值	6.5~8.5			5.5~6.5 8.5~9.0	<5.5，>9
6	总硬度（以 $CaCO_3$ 计）/(mg/L)	≤150	≤300	≤450	≤550	>550
7	溶解性总固体/(mg/L)	≤300	≤500	≤1000	≤2000	>2000
8	硫酸盐/(mg/L)	≤50	≤150	≤250	≤350	>350
9	氯化物/(mg/L)	≤50	≤150	≤250	≤350	>350
10	铁（Fe）/(mg/L)	≤0.1	≤0.2	≤0.3	≤1.5	>1.5
11	锰（Mn）/(mg/L)	≤0.05	≤0.05	≤0.1	≤1.0	>1.0
12	铜（Cu）/(mg/L)	≤0.01	≤0.05	≤1.0	≤1.5	>1.5
13	锌（Zn）/(mg/L)	≤0.05	≤0.5	≤1.0	≤5.0	>5.0

序号	项　目	Ⅰ类	Ⅱ类	Ⅲ类	Ⅳ类	Ⅴ类
		限值				
14	铝（Al）/(mg/L)	≤0.001	≤0.01	≤0.1	≤0.5	>0.5
15	钴（Co）/(mg/L)	≤0.005	≤0.05	≤0.05	≤1.0	>1.0
16	挥发性酚类（以苯酚计）/(mg/L)	0.001	0.001	0.001	≤0.01	0.01
17	阴离子合成洗涤剂/(mg/L)	不得检出	≤0.1	≤0.3	≤0.3	>0.3
18	高锰酸盐指数/(mg/L)	≤1.0	≤2.0	≤3.0	≤10	>10
19	硝酸盐/(mg/L)	≤2.0	≤5.0	≤20	≤30	>30
20	亚硝酸盐（以 N 计）/(mg/L)	≤0.001	≤0.01	≤0.02	≤0.1	0.1
21	氨氮（NH_4）/(mg/L)	≤0.02	≤0.02	≤0.2	≤0.5	>0.5
22	氟化物/(mg/L)	≤1.0	≤1.0	≤1.0	≤2.0	>2.0
23	碘化物/(mg/L)	≤0.1	≤0.1	≤0.2	≤1.0	>1.0
24	氰化物/(mg/L)	≤0.001	≤0.01	≤0.05	≤0.1	>0.1
25	汞（Hg）/(mg/L)	≤0.0005	≤0.0005	≤0.001	≤0.001	>0.001
26	砷（As）/(mg/L)	≤0.005	≤0.05	≤0.05	≤0.05	>0.0005
27	硒（Se）/(mg/L)	≤0.01	≤0.01	≤0.01	≤0.1	>0.1
28	镉（Cd）/(mg/L)	≤0.0001	≤0.001	≤0.01	≤0.01	>0.01
29	铬（六价）（Cr^{6+}）/(mg/L)	≤0.005	≤0.05	≤0.05	≤0.1	>0.1
30	铅（Pb）/(mg/L)	≤0.005	≤0.01	≤0.05	≤0.1	>0.1
31	铍（Be）/(mg/L)	≤0.00005	≤0.0001	≤0.0002	≤0.001	>0.001
32	钡（Ba）/(mg/L)	≤0.01	≤0.1	≤1.0	≤4.0	>4.0
33	镍（Ni）/(mg/L)	≤0.005	≤0.05	≤0.05	≤0.1	>0.1
34	滴滴涕/(μg/L)	不得检出	≤0.005	≤1.0	≤1.0	>1.0
35	六六六/(μg/L)	≤0.005	≤0.005	≤5.0	≤5.0	>5.0
36	总大肠菌群/(个/L)	≤3.0	≤3.0	≤3.0	≤100	>100
37	细菌总数/(个/mL)	≤100	≤100	≤100	≤1000	>1000
38	总 α 放射性/(Bq/L)	≤0.1	≤0.1	≤0.1	≤0.1	>0.1
39	总 β 放射性/(Bq/L)	≤0.1	≤1.0	≤1.0	>1.0	>1.0

2.2.2.4　天然水源的水质特点

1. 江河水

江河水易受自然条件影响。水中悬浮物和胶态杂质含量较多，浊度高于地下水。由于我国幅员辽阔，大小河流纵横交错，自然地理条件相差悬殊，因而各地区江河水的浊度也相差很大。甚至同一条河流，上游和下游、夏季和冬季、晴天和雨天，浑浊度也颇相悬殊。我国是世界上高浊度水河流众多的国家之一。西北及华北地区经黄土高原的黄河水系、海河水系及长江中、上游等，个别甚至达几千千克每立方米。浊度变化幅度也很大。冬季浊度有时仅几度至几十度，暴雨时，几小时内浊度就会突然增加。凡土质、植被和气候条件较好地区，如华东、东北和西南地区大部分河流，浊度均较低。一年中大部分时间内河水较清，只是雨季河水较浑，一般年平均浑浊度为 50～400NTU。

江河水的含盐量和硬度较低。河水含盐量和硬度与地质、植被、气候条件及地下水补给情况有关。我国西北黄土高原及华北平原大部分地区，河水含盐量较高，约 300～400mg/L；秦岭以及黄河以南次之，东北松禺流域及东南沿海地区最低，含盐量大多小于 100mg/L。我国西北及内蒙古高原大部分河流，河水硬度较高，可达 100～150mg/L（以 CaO 计），甚至更大；黄河流域、华北平原及东北辽河流域次之，松黑流域和东南沿海地区，河水硬度较低，一般均在 15～30mg/L（以 CaO 计）以下。总的来说，我国大部分河流，河水含盐量和硬度一般均无碍于生活饮用。

江、河水最大缺点是易受工业废水、生活污水及其他各种人为污染，因而水的色、嗅、味变化较大，有毒或有害物质易进入水体。水温不稳定，夏季常不能满足工业冷却用水要求。

2. 湖泊及水库水

湖泊及水库水，主要由河水供给，水质与河水类似。但由于湖泊（或水库）水流动性小，储存时间长，经过长期自然沉淀，浊度较低。只有在风浪时以及暴雨季节，由于湖底沉积物或泥沙泛起，才产生浑浊现象。水的流动性小和透明度高又给水中浮游生物特别是藻类的繁殖创造了良好条件。因而，湖水一般含藻类较多，使水产生色、嗅、味。同时，水生物死亡残骸沉积湖底，使湖底淤泥中积存了大量腐殖质，一经风浪泛起，便使水质恶化，湖水也易受生活污水或工业废水污染。

由于湖水不断得到补给又不断蒸发浓缩，故含盐量往往比河水高。按含盐量分，有淡水湖、微咸水湖和咸水湖 3 种。这与湖的形成历史、水的补给来源及气候条件有关。干旱地区内陆湖由于换水条件差，蒸发量大，含盐量往往很高。微咸水湖和咸水湖含盐量在 1000mg/L 以上直至数万毫克每升。咸水湖的水不宜生活饮用，我国大的淡水湖主要集中在雨水丰富的东南地区。

3. 海水

海水含盐量高，而且所含各种盐类或离子的重量比例基本上一定，这是与其他天然水源所不同的一个显著特点。其中氧化物含量最高，约占总盐量 89% 左右；硫化物次之，再次为碳酸盐，其他盐类含量极少。海水一般须经淡化处理才可作为居民生活用水。

4. 地下水

水在地层渗滤过程中，悬浮物和胶体杂质已基本或大部去除，水质清澈，且水源不易受外界污染和气温影响，因而水质、水温较稳定，一般宜作为饮用水和工业冷却用水的水源。

由于地下水溶解了岩层的各种可溶性矿物质，因而水的含盐量通常高于地表水（海水除外），至于含盐量多少及盐类成分，则决定于地下水流经地层的矿物质成分、地下水埋深和与岩层接触时间等。我国水文地质条件比较复杂。各地区地下水中含盐量相差很大，但大部分地下水的含盐量为 200~500mg/L。一般情况下，多雨地区，如东南沿海及西南地区，由于地下水受到大量雨水补给，故含盐量较低；干旱地区，如西北、内蒙古等地，地下水含盐量较高。

地下水硬度高于地表水。我国地下水总硬度通常在 60~300mg/L（以 CaO 计）之间，少数地区有时高达 300~700mg/L。

我国含铁地下水分布较广，比较集中的地区是松花江流域和长江中、下游地区。黄河流域、珠江流域等地也都有含铁地下水。我国地下水的含铁量通常在 10mg/L 以下，可高达 30mg/L。地下水中的锰常与铁共存，但含量比铁少。我国地下水含锰量一般不超过 2~3mg/L，个别地区可高达 10mg/L。

另外，我国许多地区，地下水含氟量都超过国家规定的生活饮用水卫生标准。有些地区甚至高达 20mg/L。长期饮用高氟水，轻者使牙齿产生斑釉，关节疼痛，重者会影响骨骼发育，致使丧失劳动力。

由于地下水含盐量和硬度较高，故用以作为某些工业用水水源未必经济。地下水含铁、锰量或者含氟超过饮用水标准时，需经处理方可使用。

2.3 供水水源的选择

2.3.1 水源选择的一般原则

由于村镇在地理位置、气候特征等方面相差悬殊，并且水源类型多、水源水质差异大，在进行水源选择时应结合村镇水源特点考虑以下几个方面。

2.3.1.1 水质良好，水量充沛，便于卫生防护及管理

对于水源水质良好而言，应根据《地面水环境质量标准》（GB 3838—88）判别水源水质优劣及是否符合要求。作为生活饮用水水源，其水质要符合《生活饮用水卫生标推》（GB 5749—2006）中有关水源水质的Ⅲ类水域质量标准，乡镇企业生产用水的水源水质还应根据各种生产工艺要求而定，并符合标准规定的Ⅲ类水域水质标准。对于水量充沛而言，除保证当前生活、生产需水量外，还应满足一定时期内社会经济发展的需要。对于工程设计而言，就是在设计年限内，按设计枯水量保证率（水量充沛，干旱年枯水期设计取水量的保证率，严重缺水地区不低于 90%，其他地区不低于 95%），进行水量平衡分析计算，确定水量能否满足设计年限内生活、生产用水需要。采用地下水作为饮水水源，应有确切的水文、地质资料，若无确切的水文、地质资料，可根据本区域其他已建地下水工程来水量，取水量必须小于允许开采量，严禁盲目开采。天然河流（无坝取水）的取水应不大于该河流枯水期的可取水量。当无坝取水时，河流枯水期可取水量的大小应根据河流的水深、宽度、流速、流向和河床地形因素并结合取水构筑物形式来确定，一般情况下可取水源占枯水流量的 15%~25%，当取水量占枯水量的百分比较大时，则应对取水量作充分论证。水库的取水量应与农田灌溉相结合考虑，并通过水量平衡分析，确定在设计枯水量保证率的条件下能否满足供水与灌溉的要求，若不能同时满足则需分清主次，采取相应措施解决供水与灌溉之间的矛盾。

2.3.1.2 符合卫生要求的地下水应优先作为饮用水水源

一般情况下，采用地下水源具有下列优点：取水条件及取水构筑物简单，便于施工和运行管理；通常地下水水质较好，无须澄清处理，当水质不符合要求时，水处理工艺比地表水简单，故处理构筑物投资和运行费用较为节省；便于靠近用户建立水源，从而降低给水系统，特别是输水管和管网的投资，节省输水运行费用，同时也提高了给水系统的安全可靠性；便于分期修建；便于建立卫生防护区。并且江河水、水库水受到工业废水、农药、化肥及人为污染严重，给水处理增加了难度。因此，优先选择地下水具有一定的经济现实意义。按照开采和卫生条件，选择地下水源时，通常按泉水、承压水（或层间水）、潜水的顺序。对于工业企业生产用水水源而言，若取水量不大，或不影响当地饮用需要，也可采用地下水源。否则应采用地表水。采用地表水源时，须先考虑自天然河道中取水的可能性，而后考虑需调节径流的河流，地下水径流有限，一般不适合用水量很大的情况，有时即使地下水储量丰富，还应作具体技术经济分析。例如，由于大量开采地下水引起取水构筑物过多、过于分散，取水构筑物的单位水量造价相对上升及运行管理复杂等问题。有时地下水埋深过大，将增加抽水能耗。若过量开采地下水，还会造成建筑物沉陷、塌陷，田地开裂等现象，引起人员伤亡，农作物枯死，造成巨大的经济损失。

2.3.1.3 有条件的地方应尽量以地势高的水库或山泉水作为水源

地势高的水库水可靠重力输送，自流供水，工艺简单可行，减少输水成本，节约工程投资，并有良好的工程效益。山泉水水质良好，一般无须净化处理，且不易受污染，水处理设施简单，运行成本低，是理想的给水水源。

2.3.1.4 选择水源要对原水水质进行分析化验

江河水、水库水易受地面因素影响，一般浊度及污染物含量较高，可通过常规净化消毒处理去除。地下水受形成、埋藏、补给影响，通常含有较多矿物质，情况较为复杂，当确认该水源水质会引起某些地方疾病时，选择水源应慎重，如高氟水地区应尽量采取打探井、饮用泉水或水库水等措施，当遇到铁、锰含量较高的地下水和高浊度等特殊水源时要对其他水源进行经济技术方案比较，选择一种较为经济合理的水源。

2.3.2 水源选择顺序

村镇水源情况差异大，有些地方还存在着多种水源，在选择水源时可依照以下顺序考虑：①可直接饮用或经消毒等简单处理即可饮用的水源，如泉水、深层地下水（承压水）、浅层地下水（潜水）、山溪水、未污染的洁净水库水和未污染的洁净湖泊水；②经常规定化处理后即可饮用的水源，如江、河水，受轻微污染的水库水及湖泊水等；③便于开采，但需经特殊处理后方可饮用的地下水源，如含铁、锰量超过《生活饮用水卫生标准》（GB 5749—2006）的地下水源，高氟水；④缺水地区可修建收集雨水的装置或构筑物（如水窖等），作为分散式给水水源。

2.3.3 地表水水源

地表水水源常能满足大量用水的需要，常采用地表水作为供水的首选水源。地表水取水中取水口位置的选择非常关键，其选择是否恰当，直接影响取水的水质和水量、取水的安全可靠性、投资、施工、运行管理以及河流的综合利用。

在选择取水构筑物位置时必须根据河流水文、水力、地形、地质、卫生等条件综合研究，提出几个可能的取水位置方案，进行技术经济比较，在条件复杂时，尚需进行水工模型试验，从中选择最优的方案，选择最合理的取水构筑物位置。

2.3.3.1 水质因素

（1）取水水源应选在污水排放出口上游 100m 以上或 1000m 以下的地方，当江、河边水质不好时，取水口宜伸入江、河中心水质较好处取水，并应划出水源保护范围。

（2）受潮汐影响的河道中污水的排放和稀释很复杂，往往顶托来回时间较长。因此，在这类河道上兴建取水构筑物时，应通过调查论证后确定。

（3）在泥沙较多的河流，应根据河道横向环流规律中泥沙的移动规律和特性，避开河流中含沙量较多的河流地段。在泥沙含量沿水深有变化的情况下，应根据不同深度的含沙量分布，选择适宜的取水高程。

2.3.3.2 河床与地形

取水河段形态特征和岸形条件是选择取水口的重要因素，取水口位置应根据河道水文特征和河床演变规律，选在比较稳定的河段，并能适应河床的演变。不同类型河段取水位置的选择见表 2.14。

表 2.14　　　　　　　　　　不同类型河段取水选址参考表

河段类型		示　意　图	说　　　明
平原河段	顺直微变段		（1）应选在深槽稍下游处； （2）应注意边滩是否会下移动
	有限弯曲段		（1）宜选在凹岸弯顶稍下游处； （2）不应选择凸岸
	蜿蜒弯曲段		（1）不宜建址； （2）必须建址时，参照平原河段的有限弯曲段； （3）谨防自然裁弯或切滩
	分汊段		（1）宜选在较稳定或发展的汊，不应选在衰亡之汊； （2）分汊口门前建址应注意汊道变迁影响

河段类型		示　意　图	说　　明
山区河段	非冲击性段	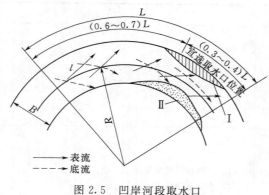	（1）宜选在激流卡口上游缓水段及水深流稳的沱内； （2）妥善布置头部，避免破坏沱内流态
	半冲击性段		（1）图为顺直微弯段； （2）弯曲段参照有限弯曲段、山区河的非冲积性段； （3）分汊段参照平原区的分汊段、山区河的非冲积性段

注　H——必要时护岸位置。

（1）在弯曲河段上，取水构筑物位置宜设在水深岸陡、含泥沙量少的河流的凹岸，并避开凹岸主流的顶冲点，一般宜选在顶冲点的稍下游处，即 $(0.3\sim0.4)L$ 内，如图 2.5 所示。

（2）在顺直河段上，取水构筑物位置宜设在河床稳定、深槽主流近岸处，通常也就是河流较窄、流速较大、水较深的地点。取水构筑物处的水深一股要求不小于 $2.5\sim3.0$m。

（3）在有河漫滩的河段上，应尽可能避开河漫滩，并要充分估计河漫滩的变化趋势。在有沙洲的河段上，应离开沙洲 500m 以上，当沙洲有向取水方向移动趋势对，这一距离还需适当加大，如图 2.6 所示。

图 2.5　凹岸河段取水口
Ⅰ—泥沙最小区；Ⅱ—泥沙淤积区

（4）在有支流汇入的河段上，应注意汇入口附近"泥沙堆积堆"的扩大和影响，取水口应与汇入口保持足够的距离，如图 2.6 所示，一般取水口多设在江入口干流的上游

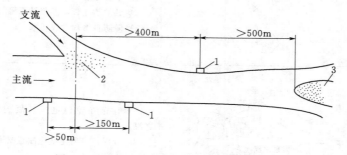

图 2.6　两江（河）汇合处取水口位置示意图
1—取水口；2—堆积堆；3—沙洲

河段。

（5）在分汊的河段，应将取水口选在主流河道的深水地段；在有潮汐的河道上，取水口宜选在海潮倒灌影响范围以外。

2.3.3.3 人工构筑物或天然障碍物

河流上常见的人工构筑物（如桥梁、丁坝、码头等）和天然障碍物，往往引起河流水流条件的改变，从而使河床产生冲刷或淤积，故在选择取水构筑物位置时，必须加以注意。

（1）桥梁。由于桥孔缩减了水流断面，因而上游水流滞缓，造成淤积，抬高河床，冬季产生冰坝。因此，取水口应设在桥前滞流区以上 0.5～1.0km 或桥后 1.0km 以外的地方。

（2）丁坝。由于丁坝将主流挑离本岸，通向对岸，在丁坝附近形成淤积区（图 2.7），因此取水构筑物如与丁坝同岸，则应设在丁坝上游，与坝前浅滩起点相距不小于 150m。取水构筑物也可设在丁坝的对岸（需要有护岸设施），但不宜设在丁坝同一岸侧的下游，因主流已经偏离，容易产生淤积。此外，残留的施工围堰、突出河岸的施工弃土、陡崖、石嘴对河流的影响类似丁坝。

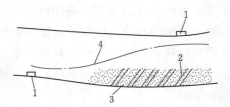

图 2.7 取水口与丁坝布置
1—取水口；2—丁坝系统；
3—淤积区；4—主流线

（3）拦河闸坝。闸坝上游流速减缓，泥沙易于淤积，故取水口设在上游时应选在闸坝附近、距坝底防渗铺砌起点 100～200m 处。当取水口设在闸坝下游时，由于水量、水位和水质都受到闸坝调节的影响，并且闸坝泄洪或排沙时，下游可能产生冲刷和泥沙涌入，因此取水口不宜与闸坝靠得太近，而应设在其影响范围以外。取水构筑物宜设在拦河坝影响范围以外的地段。

（4）码头。取水口不宜设在码头附近，如必须设置时，应布置在受码头影响范围以外，最好伸入江心取水，以防止水源受到码头装卸货物和船舶停靠时污染。

2.3.3.4 工程地质及施工条件

（1）取水构筑物应设在地质构造稳定、承载力高的地基上，不宜设在淤泥、断层、流沙层、滑坡、风化严重的岩层和岩溶发育地段。在地震地区不宜将取水构筑物设在不稳定的陡坡或山脚下。取水构筑物也不宜设在有宽广河漫滩的地方，以免进水管过长。

（2）选择取水构筑物位置时，要尽量考虑到施工条件，除要求交通运输方便，有足够的施工场地外，还要尽量减少土石方量和水下工程量，以节省投资，缩短工期。

2.3.4 地下水水源

地下水水源一般水质较好，不易被污染，但径流量有限。一般而言，由于开采规模较大的地下水的勘察工作量很大，开采水量会受到限制。采用地下水水源时一般按泉水、承压水、潜水的顺序考虑。地下水取水中关键是确定地下水水源地。水源地的选择，对于大中型集中供水，是确定取水地段的位置与范围；对于小型分散供水而言，则是确定水井的井位。它不仅关系到建设的投资，而且关系到是否能保证取水设施长期经济、安全地运转和避免产生各种不良环境地质作用。水源地选择是在地下水勘察的基础上，由有关部门批准后确定的。

2.3.4.1　集中式供水水源地的选择

进行水源地选择，首先考虑的是能否满足需水量的要求，其次是它的地质环境与利用条件。

（1）水源地的水文地质条件。取水地段含水层的富水性与补给条件，是地下水水源地的首选条件。因此，应尽可能选择在含水层层数多、厚度大、渗透性强、分布广的地段上取水。如选择冲洪积扇中、上游的砂砾石带和轴部，河流的冲积阶地和高漫滩，冲积平原的古河床，厚度较大的层状与似层状裂隙和岩溶含水层，规模较大的断裂及其他脉状基岩含水带。

在此基础上，应进一步考虑其补给条件。取水地段应有较好的汇水条件，应是可以最大限度地拦截区域地下径流的地段，或接近补给水源和地下水的排泄区；应是能充分夺取各种补给量的地段。例如：在松散岩层分布区，水源地尽量靠近与地下水有密切联系的河流岸边；在基岩地区，应选择在集水条件最好的背斜倾没端、浅埋向斜的核部、区域性阻水界面迎水一侧；在岩溶地区，最好选择在区域地下径流的主要径流带的下游，或靠近排泄区附近。

（2）水源地的地质环境。在选择水源地时，要从区域水资源综合平衡的观点出发，尽量避免出现新旧水源地之间、工业和农业用水之间、供水与矿山排水之间的矛盾。也就是说，新建水源地应远离原有的取水或排水点，减少互相干扰。

为保证地下水的水质，水源地应远离污染源，选择在远离城市或工矿排污区的上游；应远离已污染（或天然水质不良）的地表水体或含水层的地段；避开易于使水井淤塞、涌砂或水质长期浑浊的流砂层或岩溶充填带；在滨海地区，应考虑海水入侵对水质的不良影响；为减少垂向污水渗入的可能性，最好选择在含水层上部有稳定隔水层分布的地段。此外，水源地应选在不易引起地面沉降、塌陷、地裂等有害工程地质作用的地段上。

（3）水源地的经济性、安全性和扩建前景。在满足水量、水质要求的前提下，为节省建设投资，水源地应靠近供水区，少占耕地；为降低取水成本，应选择在地下水浅埋或自流地段；河谷水源地要考虑水井的淹没问题；人工开挖的大口径取水工程，则要考虑井壁的稳固性。当有多个水源地方案可供选择时，未来扩大开采的前景条件，也常常是必须考虑的因素之一。

2.3.4.2　小型分散式水源地的选择

以上集中式供水水源地的选择原则，对于基岩山区裂隙水小型水源地的选择，也基本上是适合的。但在基岩山区，由于地下水分布极不普遍和不均匀，水井的布置将主要取决于强含水裂隙带的分布位置。此外，布井地段的地下水位埋深、上游有无较大的补给面积、地下水的汇水条件及夺取开采补给量的条件也是确定基岩山区水井位置时必须考虑的条件。

2.3.5　雨水水源

对于地面水和地下水都极端缺乏，或对这些常规水资源的开采十分困难的山区，解决水的问题只能依靠雨水资源。此类地区地形、地质条件不利于修建跨流域和长距离引水工程，而且即使水引到了山上，由于骨干水利工程能提供的水源往往是一个点，如水库、枢纽，或者是一条线，如渠道，广大山区则是一个面，因此要向分散居住在山沟里的农户供水是十分困难的。而要把水引下山到达为沟壑分割成分散、破碎的地块进行灌溉，更是难题。同时高昂的供水成本农户难以承担，使工程的可持续运行和效益发挥成为问题。对居住分散、居民多数为贫困人群的山区，应当采用分散、利用就地资源、应用适用技术、便于社区和群众参与全过程的解决方法。与集中的骨干水利工程比较，雨水集蓄利用工程恰恰具有这些特点。雨水是就地资源，无须输水系统，可以就地开发利用；作为微型工程，雨水集蓄工程主要依靠农民的投入修建，产权多属于农户，农民可以自主决定它的修建和管理运用，因而十分有利于农民和社区的参与。而且现代规模巨大的水利工程往往伴生一系列的生态环境问题，雨水集蓄利用不存在大的生态环境问题，是"对生态环境友好"的工程。要实现缺水山区的可持续发展，雨水集蓄利用是一种不可替代的选择。

对于地表水、地下水缺乏或开采利用困难，且多年平均降水量大于 250mm 的半干旱地区和经常发生季节性缺水的湿润、半湿润山丘地区，以及海岛和沿海地区，可利用雨水集蓄解决人畜饮用、补充灌溉等用水问题。

习　　题

2.1　确定供水规模要考虑哪些因素？供水规模由哪几部分组成？

2.2　水源如何分类？如何选择水源？

2.3　衡量水源水质指标有哪些？简述主要的水质指标限值。

2.4　西南地区某村庄有 1205 户、4368 人，村庄的自然增长率为 4.02‰，饲养牛 500 头，猪 1460 头，羊 3200 头，鸡 7000 只，村内有一学校和村委会，无企业和绿化用地。现需要设计一农村饮水安全工程解决饮水问题，工程设计年限为 15 年。试计算供水工程的供水规模。

课外知识：　国外饮用水水源地保护的立法经验

王灿发（中国政法大学）

饮用水水源保护是全球共同关注的问题，许多国家已经进行了行之有效的立法，其经验值得我国借鉴。

一、美国

美国早在 1974 年就制定了《安全饮用水法》（Safe Drinking Water Act），后又经过多次修改，形成了比较完备的饮用水水源保护制度。而且，各州也制定了大量的饮用水水源保护的法律、法规。其立法设计的主要内容包括：一是建立联邦与州政府以及各部门分工明确的管理体制。在联邦与州政府的分工方面，采取以地方行政区域管理为基本单位、联邦政府与州政府相配合的管理模式；在联邦层次，对涉及饮用水水源管理的联邦环保署（EPA）、美国大城市水局联合会、美国水工协会、国土安全部的联邦紧急事务管理署及其他相关供水管理部门、水信息和分析中心等，进行明确分工，各负其责。二是建立饮用水水源保护区制度，要求各州对水源地进行评价并划定水源地保护范围，同时要求各州制定水源保护区规划。三是建立饮用水水源突发事件应急制度，在《国家紧急状态法》等多部法律中规定了在发生饮用水水源突发事件时的应急措施。四是建立地下饮用水源保护制度，特别规定了对地下水人工回灌控制和单一含水岩层保护的措施。五是建立饮用水水源评估制度，要求对每个饮用水水源都要提出一个研究报告，包括确定所要评估的水源的区域界线、确定水源区域内各种可能的污染源的清单、确定供水对各种污染源的敏感程度、向公众公布水源评估结果。六是建立饮用水水源地生态补偿制度，政府可以将最接近水源的土地购买收归国有，同时要对饮用水水源地地区进行经济补贴。七是建立严格的法律责任制度，不使违法者从其违法行为中得到好处。

二、加拿大

加拿大在饮用水水源的管理上，先后制定了《安全饮用水法》（Safe Drinking Water Act）和《水与污水系统可持续发展法》（Sustainable Water and Sewage Systems Act）。前者规定了供水保证率的安全标准，强调饮用水质标准、饮用水系统标准、饮用水检测标准的重要性；后者要求全面评估供水以及污水处理成本，使水价能够充分反映供水所需费用，确保市政基础设施和水资源得到有效利用。在管理体制上，联邦政府并未设立专门机构，水源的管理权大都下放到省一级。其饮用水水源地管理的突出特点是对地表水与地下水的集成管理模式，是一种综合利用集水区自然资源（水、土壤、植被、野生生物）的原理和方法，强调地方分权，突出分担决策、相互合作、引入利益方等措施。

三、日本

日本在饮用水源保护立法起步较早，立法体系也比较完善，相关法律包括《河川法》《水污染防治法》《水资源开发促进法》《水资源开发公团法》《水质污染防止法》等，立法主要包括以下 4 个方面。

第一，饮用水水源管理体制。日本对饮用水水源保护实行集中管理，管理权由国家统一实施。《河川法》规定"饮用水水源属国家所有"。1967 年通过《公害对策基本法》和1970 年的《水污染防治法》都强调水资源的国家管理原则。2000 年日本设立环境省，下设水质保护局，将包括饮用水源在内的环境管理权集中到环保部门，建立由其统一领导的综合性环境管理体制。中央与地方则实行分权管理和积极配合的策略，地方在饮用水源污染防治中起着重大作用，但也受中央政府的节制和指导。对于跨行政区的流域水水源的管理，则以流域管理为基础。

第二，应急管理制度。日本对于饮用水水源突发污染事故也规定了应急管理制度。"如果辖境内某公用水域的饮用水水质污染状况，由于缺水或其他自然灾害而趋于严重，足以威胁人体健康或生活环境时，其都道府县知事可以公布周知，并按照总理府命令的规定，命令向有上述情况的公共水域排放污水的排放人，在一定期限内减少其排放量或者采取其他措施"。

第三，饮用水质量标准。日本 1958 年颁布了《水质保护法》针对个别严重污染区域规定制定水质标准，1967 年颁布的《防止公害基本法》制定了针对全国的水质环境标准，而 1970 年制定了《水质污染防止法》对于标准的制定、执行程序以及违反标准的责任追究都作出了详尽的规定。

第四，饮用水水源的监测。日本十分重视环境监测。《水质污染防止法》规定，都道府县知事必须对公用水域的水质污染状况进行经常性监测。其他国家机关和地方公共团体在进行水质测定后，也应将测定结果报送知事。据此，每年都道府县及政令市长都制订水质监测计划，并进行水质监测，环境厅给予必要的经费。每年度都公布"全国公共水域的水质监测结果"。

四、德国

德国在饮用水水源保护区和地下饮用水水源保护立法方面有着较长时间的理论研究和实践。迄今为止，德国已建立近 20000 个饮用水水源保护区。德国饮用水水源保护区管理的比较有特色的一点是，法律规定了严密的饮用水水源保护区建立程序。第一步，提交建立水源保护区申请报告，一般由水厂提交，有时也可由国家机构提交，由国家专业负责机构受理。第二步，划定水源保护区和制定保护措施。第三步，公布水源保护区初步方案。第四步，对水厂与受害者之间的矛盾进行调解。水源保护区方案由地方政府公布，属于法律文本。第五步，对水源保护区由国家专业负责机构负责监督执行。

在水源保护地的管理方面，德国除了颁布了《水法》外，还有德意志水与气专业协会拟订的《地下水水源保护区条例》《水库水水源保护区条例》和《湖水水源保护区条例》，供各州政府参考使用，而各地方也结合本地情况，参照 3 个条例制定了自己的保护措施。在水源保护地内的经济活动控制方面，德国水源保护区内经济活动的规划原则是：污染可能性最大的生产经济活动安排在距离取水口最远的Ⅲ级区域；污染可能性小的生产经济活动安排在距离取水口较远的Ⅱ级区域；距离取水口最近的Ⅰ级区域，保证无污染，绝对安全。

德国各地政府大力宣传生态农业，减轻因过度使用化肥和农药对地下水造成的污染；同时，对农民的损失给予补偿。在违法责任追究方面，德国《水法》规定，水污染危害他人生命或健康，造成重大损失，危及公共供水或国家确定的矿泉水及造成水流长时间不通或不能使用，应处以不超过 5 年的监禁或罚款，未遂者也应受到惩处。由于过失造成危险或危害，则处以不超过 3 年的监禁或罚款。

——引自《环境保护》国际瞭望，2016 年第 10 卷，65－66 页

第3章 取水构筑物

3.1 取水构筑物分类

村镇集中式供水工程的取水构筑物可分为地表水和地下水取水构筑物。地表水取水水源主要包括河流、湖泊、水库和海水等。而地下水取水形式根据地下水集水建筑物的延伸方向与地面的关系，地下水取水建筑物一般可分为垂直系统、水平系统、联合系统和引泉工程等类型。

3.2 地表水取水构筑物

3.2.1 地表水取水工程概述

地表水水体所处的地理环境各异，受自然因素的影响不尽相同，加之人为因素的影响，使得地表水水体具有各自的特性。地表水种类、性质和取水条件的差异，使地表水取水构筑物有多种类型和分法。

按地表水的种类分为河流、湖泊、水库、海水取水构筑物。按取水构筑物的构造分为固定式和移动式取水构筑物。固定式包括岸边式、河床式、斗槽式、低坝和底栏栅式取水构筑物。移动式包括浮船取水、缆车式取水和潜水泵直接取水。

固定式取水适用于各种取水量和各种地表水源。固定式取水构筑物具有取水可靠、维护管理简单、适应范围广等优点，但投资较大、水下工程量较大、施工期长。

移动式取水适用于水源水位变幅大，供水要求急和取水量不大的情况，多用于河流、水库和湖泊取水。移动式取水构筑物具有投资小、施工期短、见效快、水下工程量小、对水源水位变化适应性强、便于分期建设等优点，但维护管理复杂，易受水流、风浪、航运的影响，取水可靠性差。

3.2.1.1 位置选择考虑因素

1. 设在水质较好的地段

城市和工业企业的上游，避开污水排放口100m以上，并建立卫生防护带。岸边水质差时可伸入江心取水。避开河流中的回水区和死水区，防止泥沙、漂浮物堵塞和淤积取水口。沿海地区受潮汐影响的取水口，应考虑海水对河水影响的措施。

2. 具有稳定河床和河岸，靠近主流，有足够的水深

（1）弯曲河段上，取水构筑物位置宜设在河流的凹岸；如果在凸岸的起点，主流尚未偏离时，或在凸岸的起点或终点，主流虽已偏离，但离岸不远有不淤积的深槽时，仍可设置取水构筑物。

（2）在顺直河段上，取水构筑物位置宜设在河床稳定、深槽主流近岸处，通常也就是河流较窄、流速较大、水较深的地点，在取水构筑物处的水深一般要求不小于 2.5～3.0m。

（3）有边滩、沙洲河段，注意其形成原因、形态和趋势，不宜设置在可移动的边滩、沙洲下游；一般设置在其上游不小于 500m 处合适地段。

（4）有支流汇入河段，由于干流、支流涨水的先后、幅度不同，容易在汇入口形成堆积锥，取水口应离开汇入口上下游足够的距离，多设置在汇入口干流的上游河段上。

（5）游荡性河段设置固定式取水口比较困难，必要时刻改变取水构筑物形式或者对河道进行整治，保证取水河段的稳定性。

3. 具有良好的地质、地形及施工条件

（1）取水构筑物应设在地质构造稳定、承载力高的地基上。

（2）取水构筑物不宜设在有宽广河漫滩的地方，以免进水管过长。

（3）选择取水构筑物位置时，要尽量考虑到施工条件，除要求交通运输方便，有足够的施工场地外，还要尽量减少土石方量和水下工程量，以节省投资，缩短工期。

4. 靠近主要用水地区

（1）位置选择应与工业布局和城市规划相适应，全面考虑给水系统的合理布置。

（2）在保证取水安全的前提下，应尽可能靠近主要用水地区，以缩短输水管线的长度，减少输水管的投资和输水电费。此外，输水管的敷设应尽量减少穿过天然或人工障碍物。

5. 注意人工构筑物或天然障碍物

（1）应避开桥前水流滞缓段和桥后冲刷、落淤段，一般设在桥前 0.5～1.0km 或桥后 1.0km 以外。

（2）与丁坝同岸时，应设在丁坝上游，与坝前浅滩起点相距一定距离处，也可设在丁坝的对岸。

（3）拦河坝上游流速减缓，泥沙易于淤积，闸坝泄洪或排沙时，下游产生冲刷泥沙增多，取水构筑物宜设在其影响范围以外的地段。

6. 避免冰凌的影响

取水构筑物应设在水内冰较少和不受流冰冲击的地点，而不宜设在易于产生水内冰的急流、冰穴、冰洞及支流出口的下游，尽量避免设在流冰易于堆积的浅滩、沙洲、回流区和桥孔的上游附近。在水内冰较多的河段，取水构筑物不宜设在冰水混杂地段，而宜设在冰水分层地段，以便从冰层下取水。

7. 应与河流的综合利用相适应

选择取水构筑物位置时，应结合河流的综合利用，如航运、灌溉、排洪、水力发电等，全面考虑，统筹安排。在通航河流上设置取水构筑物时，应不影响航船通行，必要时应按照航道部门的要求设置航标；应注意了解河流上下游近远期内拟建的各种水工构筑物和整治规划对取水构筑物可能产生的影响。

3.2.1.2 取水构筑物设计的一般原则

（1）对于大型取水构筑物，当河道及水文条件复杂或取水量占枯水量比例较大时，应进行水工模型试验。

（2）取水构筑物的最高水位按 1% 频率设计；枯水量按 90%～97%，枯水位 90%～

99％保证率进行。

（3）取水构筑物的形式，应根据水量、水质要求，结合河床地形、地质、河床冲淤，水深及水位变幅，泥沙及漂浮物、冰情和航运因素、施工条件等因素，在保证安全可靠的前提下，通过技术经济比较确定。

（4）取水构筑物应根据水源情况，采取防止下列情况发生的保护措施：

1）漂浮物、泥沙、冰凌、冰絮和水生生物的堵塞。

2）洪水冲刷、淤积，冰冻层挤压和雷击的破坏。

3）冰凌、木筏、船只的撞击。

4）在通航河道上，根据河道部门的要求在取水构筑物附近设立标志。

3.2.2　固定式取水构筑物

3.2.2.1　岸边式取水构筑物

直接从江河岸边取水的构筑物，称为岸边式取水构筑物，由进水间和泵房两部分组成。它适用于江河岸边较陡、地质条件好且河床河岸稳定，主流近岸且岸边有足够的水深，水质较好，水位变幅不大且能保证设计枯水位时安全取水的河段。

根据进水间和泵房间的关系，岸边式取水构筑物的基本形式为合建式与分建式两种。

1. 合建式岸边取水构筑物

合建式岸边取水构筑物进水间与泵房合建在一起的取水构筑物称合建式岸边取水构筑物，如图 3.1 所示。河水从进水孔进入进水间的进水室，再经过格网进入吸水室后由水泵送至水厂或用户。进水孔上设有格栅拦截水中粗大的漂浮物。设在进水间中的格网用以拦截水中细小的漂浮物。

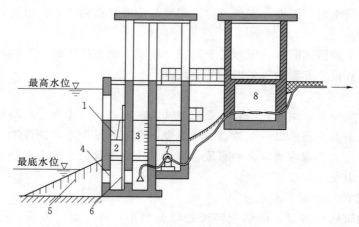

图 3.1　合建式岸边取水构筑物（Ⅰ）

1—进水间；2—进水室；3—吸水室；4—进水孔；5—格栅；6—格网；7—泵房；8—阀门井

合建式的优点是布置紧凑，总建筑面积小；吸水管路短，运行、管理方便。但该构筑物要求岸边水深相对较大、河岸较陡，对地质条件要求相对也较高，土建结构复杂，施工困难。

根据地质条件、供水要求及水位变化可将合建式岸边取水构筑物的基础设计成阶梯式或水平式。

（1）阶梯式。当地基条件较好时，进水间与泵房的基础可以建在不同的标高上，呈阶梯式布置（图3.1）。阶梯式可以利用水泵吸水高度以减小泵房的基建高度，节省土建投资，便于施工和降低造价。但该布置要求地质条件相对较高，以保证进水间与泵房不会因不均匀沉降而产生裂缝，从而导致渗水或结构的破坏；由于泵轴高于设计最低水位，水泵启动时需要抽真空。

（2）水平式。当地基条件较差时，进水间与泵房的基础建在相同标高上，呈水平布置（图3.2）。

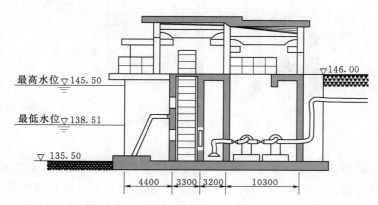

图3.2 合建式岸边取水构筑物（Ⅱ）

为了避免产生不均匀沉降，或者由于供水安全性要求高，水平式水泵需要自灌启动。该布置对地基要求相对较低，水泵随时可自灌启动，布置方便，运行可靠，供水安全性较高。但由于泵房间建筑面积和深度都较大，土建费用增加，因而造价高，检修不便，通风及防潮条件差，操作管理不方便。

为了缩小泵房面积，减小泵房深度，降低泵房造价，可采用立式泵或轴流泵取水（图3.3），电机设在泵房上层。在水位变化较大的河流上，水中漂浮物不多，取水量不大时，也可采用潜水泵取水，潜水泵和潜水电机设在岸边进水间内。

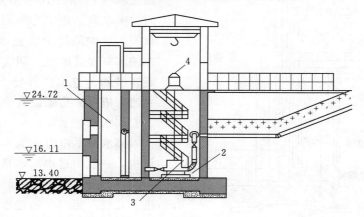

图3.3 合建式岸边取水构筑物（Ⅲ）
1—进水口；2—格网；3—集水井；4—泵房

2. 分建式岸边取水构筑物

当河岸地质条件较差，进水间不宜与泵房合建，建造合建式对河道端面及航道影响较大，或者水下施工有困难时，采用分建式岸边取水构筑物（图 3.4）。

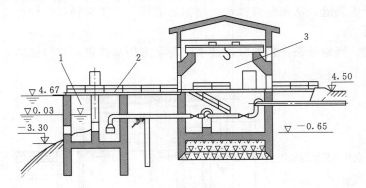

图 3.4 分建式岸边取水构筑物
1—进水间；2—引桥；3—泵房

分建式进水间设在岸边，泵房则建于岸内地质条件较好的地点，但不宜距进水间太远，以免吸水管过长；进水间与泵房之间常采用引桥连接，有时也采用堤坝连接。分建式土建结构简单，施工容易，但操作管理不便，吸水管路较长，增加了水头损失，运行安全性不如合建式。

小型岸边式取水构筑物的平面形状主要有圆形、矩形等。圆形平面结构性能好，便于施工，但水泵、设备等不好布置，面积利用率不高；矩形构筑物结构性能不及圆形，但便于机组、设备布置。

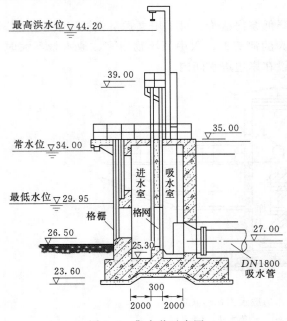

图 3.5 集水井示意图

3. 岸边取水构筑物的构造和计算

岸边取水构筑物一般包括集水井和泵房（也适用于河床式取水构筑物），如图 3.5 所示。其中集水井包括进水间、吸水室、进水孔和附属设备等。进水间由纵向隔墙分为进水室和吸水室，在进水室和吸水室之间设有平板格网或旋转格网。进水室外壁上开有进水孔，一般为矩形。孔侧设有格栅。吸水室用于安装水泵吸水管。

集水井是岸边式取水构筑物的取水设施，一般由进水间、格栅、格网和吸水间 4 部分组成，水流经过装有格栅的进水孔进入集水井的进水间，再进入吸水间，然后由水泵抽走。

集水井顶部设有操作台，安装格

栅、格网、闸门等设备的起吊装置。

（1）进水间。进水间由进水室和吸水室两部分组成，可与泵房分建或合建。分建时平面形状有圆形、矩形、椭圆形等。圆形结构：性能较好，水流阻力较小，便于沉井施工，但不便于布置设备。深度较大时宜采用圆形。矩形则相反。进水间深度不大，用大开槽施工时可采用矩形。椭圆形兼有两者优点，可用于大型取水。

进水间前壁设有进水孔，孔上设有格栅和闸门槽，格栅用来拦截水中粗大的漂浮物及鱼类等。进水间和吸水间用纵向隔墙分开，在分隔墙上可以设置平板格网，用以拦截细小的漂浮物。当采用旋转格网时，应在进水间和吸水间之间设置格网室。

根据运行安全性以及检修、清洗、排泥等要求，进水间通常用横向隔墙分成几个能独立工作的分格，其分格数应按水泵的台数和容量大小以及网格的类型确定，一般不少于两格。当分格数较少时，设连通管互相连通。大型取水工程最好一台泵一个分格，小型取水工程可采用多台泵一个分格。

合建式进水间为非淹没式，分建式进水间既可是非淹没式，也可是半淹没式。非淹没式进水间的操作平台在设计洪水位时仍露出水面，操作管理方便。半淹没式进水间的操作平台当水位超过设计水位时被淹没。淹没期间格网无法清洗，积泥无法排除，只适用于高水位历时不长，泥沙及漂浮物不多的情况，投资较省。

（2）吸水室。吸水室用于安装水泵吸水管，其设计要求与泵房吸水井基本相同。吸水室的平面尺寸按水泵吸水管的直径、数量和布置要求确定。

（3）进水孔。河流水位变幅在 6m 以上时，一般设置两层进水孔，上层进水孔的上缘应在洪水位以下 1.0m，下层进水孔的下缘至少应高出河底 0.5m，其上缘至少应在设计量低水位以下 0.3m。进水孔的高宽比，宜尽量配合格栅和闸门的标准尺寸。

（4）进水间附属设备。进水间附属设备主要是格栅、格网、冲洗设备和启闭设备等。

1）格栅。格栅设于进水口（或取水头部）的进水孔上，以拦截水中粗大的漂浮物及鱼类，栅条厚度或直径一般采用 10mm，净距通常采用 30～120mm。根据现行国家标准《泵站设计规范》（GB/T 50265—97）对拦污栅栅条净距规定：对于轴流泵，可取 $D_0/20$；对于混流泵和离心泵，可取 $D_0/30$，D_0 为水泵叶轮直径。最小净距不得小于 50mm。

栅条可以直接固定在进水孔上，也可放在进水孔外侧的导槽中，清洗和检修时便于拆卸。

格栅面积按如下公式计算：

$$F_0 = \frac{Q}{K_1 K_2 V_0} \tag{3.1}$$

式中　F_0——格栅面积，m^2；

　　　Q——流量，m^3/s；

　　　K_1——栅条的堵塞系数，0.75；

　　　K_2——栅条的面积减小系数；

　　　V_0——过栅流速，m/s。

2）格网。格网设在进水间内，用以拦截水中细小的漂浮物，分为旋转格网和平板格网两种。

a. 平板格网构造简单,所占位置小,可减小进水间尺寸;但冲洗麻烦,网眼不能太小,因而不能拦截较细小漂浮物,适用于中小取水量、漂浮物不多的情况。

平板格网面积按如下公式计算:

$$F_0 = \frac{Q}{K_1 K_2 \varepsilon V_0} \tag{3.2}$$

式中 V_0——过网流速,$0.2 \sim 0.4 \text{m/s}$;

    K_1——网丝导致面积减少系数,$K_1 = b^2/(b+d)^2$;

    K_2——阻塞导致的面积减少系数,一般采用 0.5;

    ε——水流收缩系数,一般采用 $0.64 \sim 0.8$。

平板格网由槽钢或角钢框架及金属网构成。金属格网一般设一层,面积较大时设两层(工作网和支撑网)。金属网由铜丝、镀锌钢丝或不锈钢丝等耐腐蚀材料制成。平板格网放置在槽钢或钢轨制成的导槽或导轨内。

格网冲洗时,先用起吊设备放下备用网,然后提起工作网至操作平台,用 $196 \sim 490 \text{kPa}$ 的高压水通过穿孔管或喷嘴进行冲洗。可由标尺或水位继电器测量格网两侧水位差,据信号及时冲洗格网。

b. 旋转格网。旋转格网构造复杂,所占面积大,但冲洗方便,拦污效果好,适用于水中漂浮物较多,取水量较大的取水构筑物。

布置方式有直流进水、网外进水和网内进水 3 种,如图 3.6 所示。

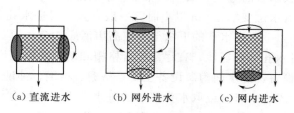

(a) 直流进水   (b) 网外进水   (c) 网内进水

图 3.6   旋转格网布置方式

直流进水的优点是水力条件较好,滤网上水流分配较均匀;水经过两次过滤,拦污效果较好;格网所占面积小。其缺点是格网工作面积只利用一面;网上未冲净的污物有可能进入吸入室。

网外进水的优点是格网工作面积得到充分利用;滤网上未冲净的污物不会带入吸水室;污物拦截在网外,容易清除和检查。其缺点是水流方向与网面平行,水力条件较差,沿宽度方向格网负荷不均匀;占地面积较大。

网内进水的优缺点与网外进水基本相同,但是被截留的污物在网内,不易清除和检查,故采用较少。

旋转格网是定型产品,它是连续冲洗的,其转动速度视河中漂浮物的多少而定,一般为 $2.4 \sim 6.0 \text{m/min}$,可以是连续转动,也可以是间歇转动。

旋转格网的冲洗,一般采用 $196 \sim 392 \text{kPa}$ 的压力水通过穿孔管或喷嘴来进行。冲洗后的污水沿排水槽排走。

3) 排泥、启闭和起吊设备。河水进入进水间后流速减小,会有泥沙沉积,需及时排除。常用的排泥设备有排沙泵、排污泵、射流泵、压缩空气提升器等。

在进水间的进水孔、格网和横向连通孔上都须设置闸阀、闸板等启闭设备，常用的有平板闸门、滑阀及蝶阀等。

为便于格网、格栅的清洗和检修及闸门的启闭和检修，需在操作平台上设置起吊设备。常用的起吊设备有电动卷扬机、电动和手动单轨吊车等。

4）防冰、防草措施。在冰冻的河流上取水时，须采取防冰措加。常用的防冰措施有降低进水孔流速；利用电、热水或蒸汽加热格栅；在进水孔前引入废热水，在进水孔上游设置挡冰木排；利用渠道引水使水内冰在渠道上浮。

防止水草堵塞，可采用机械或水力方法及时清理格栅；在进水孔前设置挡草木排；在压力管中设置除草器等措施。

（5）泵房。取水泵房一般称为一级泵房，可与集水井、出水闸门井合建或分建。

1）泵房的平面形状。泵房的平面形状有圆形、矩形、椭圆形、半圆形等。矩形便于布置水泵、管路和起吊设备，常用于水泵台数较多（4台以上）、泵房深度小于10m的情况。圆形受力条件好，当泵房深度较大时，土建费用较低，当泵房深度大于10m时，才采用圆形泵房，但水泵台数宜小于4台。

2）水泵选择。水泵选择包括水泵型号选择和水泵台数确定。水泵台数过多，将增大泵房面积和土建造价；水泵台数过少，不利于运行调度，一般采用3～4台。水泵型号应尽量相同，以便互为备用。当供水量或扬程变化较大时，可考虑大小水泵搭配，以利调节。选泵时应以近期水量为主，适当考虑远期发展。

3）泵房地面层的设计标高。泵房顶层进口平台的设计标高，当泵房位于渠道边时，采用设计最高水位加0.5m；当泵房位于江河边时，采用设计最高水位加浪高再加0.5m；当泵房位于湖泊、水库或海边时，采用设计最高水位加浪高再加0.5m，并应设有防止风浪爬高的措施。

4）泵房的通风采暖及附属设备。泵房应有通风设施，深度不大时自然通风；深度较大时机械通风。寒冷地区，泵房应考虑采暖。为便于泵房内设备的安装、检修，需要设置起吊设备。当水泵启动时不能自灌时，应采用真空泵和水射器引水。地下或半地下式取水泵房须设置集水沟和排水泵，及时排除漏水及渗水。为便于调度、泵房内还应设置通信、遥控等自动化设施。

5）泵房的防渗和抗浮。取水泵房的侧壁及底部，要求在水压作用下不产生渗漏，因此必须注意混凝土的级配及施工质量。

取水泵房在岸边时，将会受到河水和地下水的浮力作用，因此在设计时必须考虑抗浮。具体方式可以依靠自重或增加重物抗浮，也可将泵房底板与基岩嵌出或锚固在一起抗浮。

3.2.2.2 河床式取水构筑物

河床式取水构筑物与岸边式基本相同，利用伸入江河中的进水管和固定在河床上的取水头部取水的构筑物，称为河床式取水构筑物。河床式取水构筑物由取水头部、进水管、集水井（集水间）和泵房等部分组成。河水经取水头部的进水孔流入，沿进水管流至集水间，然后由泵抽走。集水间与泵房可以合建（图3.7），也可以分建（图3.8）。

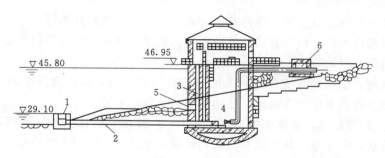

图 3.7 河床式取水构筑物（集水间与泵房合建）
1—取水头部；2—自流管；3—集水井；4—泵房；5—进水孔；6—闸门井

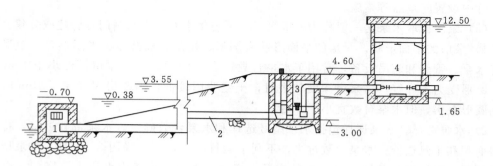

图 3.8 河床式取水构筑物（集水间与泵房分建）
1—取水头部；2—进水管；3—集水井；4—泵房

　　河床稳定，河岸较平坦，枯水期主流离岸较远，岸边水深不够或水质不好，但河中心具有足够水深或较好水质时，可采用河床式取水构筑物。

　　按照进水管形式的不同，河床式取水构筑物有以下类型。

　　1. 自流管取水

　　由于自流管淹没在水中，河水在重力作用下，从取水头部流入集水井，经格网进入吸水井，然后由水泵抽走，这种取水方式可合建（图 3.7）或分建（图 3.8）。在河流水位变幅较大，洪水期历时较长，水中含沙量较高时，为避免在洪水期引入底层含沙量较多的水，可在集水间壁上开设进水孔（图 3.7），或设置高位自流管，以便在洪水期取上层含沙量较少的水。

　　自流管取水的集水井设于河岸，可不受水流冲击和冰凌碰击，也可不影响河床水流；河水靠重力自流，工作较可靠；在非洪水期，利用自流管取得河心较好的水而在洪水期利用集水间壁上的进水孔或设置的高位自流管取得上层水质较好的水；冬季保温、防冻条件比岸边式好。但取水头部伸入河床，检修和清洗不便；敷设自流管时，开挖土石方量较大；洪水期河底易发生淤积，河水主流游荡不定，从而影响取水。

　　在河床较稳定，河岸平坦，主流距离河岸较远；河岸水深较浅且岸边水质较差；自流管埋深不大或在河岸可开挖隧道以敷设自流管等情况下从河中取水时适宜于采用自流管取水。

　　2. 虹吸管取水

　　图 3.9 为虹吸管式取水构筑物。河水从取水头部靠虹吸作用流至集水井中，然后由水

泵抽走。当河水位高于虹吸管顶时，无须抽真空即可自流进水；当河水位低于虹吸管顶时，须先将虹吸管抽真空方可进水。

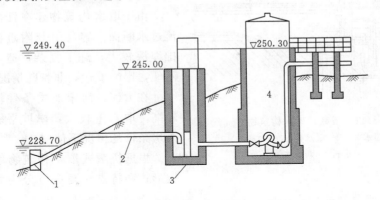

图 3.9 虹吸管式取水构筑物
1—取水头部；2—虹吸管；3—集水井；4—泵房

虹吸管取水利用虹吸高度（虹吸管高度最大可达 7m），减小管道埋深，减少水下施工的施工量和自流管的大量开挖，缩短工期，节约投资。但虹吸管对管材及施工质量要求较高，运行管理要求严格，并须保证严密不漏气；需要装置真空设备；虹吸管管路相对较长，容积也大，真空引水水泵启动时间较长，工作可靠性不如自流管。

在河水水位变幅较大，河滩宽阔，河岸较高，自流管埋设较深；枯水期主流离岸较远而水位较低；管道需要穿越防洪堤等情况下从河中取水时适宜于采用虹吸管取水。

3. 水泵直接吸水

图 3.10 为水泵直接吸水式取水构筑物。不设集水井，水泵吸水管直接伸入河中取水。该取水方式在高于取水水位时，情形与自流管相似；在低于取水水位时，情形则与虹吸管引水相似，设计应考虑按自流管或虹吸管处理。

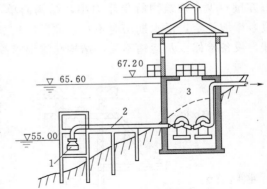

图 3.10 水泵直接吸水式取水构筑物
1—取水头部；2—水泵吸水管；3—泵房

由于不设集水井，利用水泵吸水高度，可以减小水泵房埋深，结构简单，施工方便，造价较低。但要求施工质量较高，不允许吸水管漏气；在河流泥沙颗粒较大时，易受堵塞且对水泵叶轮磨损较快。

水泵直吸水宜在河水水质较好、水位变幅不大、水中漂浮杂质少、取水量小、吸水管不长且不需要设格网的中小型取水泵房使用。

4. 桥墩式取水

桥墩式取水构筑物也称为江心式或岛式取水构筑物，整个取水构筑物建在水中，集水井与泵房合建，河水通过井壁的进水孔流入集水井，如图 3.11 所示。取水构筑物无进水

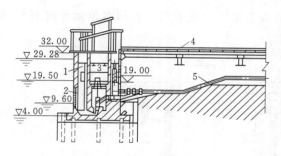

图 3.11 桥墩式取水构筑物

1—集水井；2—进水孔；3—泵房；
4—引桥；5—出水管

管，免除进水管淤塞的担忧，需建与岸边联系的引桥。

由于取水构筑物建在江内，缩小了水流过水断面，容易引起附近河床冲刷；基础埋深较大，施工复杂，造价昂贵，管理不便，影响航运，非特殊情况一般不采用。

在大河，河床地质条件较好，含沙量较高，取水量较大，岸坡平缓，岸边无建泵房条件的情况下使用。

根据桥墩式取水构筑物取水泵房的结构形式和特点，泵房可分为湿井型、淹没型、瓶型、框架型等。

湿井型取水泵房如图 3.12 所示，采用深井泵取水，集水井设在泵房下部。其优点是结构简单，面积较小，造价较低，操作条件较好，但检修水泵时需吊装全部泵管，拆卸及安装工作量大。

淹没型取水泵房如图 3.13 所示。其优点是交通廊道沿岸坡地形修建，比较隐蔽，土石方量较少，构筑物所受浮力小，结构简单，造价较低，适宜在水位变幅较大，河岸平缓，岸坡稳定，洪水期历时不长，漂浮物较少时采用。泵房的通风和采光条件差，操作管理、设备检修以及运输不便，结构防渗要求高。

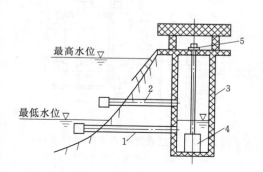

图 3.12 湿井型取水泵房

1—低位自流管；2—高位自流管；3—集
水井；4—深井泵；5—水泵电动机

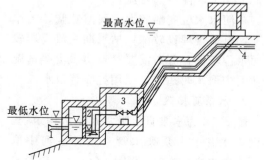

图 3.13 淹没型取水泵房

1—自流管；2—集水井；3—泵房；4—出水管

5. 河床式取水构筑物的构造

河床式取水构筑物是由泵房、集水间、进水管和取水头部组成。由于泵房和集水间与岸边式取水构筑物的泵房、进水间基本相同，因此只重点介绍取水头部和进水管。

（1）取水头部。

1）取水头部的形式和构造。取水头部的形式繁多，一般有管式、蘑菇式、鱼形罩式、箱式、桥墩式、岸边隧洞式、桩架式、纵向底流槽敞开式、活动式、斜板（管）式等。以结构材料分有钢筋混凝土结构、钢结构、石砌结构等。

取水头部布置和形式的确定,除满足水流条件外,还应考虑地质、结构、施工、航运等因素。应尽量减少水流对于取水头部的阻力及局部冲刷,要防止因设置取水头部而产生泥沙淤积,或导致河床演变。在一些河床变迁严重、河水含沙量大的河流中设置取水头部时,应进行水工模型试验,以较合理地选取水头部的位置和形式。

a. 喇叭管式取水头部。喇叭管式取水头部一般采用钢结构,是设有格栅的金属喇叭管,用桩架或支墩固定在河床上,具有构造简单,造价较低,施工方便等优点。在河流水质较好的条件下,中小型取水构筑物采用较多。喇叭口式取水头部一般有顺水流式、水平式、垂直水流向上式和垂直水流向下式4种布置形式,如图3.14所示。

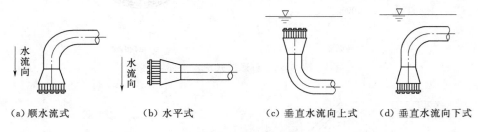

（a）顺水流式　　（b）水平式　　（c）垂直水流向上式　　（d）垂直水流向下式

图 3.14　喇叭管布置图

b. 蘑菇式取水头部。蘑菇式取水头部在向上的喇叭管上加金属帽盖,如图3.15所示。这种取水头部进水方向是自帽盖底下曲折流入,因进水时水层厚度最小,所以泥沙和悬浮物带入较少。由于其头部高度较大,所以只适用于设置在枯水期时仍有一定水深（＞1m）的河流中的中小型取水构筑物。

c. 鱼形罩式取水头部。鱼形罩式取水头部,是改进的莲蓬头式,在筒身及其尾部圆锥头上钻有圆形孔眼,如图3.16所示。外形趋于流线型,进水面积大,进水孔流速小,水流阻力小,漂浮物难于吸附在罩上,可减轻水草堵

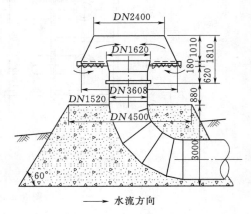

水流方向

图 3.15　蘑菇式取水头部

塞。鱼形罩式取水头部适用于水泵直吸式的中、小型取水构筑物。

d. 箱式取水头部。箱式取水头部一般采用钢筋混凝土制成的箱子,安置在河底,从一侧设格栅进水,或在四周壁上开条缝进水,如图3.17所示。自流喇叭管设在箱内。由于进水总面积大（一般为自流管断面积的10～15倍）。故能使泥沙进入箱内。适用于水深较浅、含沙量不大,冬季潜冰较多的河流。中小型取水工程中用得较多。

e. 斜板式取水头部。在取水头部设斜板,如图3.18所示。河水经过斜板时,粗颗粒泥沙即沉淀在斜板上,并滑落至河底,为河水所冲走。这种取水头部除沙效果较好,适用于粗颗粒泥沙较多的河流。

2) 取水头部的设计。取水头部应满足以下要求:尽量减少吸入泥沙和漂浮物,防止头部周围河床冲刷,避免船只和木排碰撞,防止冰凌堵塞和冲击,便于施工,便于清洗检

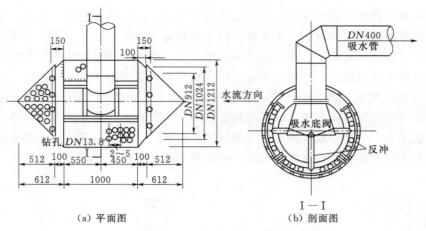

（a）平面图　　　　　　　　（b）剖面图

图 3.16　鱼形罩式取水头部

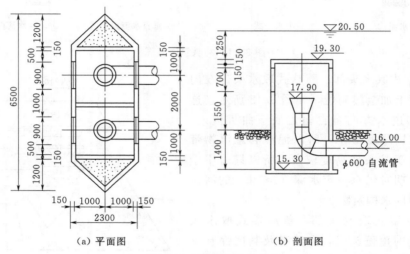

（a）平面图　　　　　　　　（b）剖面图

图 3.17　箱式取水头部

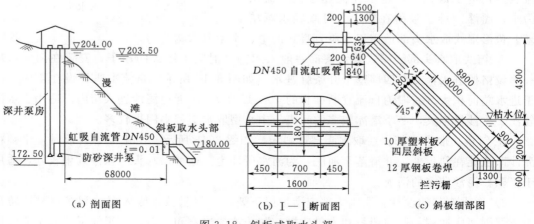

（a）剖面图　　　　（b）Ⅰ—Ⅰ断面图　　　（c）斜板细部图

图 3.18　斜板式取水头部

修等。因此，在设计中要考虑以下一些问题：

a. 取水头部的位置和朝向：取水头部应设在稳定河床的深槽主流，有足够的水深处。为避免推移质泥沙，侧面进水孔的下缘应高出河底，一般不小于 0.5m，顶部进水孔应高出河底 1.0～1.5m 以上；取水头部进水孔的上缘在设计最低水位以下的淹没深度：当顶部进水时不小于 0.5m，侧面进水时不小于 0.3m，虹吸管和吸水管进水时，其上缘的淹没深度，不小于 1.0m（避免吸入空气）。从顶部进水时，应考虑当进水流速大时产生被混而影响淹没深度。

b. 取水头部的外形与水流冲刷：为了减少取水头部对水的阻力，避免引起河床冲刷，取水头部应具有合理的外形，迎水面一端作成流线形，并使头部长轴与水流方向一致。流线形对水流阻力最小，但不便于施工和布置设备，实际应用较少。棱形、长圆形的水流阻力较小，常用于箱式取水头部。圆形水流阻力虽较大，但能较好的适应水流方向的变化，且施工较方便。

c. 进水孔流速和面积：进水孔的流速要选择恰当。流速过大，易带入泥沙、杂草和冰凌；流速过小，又会增大进水孔和取水头部的尺寸，增加造价和水流阻力。一般有冰絮时为 0.1～0.3m/s，无冰絮时为 0.2～0.6m/s。

（2）进水管。进水管一般不少于两根，当其中一根停止工作时，其余管仍能保证 70％的设计流量。

进水管的管径应按正常供水时的设计水量和流速决定。管中流速不应低于泥沙颗粒的不淤流速，以免泥沙沉积；但也不宜过大，以免水头损失过大，增加集水间和泵房的深度。进水管的设计流速一般不小于 0.6m/s。设计流速为：1～1.5m/s。当一根管检修时，流速允许达到 1.5～2m/s。此外，冲洗流速也可达 1.5～2m/s。

1）进水管的形式。

a. 自流管。自流管一般采用钢管、铸铁管或钢筋混凝土。自流管管顶应设在河床冲刷深度以下 0.25～0.3m，不易冲刷的河床外，管顶的最小埋深应在河床以下 0.5m。另外，考虑放空检修时管道不致因减少重量而上浮，因此埋深必须满足抗浮要求。

b. 虹吸管。虹吸管宜采用钢管，以保证密封不漏气。虹吸管的虹吸高度一般采用不大于 4～6m，虹吸管进水端在设计最低水位下的淹没深度不小于 1m，出水端至少应伸入集水井最低动水位以下 1m，以免空气进入。虹吸管应朝集水间方向上升，其最小坡度为 0.003～0.005。每条虹吸管宜设置单独的真空管路，以免互相影响。

2）进水管的冲洗。管内可能淤积，这时应考虑冲洗措施。进水管的冲洗方法有顺冲、反冲两种。

a. 顺冲法。顺冲是关闭一部分进水管，使全部水量通过待冲的一根进水管，以加大流速的方法来实现冲洗；或在河流高水位时，先关闭进水管上的阀门，从该格集水间抽水至最低水位，然后迅速开启进水管阀门，利用河流与集水间的水位差来冲洗进水管。顺冲法比较简单，不需另设冲洗管道，但附在管壁上的泥沙难于冲掉，冲洗效果较差。

b. 反冲法。反冲是当河流水位低时，先关闭进水管末端阀门，将该格集水间充水至高水位，然后迅速开启阀门，利用集水间与河流的水位差来反冲进水管；或者将泵房内的水泵压水管与进水管连接，利用水泵压力水或高位水池来水进行反冲洗。这种方法冲洗效果较好，但管路较复杂。虹吸进水管还可在河流低水位时，利用破坏真空的办法进行反冲洗。

3.2.2.3　斗槽式取水构筑物

在岸边式或河床式取水构筑物之前设置"斗槽"进水口（图 3.19），称为斗槽式取水构筑物。斗槽是在河流岸边用堤坝围成的、或者在岸内开挖的进水槽，目的在于减少泥沙和冰凌进入取水口。

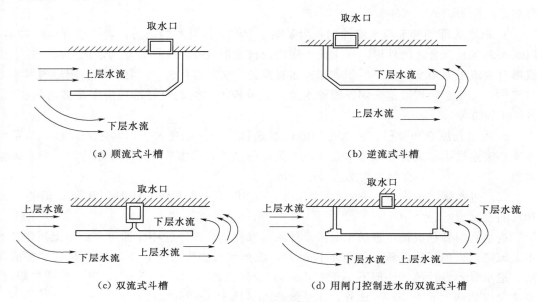

图 3.19　斗槽式取水构筑物

因斗槽中流速较小，水中泥沙易于沉淀、潜冰易于上浮，从而减少泥沙和冰凌进入取水口，进一步改善水质。当河流含沙量大、冰凌严重，取水量要求大时宜采用斗槽式取水构筑物。

按斗槽中水流方向与河水方向的关系有顺流式斗槽、逆流式斗槽、双流式斗槽（图3.19）。

1. 顺流式斗槽

斗槽中水流方向与河水流向基本一致。由于斗槽中的流速远小于河水的流速，一部分动能迅速转化为位能，在斗槽进口处形成雍水和横向环流，所以进入斗槽的水流主要是河流表层水。由于表层水含泥沙较少、含冰凌较多，因此顺流式斗槽适用于含泥沙甚多、而冰凌不严重的河流。

2. 逆流式斗槽

斗槽中水流方向与河水流向基本相反。由于河流水流在斗槽进口处受到抽吸，形成水位跌落，斗槽进口处的水位低于河流的水位，产生横向环流，故进入斗槽的水流主要是河流底层含冰凌较少、含泥沙较多的水，因此逆流式斗槽适用于冰凌严重，面泥沙较少的河流。

3. 双流式斗槽

当洪水季节含沙量大时，可开上游端闸门，顺流进水。当冬季冰凌严重时，可开下游端闸门，逆流进水。适用于河流含沙量较大而冰凌又严重时采用。

斗槽式取水构筑物要求岸边地质稳定，河水主流近岸，并应设在河流凹岸处。斗槽式取水构筑物施工量大造价高，槽内排泥困难，现较少采用。

3.2.3 移动式取水构筑物

3.2.3.1 浮船式取水构筑物

浮船式取水构筑物如图 3.20 所示，将取水设备直接安装在浮船上，浮船能随水位涨落而升降，可随河流主航道的变迁而移动。

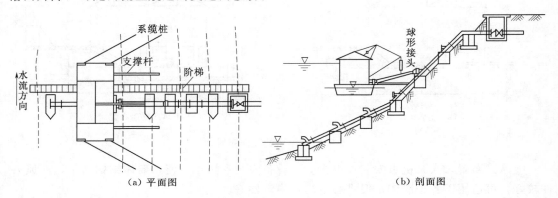

（a）平面图　　　　　　　　　（b）剖面图

图 3.20　浮船式取水构筑物

浮船式取水构筑物一般由浮船、联络管、输水斜管、船与岸之间的交通联络设备、锚固设施等组成。浮船可采用木船、钢板船、钢网水泥船等。浮船一般制造成平底围船式，平面为矩形，横截面可为矩形或梯形。浮船的尺寸应根据设备及管路布置、操作及检修要求、浮船的稳定性等因素而定。目前，一般船宽多在 5~6m，船长与船宽之比 2：1~3：1，吃水深 0.5~1.0m，船体深 1.2~1.5m，船首、船尾长 2~3m。

浮船式取水构筑物的优点是工程用材少，投资小；无复杂的水下施工作业，又无大量的土石方工程，施工简单，基建费用较低；在河流水文和河床易变化的情况下，能经常取得含沙量小的表层水。但浮船式取水构筑物受风浪、航运、漂木及浮筏、河流流量、水位的急剧变化影响较大，安全可靠性差；取水需随水位的涨落拆换接头，移动船位，紧固缆绳，收放电线电缆，尤其水位变化幅度大的洪水期，操作管理更为频繁；浮船必须定期维护，且工作量大。

浮船式取水构筑物适用于河岸比较稳定，河床冲淤变化不大，岸坡角度在 20°~30°；水位变化幅度在 10~35m，枯水期水深不小于 1.5~2m，河水涨落速度在 2m/h 以内；水流平缓，风浪不大；河流漂浮物少、无冰凌且不易受漂木、浮筏、船只等撞击条件下。

考虑供水规模、供水安全程度等因素，浮船的数量一般情况下不少于两只，若可间断供水或有足够容积的调节水池，可考虑设置一只。

1. 浮船式取水构筑物取水位置的选择

浮船式取水构筑物取水位置的选择应注意以下几点：

（1）河岸有适宜的坡度。岸坡过于平缓，不仅联络管增长，而且移船不方便，容易搁浅。采用摇臂式连接时，岸坡宜陡些。

（2）设在水流平缓、风浪小的地方，以利于浮船的锚固和减小颠簸。在水流湍急的河流上，浮船位置应避开急流和大回流区，并与航道保持一定距离。

（3）尽量避开河漫滩和浅滩地段。

2. 浮船式取水构筑物的布置

水泵在浮船上的竖向布置可为上承式 [图 3.21 (a)] 和下承式 [图 3.21 (b)]。

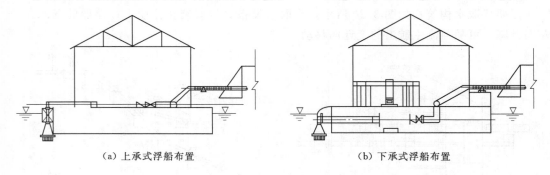

（a）上承式浮船布置　　　　　　　　　（b）下承式浮船布置

图 3.21　浮船的竖向布置

上承式布置，水泵机组安装在甲板上。设备安装和操作方便，船体结构简单，通风条件较好，可适用于各种船体，但重心偏高，稳定性差。

下承式布置，水泵机组安装在甲板以下的船体骨架上，其重心低且稳定性好，可降低水泵的吸水高度。但下承式通风条件差，操作管理不便，因吸水管需穿越船舷，只适于钢板船。

水泵机组平面布置形式有纵向和横向布置（图 3.22）。一般双吸泵多布置成纵向，单吸泵多布置成横向。机组布置时应考虑重心的位置，一般机组布置重心偏于吸水侧。

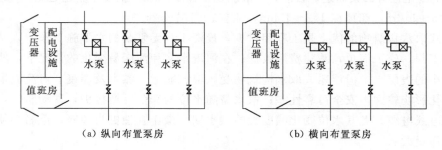

（a）纵向布置泵房　　　　　　　　　　（b）横向布置泵房

图 3.22　泵房布置

3. 浮船的平衡与稳定

为了保证运行安全，浮船应在正常运转、风浪作用、移船、设备装运时均能保持平衡与稳定。首先应通过设备布置使浮船在正常运转时接近平衡。在其他情况下（如不平衡），可用平衡水箱或压舱重物来调整平衡。为保证操作安全，在移船和风浪作用时，浮船的最大横倾角以不超过 7°～8° 为宜。为了防止沉船事故，应在船舱中设水密隔舱。

4. 联络管和输水管

浮船随河水涨落而升降，随风浪而摇摆，因此船上水泵压水管与岸边输水管之间的联络管应转动灵活。常用的连接方式有阶梯式和套筒式。

（1）阶梯式连接。按选用连接管材的
不同，又分为柔性连接和刚性连接：

1）柔性联络管连接。如图 3.23 所
示，采用两端带有法兰接口的橡胶软管作
联络管，管长一般 6～8m。橡胶软管使用
灵活，接口方便，但承压一般不大于
490kPa，使用寿命较短，管径较小（一般
为 350mm 以下），故适宜在水压和水量不
大时采用。

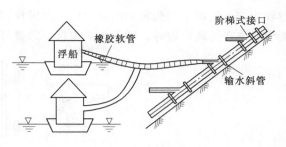

图 3.23　柔性联络管连接

2）刚性联络管连接。如图 3.24 所示，采用两端各有一个球形万向接头的焊接钢管作
为联络管，管径一般在 350mm 以下，管长一般为 8～12m，钢管承压高，使用年限长，
故采用较多。球形万向接头（图 3.25），转动灵活，使用方便，转角一般采用 11°～15°，
制造较复杂。

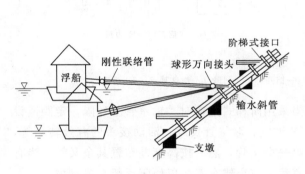

图 3.24　刚性联络管连接

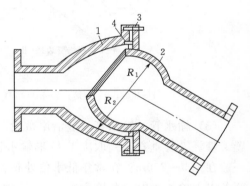

图 3.25　球形万向接头
1—外壳；2—球心；3—压盖；4—油麻填料

阶梯式连接，由于受联络管长度和球形接头转角的限制，在水位涨落超过一定范围
时，就需移船和换接头，操作较麻烦，须短时间停止取水。但船靠岸较近，连接比较方
便，可用在水位变幅较大的河流。

（2）套筒式连接。套筒式连接又可称为摇臂式连接。该连接的联络管由钢管和几个套
管旋转接头组成。水位涨落时，联络管可以围绕岸边支墩上的固定接头转动。这种连接的
优点是不需要拆换接头，不用经常移船，能适应河流水位的大幅涨落，管理方便，不中断
供水，因此采用广泛。但洪水时浮船离岸较远，上下交通不便。

由于 1 个套筒接头只能在 1 个平面上转动，因此 1 根联络管上需要设置 5 个或 7 个套
筒接头，才能适应浮船上下、左右摇摆运动。

图 3.26（a）为由 5 个套筒接头组成的摇臂式联络管。由于联络管偏心，两端套筒接
头受到较大的扭力，接头填料易磨损漏水，从而降低接头转动的灵活性与严密性。这种接
头只在水压较低、联络管重量不大时采用。

图 3.26（b）为由 7 个套筒接头组成的摇臂式联络管。这种连接，由于套筒接头处受

力较均匀，增加了接头转动的灵活性与严密性，故能适应较高水压和较大水量的要求，并能使船体在远离岸边时，能作水平位移，以避开洪水主流及航运、漂木等的冲撞。

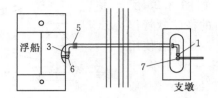

（a）单摇臂联络管边接（Ⅰ）

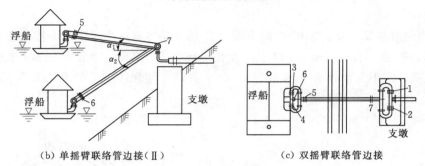

（b）单摇臂联络管边接（Ⅱ）　　　　　　（c）双摇臂联络管边接

图 3.26　套筒式连接

1—压盖；2—套筒；3—油麻填料；4—挡圈；5—短管；6—滚珠轴承；7—管座

（3）输水管。输水管一般沿岸敷设。当采用阶梯式连接时，输水管上每隔一定距离设置叉管。叉管垂直高差取决于 U 形输水管的坡度、联络管长度、活动接头的有效转角等，一般在 1.5～2.0m。在常年低水位处布置第一个叉管，然后按高度差布置其余叉管。当有两条以上输水管时，各输水管上的叉管在高程上应交错布置，以便于浮船交错移位。

5. 浮船的锚固

浮船需用缆索、撑杆、锚链等锚固（图 3.27）。锚固方式根据浮船停靠位置的具体条件决定。用系缆索和撑杆将船固定在岸边，适宜在岸坡较陡，江面较窄，航运频繁，浮船靠近岸边时采用。在船首尾抛锚与岸边系留相结合的形式，锚固更为可靠，同时还便于浮船移动。它适用于岸坡较陡、河面较宽、航运较少的河段。在水流急、风浪大、浮船离岸较远时，除首尾抛锚外，还应增设角锚。

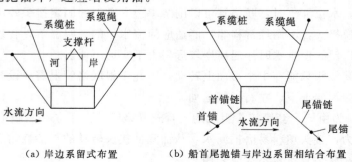

（a）岸边系留式布置　　　　　（b）船首尾抛锚与岸边系留相结合布置

图 3.27　浮船式取水构筑物的锚固

3.2.3.2 缆车式取水构筑物

缆车式取水构筑物是用卷扬机绞动钢丝绳牵引泵车，使其沿坡道上升或下降以适应河水的涨落，从而取得较好的水质的水。由泵车、坡道或斜桥、输水管和牵引设备等部分组成，如图 3.28 所示。

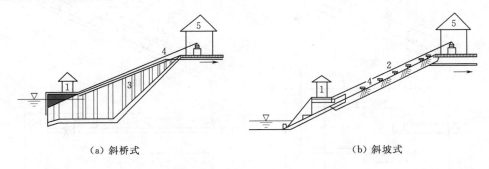

(a) 斜桥式　　　　　　　　　　　　　　(b) 斜坡式

图 3.28　缆车式取水构筑物
1—泵车；2—坡道；3—支墩；4—输水管；5—绞车房

缆车式取水构筑物的施工固定式取水构筑物简单，水下施工量小，工期短；投资小于固定式，但大于浮船式；比浮船式稳定，能适应较大风浪。但只能取岸边表层水，水质较差；生产管理人员较固定式多，移车困难，安全性差；取水位置固定，需经常按水位涨落拆转接头，在水位变化较大的情况下，不如浮船取水机动灵活；泵车内面积和空间较小，工作条件较差。

适用条件为河水涨落在 $10\sim35m$，涨落速度不大于 $2m/h$；河床比较稳定，河岸地质条件较好，且岸坡有适宜的角度（一般在 $10°\sim28°$）；河段顺直，靠近主流；河流漂浮物较少、无冰凌且不易受漂木、浮筏、船只等撞击。缆车式取水构筑物各部分构造如图 3.28 所示。

1. 泵车与水泵

当取水量不大允许中断供水时，可考虑采用一部泵车。当供水量较大、供水可靠性要求较高时，应考虑选用两部或两部以上的泵车，每部泵车选用 $2\sim3$ 台水泵。泵车上的水泵宜选用吸水高度不小于 $4m$、$Q\text{-}H$ 特性曲线较陡的水泵，以减少移车次数，并在河流水位变化时，取水量变化不致太大。

泵车的平面布置主要是机组与管路的布置。由于受坡道的倾角、轨距的影响，泵车尺寸不宜过大，小型泵车面积为 $12\sim20m^2$。

小型水泵机组宜采用平行布置（图 3.29），将机组直接布置在泵车的桁架上，使机组重心与泵车轴线重合，运转时振动小，稳定性好。大中型机组宜采用垂直布置（图 3.30），机组重心落在两桁架之间，机组放在短腹杆处，振动较小。

泵车车厢净高，在无起吊设备时采用 $2.5\sim3.0m$；有起吊设备时采用 $4.0\sim4.5m$。泵车的下部车架为型钢组成的桁架结构，在主桁架的下节点处装有 $2\sim6$ 对滚轮。

2. 坡道

坡道的坡度一般为 $10°\sim25°$，有斜坡式和斜桥式（图 3.28）。当岸边地质条件较好、坡度适宜时，可采用斜坡式坡道；当岸坡较陡或河岸地质条件较差时，可采用斜桥式坡道。

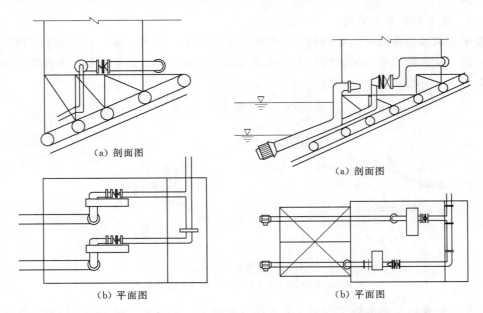

(a) 剖面图　　　　　　　　(a) 剖面图

(b) 平面图　　　　　　　　(b) 平面图

图 3.29　水泵平行布置的泵车　　　图 3.30　水泵垂直布置的泵车

斜桥式坡道基础可做成整体式、框式挡土墙和钢筋混凝土框格式。坡道顶面应高出地面
0.5m 左右,以免积泥。斜桥式坡道一般采用钢筋混凝土多跨连续梁结构。

在坡道基础上敷设钢轨,当吸水管直径小于 300mm 时,轨距采用 1.5～2.5m;当吸
水管直径为 300～500mm 时,轨距采用 2.8～4.0m。

坡道上除设有轨道外,还设有输水管、安全挂钩座、电缆沟、接管平台及行人道等。
当坡道上有泥沙淤积时,应在尾车上设置冲沙管及喷嘴。

3. 输水管

一般一部泵车设置一根输水管。输水管沿斜坡或斜桥敷设。管上每隔一定距离设置叉
管,以便与联络管相接。叉管的高差主要取决于水泵吸水高度和水位涨落速度,一般采用 1～2m。当采用曲臂式联络管时,叉管高差可取 2～4m。

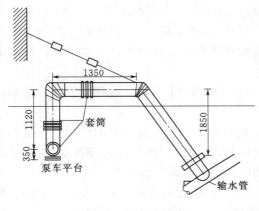

图 3.31　套头接头连接

在水泵出水管与叉管之间的联络管上需设置活动接头,以便移车时接口易于对准。活动接头有橡胶软管、球形万向接头、套筒旋转接头和曲臂式活动接头等。橡胶软管使用灵活,但使用寿命较短,一般用于管径 300mm 以下。套筒接头由 1～3 个旋转套管组成(图 3.31),装拆接口较方便,使用寿命较长,应用较广。

4. 牵引设备及安全装置

牵引设备由绞车及连接泵车和绞车的钢丝绳组成。轿车一般设置在洪水位以上岸边的

绞车放内。牵引力在 50kN 以上时宜用电动绞车。

为了保证泵车运行安全，在绞车和泵车上都必须设置制动保险装置。绞车制动装置有电磁铁刹车和手刹车，而以两者并用较安全。泵车在固定时，一般采用螺栓夹板式保险卡或钢杆安全挂钩作为安全装置，前者多用于小型泵车，后者多用于大中型泵车。泵车在移动时一般采用钢丝绳挂钩作为安全装置，以免发生事故。

3.2.4　湖泊和水库取水构筑物

3.2.4.1　湖泊和水库的水文、水质特征

1. 水量与水位

湖泊、水库的水位与其蓄水量有关，而蓄水量一般呈季节性变化，一般夏秋季节出现最高水位，冬末春初则为最低水位。水位变化除与蓄水量有关外，还会受风向与风速的影响。在风的作用下，向风岸水位上升，而背风岸水位则下降。水位的变化幅度，在不同的湖泊、水库，又有其不同的特点。一般情况下，湖泊流域面积与自身水体表面积的比值越大，水位变幅越大；蓄水构造越窄、越深，水位变幅越大。人工水库较天然湖泊水位变幅大。

2. 水生生物

由于湖泊、水库中的水流流动缓慢，阳光照射使水面表层温度较高，有利于水生生物的生长，水生生物十分丰富。水生生物的存在使水的色度增加，且产生臭味。在风的作用下，一些漂浮物聚集在下风向，可造成取水构筑物的阻塞。

3. 沉淀作用

湖泊、水库具有良好的沉淀作用，水中泥沙含量低，浊度变化不大。但在河流入口处，由于水流突然变缓，易形成大量淤积。河流挟沙量越大，淤积现象越严重。一般取水口应考虑设在淤积影响小的位置。

4. 含盐量

湖泊、水库的水质与补给水水源的水质、水量流入和流出的平衡关系、蒸发量的大小、蓄水构造的岩性等有关。一般用于给水水源的多为淡水湖，水质基本上具有内陆淡水的特点。不同的湖泊或水库，水体的化学成分不同。对同一湖泊或水库，位置不同，水体的化学成分和含盐量也不一样。

5. 风浪

湖泊或水库水面宽广，在风的作用下常会产生较大的浪涌现象。由于水的浸润和浪击作用，可以造成岸基崩塌，在迎风岸这种现象更为明显。

3.2.4.2　湖泊和水库取水构筑物位置选择

取水构筑物位置选择应注意以下几点：

（1）不要选择在湖岸芦苇丛生处附近。一般在这些区域有机物丰富，水生生物较多，水质较差，尤其是螺丝类软体水底动物会吸附在进水孔上，产生严重的堵塞现象。

（2）不要选择在夏季主风向的向风面的凹岸处。这些位置有大量的浮游生物聚集，并且死亡的残骸沉入湖底腐烂后，是水质恶化，水的色度增加，且产生臭味。

（3）为了防止泥沙淤积取水头部，取水构筑物的位置应远离支流的汇入口，而应选在靠近大坝附近，这里水深较大，水的浊度也较小，也不易出现泥沙淤积现象。

（4）取水构筑物应建在坡度较小、岸高不大的基岩或植被完整的湖边或库边，其稳定性较好。

3.2.4.3 湖泊和水库取水构筑物的类型

1. 隧洞式取水和引流明渠取水

在水深大于 10m 的湖泊或水库中取水可采用引水隧洞或引水明渠取水。隧洞式取水构筑物可采用水下岩塞爆破法施工（图 3.32），就是在选定的取水隧洞的下游端，先行挖掘修建引水隧洞，在接近湖底或库底的地方预留一定厚度的岩石——岩塞，最后采用水下爆破的办法，一次性炸掉预留岩塞，从而形成取水口。这一方法在国内外均获得采用。

2. 分层取水的取水构筑物

为避免水生生物及泥沙的影响，应在取水构筑物不同高度设置取水窗（图 3.33）。这种取水方式适宜于深水湖泊或水库。在不同季节、不同水深，深水湖泊或水库的水质相差较大。例如，在夏秋季节，表层水藻类较多，在秋末这些漂浮生物死亡沉积于库底或湖底，因腐烂而使水质恶化发臭。在汛期，暴雨后的地面径流带有大量泥沙流入湖泊水库，使水的浊度骤增，显然泥沙含量越靠近湖底库底越高。采用分层取水的方式，可以根据不同水深的水质情况，取得低浊度、低色度、无嗅的水。

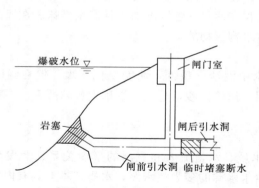

图 3.32 岩塞爆破法示意图

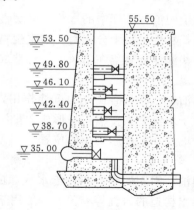

图 3.33 坝内合建式取水塔

3. 自流管式取水构筑物

在浅水湖泊和水库取水，一般采用自流管或虹吸管把水引入岸边深挖的吸水井内，然后水泵的吸水管直接从吸水井内抽水，泵房与吸水井既可合建，也可分建。图 3.34 为自流管合建式取水构筑物。

3.2.5 山区浅水河流取水构筑物

3.2.5.1 山区河流及取水方式的特点

1. 山区河流的特点

（1）流量和水位变化幅度很大，水位波动幅度大，洪水持续时间不长。在枯水期内流量很小，水层很浅。有时出现多股细流，甚至地面断流。暴雨之后，山洪暴发，洪水流量可为枯水流量的数十、数百倍或更大。

（2）水质变化剧烈。枯水期水流清澈见底。暴雨后，水质骤然浑浊含沙量大，漂浮物多。雨过天晴，水又变清澈。

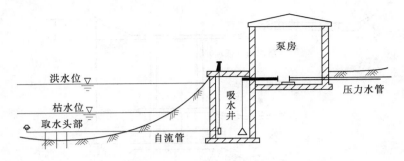

图 3.34 自流管合建式取水构筑物

(3) 河床常为砂卵石或岩石组成。河床坡度陡，比降大，有时甚至出现 1m 以上的大滚石。

(4) 北方某些山区河流潜冰（水内冰）期较长。

2. 山区取水方式的特点

(1) 由于山区河流枯水期流量很小，因此取水量所占比例很大，可达 70%～90%。

(2) 由于枯水期水层浅薄，因此取水深度不足，需要修筑低坝抬高水位或者采用底部进水等方式解决。

(3) 由于洪水期推移质多，粒径大，因此修建取水构筑物时要考虑能将推移质顺利排除不致造成淤塞或冲击。

3.2.5.2 山区浅水河流取水构筑物形式

根据山区河流取水的特点，取水构筑物常采用低坝式活动坝和固定坝或底栏栅式。当河床为透水性良好的沙砾层，含水层较厚，水量较丰富时，也可采用大口井或渗渠取地下渗流水。

1. 低坝式取水

当山区河流取水深度不足、不通船、不放筏且推移质不多时，可在河流上修筑低坝来抬高水位和拦截足够的水量。低坝式取水有固定式和活动式两种。低坝式取水适用于小型山区河流。

(1) 固定式低坝取水。固定式低坝取水枢纽由拦河低坝、冲沙间、进水闸或取水泵站等部分组成，其布置如图 3.35 所示。固定式拦河坝一般由混凝土或浆砌块石做成溢流坝形式，坝高 1～2m。

坝的上游河床应用黏土或混凝土做防渗铺盖。当采型黏土铺盖时，还需在上面铺设 30～50cm 的砌石层加以保护。坝下游一定范围内也需用混凝土或浆砌块石铺筑护坦。护坦上有时设有齿栏，消力墩等辅助消能设施，防止河床冲刷。

冲沙闸设在溢流坝一侧，利用坝上下游的位差将坝上沉积的泥沙排至下游。进水闸的轴线与冲沙闸轴线的夹角为 30°～60°，以便在取水的同时进行排沙，使含沙较少的表层水从正面进入进水闸，而含沙较多的底层水则从侧面由冲沙闸泄至下游。

(2) 活动式低坝取水。低水头活动坝种类较多，如浮体闸（图 3.36），袋形橡胶坝（图 3.37），设有活动闸门（平板闸门或弧形闸门）的水闸、水力自动翻板闸等。

袋形橡胶坝是用合成纤维（尼龙、卡普隆，锦纶，维纶）织成的帆布，布面塑以橡

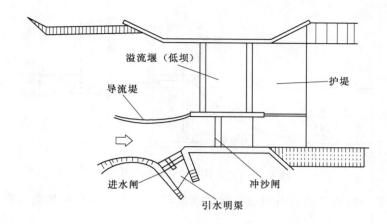

图 3.35 固定式低坝取水装置

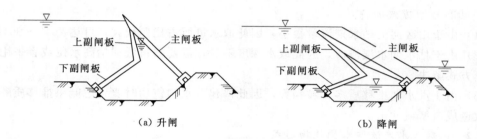

图 3.36 浮体闸升闸和降闸示意图

胶，黏合成一个坝袋，锚固在坝基和边墙上，然后用水泥或空气冲胀，形成坝底挡水。当水和空气排除后，坝袋塌落便能泄水。

活动坝既能挡水又能泄水，在洪水期能减少上游淹没面积，且能便于冲走坝前沉积的泥沙，因此采用较多，但维护管理较复杂。

2. 底栏栅式取水构筑物

底栏栅式取水构筑物由拦河低坝、底栏栅、引水廊道、沉沙池、取水泵站等组成，如图 3.38 所示。

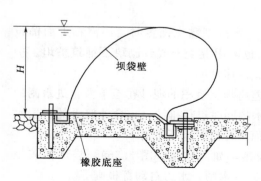

图 3.37 袋形橡胶坝断面

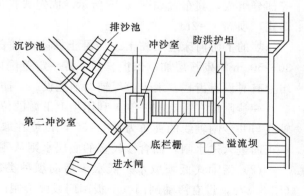

图 3.38 底栏栅式取水构筑物布置

（1）拦河低坝：用以拦截水流，抬高水位。坝轴与水流垂直布置，坝身用混凝土或浆砌块石筑成。坝顶一般高出河底0.5～1.0m。溢流坝段的顶面应较栏栅坝段的顶面高0.3～0.5m，以便常水位时水流能全部从栏栅上通过。为防止冲刷，坝下游应做陡坡、护坦和消力设施。

（2）底栏栅：用以拦截水中大粒径推移质和漂浮物，不使其进入引水廊道。栏栅栅条断面以梯形为好不易堵塞和卡石。栅条宽度多为8～25mm，栅条净距一般采用6～10mm，最大为20mm。为利于水流带动推移质顺利越过栏栅泄至下游，并减轻大石块对栏栅的冲击，栏栅应向下游以0.1～0.2的坡度敷设。

（3）引水廊道：一般采用矩形断面。水流按无压考虑，因此廊道内水面以上应留有0.2～0.3m的保护高度。为避免泥沙淤积，廊道内的流速应从起端到末端逐渐增大，并应大于不淤流速。一般起端流速不小于1.2m/s，末端流速不小于2.0～3.0m/s。

（4）沉沙池：沉沙池用以去除水中粗颗粒泥沙可做成直线型或曲线型。直线型沉沙池一般为矩形，采用一格或两格，每格宽1.5～2.0m，长15～20m。起端水深2.0～2.5m，底坡0.1～0.2。池中沉淀的泥沙利用水力定期冲走。

由于在低坝上设有顶部带栏栅的引水廊道河道，河水流经坝顶时，一部分水通过栏栅流入引水廊道，经过沉沙池去除粗颗粒泥沙后，再由水泵抽走，其余河水经坝顶溢流，并将大粒径推移质、漂浮物及冰凌带至下游。当取水量大、推移质多时，可在底栏栅一侧设置冲沙室和进水闸（或岸边进水口）。冲沙室用以排泄坝上游沉积的泥沙。进水闸用以在栏栅及引水廊道检修，或冬季河水较清时进水。它通过坝顶带栏栅的引水廊道取水。

底栏栅式取水构筑物适宜河床较窄、水深较浅、河底纵坡较大、大颗粒推移质特别多的山溪河流，且取水量占河水总量比例较大时的情况，一般建议取水量不超过河道最枯流量的1/4～1/3。

3.3 地下水取水构筑物

地下水取水构筑物是给水工程的重要组成部分之一。它的任务是从地下水水源中取出合格的地下水，并送至水厂或用户。地下水取水工程研究的主要内容为地下水水源和地下水取水构筑物。由于地下水的类型、埋藏条件、含水层的性质等各不相同，开采和集取地下水的方法以及地下水取水构筑物的形式也各不相同。地下水取水构筑物按取水形式主要分为两类：垂直取水构筑物——井；水平取水构筑物——渠。井可用于开采浅层地下水，也可用于开采深层地下水，但主要用于开采较深层的地下水；渠主要依靠其较大的长度来集取浅层地下水。在我国，利用井集取地下水更为广泛。本节主要介绍地下水取水构筑物的类型、构造、形式、设计计算、施工技术及其运行管理方法。

3.3.1 垂直系统工程

垂直系统是指集取地下水的主要建筑物的延伸方向与地表面基本垂直的一种集取地下水的方式。这种形式的集水建筑物适应于多种地质地形条件，因此应用最广泛、最普及。筒井、管井、大口井、轻型井等各种类型的水井都属于垂直系统。常见的井型如下：

3.3.1.1 管井

管井是一种直径较小、深度较大，由钢管、铸铁管、混凝土管或塑料管等管材加固而成的集水建筑物。随着凿井机具和提水工具的改进，通常采用水井钻机施工，水泵抽水，群众习惯称之为机井、深井，其结构如图 3.39 所示。管井由井室、井壁管、过滤器、沉沙管 4 部分组成。

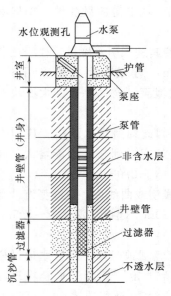

图 3.39　管井示意图

（图中标注：水位观测孔、水泵、护管、井室、泵座、泵管、非含水层、井壁管（井身）、井壁管、过滤器、过滤器、不透水层、沉沙管）

1. 井室

井室是用于安装各种设备（如水泵、电机、阀门及控制柜等）、保护井口免受污染和进行运行管理维护的场所。常见井室按所安装的抽水设备不同，可建成深井泵房、深井潜水泵房、卧式泵房等，其形式可为地面式、地下式或半地下式。为防止井室地面的积水进入井内，井口应高出地面 0.3～0.5m。为防止地下含水层被污染，井口周围需用黏土或水泥等不透水材料封闭，其封闭深度不得小于 3m。井室应有一定的采光、通风、采暖、防水和防潮设施。

2. 井壁管

井壁管不透水，它主要安装在不需进水的岩土层段（如咸水含水层段、出水少的黏性土层段等），用以加固井壁、隔离不良（如水质较差、水头较低）的含水层。井壁管可以是铸铁管、钢管、钢筋混凝土管或塑料管，应具有足够的强度，能经受地层和人工充填物的侧压力，不易弯曲，内壁平滑圆整，经久耐用。当井深小于 250m 时，一般采用铸铁管；当井深小于 150m 时，一般采用钢筋混凝土管；当井深较小时可采用塑料管。井壁管内径应按出水量要求、水泵类型、吸水管外形尺寸等因素确定，通常大于或等于过滤器的内径，当采用潜水泵或深井泵扬水时，井壁管的内径应比水泵井下部分最大外径大 100mm。

在井壁管与井壁间的环形空间中填入不透水的黏土形成的隔水层，称作黏土封闭层。如在我国华北、西北地区，由于地层的中、上部为咸水层，所以需要利用管井开采地下深层含水层中的淡水。此时，为防止咸水沿着井壁管和井壁之间的环形空间流向填砾层，并通过填砾层进入井中，必须采用黏土封闭以隔绝咸水层。

3. 过滤器

过滤器是指直接连接于井壁管上，安装在含水层中，带有孔眼或缝隙的管段，是管井用以阻挡含水层中的沙粒进入井中，集取地下水，并保持填砾层和含水层稳定的重要组成部分，俗称花管。过滤器的类型（图 3.40）：填砾过滤器、钢筋骨架过滤器、圆孔或条孔过滤器、缠丝过滤器、包网过滤器、砾石水泥过滤器等。填砾层高度应超过过滤器顶部 8～10m，以保证填砾层出现下沉，过滤层仍充满砾层。按过滤器是否贯穿整个含水层，可分为完整井和非完整井，其结构如图 3.41 所示。多个含水层可用多层过滤器管井。过滤器表面的进水孔尺寸，应与含水层土壤颗粒组成相适应，以保证其具有良好的透水性和阻沙性。过滤器的构造、材质、施工安装质量对管井的出水量大小、水质好坏（含沙量）

和使用年限，起着决定性的作用。过滤器的基本要求是：有足够的强度和抗腐蚀性能，具有良好的透水性，能有效地阻挡含水层沙粒进入井中，并保持人工填砾层和含水层。

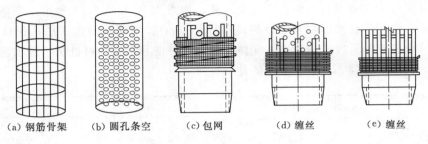

(a) 钢筋骨架　　(b) 圆孔条空　　(c) 包网　　　(d) 缠丝　　　(e) 缠丝

图 3.40　过滤器的类型

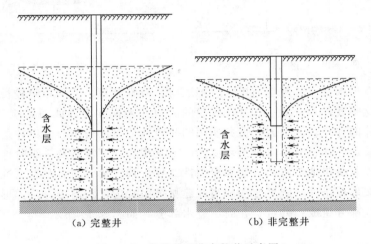

(a) 完整井　　　　　　　　(b) 非完整井

图 3.41　完整井和非完整井示意图

为防止含水层沙粒进入井中，保持含水层的稳定，又能使地下水通畅地流入井中要在过滤器与井壁之间的环形空间内回填沙砾石。这种回填沙砾石形成的人工反滤层为填砾层。

4. 沉沙管

沉沙管接在过滤器的下面，用以沉淀进入井内的细小沙粒和自地下水中析出的沉淀物。沉淀管的长度为 2～10m，井深小于 10m，长度取 2m；井深大于 90m，长度取 10m。在稳定的裂隙和岩溶基岩地层取水时，可不设过滤器。

井管直径与水文地质条件、单井出水量等因素有关，一般多为 200～450mm。管井深度可根据取水要求和当地的水文地质条件确定，一般农用管井的深度多为 50～100m，也有的达 200～300m，高温地热井可达 3000m 以上。随着用水需要和钻井机具性能的提高，管井的深度也在不断增加。管井结构设计与施工包括管井结构、井管类型与连接、过滤器设计、井孔钻进、成井工艺等。成井工艺又包括电法测井、井管安装、填砾止水、洗井、抽水试验和成井验收等。

3.3.1.2　大口井

大口井由井径大而得名，多为人工开挖或半机械化施工，大口井是广泛用于开采浅层地下水的取水构筑物。一般井径大于 1.5m 即可视为大口井，常用大口井直径为 3～6m，最大不宜超过 10m。井深一般在 15m 以内。

大口井可分为完整大口井和非完整大口井，如图 3.42 和图 3.43 所示。完整大口井只有井壁进水，适用于含水层颗粒粗、厚度薄（5～8m）、埋深浅的含水层；在浅层含水层厚度较大（大于 10m）时，应建造不完整大口井，井壁和井底均可进水，进水范围大，集水效果好，调节能力强，是较为常用的井型。

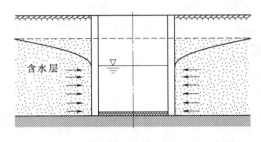

图 3.42 完整大口井

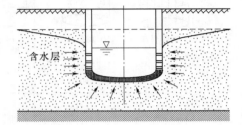

图 3.43 非完整大口井

大口井具有出水量大，施工简单，就地取材，检修简易，使用年限较长等优点；但由于浅水水位变化幅度较大，对一些井深较浅的大口井来说常会因此而影响其单井出水量。另外由于大口井的井径较大，因而造井所用的材料和劳力也较多。大口井适用于地下水埋藏浅、含水层渗透性强、有丰富补给水源的山前洪积扇、河漫滩及一级阶地、干枯河床和古河道地段，以及浅层地下水铁、锰和侵蚀性二氧化碳含量较高对井管腐蚀大的地区。大口井可根据水文地质条件、施工方法和当地建材等因素选定圆筒形、阶梯形和缩径形。

大口井由 3 部分组成：井台、井筒、进水部分，如图 3.44 所示。

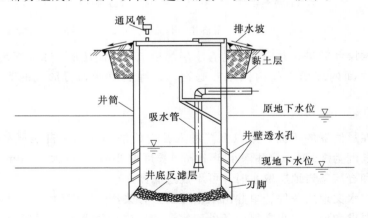

图 3.44 大口井构造示意图

（1）井台。大口井地表以上部分，主要作用是防止洪水、污水以及杂物进入井内，井口应高出地表 0.5m 以上并在井口周边修建宽度为 1.5m 的排水坡。若覆盖层为透水层，排水坡下面还应填以厚度不小于 1.5m 的夯实土层。同时，还要考虑安装扬水设备等。

（2）井筒。进水部分以上的一段，通常用钢筋混凝土浇灌或砖、石砌筑而成，用以加固井壁与隔离不良水质的含水层。井筒一般多为空心圆柱体（圆管），井筒壁的厚度随造井材料不同而异，砖石井筒多为 24～50cm，钢筋混凝土井筒多为 24～40cm。

（3）进水部分。在含水层的部分，包括井壁进水和井底反滤层。常因造井材料不同，其结构也不一样。

1）井壁进水。井壁进水是在井壁上做成水平或倾斜的进水孔，斜孔倾斜角度不超过 45°。进水孔一般为圆形，直径为 100～200mm；也有做成矩形孔的，尺寸为 100mm×200mm～200mm×250mm。进水孔交错排列于井壁，其孔隙率在 15% 左右。为起到集水滤沙作用，孔内装填一定级配的滤料，孔的两侧设置钢丝网，以防滤料流失。

井壁进水还可利用透水井壁，它可以用无砂混凝土制成，也可以用砖、块石和无砂混凝土砌块砌筑而成。无砂混凝土透水井壁制作方便、结构简单、造价低，但在粉、细沙含水层中和含铁地下水中易堵塞。

2）井底反滤层。为保持井底良好进水，通常井底铺设反滤层。反滤层一般为 3～4层，成锅底状，滤料自下而上由细变粗，每层厚度 200～300mm，总厚度 0.75～1.2m。含水层为粉、细沙层时，反滤层的层数和厚度适当增加。由于刃脚处渗透压力较大，易涌沙，靠刃脚处滤层厚度应加厚 20%～30%。

除上述 3 部分以外，当大口井为完整井时，进水部分以下还应设沉沙部分，沉沙部分高度一般依地层颗粒大小级配情况而定，一般为 1～3m。

根据成井材料不同，大口井可分为石井、砖井、混凝土井、钢筋混凝土井等多种类型，目前农田灌溉中最常用的是砖石或加筋砖石以及混凝土或钢筋混凝土大口井。

钢筋混凝土井筒用于沉井法施工，井筒最下端设刃脚，刃脚外缘凸出井筒 5～10cm，井筒为圆形，受力条件好，节省材料。沉井法施工时，采用阶梯圆形井筒可减小下沉时的摩擦力。为便于井筒或进水井壁下沉，在井筒或进水井壁最下端应设置钢筋混凝土刃脚，在井身下沉时用以切削地层，刃刃与水平面的夹角约为 45°～60°。为减小摩擦力，刃脚外缘应凸出井筒 5～10cm，刃脚高度为 50～100cm。刃脚通常在现场浇筑而成。

3.3.1.3 轻型井

轻型井是指直径小，深度不大，用塑料管等轻质材料加固井壁，用人力将带尖的铁管冲砸进地下或采用轻型小口径钻机施工的一种井型。直径一般为 75～150mm，深度多为 10～30m，最深不超过 50m，适合在地下水埋深小（最好不大于 5m）的平原或黄土地区。

3.3.2 水平系统工程

集取地下水的主要建筑物的延伸方向，基本与地面平行，因此称为水平系统。水平系统集水建筑物只有在特定的水文地质条件下适用，其应用范围较垂直系统的要小。常见的有截潜流工程。

截潜流工程是指在河底的砂卵石层内，垂直河道主流方向修建一道截水墙，截住地下水（图 3.45）。同时在截水墙上游修筑集水廊道，将地下水汇集并引入集水井后输送给用户。截潜流工程主要适用于含大量卵石、砾石和沙的山区间歇性河流，或经常性断流却有较为丰富潜流的河流中上游，以及山前洪积扇溢出带或平原古河床、地下水位较高、潜流集中的地方。这些地区往往水井施工难度大或出水量较小，这时可采用截潜流工程取水。

1. 截潜流工程的类型

按截潜流的完整程度，截潜流工程可分为完整式和非完整式两种。

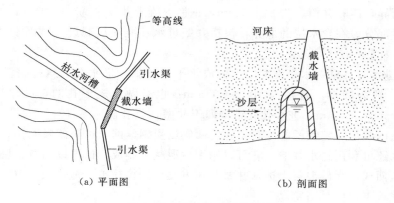

（a）平面图　　　　　　　　　　（b）剖面图

图 3.45　截潜流工程示意图

（1）完整式。截水墙穿透含水层，与不透水层相连，将河床中的地下径流完全拦截。这种形式适用于砾卵石含水层厚度不大的河床中。

（2）非完整式。截水墙没有穿透含水层，只拦截了部分地下水径流，适用于河床中含水层厚度较大或水量较充足的情况。非完整式截潜流工程按集水方式分为明沟式、暗管式和盲沟式 3 种类型。明沟式适用于流量较大的地区。暗管式适用于流量较小的地区。盲沟式指用卵、碎石回填的集水沟，适用于流量较小的地区。

2. 截潜流工程规划

截潜流工程地点的选择，关键是确定截水墙的位置。它关系到工程造价和取水工程的正常运行。工程地点的选择应考虑以下几方面。

（1）水量、水质要求。截潜流河段应有满足需要的地下径流量，且水质符合要求。

（2）地形要求。为节约成本，最好是选择在相对狭窄的河段，同时也要考虑输水和用水的方便。

（3）含水层条件为控制土方量、降低造价，含水层厚度不宜过大，以 3～5m 为宜。

（4）建筑材料。应有就地取材的条件，如石料、黏性土等。出于节约建筑材料和降低造价的目的，截水墙一般与河道的主流线方向垂直。为便于管理和检修，多将集水井、泵站和输水管线设置在河道的一侧，而另一侧一般不设任何工程建筑。

通常，截潜流工程位置选在：①截潜流工程应选择在河床冲积层较厚、颗粒较粗的河段，并应避开不适水的夹层（如淤泥夹层之类）；②截潜流工程应选择在河流水力条件良好的河段，避免设在有壅水的河段和弯曲河段的凸岸，以防泥沙沉积，影响河床的渗透能力，但也要避开冲刷强烈的河岸，否则可能增加护岸工程费用；③截潜流工程应设在河床稳定的河岸，河床变迁，主流摆动不定，都会影响渗渠补给，导致出水量的降低。

3. 截潜流工程施工

（1）进（输）水管道施工。进（输）水管道施工应注意以下几点：①管沟的开挖断面要考虑截渗墙和管道的尺寸，并要便于安装施工；②管沟开挖要注意河床堆积物的稳定性，必要时应进行支护加固，以防坑壁坍塌；③防洪，如工程量大，短期内难以完成，则要考虑防洪措施，确保安全施工；④施工排水，开挖前要进行排水量校核计算，排水设备的能力必须满足排水要求，且要有备用排水设备。

（2）进（输）水廊道施工。廊道式截潜工程的施工方法大致可分两种：如潜水位较高时，多采用开挖明沟法；如潜水位埋深较大，开挖深度较深时，宜采用开挖地道法。施工中应特别注意开挖地层的稳定性，除特殊情况外，一般应护衬加固，防止坍塌，同时也要考虑施工排水问题。

3.3.3 联合系统工程

联合系统是指把垂直和水平集水系统联合起来，或将同一系统中的几种形式联合，共同完成集水目标的工程。联合系统主要有辐射井和引泉工程等。

3.3.3.1 辐射井

辐射井是由大口径的集水竖井和若干水平集水管联合构成的一种井型。其水平集水管在大口竖井的下部穿过井壁深入含水层中，由于水平集水管成辐射状分布，故称为辐射井。集水管平行于含水层，不受含水层厚度的限制，采集地下水的范围广，单井出水量大，调控能力强。辐射井是开采水位埋深浅、含水层薄而透水性差的黄土类地区地下水的理想井型。此类井型可以明显增大井的出水量，在砾卵石含水层中应用较多，因此辐射井的应用较广。

辐射井主要适用于以下条件：

（1）地下水埋藏浅、含水层透水性强，有丰富补给水源的粗沙、砾石和卵石地区。

（2）地下水埋藏浅、含水层透水性良好，有补给水源，含水层埋深在30m以内的粉、细、中沙地区。

（3）裂隙发育，厚度大于20m的黄土裂隙含水层。

（4）透水较弱，厚度小于10m的黏土裂隙含水层。

辐射井包括集水井和辐射管（孔）两部分，如图3.46所示。

集水井（竖井）外形相似于大口井，但它一般不直接从含水层进水。因此，除少数井底进水外，绝大多数集水井的井底、井壁是封死的，以利于施工和管理。集水井的用途是汇集由辐射管进来的地下水，便于安装提水机具，创造方便的提水条件，同时还可以作为辐射孔（管）施工的场所。集水井井径应根据水平钻机尺寸、施工与安装等因素确定，一般要求不小于2.5m，但工程上多采用3m，也有直径高达6m。集水井井深应根据水文地质条件和设计出水量等因素确定。井底应比最低一层辐射管位置低1～

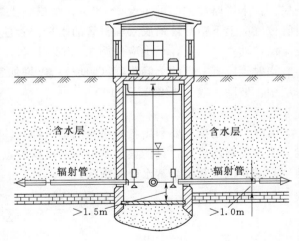

图3.46 辐射井构造示意图

2m。根据黄土区辐射井的经验，黄土塬下的河谷阶地应保持水下深度10～15m，黄土塬区应保持水下深度15～20m。集水井多数深度为10～20m，也有的深达30m。集水井壁厚可参照大口井设计。集水井多采用混凝土和钢筋混凝土井管。

辐射管均匀分布在井筒周围，适用于地下水埋深较浅的非承压水或埋深不大、水头不高的浅层承压水。松散含水层中的辐射孔中一般均穿入滤水管，而对坚固的裂隙岩层，可只打辐射孔而不加设辐射管。

辐射孔材质根据含水层地质条件确定：粗沙、卵砾石含水层，辐射管为预打孔眼的滤水钢管；粉、细、中沙含水层，辐射管为双螺纹无毒塑料滤水管。

管材直径大小与施工方法有密切关系。采用顶进法施工，滤水钢管外径一般为无缝管滤水孔，外径一般为 85～190mm，滤水孔直径一般为 6～8mm，开孔率一般为 3%～8%。采用套管法施工，滤水管外径一般为 60～70mm，开孔率一般为 1.4%～3.0%。

辐射管的长度，视含水层的富水性和施工条件而定。当含水层富水性差、施工容易时，辐射管宜长一些；反之，则短一些。目前生产中，在粗砾、卵砾石层中的辐射管长一般为 10～15m；粉、细、中沙含水层中的辐射管长一般为 15～30m；黄土裂隙含水层中辐射管长一般为 80～120m。

辐射管布置的形式和数量的多少，直接关系到辐射井出水量的多少与工程造价的高低，应密切结合当地水文地质条件与地面水体的分布以及它们之间的联系，因地制宜地加以确定。

在平面布置上，如在地形平坦的平原区和黄土塬区，常均匀对称布设 6～8 根；如地下水力坡度较陡、流速较大时，辐射管较多布置在上游半圆周范围内，下游半圆周范围内布设较少；在汇水洼地、河流变道和河湖库塘岸边，辐射管应布设在靠近地表水体一边，以充分集取地下水。

在垂直方向上，在沙、砾类等富水性好的含水层中，含水层厚度小于 10m，辐射滤水管布设一层；含水层厚度大于 10m，布设 2～3 层。黄土裂隙含水层中的辐射管一般布设一层；含水层厚度大的可布设 2～3 层。浅层黏土裂隙含水层辐射管，一般布设一层。辐射管位置应上下错开，最底层辐射管的水平位置应高出含水层底板 0.5m，最顶层辐射管应淹没在动水位以下，至少应保持在 3m 以上水头。

辐射管应有一定的上倾角度（顺坡），以增加管内流速，减少淤积堵塞。在黄土类含水层中，坡度一般为 1/200～1/100。

3.3.3.2　引泉工程

引泉工程是指主要利用各种泉水的建筑物系统。泉水是地下水天然露头的一种特殊形式。要收集利用泉水，只能根据其自身的出露特点，而不能壅回或堵塞。这种工程的结构类型有引泉坑道和引泉蓄水建筑物等。

习　　题

3.1　供水工程的取水构筑物有哪些？

3.2　地表水的取水方式按其构造形式可分为哪几种类型？各自的使用条件如何？

3.3　岸边式取水构筑物的基本形式有哪些？各有何特点？适用条件如何？

3.4　河床式取水构筑物的构造组成有哪些？常见的取水头部形式有哪些？分别适用于什么情况？

3.5　什么是浮船式取水构筑物？有哪些特点？

3.6　缆车式取水构筑物由哪些部分组成？泵车设计有哪些要求？

3.7　山区河流及取水方式有何特点？有哪些取水构筑物形式？

3.8　地下水的取水方式有几种？各有什么特点？

3.9　管井的构造包括哪几部分？各部分有何作用？

3.10　大口井的构造包括哪几部分？各部分有何作用？

3.11　辐射井的构造包括哪几部分？各部分有何作用？

课外知识：　　国外饮用水水源地保护经验与启示

王亦宁（水利部发展研究中心）　　双文元（华侨大学）

饮用水安全直接关系到人民群众生命健康和社会和谐稳定大局，是社会文明进步的重要体现。近年来，各类污染对水体水质带来很大威胁，饮用水水源安全问题不断凸显。虽然国家针对饮用水水源地保护开展了不少工作，取得一定经验和成效，但水源水质依然不容乐观，水源地保护工作仍有不少需要改进和完善的地方。他山之石，可以攻玉。一些发达国家在水源保护、保障水质安全方面已形成了一套系统的法律、管理及技术体系，总结这些国家饮用水水源地保护的经验和启示，对我们进一步开展好饮用水水源地保护工作可提供良好借鉴。

1　饮用水水源地保护和管理存在的问题

从世界各国看，水源安全最容易成为各类水问题的焦点，其社会影响有很强的放大效应。工业发展和人口剧增造成过量的污染物排放，从 20 世纪下半叶起，全球范围内的水源水质恶化问题开始集中凸显，提供安全饮用水成为保证人类发展面临的突出问题。1972年，联合国第一次人类环境会议把 1981—1990 年作为国际饮水供给和卫生十年。

事实上，许多发达国家都经历过水源大面积污染、饮水安全受到威胁这样一个历史过程。如德国，20 世纪 50 年代莱茵河污染严重，被称为臭水沟，地表水质完全不能满足饮用水要求。很多水厂的地下水源也受到农药污染，最严重时受污染比例超过 50%。后来德国逐步实施莱茵河保护计划，才逐渐扭转水质恶化趋势。再比如日本，由于工业发达和都市人口猛增，早在 20 世纪 50 年代，水源污染就很严重。到 60 年代，汞、铅等危险的重金属污染成为重大安全隐患。后经过采取大规模的严格的污水治理措施，才逐渐使水质改善。而美国的水源水质问题也是出现于这个时期，20 世纪 60 年代末 70 年代初，美国公共卫生局调查，全国只有 60% 的饮用水完全符合卫生标准，个别自来水厂水中竟检测出 36 种化学物质。全国范围内饮用水水源普遍受到污染，如纽约市供水系统由位于其北面的 3 条河流水系组成，提供了纽约市 99% 的用水，但由于受流域内土地开发和人类活动的影响，3 个水系的水质无一幸免地恶化。正是这一严峻状况，才促成了 1974 年美国《安全饮用水法》的出台及与之配套的一系列治理措施。

从我国的情况看，改革开放后，随着工业化和城市化迅猛发展，水资源短缺、水污染严重、水生态退化等问题逐渐凸显，许多地区的水源水质状况出现恶化，状况不容乐观。根据 2016 年的《中国水资源公报》，31 个省（自治区、直辖市）共监测评价 867 个集中式饮用水水源地，全年水质合格率未达到 80% 及以上的水源地有 174 个，近 1/5 比例。

当前，我国饮用水水源地保护和管理存在的具体问题表现在以下几个方面：

第一，饮用水水源地管理体制和协调机制亟待健全。饮用水水源地保护涉及水利、环保、国土、城建、卫生等多部门，职责相互分散，体现在水源工程建设管理与水环境治理分离，水量调度与水质管理分离，源水系统管理与城市自来水系统管理分离等多方面。协调和联动机制不健全，不少水源地存在轻管理、责任不明、工作不衔接、部门间信息不能共享等、问题，工作合力有待加强。同时，流域协同管理作用也未得到有效发挥，上、下游之间在水资源保护和水污染防治中的关系难以协调，跨行政区域的水源地保护机制亟待加强。

第二，饮用水水源地保护法律制度有待完善。当前相关法律法规、规章和规范性文件对饮用水水源保护做了诸多规定，体现在《水法》《环境保护法》《水污染防治法》《饮用水水源保护区污染防治管理规定》等文件中，但相关规定仍缺乏系统性、整体性，相关措施之间衔接不够。同时，一些法律制度仍不健全，存在明显的薄弱环节，体现在地下水源保护管理、跨界水源地管理、生态补偿机制、公众参与、突发事件管理、违法责任等方面。

第三，饮用水水源地保护措施的落实有待加强。限于多方面主客观原因，法律规定的保护措施未能有效落实。如《水法》和《水污染防治法》均要求建立饮用水水源保护区，但据 2011 年开展的水利普查，全国已划分水源保护区的地表水饮用水水源地 4972 处，仅占总数的 42.6%。划定的水源保护区也未做到有效保护，管控能力薄弱。不少水源地"建设项目在前，保护区划分在后"，对原有居民外迁、合法建设项目拆迁涉及人员安置、土地补偿等问题，解决难度大，导致不少水源保护区至今存在污染源。同时，由于跨行政区协调的难题，水源地上游转移污染的问题难以根治。

第四，饮用水水源地保护资金投入力度不足。近年来，各类城市供水设施发展力度很大，已经逐步健全。但水源建设和保护的相关设施需求却在急剧提高，资金投入仍不足。目前国家层面尚未建立水源地保护专项投入渠道，投入保障机制不健全，一般地方政府自身财力无力承担如此庞大的资金支出，急需实施的各项水源地保护措施不能如期开展。

第五，饮用水水源地水质监测体系有待完善。饮用水水源地水质监测是水源地保护的基础。目前，全国饮用水水源监测力量仍比较薄弱，监测体系有待健全。现有集中式生活饮用水水源地监测站网布设密度远远达不到监管要求，地下水监测站网最为落后，南方很多地区还未开展地下水监测。很多设区城市以及相当一部分县（市）由于资金、人员缺乏，难以完成常规监测工作，日常监测频次达不到要求，监测手段落后，自动化程度低。

第六，饮用水水源地安全预警和应急管理体系有待健全。由于监测手段达不到要求，以及对饮用水水源地风险管控和预警体系不健全，导致水源地应急管理和处置能力落后。一些地方政府应急预案的制定比较粗糙，应急管理制度不健全，部门联动、行业联动和地区联动的突发事件响应机制仍有很多改进的空间。应急供水能力不足，据统计，国家重要饮用水水源地服务的 154 个城市中仍有 37 个城市没有备用水源。

2 国外饮用水水源地保护经验

许多发达国家虽然都经历过水源大面积污染，但经过系统治理，问题得到较为成功地解决。这表明水源破坏是工业化、城市化过程中一定历史阶段出现的问题。从本质上讲，水源安全问题是发展与保护的矛盾关系问题，它在发展中产生，也能够在发展中得到解决。国外发达国家在水源保护区、水质安全绿色管理等方面已具备良好经验，其长期实践形成的诸多法律、政策及技术框架很有启发意义。

2.1 美国

2.1.1 完备的水源保护和管理法律制度

美国在 1974 年制定了《安全饮用水法》，与《清洁水法》一起构成饮用水水源管理的法律依据。《清洁水法》规定了包括水源地在内的各州所有水体环境应达到的最低要求。《安全饮用水法》规定了饮用水水源评估、水源保护区、应急管理等制度，并授权美国环保署负责饮用水安全事务，对违反饮用水水源地保护相关规定的行为进行严厉惩处，迫使污染物排放者主动守法。

2.1.2 多渠道的饮用水水源地保护资金支持

《安全饮用水法》授权建立州饮用水循环基金计划，将联邦拨款与州配额拨款借贷给地方实施饮用水相关项目，获得的利息和本金循环使用。《清洁水法》授权建立州清洁水循环基金，长期支持保护和恢复国家水体项目。美国还建立了水源地补助资金，用于将饮用水水源保护整合到地方一级的综合性土地、水体管理保护计划的示范性建设项目中。

2.1.3 健全的饮用水水源地生态补偿制度

建立上、下游之间或水源涵养地与清洁水使用者之间的生态补偿协议，解决相关利益矛盾。如纽约市大部分饮用水水源来自于离该市 200km 的特拉华州乡村，1992 年纽约市政府与水源地农民和森林所有者达成协议，规定奶农和森林经营者在采取"最佳生产模式"（降低对水质影响）下可以获得 400 万美元补偿金。美国还可将最接近水源的土地购买收归国有，以达到保护目的。

2.1.4 注重各级政府部门间协调及公众参与

饮用水管理采取以地方行政区域管理为基本单位、联邦政府与州政府相配合的管理模式。在联邦层次，美国环保署、美国大城市水局联合会、美国水工协会、联邦紧急事务管理署等进行明确分工，各负其责。国环保署还发布《水源保护手册》，用于指导社会团体和公众充分参与到水源地管理和保护中。

2.1.5 系统的地下水饮用水水源保护计划

美国环保署较早实施了对地下水源的保护计划，包括井源保护计划、唯一源含水层保护计划以及地下灌注控制计划三部分，可单独或联合应用到地下水源保护计划中。井源保护计划包括划定保护区、确定污染源清单、应急计划和水源地管理。唯一源含水层保护计划指没有可替代水源的、提供 50% 以上服务区饮用水保障的含水层，一旦被确定为唯一源含水层，则该水体涉及地区的某些特定项目需经美国环保署特别审核。地下灌注控制计划是针对超过 80 万个处理各种废物的灌注井，规范其建设和运作，保护地下饮用水水源免受污染。

2.2 日本

2.2.1 完善的饮用水水源保护立法体系

日本饮用水水源保护法律体系包括《河川法》《公害对策基本法》《水质污染防治法》等，形成了饮用水水源水质标准制度、水质监测制度、水源地经济补偿制度、紧急处置制度等系统的规范。1994 年日本还专门制定了《水道水源水域的水质保全特别措施法》以及《促进水道原水水质保全事业实施的法律》。

2.2.2 分工合作的饮用水水源管理体制

日本水管理的基本特征是多部门分工。国土交通省下设水管理·国土保全局，负责全国水资源规划、开发、利用工作，并直接负责一级河川管理。环境省水和大气环境局负责水质保护工作。用水则根据用途不同确定管理部门，生活用水、农业用水、工业供水和水力发电分别由厚生劳动省、农林水产省和经济产业省负责。几个机构各司其职，并通过联席会等形式加强交流与协作，制定综合性政策。地方都、道、府、县也设有相应管理机构。

2.2.3 完备周密的饮用水质量标准

日本最新的生活饮用水水质标准于 2004 年 4 月 1 日执行。基本项目分两大类：第一类为 50 项水质基准项目，包括健康关联项目和自来水基本性状项目；第二类为 27 项水质管理目标项目。此外，还设有 13 项保证水的可饮用性的"快适项目"，以及 35 项以掌握新化学物质污染状况为目标的监视性项目。

2.2.4 健全的饮用水水源监测制度

日本《水质污染防治法》规定，都、道、府、县知事必须对公用水域的水源水质污染状况进行经常性监测。其他国家机关和地方公共团体也可进行水源水质测定，并应将测定结果报送知事。每年地方政府制定一轮水源水质监测计划并进行监测。另外，建设省根据都、道、府、县知事的监测计划，从河流管理者利益出发，对各水系水质污染状况实施水质例行监测。

2.3 欧盟

2.3.1 统一的水质法律体系

关于饮用水管理，欧盟有四大基础法律：《欧盟水框架指令》《饮用水源地地表水指令》《饮用水水质指令》和《城市污水处理指令》。后三部指令产生于《欧盟水框架指令》之前，是作为某一专项法律存在，分别从水源地保护、饮用水生产输送和监测、污水处理等方面规定相关事项。《欧盟水框架指令》则是一个全面的法律框架，规定了包括水源管理在内的方方面面水管理事项。通常指令是一种指导方针或目标，不要求强制执行，然而《饮用水水质指令》是个例外，其要求都要写进各成员国法律并执行。

2.3.2 分级分档的水源水质标准体系

欧盟的《饮用水源地地表水指令》具体规定了饮用水源地地表水水质标准。它要求各成员国按照自来水厂的处理工艺将地表水进行分类。对每一水质指标制定了 A1、A2、A3 的三级标准，每一级标准分别包含了非约束性的指导控制值和约束性的强制控制值两档。并制定了在特殊极端条件下（如自然灾害）的应急标准，在这种情况下对某些指标可以免除强制控制。

2.3.3 以流域综合管理为核心的管理模式

欧洲有多条跨国界河流。《欧盟水框架指令》建立了以流域综合管理计划为核心的水资源管理框架，要求成员国必须识别他们的流域（包括地下水、河口和一海里之内海岸），将其分派到流域管理区里，并每六年制订一次流域管理行动计划。对于国际流域，流域内相关国家需要共同确定流域边界并分配管理任务。欧盟还要求成员国在执行行动计划时鼓励所有感兴趣的团体参与到水源保护活动中。

2.4 德国

2.4.1 完备的法律法规体系和严厉的法律责任

德国制定了《水法》，并先后颁布《地下水水源保护区条例》《水库水水源保护区条例》《湖水水源保护区条例》。地方政府参考以上法律和条例，结合本地情况划定水源保护区，制定保护措施。在违法责任方面，德国《水法》规定，水污染危害他人生命，造成重大损失，处以不超过 5 年的监禁，未遂者也应受到惩处。由于过失造成危害，也要处以不超过 3 年的监禁或罚款。

2.4.2 划分严密、程序严格的水源保护区制度

德国在水源保护区管理方面经过长期实践形成一系列规范，具有国际领先水平。迄今为止，德国已建立近 20000 个饮用水水源保护区。水源保护区分Ⅰ级区、Ⅱ级区及Ⅲ级区，每一级保护区内部再划出 2～3 个分区。水源保护区在满足保护水质基本要求下，面积要尽量小，以减少对经济发展的影响。法律规定了严格的保护区建立程序，特别强调要向社会公布方案，并由相关部门对水厂与受害者之间的利益矛盾进行调解后，确定最终方案。

2.4.3 健全的饮用水水源保护区管控和保护措施

德国根据水源保护区控制相关经济和社会活动，评定活动的危险级别，确定保护措施。比如德国许多地区农民有通过深坑自行处理生活污水的传统，如果一个湖泊周围农家渗水坑水位高于湖水水，则湖水会被污染。为此，地方环保部门给农家安装了污水管道。德国政府还积极宣传生态农业种植，减少与限制化肥和农药的使用量，凡是按照政府的规定限量使用化肥和农药的农民，可按照耕地面积获得一定的补偿费。

2.4.4 完善的水源保护国际合作机制

德国境内许多河流湖泊是国际水体，水资源与邻国共享。因此，德国非常重视水源保护国际合作。成立于 1950 年的"莱茵河保护国际委员会"包括德国、法国、荷兰、瑞士和卢森堡，自 20 世纪 70 年代以来，该委员会针对莱茵河严重的污染，草拟国际条约，确定了向莱茵河排放污染物的标准。德国还建立了跨国生态补偿机制，针对易北河水质不断下降问题，德国拿出一定资金给上游的捷克，用于建设两国交界地区的污水处理厂。

3 启示与建议

饮用水水源地保护将成为我国今后一个时期促进新型城镇化发展、建设生态文明的重要内容。需要用历史的、系统的眼光看待水源安全问题，把握好目标定位，找准对策措施。通过对国外先进经验的总结，在我国开展饮用水水源地保护中，应注意把握以下几点。

3.1 将水源地作为一类特殊的生态功能区，按最严格的标准纳入法制化管理

完善系统的法律保障是国外水源地保护的基本经验。目前我国仍处于经济发展与环境保护目标相对偏离的阶段，各类利益驱动下的短期行为对水生态环境的破坏不容小觑。在我国全面依法治国的新阶段，保证水源管理、保护和开发等各项活动的顺利进行，必须重视法律法规的建设与完善，增强法律震慑力。应当将水源地作为一类特殊的区域，实施最

严格的保护标准，制定最严格的项目准入条件和活动规范。在当前水事违法责任普遍较弱的情况下，应当以水源地保护为突破口，切实强化水源破坏的法律责任，甚至应规定严苛的法律责任，坚决落实刑事责任。

3.2 与《生活饮用水卫生标准》相衔接，建立健全饮用水水源水质标准

饮用水水源保护技术标准是开展水源地保护工作的基本依据和准则。我国饮用水水源水质评价的主要依据是《地表水环境质量标准》（GB 3838—2002）和《地下水质量标准》（GB/T 14848—93），《生活饮用水卫生标准》（GB 5749—2006）也规定了生活饮用水水源水质应符合上述两项标准的要求。但整体看，当前的标准还存在指标保护限值宽严不一、与饮用水水质标准衔接不够等问题。从国外经验看，欧盟《饮用水源地地表水指令》强调按照自来水厂的处理工艺，建立分级分档的水质标准，并实现与《饮用水水质指令》的充分衔接。这是可以借鉴的良好经验。可在充分考虑水质项目与《生活饮用水卫生标准》紧密衔接的基础上，结合我国地域特点和污染控制的需要，研究建立适合不同区域和不同给水处理水平的分级水质标准体系，并区分指导性和强制性两档水质基准，从而满足不同区域水源保护的实际需要。

3.3 加强地方政府责任，实现水源地综合管理与保护

强化水资源综合管理，既符合世界水资源管理的趋势，也满足我国水资源管理体制改革的要求。我国涉及水源保护的政府部门包括水利、环保、农业、交通、国土、林业等诸多部门，职能各有分工。应当认识到，水源地保护工作是一项系统工程，在我国当前的体制条件下，它不应当也不可能由一个部门全权负责。因此，水源地保护的管理体制，必须在政府统筹领导下，加强协调与配合，营造水源地保护合力。应建立起市、县两级的水源地保护地方政府行政首长负责制，以此来加强组织领导，提高该项事务在政府决策中的优先次序，促使更多资源向此倾斜，从各方面发挥政府主导作用。在此基础上，分清主要部门和协作部门，强化绩效评估和责任考核，促使各部门工作到位。国家层面则应大力加强流域性和跨区域的水源地保护协调与合作。

3.4 健全水源地保护监控预警机制，强化应急管理体系

近年来国内频频出现因水源污染而引发供水危机事件，将我国水源地薄弱的应急预警管理机制暴露无遗，在饮用水水源地保护建设中建立完备的应急预警及响应保障体系已刻不容缓。加强饮用水水源污染事故和灾害的紧急处置，包括预警和应急处置两个方面。预警强调应预先制定饮用水水源监测预报方案和事故与灾害应急方案，加强信息分析和预测，这方面美国有良好经验，他们在划分水源地保护区时同时考虑预警机制建设，保护区划分时的污染源调查清单及易感性分析工作做得非常到位，并定期开展应急演习。我国应尽快健全水源地的风险源识别和监控体系，科学开展水源地安全评估和预警管理，建设一套涵盖事前精确预警、事中迅速处置和事后妥善消除影响的系统有序的应急处理体系。

3.5 合理运用多种经济手段，加大水源地保护资金投入支持

我国的水源地保护刚刚起步，必要的资金保障是水源保护的基础。我国目前主要的水源保护资金来源于国家的专项拨款，但仅靠国家财力很难对全国数万个水源地进行有效、及时地保护。美国水源地的资金支持体系是由联邦为各州提供低息贷款，资助地方相关项目建设，比较符合市场经济规律。这也提示我们，水源保护成败的关键不仅在于保护措施

的落实，而且应当以多种方式保障水源地当地的发展权。但若我国目前就建立类似的信贷循环基金制度，可能会削弱地方保护水源的积极性。因而建议我国仍采用国家拨款支持为主的资金支持制度，但可以在机制上予以创新。比如在实施税收、补贴等经济手段的基础上，尝试通过市场方式获取水源地敏感水文地区土地利用的部分使用权，在控制水源地土地开发强度的同时，对当前土地使用者给予补偿，从机制上提高水源地当地政府和居民参与水源保护的积极性。

3.6 扩大公众知情权，健全水源保护的公众参与机制

美国、德国水源管理中多种社会参与形式保障了公众的知情权，提高了政府决策的科学性。我国水资源管理领域的公众参与工作刚刚起步，诸如灌区用水户协会制度的推广、小流域参与式管理和保护的推广已取得了部分经验。但水源地保护牵涉的社会影响比较敏感，在推行公众参与方面仍较为迟滞。应当逐步顺应社会和公众对水源安全高度关注的形势，加大水源保护中的公众和主要相关利益者参与。当前亟待迈开的第一步，也是完全可以做到的，就是准确、全面地发布与饮水安全有关的信息，包括水源水质信息、自来水厂饮用水水质信息、水污染突发事件信息等。在此基础上，进一步集中社会各界的智慧，推动相关部门完善相关政策环境和机制建设，逐步实现公众的有效参与。

3.7 尽快建立健全水源地生态补偿机制，促进水源地保护长效化

美国和德国等在水源地生态补偿方面开展的成功实践表明，水源地保护必须既考虑水资源的公共产品属性和政府在提供安全水源方面的公益职能，又必须对水资源的经济属性和经济价值给予充分的重视。实施水源地生态补偿，有利于将"生态有价"理念真正落地，作为实现经济欠发达库区人民的基本生存权的手段。如果更进一步考虑，优质水源在我国尚属稀缺资源，可以通过市场进行优化配置，从而凸现优质水源的价值，而这也同样需要建立完善的水源地生态补偿机制。通过实现水源地绿色产业发展，不仅对解决水源地长效保护有作用，而且对缓解水资源供需矛盾、提升水源质量都有重要作用。

——引自《水利发展研究》2017 年第 17 卷第 10 期，88-93 页

第4章 净水处理工艺

给水处理的任务是通过必要的处理方法以改善原水水质，使之符合生活饮用或工业使用所要求的水质。水处理方法应根据水源水质和用户对水质的要求确定。在给水处理中，有的处理方法除了具有某一特定的处理效果外，往往也直接或间接地兼具其他处理效果。为了达到某一处理目的，往往几种方法结合使用。

给水处理涉及多种水处理技术。根据在给水处理工程系统中的这些技术的使用位置和处理对象，可以将其分为常规给水处理、给水预处理、特殊水质处理及给水深度处理等几大类给水处理技术。

4.1 净水处理原理

村镇给水处理主要涉及原水的水质情况、水处理方法与装置、用户的水质要求3方面内容。

原水是指从水源取得的、未经过处理的水。水源主要包括地下水和地表水，其中地表水主要包括江河水、湖泊水、水库水和海水。无论原水取自地下水源还是地表水源，都不同程度地含有各种各样的杂质。归纳起来，这些杂质按尺寸大小和存在形态可分成悬浮物、胶体和溶解物3大类。

4.1.1 悬浮物和胶体杂质

悬浮物尺寸较大，易于在水中下沉或上浮。悬浮物在水中下沉或上浮取决于其比重，易于下沉的一般是比重较大的大颗粒泥沙及矿物质废渣等，能够上浮的一般是体积较大而比重较小的某些有机物。悬浮物可以通过沉淀或气浮的方法得以去除。

胶体颗粒尺寸小，在水中具有稳定性，可以长期保持分散悬浮的特性。水中的胶体通常包括黏土、细菌、病毒、腐殖质、蛋白质和有机高分子物质等。

悬浮物和胶体是水产生浑浊现象的根源。其中有机物，如腐殖酸及藻类等，还会造成水的色、嗅、味变化。随生活污水排入水体的病菌、病毒及致病原生动物会通过水传播疾病。

悬浮物和胶体一般是生活饮用水处理的去除对象。粒径大于4.0mm的泥沙去除较易，通常在水中可自行下沉。而粒径较小的悬浮物和胶体杂质，须投加混凝剂才可去除。

4.1.2 溶解杂质

溶解杂质与水构成均相体系，外观透明，是真溶液。溶解杂质包括有机物和无机物两类。无极溶解物是指水中的低分子和离子，它们中有的溶解杂质可使水产生色、嗅、味。有机溶解杂质主要来源于水源污染，也有天然存在的，如水中的腐殖质。

受污染水中杂质多种多样，天然水体中，溶解杂质主要有溶解气体和离子。溶解气体主要有氧、氮和二氧化碳，有时也含有少量硫化氢。天然水中所含主要阳离子有 Ca^{2+}、Mg^{2+}、Na^+，主要阴离子有 HCO_3^-、SO_4^-、Cl^-。此外，还含有少量 K^+、Fe^{2+}、Mn^{2+}、Cu^{2+} 及 $HSiO_3^-$、CO_3^-、NO_3^- 等离子。所有这些离子，主要来源于矿物质的溶解，也有部分可能来源于水中的有机物的分解。

4.2　常规给水处理工艺

4.2.1　常规给水处理

给水常规处理工艺在 20 世纪初期就已形成雏形，并在饮用水处理的实践中不断得以完善。给水常规处理工艺的主要去除对象是水源水中的悬浮物、胶体物和病原微生物等。给水常规处理工艺所使用的处理技术有混凝、沉淀、澄清、过滤、消毒等。由这些技术所组成的给水常规处理工艺目前仍为世界上大多数水厂所采用，在我国目前 95% 以上的城镇自来水厂都是采用给水常规处理工艺，因此常规处理工艺是给水处理系统的主要工艺。

4.2.1.1　常规给水处理技术

常规处理去除水中的悬浮物、胶体物质、部分细菌和部分溶解性的物质，其工艺如图 4.1 所示。

混凝是向原水中投加混凝剂，使水中难于自然沉淀分离的悬浮物和胶体颗粒失去稳定性而相互聚合并长大形成大颗粒絮体（俗称矾花）的过程。其原理是水中细小颗粒在布朗运动和静电排斥作用下呈现

图 4.1　常规给水处理流程

相对的沉降稳定性和聚合稳定性。向原水中投加混凝剂或絮凝剂，水解后产生大量正离子，这些正离子使胶体的负电性斥力大为降低，破坏胶体的稳定性，当杂质颗粒"脱稳"到一定程度，细小颗粒逐渐长大，并依靠重力作用下沉，达到净化的目的，完成混凝作用。

沉淀是将经混凝而形成的大颗粒絮体通过重力沉降作用从水中分离的过程。

澄清则是把混凝与沉淀两个过程集中在同一个处理构筑物中进行。

过滤是利用颗粒状滤料（如石英砂、无烟煤等）截留经过沉淀后水中残留的颗粒物，以进一步去除水中的杂质，降低水的浑浊度。

消毒是向水中加入消毒剂来灭活水中的病原微生物，通常在过滤之后进行，也是饮用水处理的最后一步。早期，水厂多采用液氯消毒，但因液氯消毒存在的消毒副产物问题，即与水中的有机物发生化学反应而生成具有"致突变、致畸、致癌"三致作用的卤化有机物，从而威胁人体健康，现多不采用。当前我国大的城镇给水厂或村镇供水站普遍采用的消毒剂是二氧化氯，小型给水厂或村镇集中供水站也有采用漂白粉及次氯酸钠等消毒剂的，但较少。

给水常规处理工艺对水中的悬浮物、胶体物和病原微生物有很好的去除效果，对水中的一些无机污染物，如某些重金属离子和少量的有机物也有一定的去除效果。地表水水源水经过常规处理工艺处理后，可以去除水中的悬浮物和胶体物，出厂水的浊度可以降到

1NTU 以下（运行良好的出厂水浊度可在 0.3NTU 以下）。经过良好消毒的自来水可以满足直接生饮对微生物学的健康要求。给水常规处理技术及其工艺在过去的百年中对保护人类饮水安全、促进社会经济的发展发挥了巨大的作用。

4.2.1.2　常规给水处理的局限性

但随着社会经济的发展和生态环境的变化，给水常规处理工艺存在一定的局限性。随着工业和城市的发展，以及现代农业大量使用化肥和农药等，越来越多的污染物随着工业废水、生活污水、城市废水、农田径流、大气降尘和降水、垃圾渗滤液等进入了水体，对水体形成了不同程度的污染，水中的有害物质的种类和含量越来越多。此时饮用水处理面临的问题，除了原有的泥沙、胶体物质和病原微生物外，主要有：有机污染物、高氨氮、消毒副产物、水质生物稳定性等。

有机污染是受污染水源水处理面临的首要问题。人类合成的有机物中的相当大的一部分会通过工业废水和生活污水进入水体；未经处理的生活污水中也含有大量的人体排泄的有机污染物；农田径流中含有化肥、农药。这些人工合成的和天然的有机物中有许多对人体健康有着毒理学影响，一些有机物（如腐殖酸、富里酸等）还会在饮用水的处理过程中与所加入的消毒剂（如氯）反应，生成具有"致突变、致畸、致癌"三致作用的消毒副产物，如三氯甲烷、氯乙酸等。对于有机污染物，常规给水处理技术及其工艺的去除作用十分有限，国内外的研究结果表明，给水常规处理工艺只能去除水中有机物的 20% 左右，特别是对于水中溶解状的小分子有机物，除了极少量的有机物会被吸附在矾花和滤料表面上，给水常规处理工艺基本上没有去除效果。

未受到污染的水体中氨氮的含量本来是很低的，但是近几年来由于水体被污染（由于农业使用化肥而造成的氮肥流失），不少地方地表水水源中氨氮的质量浓度超过或经常超过饮用水水源对氨氮的水质要求（不大于 0.5mg/L）。对于氨氮过高的水源水，在加氯消毒时为了获得自由性余氯必须投加大量的氯来分解氨氮，使水的加氯量大大增加。高的加氯量更加严重了生产消毒副产物的问题。

饮用水的水质生物稳定性问题是在 20 世纪 90 年代提出。理想的饮用水中应该不含有有机物，因此无氧微生物无法在其中大量繁殖。近年来的研究表明，如果饮用水中含有一定量的可以被无氧微生物作为基质利用的有机物，则此种饮用水为生物不稳定的水，即使在水中保持一定浓度的剩余消毒剂，仍然存在着较高的微生物再繁殖的风险。特别是对于超大型城市配水管网和高位水箱，由于存在水的停留时间过长、剩余消毒剂被完全分解的可能性，生物稳定性差的饮用水更容易出现管网或水箱中微生物再繁殖的问题。例如，某些村镇供水站的管网中在每年的 3—5 月存在红线虫滋生的问题。

另一方面，随着对于饮水与健康关系的研究的不断深入和生活水平的提高，人们对于饮用水水质的要求也在不断提高。例如，在我国卫生部颁布的于 2007 年 1 月 1 日实施的新的《生活饮用水卫生标准》（GB 5749—2006）中，设定了水质常规检测项目 42 项，非常规检测项目 64 项。与原来的《生活饮用水卫生标准》（GB 5749—85）的 35 项指标相比较，检测项目增加了很多，并且许多项目的指标更加严格。

对于许多水源受到污染的水厂，单独经常规处理工艺处理后的水的水质已无法满足饮用安全及健康的要求，即常规处理工艺已经无法获得满足饮用安全及健康要求的饮用水。

因此，必须在现有常规处理技术与工艺的基础上，发展新的水处理技术与工艺，以解决水源水质不断恶化和饮用水水质标准不断提高的矛盾。

4.2.2 给水预处理

当饮用水的水源水受到一定的污染，或者具有某些特殊性质时，在常规处理之前，需要先进行预处理，包括粗大悬浮物和漂浮物的筛除、沉沙、高浊度水的预沉淀、原水储存、土层渗滤、曝气去除挥发性物质、粉状炭吸附、化学预氧化、生物预处理等。下面主要介绍用于受污染水源水处理的化学预氧化、生物预处理和强化絮凝技术。

4.2.2.1 化学预氧化

预氧化是在地表水的取水口或净水厂的入口处向水中加入一定量的氧化剂，利用氧化剂的强氧化性去除水中的污染物的方法。如二氧化氯，其投加量为 0.5～1.0mg/L（根据水质而定，对于受到污染的水源水预氧化所需加二氧化氯量远高于此值），由于二氧化氯是氧化剂，可氧化分解水中的大部分有机物质，降低嗅味，去除异味，增强混凝效果，同时可以控制微生物和藻类在取水口至水厂的管道中和在净水厂的处理构筑物中的生长繁殖，并可起到一定的消毒杀菌效果。

预氧化按照氧化剂的不同可以分为二氧化氯预氧化、臭氧预氧化、高锰酸钾预氧化等，其中因二氧化氯为目前我国城市和村镇给水的常用消毒剂而常作为给水厂的预氧化剂，在原水水质受到污染时，直接启用给水厂的二氧化氯消毒备用设备即可。

4.2.2.2 生物预处理

生物预处理是指在常规净水工艺前增设生物处理工艺，借助于微生物的新陈代谢活动，对水中的氨氮、有机污染物、亚硝酸盐、铁、锰等污染物进行初步的去除，减轻常规处理和深度处理的负荷，通过综合发挥生物预处理和后续处理的物理、化学和生物的作用，努力提高处理后出水水质。

饮用水生物预处理可去除进水中 80% 左右的可生物降解有机物，对氨氮去除率可以达到 70%～90%。

4.2.2.3 强化絮凝

强化絮凝是指在混凝处理中投加过量的混凝剂、新型混凝剂或助凝剂或者是其他的药剂，通过加强混凝与絮凝作用，使常规处理工艺尽可能多地去除有机物和消毒副产物的前体物（主要指腐殖酸、富里酸等有机物）。

给水常规处理对水中溶解有机物的去除率一般在 10%～20%，通过强化混凝可以把去除率提高到 25%～30%。

4.3 特殊水处理工艺

特殊水处理工艺主要用于一些特殊水质的处理，如原水中嗅和味严重而采用常规处理工艺无法达到水质要求，如地下水中铁锰含量超标、含氟量超标，或者地下水含盐量过高，如高硬度（钙镁含量过高）、苦咸水等。

4.3.1 除铁、除锰

含铁和含锰的地下水在我国分布很广。铁和锰可共存于地下水中，但含铁量往往高于含锰量。在地下水或深层水库水中，由于溶解氧较少，铁锰主要以溶解态的二价形式存在。含铁锰高的水会影响水的口味，加热时会产生红水，或者洗涤衣服会出现黄色或者棕色斑渍，做工业生产用水则会降低产品品质。

铁、锰含量超过标准的原水需经除铁、除锰处理。铁锰的处理就是将水中的溶解态的 Fe^{2+}、Mn^{2+} 转化成不溶态的 Fe^{3+}、Mn^{4+} 化合物而沉淀去除。常用的除铁、除锰的方法是氧化法和接触氧化法。前者通常设置曝气装置、氧化反应池和沙滤池；后者通常设置曝气装置和接触氧化滤池。工艺系统的选择应根据是单纯除铁还是同时除铁、除锰，原水铁、锰的含量及其他有关水质特点确定。还可采用药剂氧化、生物氧化以及离子交换法等。

4.3.2　除氟

氟是有机体生命活动所必需的微量元素之一，但过高的氟则可产生毒性作用，如使人患氟斑牙或氟骨癌。我国《生活饮用水卫生标准》（GB 5749—2006）规定的氟含量为 1.0mg/L，当地下水的氟含量超过此限制时，需采用除氟措施。我国饮用水除氟方法中，应用最多的是吸附过滤法，基本上分成两类：①投加硫酸铝、氯化铝或碱式氯化铝等使氟化物产生沉淀去除；②利用活性氧化铝或磷酸三钙等进行吸附交换。这两种方法都是利用吸附剂的吸附和离子交换作用，是除氟的比较经济有效的方法。目前使用活性氧化铝除氟较多，活性氧化铝除氟的设备与离子交换的设备类似。此外，还有混凝、电渗折等除氟方法，但应用较少。

4.3.3　除藻

水体中的藻类个体大小一般在 $2\sim200\mu m$，其种类繁多，均含叶绿素。淡水藻产生藻毒素，尤其是蓝藻。蓝藻是绝大部分富营养化水体中的优势藻类。

藻类对水处理的影响：增加混凝剂的用量，降低混凝效果；会在滤料表面生长，堵塞过滤；会附着在构筑物表面，影响其感官，并增加清洗的次数和难度；藻类致臭；产生藻类毒素，影响出水水质，危害人体健康；致使消毒副产物产生。

除藻方法一般有如下几种：

（1）加药灭藻法。加氯、二氧化氯、投加助凝剂（二甲基二烯丙基季铵盐聚合物等）、投加粉末活性炭、高锰酸盐、人工加泥或石灰。

（2）过滤除藻。通过滤料的截留除藻，采用较小的过滤流速，小于 3m/h。

（3）气浮法除藻。藻类密度一般较小，投加混凝剂后形成的絮凝体不易沉淀，采用气浮则可以取得较好的除藻效果。这对低浊度、高色度水更为合适。

（4）混凝法除藻。藻细胞表面电荷为负电荷。采用混凝法除藻时应根据藻的种类选择药剂。

（5）生物除藻。生物滤池工艺是生物除藻的一种，主要是利用生物膜上的微生物对藻类的絮凝、吸附作用，使其被沉降、氧化或被原生动物吞噬而去除。

藻毒素的去除方法主要有化学氧化法和活性炭吸附法。

4.3.4　软化、淡化和除盐

软化处理对象主要是水中钙、镁离子。软化方法主要有离子交换法和药剂软化法。离子交换法：在于使水中钙、镁离子与阳离子交换剂上的离子互相交换以达到去除的目的；

药剂软化法：在水中投入药剂，如石灰、苏打，以使 Ca^{2+}、Mg^{2+} 转变为沉淀物而从水中分离。

淡化和除盐处理对象是水中各种溶解盐类，包括阴、阳离子。

将高含盐量的水如海水及"苦咸水"处理到符合生活饮用或工业用水要求时的处理过程，一般称为咸水"淡化"。制取纯水及高纯水的处理过程称为水的"除盐"。淡化和除盐主要方法有：蒸馏法、离子交换法、电渗析法及发渗透法等。

离子交换法是利用离子交换树脂表面的离子和水中的离子发生交换去除水中离子的方法，可分为阳离子交换法和阴离子交换法两种方法，其工艺如图 4.2 所示。

$$海水或苦咸水 \rightarrow 预处理 \rightarrow 离子交换树脂装置 \rightarrow 清水池 \rightarrow 用户$$

图 4.2　离子交换法淡化和除盐流程

电渗析法是利用阴、阳离子交换膜能够分别透过阴、阳离子的特性，在外加直流电场作用下使水中阴、阳离子被分离出去，其工艺如图 4.3 所示。

$$海水或苦咸水 \rightarrow 粗滤 \rightarrow 精密过滤 \rightarrow 电渗析器 \rightarrow 清水池 \rightarrow 用户$$

图 4.3　电渗析法淡化和除盐流程

反渗透法是利用高于渗透压的压力施于含盐水，以便水通过半渗透膜而盐类离子被阻留下来，其工艺如图 4.4 所示。

$$海水或苦咸水 \rightarrow 预处理 \rightarrow 反渗透装置 \rightarrow 清水池 \rightarrow 用户$$

图 4.4　反渗透法淡化和除盐流程

电渗析法和反渗透法属于膜分离法，通常用于高含盐量水的淡化或离子交换法除盐的前处理工艺。

4.4　给水深度处理

当饮用水的水源受到一定程度的污染，又无适当的替代水源时，为了达到生活饮用水的水质标准，在常规处理的基础上，需要增设深度处理工艺。主要有活性炭吸附、臭氧氧化、生物活性炭及膜分离技术等。

4.4.1　活性炭吸附

活性炭吸附是在常规处理的基础上去除水中有机污染物最有效最成熟的水处理深度处理技术，主要去除水中的微量有机污染物、色、嗅等，其工艺如图 4.5 所示。

活性炭依其外观形式，活性炭分为颗粒活性炭和粉末活性炭两种。颗粒活性炭多用于水的深度处理，其处理方式一般为颗粒状活性炭滤床过滤，经过一段时间吸附饱和后的活性炭被再生后重复使用。粉末活性炭多用于水的预处理，例如在混凝时投加到水中，吸附水中的有机物后再沉淀时与矾花一起从水中去除，所投加的粉末活性炭属一次性使用，不再进行再生。与粉末活性炭相比，颗粒活性炭过滤的处理效果稳定，出水水质好，吸附饱

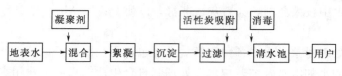

图 4.5 活性炭吸附流程

和后的活性炭可以再生重复使用，运行费用较低，因此水厂一般都使用颗粒活性炭吸附技术。颗粒活性炭的缺点是需单设炭滤池或滤罐以及活性炭再生系统，设备投资比粉状炭高。

美国环保局（USEPA）推荐活性炭吸附技术作为提高地表水水源水厂处理水质的最佳实用技术。

4.4.2 臭氧氧化

臭氧是一种强氧化剂，它可以通过氧化作用分解有机污染物。臭氧在水处理中的应用最早是用于消毒，如 20 世纪初法国尼斯城就开始使用臭氧。到 20 世纪中期，使用臭氧的目的转为去除水中的色嗅。20 世纪 70 年代以后，随着水体有机污染的日趋严重，臭氧用于水处理的主要目的是去除水中的有机污染物。目前欧洲已有上千家厂使用臭氧氧化作为深度处理的一个组成部分。我国从 80 年代开始，也有少数水厂使用了臭氧氧化技术。

臭氧可以分解多种有机物、除色、除嗅。但是因为水处理中臭氧的投加量有限，不能把有机物完全分解成二氧化碳和水，其中间产物仍存在于水中。经过臭氧氧化处理，水中有机物上增加了羧基、羟基等，其生物降解性得到大大提高，如不加以进一步处理，容易引起微生物的再繁殖。另外，臭氧处理出水在进行加氯消毒时，某些臭氧化中间产物更易于与氯反应，往往产生更多的三氯甲烷类物质，使水的致突变活性增加。因此，在饮用水处理中，臭氧氧化一般并不单独使用，或者是用于臭氧替代原有的预氯化，或者是在活性炭床前设置臭氧氧化，与活性炭联合使用。

4.4.3 生物活性炭

以活性炭作为微生物附着的载体，源水流经活性炭层时，即可由活性炭吸附有机物，同时活性炭上的微生物对污染物进一步生化降解而使其去除。在生物活性炭处理工艺中，活性炭起着双重作用。首先，它是一种高效吸附剂，吸附水中的污染物质；其次是作为生物载体，为微生物的附着生长创造条件，通过这些微生物对水中可生物降解的有机物进行生物分解。由于生物分解过程比吸附过程的速度慢，因此要求炭床中的水力停留时间比单纯活性炭吸附的时间长。

与单纯采用活性炭吸附相比，生物活性炭处理具有以下优点：

（1）提高了出水水质，通过物理吸附（主要对非极性分子物质）和生物分解（主要对小分子极性物质）的共同作用，增加了对水中有机物的去除效果。

（2）降低了活性炭的吸附负荷，延长了活性炭的再生周期，从而降低了处理的运行费用。

（3）氨氮可以被生物转化为硝酸盐。

（4）出水消毒需氯量降低，由此减小了消毒产物的生成量。

4.4.4 膜分离技术

膜分离技术是从 20 世纪 70 年代开始发展起来的水处理新技术，在 90 年代得到飞速发展，目前被认为是最有前途的水处理技术。膜分离技术是一种以压力为推动力，利用不同孔径的膜进行水与水中颗粒物质（广义上的颗粒，可以是离子、分子、病毒、细菌、黏土、沙粒等）筛除分离的技术。

优点：不需要投加药剂，去除的污染物范围广，可通过选用不同的膜实现预定的分离效果，运行可靠，设备紧凑、易于实现自动控制等。目前已广泛应用于海水淡化等领域。缺点：设备费和运行费高，运行中膜易堵塞，需要定期进行化学清理，前处理要求较高，存在浓缩液的处理与处置的问题等。

近年来随着膜材料价格的不断降低，膜分离技术在水处理应用中具有越来越强的竞争力。

4.5 净水处理工艺选择

村镇供水处理工艺、处理构筑物或一体化净水器的选择，应根据原水水质、设计规模，参照相似条件下水厂的运行经验，结合当地条件，通过技术经济比较确定。

下面介绍几种典型的供水处理工艺流程。

（1）当水源水质符合相关标准时，可采用以下净水工艺。

1）对未受污染，符合水源标准的地下水，可只进行消毒处理。

2）地表水符合《地表水环境质量标准》（GB 3838—2002）Ⅲ类以上水体，原水浑浊度低于 20NTU，瞬间不超过 60NTU 时，原水有机物含量较少，可采用慢滤加消毒或接触过滤加消毒的净水工艺。原水采用双层滤料或多层滤料滤池直接过滤，习惯称"一次净化"，如图 4.6 所示。

3）原水浊度长期低于 500NTU，瞬间不超过 1000NTU，宜采用混凝沉淀（或澄清）、过滤加消毒的常规净化处理工艺混凝沉淀（或澄清）及过滤构筑物为水厂小主体构筑物，这一流程习惯上常称"二次净化"，如图 4.7 所示。

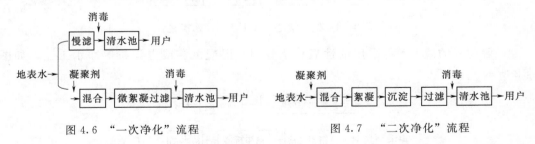

图 4.6 "一次净化"流程   图 4.7 "二次净化"流程

4）原水含沙量变化较大或浊度经常超过 500NTU 时，可在常规净水工艺前采取预沉淀措施；对于高浊度水应按《高浊度水给水设计规范》（CJJ 40—1991）的要求进行净化，如图 4.8 所示。

（2）限于条件，选用水质超标的水源时，可采用以下净水工艺。

1）微污染地表水可采用强化常规净水工艺，或在常规净水工艺前增加生物预处理或化学氧化处理，也可采用滤后深度处理，如图 4.9 所示。

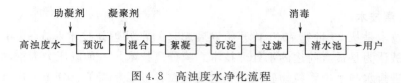

图 4.8　高浊度水净化流程

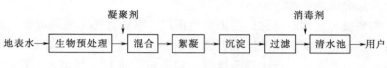

图 4.9　微污染地表水的净水工艺

2）含藻水宜在常规净水工艺中增加气浮工艺，并符合《含藻水给水处理设计规范》（CJJ 32—2011）的要求，如图 4.10 所示。

图 4.10　含藻水的净水工艺

3）铁、锰超标的地下水应采用氧化、过滤、消毒的净水工艺，如图 4.11 所示。

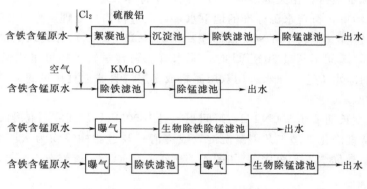

图 4.11　铁、锰超标地下水的净水工艺

4）氟超标的地下水可采用活性氧化铝吸附、混凝沉淀或电渗析等净水工艺，如图 4.12 所示。

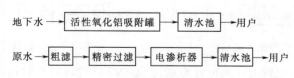

图 4.12　氟超标地下水的净水工艺

5）"苦咸水"淡化可采用电渗析或反渗透等膜处理工艺，如图 4.13 所示。

（3）设计水量大于 1000m³/d 的工程宜采用净水构筑物。其中：设计水量为 1000～5000m³/d 的工程可采用组合式净水构筑物；设计水量小于 1000m³/d 的工程可采用慢滤或净水装置。

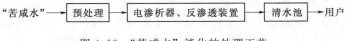

图 4.13 "苦咸水"淡化的处理工艺

水厂运行过程中排放的废水和污泥应妥善处理，并符合环境保护和卫生防护要求；贫水地区，宜考虑滤池反冲洗水的回用。

确定水处理工艺应结合村镇居民居住状况、当地水源条件和水质要求考虑，水处理工艺应力求简便、实用可靠、价廉。

习　题

4.1　净水处理的主要任务是什么？净水处理技术分为哪几类？

4.2　常规处理可去除水中哪些杂质？工艺流程是什么？

4.3　预处理的目的是什么？包括哪些处理方法？

4.4　特殊水质有哪些？分别采用什么方法处理？

4.5　什么情况需要采用深度处理技术？深度处理技术包括哪些？

4.6　怎样合理选择农村饮水安全工程的净水处理工艺？

课外知识：　　**国内外水处理工艺对比及未来发展方向**

中宜环科环保产业研究

饮用水处理厂、生活污水处理厂、工业废水处理厂这三大工厂对保障我们生态环境和人类的安全健康都有着重要贡献。饮用水技术的发展到今天已有100年的里程，解决污水处理所面临的问题时也不断的催生新的技术，那么这三大工厂未来的发展又会遇到什么机遇，其发展方向和技术愿景又将会是什么样的？

回顾过去，饮用水技术的发展到今天已有100年的里程，特别是传统的混凝沉淀过滤消毒技术，对保证人类的安全甚至健康都有着重要贡献。2014年，活性污泥法诞生刚好100周年，它为保障城市生态环境的安全、保障人类生态环境的安全做出了重要的贡献。在这个过程中，有很多里程碑的事件，其中一个就是工业废水问题的出现。在20世纪70年代初，很多文献从原来记载饮用水的处理一下子就变成了工业废水的报道，这个热点一直持续到今天。

在2013年做中国环境技术评估和环境技术预测的时候有人指出，工业废水仍然是一个重要问题，因为我们正在经历一个没有完成的，而且还会使环境变差的工业化时代。正是这样一种需求，在1914年，诞生了活性污泥法。1902年，诞生了氯气消毒法，这一发现改变了人类在饮用水安全方面的窘境。1894年，发明了芬顿法，至今它仍然是一个研究热点。这样一些里程碑的事件过去了，那我们面临的未来是什么？

如果我们用一个技术变革的事件来看未来我们的水处理厂，那么应该是一种什么样的产业？我们应该采用什么样的技术？又该使用何种工业模式？有一点毫无疑问，那就是技术创造是在工程运用的需求当中才能得到真正的解读。

中国工程院院士曲久辉认为，未来或者说下一代水处理技术应该是具有自身的清洁性，在处理过程中应该具有能耗和药耗最大程度减少的可行性，同时还必须具有保障水质生态与人体健康安全的可靠性。如果从这样一种观点出发，放到下一代水处理厂，那么饮用水处理厂应该是保障水质健康安全的健康工厂，生活污水处理厂应该是能量与物质回收的高质工厂，工业废水处理厂应该是外化与资源化的循环工厂。这三个工厂在未来的水处理厂当中应该从不同的角度不同的时间展现在我们面前，并且为保障我们生态环境和人体健康发挥越来越重要的作用。

一、饮用水处理厂应该是水质安全和健康的工厂

随着信息化的发展和新技术的革命，未来的污水处理厂还应该是在最佳技术和成套装备支撑下的智能化工厂。首先下一代的饮用水厂应该具备什么样的特质？它应该是保障水质安全和健康的工厂。然而我们现在面临着很多的困惑，新问题层出不穷，大家会发现水中的污染物质或者是导致不健康的物质不断地被发现，同时对水质安全的判断力非常软弱，有的时候甚至无法判断或是根本无法知道水质是否安全，一个标准的缺失，一个技术支撑的短板，这两条都是导致我们的判断力软弱和对问题的解析以及应对能力不足的重要原因。

对于将来会做成一个什么样的饮用水处理厂这一问题，关键是提出的标准要具有刚性的约束力、管理的执行力、安全的判断力以及与民众的沟通力，总结起来必须且只有两个字：健康。如果没有健康的保证，我们就不可能具有这"四力"，就没有办法来使饮用水的技术真正回到它所应该发挥的作用上去。所以下一代的水处理厂的技术判断可能就依据于这两个标准：卫生达标的标准、没有毒性的标准。

若将这两个标准放在一起，它在未来基准研究上会形成一个把现有的指标和毒性指标耦合在一起的新标准，这样一个新标准会约束我们技术的核心，约束工业的改变，同时也会改变或者是规范管理方式，所以标准是决定技术的根本要素。我们认为未来饮用水的技术方向可能要关注这几点：首先要保证水在进入水厂之前是清洁的，是可以进行水质改善的（因为进到水厂后需要花更多的代价）；其次，在处理工艺上我们绝对不可以追求更复杂、更耗药、更耗电、更难管理的程度，而是要追求工艺的简单化、设备的成套化、工艺的整装化。同时在管理上得有一定的精细管理的条件，且最后都要落实到以健康安全为核心思想上。

二、污水处理厂应该是能量与物质回收的高质工厂

下一代污水处理厂应该是能量与物质回收的高质工厂。我们不能盲目地追求物质的回收和循环利用，必须在经济可行的情况下，才能解决可持续的物质回收和能量回收的问题。将来的污水处理厂，应该是一个可靠的供水工厂，是一个自产自用的能源转化工厂。Perry McCarty 院士在 2011 年发表在 EST 上的文章中提出了一个观点：污水处理厂可不可以变成一个净产能的工厂？他认为污水处理厂也应该是一个营养物质回收的工厂，同时还是一个可以进行休闲娱乐的公共场所。

2014 年 Mark 院士在其文章中提出污水处理技术的发展来自于两大驱动力。第一个驱动力就是基本工艺的改革，生物技术的发展必然带动污水处理、生物处理技术的改革。2005 年发表在 Science 上的一篇文章中讲到了未来 25 个科学突破，其中之一就是生物学。

生物学的发展是污水生物处理的一个重大契机，可以预料到第六次科技革命主要是生命科学和物质科学交叉的一种科学挑战。所以基本工艺的改革和变革一定依赖于生物技术或生命和物质科学相结合的技术。第二个驱动力就是物质循环的需求。这篇文章认为在未来的技术方向上，厌氧氨氧化与好氧颗粒污泥这两个技术是未来污水处理技术的重要途径。

预测未来污水处理的技术方向，如果考虑能源转化、物质回收、环境友好、生态安全这几个方面的话，厌氧处理技术是一个重要方向。在厌氧处理过程中，要解决两件事情，第一个是新生物技术的运用，这点在水处理技术中反应比较缓慢。生命技术发展迅速，如果其中的技术能够运用到水处理上，那会有巨大的技术发展空间。比如电子转移的问题，如果在水处理过程中，能够把电子转移过程进行强化，就会使污水处理的效率大大提升。所以污水处理微观调控要实现宏观效果的根本途径就是电子转移，如果能在生物技术反应器中找到更好的介体，电子转移会更加高效。第二个就是好氧技术的优化，未来生活污水处理技术要实现工艺的简单化、设备化和整装化，也和饮用水一样要实现工艺的精细化和智慧化。

三、工业废水处理厂应该是外化与资源化的循环工厂

下一代工业废水处理厂应该是外化与资源化的循环工厂。它具有一个多目标耦合的目的——要实现经济生产，实现循环经济，要进行全生命周期的调整。

在工业废水处理中，特别是工厂中，实现这样的目标是极其必要的。因为一定要考虑可再生能源的经济利润，要考虑有用物质的高质循环。这其中第一个问题就是能量的问题。新能源或可再生能源的运用，在工业废水处理中，它是最合适的操作。从 20 世纪 60 年代到现在，光氧化已经研究了 50 年，在中国利用太阳光作为工业废水处理的可再生能源是一个重要的技术。它可以转化成机械能，转化成热能用在蒸发、脱盐、消毒上，也可以转化成电能，同时还可以用作很多工厂管理的需求。太阳能在工业废水处理当中的运用在"十三五"期间应该重要推广，并且将其变成一种工业事件。

在工业废水处理当中，首先要考虑水及其他有用物质的回收和循环利用，考虑全生命周期的最优化和资源的资源化、能源化。比如工业过程的自利用，回收的有机物可作为原料或者新的产品。在电镀冶金行业中，重金属往往含有比较高的络合物，这些络合物很难去除。它不是一种游离的基础离子，同时也不是一种游离的有机物，它被氧化起来就有难度，回收起来也更难。针对如何在这样的体系中回收，设计出了一种电化学的方法：用二氧化碳作为光阳极，用釉钢作为阴极，这对铜、EDTA 这样的络合物可以很好的去除。其原因就是在这样的反应中，把 EDTA 这种配位体的氧化使铜能够游离出来，在阴极的表面沉结大量的铜，使铜得到回收。在冶金和电镀的废水中，氰化铜是广泛存在的，它最难被回收同时也最有毒性。之所以说最难被回收，因为废水的 pH 值都在 11 左右，呈碱性，在碱性的情况下释放铜离子，一定会水解成为氧化铜，而氧化铜会聚积在阳极，这会干扰反应的进行，影响电化学效率。所以在 pH 值＞11 的条件下，我们在废水中加入焦磷酸盐（焦磷酸盐在电镀或者其他行业广泛使用，而且价格便宜），就会惊奇地发现在阳极表面的氧化铜就消失了，变成了焦磷酸盐铜的络合物，并且聚积到阴极，顺利地把铜解离出来，沉积在阴极的表面，这样就解决了在阳极表面不能够有效回收的问题。在这个反应中，如果和太阳光结合起来，就可以进一步优化反应效率和反应过程，使能耗更低。这

个例子说明我们能通过一些简单的办法，使废水中的有用物质得到经济和有效的回收。所以工业废水回收、物质的循环，应该是在处理当中最核心的手段。

最近有很多人在提工业废水的零排放、超低排放。零排放不应该是一个目的，应该是一个目标，应该是针对物质作为产品的过程的追求。所以我认为我们可以追求超低排放，超低排放应该是最大限度地减少排放的毒性。工业废水的处理技术方向首先应该是新能源的利用和自身能耗的转化，其次是对有用物质的分离和利用，另外就是超低排放技术（超低排放一定要使水回用回收以及毒性控制），做到这三点才能叫超低排放。

——引自中国环保网 http：//www.chinaenvironment.com

第 5 章 工 程 布 置

村镇水厂的平面和高程布置是给水系统设计的重要内容。在完成了各项水处理构筑物的设计计算之后应在选择的厂址内进行构筑物的合理布置，确定各种构筑物和建筑物的平面定位。管线和阀门的布置，围墙、道路等的布置，力求简洁顺畅，挖填方平衡。本章主要介绍水厂厂址的选择和水厂平面与高程布置。

5.1 村镇水厂厂址的选择

在进行水厂选址时，应充分利用地形高程，靠近用水区和可靠电源，整个供水系统布局合理；水厂位置与村镇建设规划相协调；满足水厂近、远期布置需要；同时不受洪水与内涝威胁；有良好的工程地质条件和卫生环境，便于设立防护地带；有较好的废水排放条件；施工、运行管理方便。在选址时应根据以上要求，通过技术经济比较确定。

5.2 平面布置

水厂的基本组成分为两部分：①生产构筑物和建筑物，包括处理构筑物、清水池、二级泵站、药剂间等；②辅助建筑物，包括化验室、修理部门、仓库、全库及值班宿舍等。另外，水厂还应配备与其供水规模和水质检验要求相应的检验设备和检验室。

水厂平面布置主要内容有：各种构筑物和建筑物的平面定位；各种管道、阀门及管道配件的布置；排水管（渠）及管井布置；道路、围墙、绿化及供电线路的布置等。

生产构筑物及建筑物平面尺寸由设计计算确定。生活辅助建筑面积应按水厂管理体制、人员编制和当地建筑标准确定。生产辅助建筑物面积根据水厂规模、工艺流程和当地具体情况确定。

处理构筑物一般均分散露天布置。北方寒冷地区需要采暖设备的，可采用室内集中布置。集中布置比较紧凑，占地少，便于管理和实现自动化操作，但结构复杂，管道立体交叉多，造价较高。

当各构筑物和建筑物的个数和面积确定之后，根据工艺流程和构筑物及建筑物的功能要求，结合地形和地质条件，进行平面布置。

由于厂址、厂区占地形状和进、出水管方向等的不同，水厂工艺流程布置通常有 3 种基本类型：直线型、折线型、回转型，如图 5.1～图 5.3 所示。

水厂的平面布置，应符合下列要求：①生产构（建）筑物和生产附属建筑物宜分别集中布置；②生产附属建筑物的面积及组成应根据水厂规模、工艺流程和经济条件确定；③加药间应分别靠近投加点，并与其药剂仓库毗邻；④消毒间及其仓库宜设在水厂的下风处，

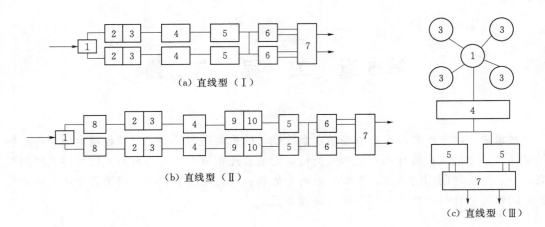

图 5.1　直线型水厂工艺流程布置

1—配水井；2—絮凝池；3—沉淀（澄清）池；4—滤池；5—清水池；6—吸水井；

7—配水泵房；8—生物预处理池；9—臭氧接触池；10—活性炭吸附池

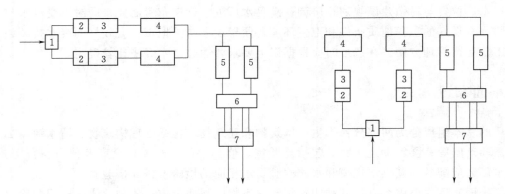

图 5.2　折线型水厂工艺流程布置　　　　图 5.3　回转型水厂工艺流程布置

1—配水井；2—絮凝池；3—沉淀（澄清）池；4—滤池；　　1—配水井；2—絮凝池；3—沉淀（澄清）池；4—滤池；

5—清水池；6—吸水井；7—配水泵房　　　　　　　5—清水池；6—吸水井；7—配水泵房

并与值班室、居住区保持一定的安全距离；⑤滤料、管配件等堆料场地应根据需要分别设置，并有遮阳避雨措施；⑥厕所和化粪池的位置与生产构（建）筑物的距离应大于 10m，不应采用旱厕和渗水厕所；⑦应考虑绿化美化，新建水厂的绿化占地面不宜小于水厂总面积的 20%；⑧应根据需要设置通向各构（建）筑物的道路，单车道宽度宜为 3.5m，并应有回车道，转弯半径不宜小于 6m，在山丘区纵坡不宜大于 8%，人行道宽度宜为 1.5～2.0m；⑨应有雨水排除措施；厂区地坪宜高于厂外地坪和内涝水位；⑩水厂周围应设围墙及安全防护措施。

　　生产构筑物和净水装置的布置，应符合下列要求：①应按净水工艺流程顺流布置；②多组净水构筑物宜平行布置且配水均匀；③构筑物间距宜紧凑，但应满足构筑物和管道的施工与维修要求；④构筑物间宜设连接通道，规模较小时可采用组合式布置；⑤净水装置的布置，应留足操作和检修空间，并有遮阳避雨措施。

水厂内管道布置应符合以下要求：①构筑物间的连接管道宜采用金属管材和柔性接口，布置时应短且顺直，防止迂回；②并联构筑物间的管线应能互相使用，分期建设的工程应便于管道衔接，应根据工艺要求设置必要的闸阀井和跨越管；③构筑物的排水、排泥可合为一个系统，生活污水管道应自成体系；④排水系统宜按重石流设计，必要时可设排水泵站；⑤废、污水排放口应设在水厂下游，并符合卫生防护要求；⑥输送药剂（混凝剂、消毒剂等）的管道布置应便于检修和更换；⑦自用水管线应自成体系；⑧应尽量避免或减少管道交叉；⑨出厂水总管应设计量装置，必要时进厂水管亦应设计量装置。

5.3 高程布置

构筑物的竖向布置，应充分利用原有地形坡度，优先采用重力流布置，并满足净水流程中的水头损失要求。两构筑物之间水面高差即为流程中的水头损失，包括构筑物本身、连接管道、计量设备等水头损失在内。水头损失应通过计算确定，并留有余地。

处理构筑物中的水头损失与构筑物形式和构造有关，估算时可采用表 5.1 中的数据，一般需通过计算确定。该水头损失应包括构筑物内集水槽（渠）等水头跃落损失在内。

表 5.1　　　　　　　　　　　　处理构筑物中的水头损失

构筑物名称	水头损失/m	构筑物名称	水头损失/m
进水井格网	0.2～0.3	普通快滤池	2.0～2.5
絮凝池	0.4～0.5	无阀滤池、虹吸滤池	1.5～2.0
沉淀池	0.2～0.3	移动罩滤池	1.2～1.8
澄清池	0.6～0.8	直接过滤滤池	2.0～2.5

各构筑物之间的连接管（渠）断面尺寸由流速决定，估算时可按表 5.2 采用。当地形有适当坡度可以利用时，可以用较大流速以减小管道直径及相应配件和阀门尺寸；当地形平坦时，为避免增加填、挖土方量和构筑物造价，宜采用较小流速。在选定管（渠）道流速时，应适当留有水量发展的余地。

表 5.2　　　　　　　　　　　连接管中的允许流速和水头损失

连 接 管 道	允许流速/(m/s)	水头损失/m	说　　明
一级泵站至絮凝池	1.0～1.2	视管道长度而定	
絮凝池至沉淀池	0.15～0.2	0.1	
沉淀池或澄清池至滤池	0.8～1.2	0.3～0.5	应防止絮凝体破碎，流速宜取下限，留有余地
滤池至清水池	1.0～1.5	0.3～0.5	
快滤池冲洗水管	2.0～2.5	视管道长度而定	
快滤池冲洗水排水管	1.0～1.5	视管道长度而定	

各项水头损失确定之后，水处理构筑物之间的相对高程便确定了，便可在此基础上进行构筑物高程布置。高程布置通常以清水池最高水位标高为起点，逆水处理流程向上推算各处理构筑物的标高。构筑物高程布置与厂区地形、地质条件及所采用的构筑物形式有

关。当地形有自然坡度时，有利于高程布置；当地形半坦时，高程布叠中既要避免清水池埋入地下过深，又应避免絮凝沉淀池或澄清池在地面上抬高而增加造价，尤其当地质条件差、地下水位高时更应注意这些。通常，当采用普通快滤池时，应考虑清水池地下埋深；当采用无阀滤池时，应考虑絮凝池、沉淀池或澄清池是否会被抬高。

水厂的高程布置合理与否将直接影响水泵运行的能量费用，在设计中应详细考虑，合理进行各构筑物的高程布置。

习 题

5.1 供水厂址的选择有哪些要求？

5.2 水厂组成部分有哪些？具体作用是什么？

5.3 水厂工艺流程布置形式有哪些？分别适用于什么情况？

5.4 供水厂高程布置有哪些要求？

课外知识：
国外供水系统公私合营模式及
对我国农村供水的启示

李鹤（中国农业大学） 刘懿（中国农业大学） 王蕾（世界自然基金会）

在一些国家传统的体制下，供水系统的建设和维护作为政府为公民提供的公共服务的一部分，一直由政府直接投资，并且通过组织和领导相应的事业部门的运营来提供此项服务。然而，政府为主的饮用水供水系统往往存在效率低下，缺乏创新能力和容易滋生腐败等问题，各国正在不断改革对于供水系统的管理方式，以避免或减少这些问题的发生。同时，无论是发达国家还是发展中国家，供水系统的建设和维护都需要大量的资金投入来维持其运转，而私有投资的介入被很多国家政府当作是供水系统建设资金的重要来源。此外，私有资金的介入被作为提高供水系统运营效率的有效途径。事先由公共部门设计好公私合营的模式和执行方案，既能保证私有部门的利益，同时又保证供水系统能够为社区居民生活条件的改善起到积极的作用。

一、供水系统公私合营的发展情况

供水系统公私合营的发展情况在世界范围内，私有部门参与到供水系统的比例和数量仍然较少。目前全世界人口达到 60 亿，而只有约 5% 的人口的用水是由私有部门参与提供服务的。在这 2.9 亿人口之中，有 1.26 亿人分布在欧洲，7200 万人分布在亚洲和大洋洲，4800 万人在北美，2100 万人分布在南美，还有 2200 万人分布在其他国家。

在发展中国家，公私合营的供水系统的建设在 1990—1997 年之间增长快速，并且在 1997 年达到最高峰。在接下来的几年之中，在这种模式下的供水系统的建设投入逐年减少。但是在 2004 年，投入在公私合营供水系统中的资金数量又有所回升，回到了 2002 年的水平。在这些增加的投入之中，智利、中国和墨西哥三国投入占到总投入的 90%。

虽然在 20 世纪 90 年代，公私合营供水系统有了快速的增长，但是在世界范围内来看，在供水系统中私人部门的参与远远落后于其他公共服务中私人部门的参与。不仅如此，在发展中国家，供水系统的建设投资相对于其他基础设施的建设来说也相对较小，只相当于总投入的。这样的投入规模相对于服务需求来说还是远不能满足的。

二、各国供水系统公私合营的探索在各国已经运行的供水系统的公私合营模式

其中，英国的"完全私有模式"、法国的"授权模式"最为广泛地被使用。英国模式是在政府设定的规范和条件下，将供水系统的所有权和管理全部私有化。而法国模式是政府通过租约和政府的特许，让私有部门参与供水系统的管理，与公有部门一起为社区居民提供服务。但是供水系统的所有权仍然掌握在公共部门的手中。英国模式主要在英格兰和威尔士被使用，而法国模式则被世界银行大力提倡，并且以不同形式介绍到发达国家和发展中国家。

在不同地区，公私合营供水系统的建设发展也有着不同的特点。如在亚洲，公私合营供水系统的建设被当作是解决财政赤字的一个有效途径，同时这种模式的服务能够带动经济的发展，刺激资本市场并且提高供水服务的质量。在拉丁美洲，因为私人部门的参与，竞争的激烈程度和监管的严格程度都能够得到加强，公私合营这种方式被广泛地用于减少政府对于整个社会的过度干预而造成的效率损失和腐败问题。同时，很多国家也发现，私人部门的参与能够缓解政府在国家基础设施建设和维护上的财政压力，也就减轻了国家的财政负担。在欧洲，公私合营这种方式被最广泛的采用，其合作效果也更为理想。这是因为欧洲的法制更加健全，这就为公私合营模式的运行提供了更好的基础。同时，公私合营模式确实能够提高供水服务的效率，减少效率的损失。

三、政府在公私合营模式供水系统中的职责

正如前面所提到的，与其他公共服务系统相比较，供水系统有着自身的特点，而这些特点在某种程度上又成为了私有部门参与合作的障碍，如投资回报较慢，项目社区信息获取困难，等等。而这些障碍并不能随着私有部门的加入而自动消除。因此，政府应该为私有部门的参与合作提供便利，这就需要通过制定合作规范吸引私有部门加入。而在整个公私合营模式中，政府事先制定的合作规范以及这些规范的执行是整个模式的核心部分。

（1）划定合作范围，明确权利义务关系。在所有形式的公私合营供水系统中，政府的重要职责是划定一个具体的合作范围，这个范围需要具体到优先权利的拥有，合作的产出以及为合作提供的平台，如合同，监管机构，法律，市场条件等。事实证明，没有政府制定的规范和平台，公私合营模式就缺乏可靠的基础，会导致合作效率的降低，更有可能产生内部纠纷而导致合作失败。

不仅仅如此，由于供水系统的巨大外部性，政府有责任在合作开始之前，考虑到合作所带来的对居民生活、社区环境等的影响。由于私有部门的目的是最大限度地获得利润，而社区居民在衡量供水系统中更多的是考虑到服务的价格，所以，政府就需要担当起在维护供水安全和保护环境方面的责任。不仅如此，政府还应该了解公私合营供水系统中的各个参与部门的合作目的和合作预期，在合作的过程中与不同部门进行协商和谈判，以均衡各参与者的权利和义务，使其既获得相应利益又履行一系列义务来维持整个合作的正常开展。

此外，为了履行这些职责，政府需要通过制定和实施一些具体的措施为合作提供更好的环境，同时兼顾政府对供水系统外部性方面的要求。

（2）为合作提供适当的制度、政策框架。首先，公私合营合作模式通常是以合同的形式明确各个参与部门的权利和义务。然而，在发展中国家，公共服务所涉及的制度和政策往往不适于应用到私有部门。因此，私有部门的参与就缺乏规范，往往得不到约束。这种情况有可能造成合作关系的失衡，导致效率的丧失。相反，在发达国家，造成合作障碍的往往不是政策的缺失，而是政策过于繁琐和复杂，限制了合作的进一步开展，同样也导致了效率的丧失。因此，政府在合作的开始前提供一个适当的政策保障是有必要的。

（3）分析实际情况，制定合作方案。由于公私合营的形式多样，因此，政府应该通过对政府自身情况、服务地区的具体情况以及参与私有部门的情况进行科学的分析，来找到一个符合实际情况的方式，以此作为公私合营供水系统的合作方案。这个方案将是合作的基础，具体的分析方面如下：

1）对供水系统的现有基础设施进行合理评估。由于对现有基础设施情况信息掌握不完整会造成对项目投入预期不合理，一个能够准确反应现有基础设施情况的评估分析是项目建设的基础。过低的估计现有基础设施情况会造成项目建设重复投入，从而使得项目成本过高，这就阻碍了私有资本的进入。

如果对于现有基础设施的情况估计过高，这些基础设施的维护费用会让项目的实际成本超过项目的预算，从而造成各个参与部门不能收到预期回报，造成投资损失。这些不确定的因素可能会导致供水系统运营成本超过预期，增加私有部门投入的风险。因此，只有对现有供水基础设施情况进行合理的评估，才能为参与的各方提供科学决策的依据，增加私有部门参与的可能性。

2）对现有法律法规的分析。由于供水系统建设关系到居民生命安全，同时又对当地环境会造成一定影响，因此，对法律法规的分析就显得尤为重要。供水系统建设的标准是否符合法律法规所要求的标准决定了供水系统是否能正常投入使用，因此，盲目的建设而忽略法律法规的要求必然导致项目重建的可能性，也就增加了项目投入的风险。因此，对相关法律法规的分析能够降低项目投入的风险，是供水系统能够投入使用的重要保障。

3）利益相关者分析。对相关利益者进行分析能够对供水系统建设中存在的风险进行科学的评估，比如当地居民是否支持该项目的建设是供水系统能否可持续运行并获得收益的前提。同时，利益相关者分析也能明确项目建设中各利益相关者的利益需求，为决策者提供科学的依据。

4）不同运营模式的利弊分析。由于每个地方的具体情况不同，因此，政府有必要分析各种供水系统运营模式的利弊，寻找适合当地实际情况的模式。如公私合营模式，优点是该模式能引入适当的竞争机制从而提高供水系统的工作效率，而且能够减少财政压力。但是，由于引入私有部门同样需要成本，因此我们需要衡量采用公私合营模式所带来的收益是否能够抵消引入私有部门参与所花费的成本。

四、供水系统公私合营模式的风险分析

（1）公私合营模式政府面对的挑战。

1）信息的缺失。在政府所面临的挑战中，由信息缺失所带来的挑战尤为明显。信息的缺失总的来说表现在两个方面：①由于在世界范围内，还没有建立起一个通用的模式，因此政府在建立适合当地实际情况的供水体系公私合营模式方面就会遇到困难，其他国家的经验由于与自身情况差别较大，所以不一定能够有借鉴价值；②供水系统的特点造成了在政府引入私有部门参与提供供水服务之后，政府很难获得整个供水系统的运行情况的确切信息，这就造成了政府对其监管方面的困难，比如，在政府转让供水系统的所有权和管理权之后，很难保障所有权和管理权的接受方不通过不正当的方式从中获利，从而损害到社区居民的利益。

2）竞争机制的优势与局限。虽然竞争机制能够提高供水系统的效率，但是在引入竞争机制的过程中，政府需要采取措施维持公平竞争和避免不正当竞争，这些措施也会带来一定的成本。例如，政府如果让一个并不参与公私合营合作的第三方来监管此合作，这势必会增加合作的管理难度。然而，如果没有措施维护公平竞争的开展，势必也会造成效率的损失。因此，竞争机制所带来的成本也会给政府带来一定的挑战。

3）管理的成本提高。由于参与部门的增加，导致政府在公共部门管理的权威下降。其带来的正面效应是有更多的意见参与到公共事物的管理中来，这就减少了因政府垄断而导致的错误决策发生的概率；但另一方面，由于政府权威性的降低以及政府管理力度的下降，供水系统的管理变得更加的复杂。参与者增加会加大统一意见的难度，提高管理的成本。

4）政府。私有部门以及用户利益的差异。虽然政府、私有部门以及用户在公私合营供水系统的联系下有着密切的关系，但是这三者的利益出发点存在较大差异，用户最需要的是以低价格获得安全可靠的供水；而私有部门则将获利放在第一位，同时，希望投入能够在尽快的时间内收回，这有时就与政府所希望的持续投入建设的计划相冲突；而政府，除了希望能够让合作高效率的运行，为用户提供优质水源，还会考虑到对环境的影响。因此，政府在面对这些利益差异的时候，需要从各个利益相关者的要求出发，协调各利益相关者的关系，这对政府的工作也提出了挑战。

（2）公私合营模式私有部门面临的风险。由于在供水系统的建设和维护的大量投入中，固定资本的投入所占比例较大，以英格兰和威尔士供水系统为例，其固定资本投入比例占到80%，并且，由于供水系统设施设备的专业性，造成供水系统投资很难再用于其他部门的生产，因此这就增加了私有部门参与供水系统建设的风险。其风险大体可以分为如下几个方面：

1）系统更新的建设成本风险。系统更新的建设成本发生于供水系统采用新技术或者是系统更新改造时，造成支出超过预期的情况。

2）商业风险。商业风险指的是由于市场结构发生变化导致的风险。

3）金融风险。金融风险是由于利率的升高或者是汇率的变化所造成的成本的增加所带来的风险。

4）标准调整的风险。标准调整的风险是由于要求和标准的提高所带来的风险。

5）政治风险。政治风险是由于政治局面不稳定或政策的不连续性所带来的风险。

五、公私合营模式对我国农村供水的启示

2005年国务院发布了《关于鼓励支持和引导个体私营等非公有制经济发展的若干意见》支持非公有资本参与供水等公用事业和基础设施的投资、建设和运营。农村供水工程规模小，数量多，分布范围广，政府在资金投入方面的能力是有限的，由政府承担全部农村供水设施的投入是不现实的。因此在加大政府投入的同时要吸引私有资金参与。公私合营模式带动私有资金进入公共服务领域，可以提高公共服务供给的数量，提高生产效率和技术效率。但是同时我们也要注意农村供水工程的公私合营中存在一定的风险，这也对政府承担的责任提出了要求。

以上国外供水系统公私合营模式的介绍对我国农村供水系统中引入私有资金的实践有两点启示：

（1）要认识到公私合营模式存在的风险。对于私有部门来说有以下风险：系统更新的建设成本风险、商业风险、金融风险、标准调整的风险、政治风险。对于公有部门来说面临的风险是：管理信息缺失的风险、管理成本提高的风险，以及不同利益相关者利益取向的差异。

（2）要明确政府承担的责任。农村的安全饮水属于政府提供公共服务的范围，引入私有资金可以减少政府的投资压力，但是不能减少政府担负的公共服务的责任。政府提供相关政策支持和盈利空间吸引私有资金投入，但是同时也要考虑到饮水的安全性要求，以及农村社区居民对于供水服务的经济负担能力。因此，政府在保证饮水公共服务提供的安全性的基础上，还要对私有部门盈利和公众的利益做出平衡。

在公私合营模式中政府所承担的职责包括：

（1）制定农村饮水安全的标准并监督执行，这是保障公众饮水安全所必需的。

（2）提供适当的制度和政策框架，为公私合营模式提供相应的法律和政策的约束和保障。

（3）做好公私合作的可行性评估。因为公私合营模式本身就存在一定的风险，特别是针对农村饮水安全工程来说，服务对象经济负担能力往往比较有限，投资回报周期长，因此需要政府在引入私有部门合作前，进行合作的可行性评估。评估的内容应该包括技术、经济和社会影响方面的评估。需要对合作企业的资金、技术、管理和信誉等方面进行考察，确认企业参与投资并提供安全能负担的饮水服务的能力。此外需要对农村供水服务对象进行调查，了解供水服务的需求、供水服务对象的经济支付能力和意愿。在此基础上对合作模式的技术、经济和社会影响方面的可行性进行评估。这对于减少风险，提高规划的科学性是十分必要的。

（4）多方参与设计合营模式，制定合作方案。合营模式的制定需要政府、私有部门和供水服务的农村社区代表的参与，这样可以在考虑多方的需求、平衡多方的利益的基础上制定合作规范，划定合作范围，明确权利义务关系，确定农村社区饮水安全工程的建设和运营模式。

——引自《中南民族大学学报（人文社会科学版）》2009 年第 29 卷第 4 期

第6章 净水构筑物设计

净水构筑物是以去除水中悬浮固体和胶体杂质等为主要目的的构筑物的总称。农村供水处理的任务是用不同的方法和装置改变原水的主要水质指标，以满足用户的用水要求，提高水的质量，解决原水不能满足用户需求的矛盾。完成这一任务的前提是净水构筑物的合理选择和良好设计。本章主要内容包括絮凝、沉淀、过滤和消毒的基本原理、设计方法和实际案例。

6.1 絮凝

混凝处理是向水中投加混凝剂，是水中的胶体颗粒和细小的悬浮物相互凝聚长大，形成沉淀性能良好、尺寸较大的絮状颗粒（矾花），使之在后续的沉淀工艺中能够有效的从水中重力沉淀下来。这一过程涉及 3 个方面的问题：水中胶体颗粒（包括微小悬浮物）的性质；混凝剂在水中的水解；胶体粒子与混凝剂之间的相互作用。

混凝阶段所处理的对象：水中的悬浮物和胶体杂质。

几个基本概念如下：

混凝：向水中投加混凝剂，使水中胶体颗粒和微小悬浮物脱稳聚集成大颗粒的过程，是凝聚和絮凝的总称。

凝聚：胶体失去稳定性的过程。

絮凝：脱稳胶体相互聚集的过程。

混凝处理的用途：生活饮用水处理、工业废水处理、城市污水三级处理、污泥处理等。

投药是混凝的必要前提，混合和反应是混凝工艺的两个过程，结合原水性质选用性能较好的药剂，创造适宜的化学反应和水力条件是混凝工艺上的技术关键。

6.1.1 水中胶体的稳定性

所谓"胶体的稳定性"，是指水中胶体粒子长期保持分散悬浮的状态的特性。胶体可以分为憎水胶体和亲水胶体两种。与水分子有很好的亲和力的胶体称为亲水胶体，反之则称为憎水胶体。亲水胶体的固体部分包在一个大水壳中，即水合现象，蛋白质、碳氢化合物及许多复杂的有机化合物大分子等为亲水胶体。憎水胶体不发生水合现象，不能在水中自发地形成胶体溶液，已形成的憎水胶体溶液静置足够长的时间后，胶体能从水中自发分离出来。从胶体化学的角度而言，高分子溶液可说是稳定系统，黏土类胶体及其他憎水胶体都并非真正的稳定系统。但从水处理的角度而言，凡沉降速度十分缓慢的胶体粒子以至微小悬浮物，均被认为是"稳定"的。例如，粒径为 $1\mu m$ 的黏土颗粒，沉降 10cm 约需 20h 之久，在停留时间有限的水处理构筑物内不可能沉降下来，它们的沉降性可以忽略不计。这样的悬浮体系统在水处理领域即被认为是"稳定体系"。

水中的胶体一般具有如下的特点：颗粒尺寸很小，带有电荷，稳定而不易沉淀，使水产生浑浊。

6.1.1.1　胶体的带电特性

水中胶体表面都带有电荷，在一般水质中，黏土、细菌、病菌等都是带负电荷的胶体。胶体溶液中的电泳（胶体粒子的运动）和电渗（胶体溶液的运动）现象可证明胶体的带电。而氢氧化铝或氢氧化铁等微晶体都是带正电的胶体。胶体表面电荷的产生有如下 4 个机理。

（1）固有表面对水中某种离子的特异吸附（如 AgI 胶体颗粒表面电势决定 Ag^+ 离子在溶液中的活度）。

（2）极难溶的离子型晶体与它溶解下来的离子产物之间形成平衡关系（这一平衡关系由溶度积来确定），这使得晶体表面有了一定符号的电荷。铁、铝、氢、氧化物颗粒表面电荷可以是依此机理产生的。由于金属氧化物或氢氧化物的溶解沉淀反应与溶液 pH 值有关，因此，这类颗粒的表面电荷和电势受 pH 值控制。

（3）颗粒表面离子化官能团的离解，特别是高分子有机物因其极性官能团的酸碱离解而使表面带上电荷；受 pH 值控制，如蛋白质：$COOH - R - NH_2$。

（4）某些离子型晶体（结晶物质）的 Schottky 缺陷在晶体表面产生过量的阳或阴离子，而使其表面呈带正电或负电（黏土及其他铝硅酸盐矿物晶体的表面电荷成因）。Schottky 缺陷指晶体中的原子或离子固热振动偏离格点位置并迁移至晶体表面，由此产生的缺陷。

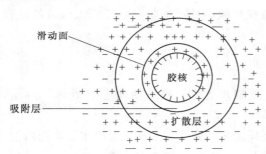

图 6.1　胶体颗粒的双电层结构

为了从理论上解释胶粒的带电现象，胶体化学发展了胶粒（胶团）构造的双电层理论：整个黏土胶团由胶核、吸附层、扩散层（漫散层）所组成，如图 6.1 所示。

胶核：胶体颗粒的中心，由颗粒物质组成。胶核表面带有电位形成离子，将吸引水中与之电荷相反的离子（反离子）。

吸附层：一部分反离子被紧密的吸引在胶合颗粒的表面附近，可随着微粒移动，这一层称为吸附层，其厚度与离子大小相近，约 2～3Å，其随胶核一起运动，靠近胶核表面处，异号离子浓度大，结合紧密。

扩散层：另一部分反离子由于热运动和溶剂化作用向外扩散，构成扩散层，其厚度约为 162～325Å。扩散层在胶体运动时大部分被甩掉，甩掉后剩下的面，叫滑动面。滑动面离胶核越远，反离子浓度越小，结合越松散。

胶体移动时在滑动面上所表现出来的电位称为滑动电位（ξ 电位）。ξ 电位越高，静电斥力越大，胶粒越稳定。要降低静电斥力，必须降低 ξ 电位，则应大量加入电解质，使溶液中反离子浓度增加，使与胶核表面吸附的离子中带有相反电荷的离子进入吸附层，扩散层的异电离子数目减少，并变薄，压缩双电层。

　　天然水中的胶体杂质通常是负电荷胶体，如黏土、细菌、病毒、藻类、腐殖质等。黏土胶体的 ξ 电位一般在 $-40 \sim -15 \mathrm{mV}$ 范围内，细菌的 ξ 电位一般在 $-70 \sim -30 \mathrm{mV}$ 范围内，藻类的 ξ 电位一般在 $-15 \sim -10 \mathrm{mV}$ 范围内。

6.1.1.2　胶体稳定性

　　胶体稳定性指胶体粒子在水中长期保持分散悬浮状态的特性。

　　水中的胶体颗粒带有电荷，带有相同电荷的胶体颗粒之间存在相互排斥的静电斥力，其阻止胶体颗粒相互靠近而碰撞聚集。同时胶体颗粒之间因其质量而存在相互吸引的分子间作用力，即范德华力，其使颗粒相互接近。胶体颗粒之间的静电斥力和范德华力相互平衡，胶体溶液处于稳定状态。

　　除了上诉静电斥力和范德华力之外，影响胶体稳定的因素还有溶液中分子的无规则运动即布朗运动，和胶体在溶液中的水化膜作用。水化膜作用是由于吸附在胶核周围的反离子能与极化水分子相结合（水分子带负电一端总是向着正离子，负离子的周围对着水分子的正极一端），从而在胶粒周围形成一层水化膜，犹如一堵围墙，阻止胶粒与胶粒之间的凝聚，也阻止胶粒与反离子结合。水化膜越厚，胶粒越稳定。水化膜是伴随胶粒带电而产生的，一旦胶粒 ξ 电位消除或减弱，水化膜将随之消失或减弱。

　　胶体稳定性分为动力学稳定和聚集稳定两种。

　　胶体动力学稳定指颗粒布朗运动对抗重力影响的能力。大颗粒悬浮物如泥沙等，在水中的布朗运动很微弱甚至不存在，在重力作用下会很快下沉。而胶体颗粒很小，布朗运动剧烈，胶粒本身质量小因而受重力作用很小，布朗运动足以抵抗重力影响，故而能长期悬浮于水中，称动力学稳定。胶体粒子越小，动力学稳定性也就越高。

　　胶体聚集性稳定指胶体颗粒之间不能相互聚集的特性。胶体粒子很小，比表面积大从而表面能很大，在布朗运动的作用下，有自发相互聚集的倾向，但由于胶体粒子表面同性电荷的静电斥力作用或水化膜的阻碍使这种自发聚集不能发生，这种稳定性称为胶体的"聚集性稳定"。显然，如果胶体粒子表面电荷或水化膜消除，便失去聚集稳定性，小颗粒便可相互聚集成大的颗粒，从而动力学稳定性随之破坏，沉淀就会发生。因此，胶体的稳定性，关键在于聚集稳定性。

6.1.2　混凝机理

　　混凝机理涉及的因素很多，如水中杂质的组成和浓度、水温、pH 值、混凝剂的性能、投加量及混凝过程的水力条件等。当前，看法比较一致的是，混凝的机理主要有压缩双电层、吸附-架桥以及沉淀物的网捕卷扫 3 种作用。这 3 种作用究竟以何者为主，取决于混凝剂的种类和投加量、水中胶体粒子的性质、含量以及水的 pH 值等。

　　与混凝机理相关的几个概念为脱稳、凝聚和凝聚值。

　　脱稳：胶粒因滑动电位 ξ 降低或消失，以致失去胶体稳定性的过程称为胶粒的脱稳（解稳）。

　　凝聚：脱稳后的胶粒相互聚结形成肉眼可见绒粒（矾花）的过程通常称为凝聚。矾花称为凝聚体或絮凝体。

　　凝聚值：开始产生凝聚，即形成明显凝聚所需电解质的最低浓度称为该种电解质对胶粒的凝聚值，即凝聚值越小，凝聚能力越强。此电解质称为混凝剂。

1. 压缩双电层-电性中和

要使胶体颗粒通过布朗运动相撞聚集，必须降低或消除胶体颗粒间的排斥能峰。胶粒间的吸引作用为范德华力，其与胶体电荷无关，它主要决定于胶体的物质种类、尺寸和密度。对于一定水质，胶粒这些特性是不变的。因此，降低胶粒间排斥力的办法是降低或消除胶粒的滑动电位 ξ，在水中投加电解质可达到此目的。

对于水中负电荷胶粒而言，投加的电解质（混凝剂）应是正电荷的离子或聚合离子。如果正电荷离子是简单离子，如 Na^+、Ca^{2+}、Al^{3+} 等，其作用是压缩双电层——为保持胶体电解中和所要求的扩散层厚度，使胶体的滑动电位 ξ 降低，从而使胶体颗粒间的排斥力减少甚至消失，胶体便发生聚集作用。这种脱稳方式称压缩双电层作用。

对于加入的电解质所起到的凝聚效果，符合叔采-哈第法则。凝聚效果同原子价有关，价数越高，用量越省，或者说高价正离子压缩扩散层远比低价离子有效。同价的各种离子的凝聚能力同原子序号是一致的，如 $H^+ > NH_4^+ > Na^+ > K^+$。

这种机理只适用于低价电解质提供的简单离子的情况，尤其适用于无机盐混凝剂。其无法解释混凝剂投量过多时胶体重新稳定的现象。如三价铝盐或铁盐投加量过多时，效果反而下降，水中胶粒反而会变得稳定。实践表明：混凝效果最佳时的滑动电位 ξ，不在等电状态（通常是 $\xi > 0$），一般为 $\xi_{最优} = -10 \sim 5mV$。

2. 吸附-架桥

不仅带异性电荷的高分子物质与胶粒具有强烈吸附作用，不带电甚至与胶粒具有相同电荷的高分子物质与胶粒也有吸附作用。混凝剂中的高分子物质以及硫酸铝、氯化铁溶于水后，形成的无机高分子聚合物，它们均具有线性结构，胶体微粒对这类高分子物质具有强烈的吸附作用，因而它们可以在相距较远的两胶粒之间进行吸附-架桥，即它的一端吸附某一胶粒后，另一端又吸附另一胶粒，也就是说形成了"胶粒＋高分子＋胶粒"的絮凝体。如图 6.2（a）所示，其高分子聚合物起了吸附-架桥的作用。绒粒通过高分子吸附-架桥作用逐渐变大，最终形成肉眼可见的粗大絮凝体（矾花），其直径 $d = 0.6 \sim 1.0mm$，为后续沉淀创造良好的条件。

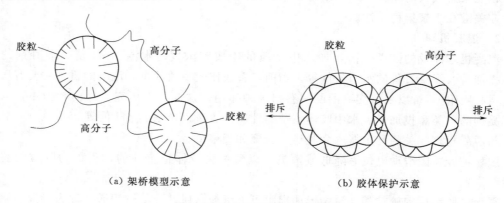

（a）架桥模型示意　　　　　　　　　（b）胶体保护示意

图 6.2　高分子吸附-架桥作用

当高分子物质投加量过多时，将产生"胶体保护"作用，如图 6.2（b）所示。胶体保护理解为：当全部胶粒的吸附面均被高分子的聚合物覆盖后，两胶粒接近时，就受到高分子的阻碍而不能聚集。这种阻碍来源于高分子聚合物之间的相互排斥,其排斥力可能来源于"胶粒-胶粒"之间高分子受到压缩变形(像弹簧被压缩一样)而具有的排斥势能,也可能来源于高分子之间的同电荷斥力(对带电高分子而言)或水化膜。因此,高分子物质投量过少不足以将胶粒架桥连接起来,投量过多又会产生胶体保护作用。最佳投量应是能把胶体快速絮凝起来,又可使絮凝起来的最大胶粒不易脱落,同时不产生胶体保护作用。根据吸附原理,胶粒表面覆盖率为 1/2 时效果最好。但在实际水处理中,胶粒表面覆盖率无法测定,故高分子混凝剂投量通常由试验确定。

架桥作用的高分子都是线性分子且需要一定的长度,长度不够,不能起架桥作用,只能被单个分子吸附。所需最小长度,取决于水中胶粒尺寸、高分子基团数目、分子的分枝程度。对铝盐而言,其多核水解产物,分子尺寸不足以起到胶粒间架桥作用,只能被单个分子所吸附从而起电性中和作用。而中性氢氧化铝聚合物 $[Al(OH)_3]_n$ 则可起架桥作用,不过对此目前尚有争议。

若高分子物质为阳离子型聚合物,它具有电性中和和吸附-架桥的双重作用;若为非离子型(不带电荷)或阴离子型(带负电荷)聚合物,只能起胶粒间架桥作用。

3. 网捕或卷扫

当金属盐(如硫酸铝、氯化铁)或金属氧化物和氢氧化物(如石灰)用作混凝剂,且投加量大得足以迅速形成沉淀,如金属氢氧化物(如氢氧化铝、氢氧化铁等)或金属碳酸盐(碳酸钙)时,水中胶体可被这些沉淀物在形成时所网捕、卷扫,从而产生沉淀分离,称为网捕或卷扫作用。

需要说明的是,几种混凝机理不是单独孤立的现象,往往可能同时存在,只是每种机理在不同的混凝剂、投加量和水质的情况下所起到的作用不同而已。

6.1.3 硫酸铝的混凝机理

硫酸铝是使用最久、目前应用仍广泛的一种无机盐混凝剂,它的混凝作用机理具有相当的代表性,在此进行探讨。

$Al(SO_4)_3 \cdot 18H_2O$ 溶于水中,立即离解出铝离子,且常以 $[Al(H_2O)_6]^{3+}$ 水合铝离子形态存在。在一定的条件下,Al^{3+}(略去配位水分子)经过水解、聚合或配合反应可形成多种形态的配合物或聚合物以及氢氧化铝 $Al(OH)_3$。

铝离子水解时发生如下反应:

$$Al^{3+} + H_2O \Longleftrightarrow [Al(OH)]^{2+} + H^+$$
$$Al^{3+} + 2H_2O \Longleftrightarrow [Al(OH)_2]^+ + 2H^+$$
$$Al^{3+} + 3H_2O \Longleftrightarrow Al(OH)_3 + 3H^+$$
$$Al^{3+} + 4H_2O \Longleftrightarrow [Al(OH)_4]^- + 4H^+$$
$$2Al^{3+} + 2H_2O \Longleftrightarrow [Al_2(OH)_2]^{4+} + 2H^+$$
$$3Al^{3+} + 4H_2O \Longleftrightarrow [Al_3(OH)_4]^{5+} + 4H^+$$
$$13Al^{3+} + 28H_2O \Longleftrightarrow [Al_{13}O_4(OH)_{24}]^{7+} + 32H^+$$
$$Al(OH)_3(无定形) \Longleftrightarrow Al^{3+} + 3OH^-$$

由反应式可知,铝离子水解产生的物质分成 4 类:未水解的水合铝离子,单核羟基配合物,多核羟基配合物或聚合物,氢氧化铝沉淀。多核羟基配合物可认为由单核羟基配合物通过羟基桥联形成，如下反应式所示：

$$2[Al(OH)(H_2O_6)]^{2+} \longrightarrow [(H_2O_4)Al(OH)_2Al(H_2O)_4]^{4+}$$

pH 值不同时，各种水解产物相对含量不同。当 pH 值＜3 时，水中的铝以 $[Al(H_2O_6)]^{3+}$ 形态存在；在 pH 值＝4～5 时，水中将产生较多的多核羟基配合物，如 $[Al_2(OH)_2]^{4+}$、$[Al_3(OH)_4]^{5+}$ 等；当 pH 值＝6.5～7.5 的中性范围内，水解产物将以 $Al(OH)_3$ 沉淀物为主。在碱性条件下（pH 值＞8.5 时），水解产物将以负离子形态 $[Al(OH)_4]^-$ 出现。

不同 pH 值条件下，铝盐可能产生的混凝机理不同。何种作用机理为主，决定于铝盐的投加量、pH 值、温度等。实际上，几种可能同时存在。当水中 pH 值＜3 时，简单的水合铝离子起压缩双电层作用；当水中 pH 值＝4～5 时，多核羟基络合物起吸附-架桥作用；当水中 pH 值＝6.7～7.5 时，氢氧化铝沉淀起网捕卷扫作用。

6.1.4 絮凝机理及混凝动力学

要使杂质颗粒之间或者杂质颗粒与混凝剂之间发生絮凝，一个必要的条件是使颗粒相互碰撞。推动水中颗粒碰撞的动力来自两个方面：①颗粒在水中的布朗运动；②在水力或机械搅拌下所造成的流体湍流运动。

下面介绍几个基本概念：

（1）混凝动力学：研究颗粒碰撞速率属于混凝动力学范畴。

（2）异向絮凝：由布朗运动引起的颗粒碰撞聚集称为异向絮凝。

（3）同向絮凝：由水力或机械搅拌所造成的流体运动引起的颗粒碰撞聚集称同向絮凝。

1. 异向絮凝

颗粒在水中水分子热运动作用下所做的布朗运动是无规则的。这种无规则运动必然导致颗粒相互接近并碰撞。当颗粒已完全脱稳后，一经碰撞就发生絮凝，从而使小颗粒聚集成大颗粒，而水中固体颗粒总质量不变，只是颗粒数量浓度（单位体积水中的颗粒数）减少。颗粒的絮凝速率决定于碰撞速率。假定颗粒为均匀球体，根据费克（Fick）定律，可导出颗粒碰撞速率：

$$N_p = 8\pi d D_B n^2 \tag{6.1}$$

式中 N_p——单位体积中的颗粒在异向絮凝中的碰撞速率；

n——颗粒数量浓度，个/cm³；

d——颗粒直径，cm；

D_B——布朗运动扩散系数，cm²/s。

扩散系数 D_B 可用斯托克斯（Stokes）-爱因斯坦（Einstein）公式表示：

$$D_B = \frac{KT}{3\pi d\nu\rho} \tag{6.2}$$

其中

$$\nu = \frac{\mu}{\rho}$$

式中 K——波兹曼（Boltzmann）常数，1.38×10^{-16} g·cm²/(s²·K)；

T——水的绝对温度，K；

ν——水的运动黏度，cm^2/s。

将式（6.2）代入式（6.1）得

$$N_p = \frac{8}{3\nu\rho} KTn^2 \tag{6.3}$$

由式（6.3）可知，由布朗运动所造成的颗粒碰撞速率与水温成正比，与颗粒的数量浓度平方成正比，而与颗粒尺寸无关。实际上，只有小颗粒才具有布朗运动。随着颗粒粒径增大，布朗运动将逐渐减弱。当颗粒粒径大于 $1\mu m$ 时，布朗运动基本消失。因此，要使较大的颗粒进一步碰撞聚集，还要靠流体运动的推动来促使颗粒相互碰撞，即进行同向絮凝。

2. 同向层流絮凝

由流体运动所造成的颗粒碰撞凝聚称同向絮凝。

层流条件下颗粒碰撞示意如图 6.3 所示。假设水中颗粒为均匀球体，即粒径 $r_i = r_j = d$，则在以颗粒 j 中心为圆心，以 R_{ij} 为半径的范围内的所有 i 和 j 颗粒均会发生碰撞，碰撞速率 N_0 可由式（6.4）计算（推导略）：

$$N_0 = \frac{4}{3} n^2 d^3 G \tag{6.4}$$

$$G = \frac{\Delta u}{\Delta z} \tag{6.5}$$

式中　G——速度梯度，s^{-1}；

Δu——相邻两流层的流速增量，cm/s；

Δz——垂直于水流方向的两流层之间的距离，cm。

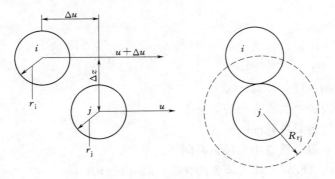

图 6.3 层流条件下颗粒碰撞示意图

公式中，n 和 d 均属原水杂质特性参数，而 G 是控制混凝效果的水力条件。故在絮凝设计中往往以速度梯度 G 值作为重要的控制参数之一。

在被搅动的水流中，考虑一个瞬间受剪切而扭转的隔离体 $\Delta x\Delta y\Delta z$，如图 6.4 所示。在隔离体受剪切而扭转过程中，剪切力做了扭转功。设在 Δt 时间内，隔离体扭转了 θ 角度，于是角速度 $\Delta\omega$ 为

$$\Delta\omega = \frac{\Delta\theta}{\Delta t} = \frac{\Delta L}{\Delta t}\frac{1}{\Delta z} = \frac{\Delta v}{\Delta z} = G \tag{6.6}$$

式中　Δv——扭转线速度，cm/s；

G——速度梯度，s^{-1}。

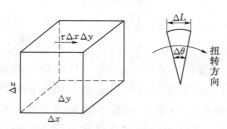

图 6.4 速度梯度计算图示

转矩 ΔJ 为

$$\Delta J = (\tau \Delta x \Delta y) \Delta z \tag{6.7}$$

式中　τ——剪切应力；

$\tau \Delta x \Delta y$——作用在隔离体上的剪切力。

隔离体扭转所消耗功率等于转矩与角速度的乘积，于是，单位体积水流所消耗功率 P 为

$$P = \frac{\Delta J \Delta \omega}{\Delta x \Delta y \Delta z} = \frac{\tau \Delta x \Delta y \Delta z G}{\Delta x \Delta y \Delta z} = \tau G \tag{6.8}$$

根据牛顿内摩擦定律，有 $\tau = \mu \dfrac{\mathrm{d}u}{\mathrm{d}y} = \mu G$，代入式（6.8）得

$$G = \sqrt{\frac{P}{\mu}} \tag{6.9}$$

式中　G——速度梯度，s^{-1}；

　　　μ——水的动力黏度，$\mathrm{Pa \cdot s}$；

　　　P——单位体积水体所消耗的功率，$\mathrm{W/cm}^3$。

当用机械搅拌时，式（6.9）中 P 由机械搅拌器提供，当采用水力絮凝池时，式中 P 应为水流本身的能量消耗，即水流流经絮凝池的水头损失：

$$PV = \rho g Q h \tag{6.10}$$

$$V = QT \tag{6.11}$$

于是，由式（6.9）~式（6.11）得

$$G = \sqrt{\frac{gh}{\nu T}} \tag{6.12}$$

其中

$$\nu = \frac{\mu}{\rho}$$

式中　g——重力加速度，$9.81\mathrm{m/s}^2$；

　　　h——混凝设备中的水头损失，m；

　　　ν——水的运动黏度，cm^2/s；

　　　T——水流在混凝设备中的停留时间，s。

式（6.9）和式（6.12）即为著名的甘布-施泰因公式。

3. 同向絮流

甘布-施泰因公式从层流理论出发来讨论颗粒碰撞，未从絮流规律上阐明颗粒碰撞速率，而通常情况下，水流是处于絮流状态的。故甘布公式虽然可用于絮流条件下 G 值的计算，但理论依据显然不足。列维奇（Levich）等根据科尔莫哥罗夫（Kolmogoroff）局部各向同性絮流理论来推求同向絮凝动力学方程，虽然实际水流的微观絮动不是各向同性的，但其推导在实际工程中可以应用。该理论认为：①在各向同性絮流中，存在各种尺度不等的涡旋，外部施加的能量形成大涡旋；②大涡旋将能量输送给小涡旋；③小涡旋将能量输送给更小的涡旋；④只有尺度与颗粒尺寸相近的涡旋才会引起颗粒碰撞。

按式（6.1）形式，可导出各向同性絮流条件下颗粒碰撞的速率 N_0：

$$N_0 = 8\pi dDn^2 \tag{6.13}$$

式中　D——表示紊流扩散和布朗（分子扩散）扩散系数之和。

其余符号意义同式（6.1）。

但在紊流中，布朗扩散远小于紊流扩散，故 D 可近似作为紊流扩散系数。紊流扩散系数可用式（6.14）表示：

$$D = \lambda u_\lambda \tag{6.14}$$

式中　λ——涡旋尺度（或脉动尺度），cm；

u_λ——相应于 λ 尺度的脉动速度，cm/s。

从流体力学知，在各向同性紊流中，脉动流速用式（6.15）表示：

$$u_\lambda = \frac{\lambda}{\sqrt{15}}\sqrt{\frac{\varepsilon}{\nu}} \tag{6.15}$$

式中　ε——单位时间、单位体积流体的有效能耗，$J/(cm^2 \cdot s)$；

ν——水的运动黏度，cm^2/s；

λ——涡旋尺度，cm。

假设涡旋尺度与颗粒直径相等，即 $\lambda = d$，将式（6.14）、式（6.15）代入式（6.13），得

$$N_0 = \frac{8\pi}{\sqrt{15}}\sqrt{\frac{\varepsilon}{\nu}}d^3 n^2 \tag{6.16}$$

令 $G = (\varepsilon/\nu)^{1/2}$，则有

$$N_0 = \frac{8\pi}{\sqrt{15}}Gd^3 n^2 \tag{6.17}$$

比较式（6.17）与式（6.4），两式仅系数不同，形式完全相同。

根据式（6.17）或式（6.4），在混凝过程中，所施功率或 G 值越大，颗粒碰撞速率越大，混凝效果越好。但随着 G 值增大时，水流剪切力也随之增大，已形成的絮凝体又有破碎的可能。

4. 混凝控制指标

自加入的混凝剂与原水均匀混合至大颗粒絮凝体形成为止，在工艺上总称为混凝过程，相应设备有混合设备和絮凝设备。

矾花颗粒逐渐增大的资料见表 6.1。

表 6.1　　　　　　　　　　　矾花颗粒粒径随混合反应时间的变化

混合反应时间	30s	1min	5min	10min	25～35min
粒径	40μm	80μm	0.3mm	0.5mm	＞0.6mm

原水的混凝效果主要决定于搅拌强度和搅拌时间两项因素。

在混合阶段，对水流进行剧烈搅拌的目的，主要是使药剂快速均匀分散于水中以利于混凝剂快速水解、聚合及胶体颗粒脱稳搅拌强度按速度梯度计，平均 $G = 700 \sim 1000 s^{-1}$，搅拌时间通常在 $10 \sim 30s$，一般小于 2min。此阶段，杂质颗粒微小，同时存在颗粒间的异向絮凝。在絮凝阶段，主要靠机械或水力搅拌促使颗粒碰撞凝聚而长大，故以同向絮凝为

主。同向絮凝效果不仅与 G 有关，还与时间有关。在絮凝阶段，通常以 G 值和 GT 值作为控制指标。平均 $G=20\sim70\mathrm{s}^{-1}$，$GT=10^4\sim10^5$，随着絮凝的进行，$G$ 值应逐渐减小。

6.1.5　混凝剂和助凝剂

应用于饮用水处理的混凝剂应符合以下基本要求：混凝效果好、对人体健康无害、使用方便、货源充足、价格低廉。

混凝前提是投药，按药剂作用分：混凝剂（起主要作用）和助凝剂。按化学成分可分为有机和无机两大类，且不少于 $200\sim300$ 种。

无机：品种较少，主要是铁盐和铝盐及其水解聚合物最多。

有机：品种很多，主要是高分子物质，但用量比无机少。

常用的混凝剂见表 6.2。

表 6.2　　　　　　　　　　　常 用 的 混 凝 剂

无机	铝系	硫酸铝、明矾、聚合氯化铝（PAC）、聚合硫酸铝（PAS）	适宜 pH 值：5.5～8
	铁系	三氯化铁、硫酸亚铁、硫酸铁（国内生产少）、聚合硫酸铁、聚合氯化铁	适宜 pH 值：5～11，但腐蚀性较强
有机	人工合成	阳离子型：含氨基、亚氨基的聚合物、阳离子型 PAM	国外开始增多，国内尚少
		阴离子型：水解聚丙烯酰胺（HPAM）	
		非离子型：聚丙烯酰胺（PAM）、聚氯化乙烯（PEO）	
	天然	淀粉、动物胶、树胶、甲壳素等	
		微生物絮凝剂	

6.1.5.1　无机盐类混凝剂

1. 铝盐

（1）硫酸铝：$Al_2(SO_4)_3 \cdot 18H_2O$。不适宜于低温低浊水。

精制硫酸铝：含无水硫酸铝 $50\%\sim52\%$，白色结晶体，比重 1.62，含 Al_2O_3 $15.7\%\sim16.2\%$，杂质含量 $24\%\sim30\%$，价昂。

粗制硫酸铝：含无水硫酸铝 $20\%\sim25\%$，无色或白色结晶体，比重 1.62，含 Al_2O_3 $14.5\%\sim16.5\%$，杂质含量 $24\%\sim30\%$，价廉。

（2）明矾：$Al_2(SO_4)_3 \cdot K_2SO_4 \cdot 24H_2O$。天然矿物质。性质同硫酸铝，由于硫酸钾基本上不起混凝作用，因此用量较大。

（3）铝酸钠：$NaAlO_3$。水溶液呈碱性，适宜于原水碱性不足的情况下，与硫酸铝同时使用。

2. 铁盐

（1）氯化铁：$FeCl_3 \cdot 6H_2O$。具有金属光泽的褐色结晶体，杂质少，形成的絮凝体较紧密，易沉，适于低温、低浊度水，比铝盐好，但易潮解，具腐蚀性，含氯化铁重达 92% 以上，不溶杂质小于 4%。

特点：混凝效果好，使用方便；矾花密实，颗粒大，沉速快，比重 3.6；处理高浊度水时，较其他混凝剂省；受温度的影响很小；腐蚀性强；适宜 pH 值：$6.0\sim8.4$。

（2）硫酸亚铁：$FeSO_4 \cdot 7H_2O$。半透明绿色结晶体，溶解度大，因只生成简单的单核络合物，混凝效果不如三价铁盐，净水残存的二价铁使水带色。不能除色，Fe^{2+}与腐殖酸反应生成颜色更深的物质，色度更难去除。

适宜 pH 值为 8.7～9.6，pH 值小于 8.5 时，只能生成简单的络合物，混凝效果差。

6.1.5.2 高分子絮凝剂

高分子絮凝剂分为无机高分子絮凝剂和有机高分子絮凝剂。

聚合度指聚合氯化铝（铁）分子式中的 m 值，它表明高分子物质的分子量，一般无机高分子的分子量远较有机高分子量小，约在 1000 左右。

1. 无机高分子混凝剂

（1）聚合氯化铝：PAC。聚合氯化铝是一种碱式氯化铝聚合而成的无机高分子物质，可表示成碱式盐。其碱化度为 50％～60％，聚合度 $m \leqslant 10$。

聚合氯化铝是一种目前在应用较多的无机高分子混凝剂。混凝沉淀性能好，优于一般铝盐和铁盐，对各种水质适应性很强混凝的最优 pH 值范围很广（5～9），对低温水效果也很好。投量省。

（2）聚合硫酸铝：PAS。聚合硫酸铝也是聚合铝类混凝剂，聚合硫酸铝中的硫酸根离子具有类似羟桥的作用，可把碱度铝盐水解产物桥联起来，促进了铝的水解聚合反应。

（3）聚合硫酸铁：PFS。聚合硫酸铁是碱式硫酸铁的聚合物，其具有良好的混凝效果，腐蚀性远比氯化铁要小。

2. 有机高分子混凝剂

有机高分子混凝剂分为人工合成的有机高分子混凝剂（如聚丙烯、聚乙烯类）和天然高分子混凝剂（蛋白质、多糖类化合物如动物胶、淀粉、海藻、纤维素、乳酸钠等）。

有机高分子混凝剂一般具有巨大的线性分子，由许多单体（链节）以共价键结合。凡链节上含有可离解基团（羧基、磺酸基、铵基等），基团离解即可形成高聚物离子。凡离解后带正电称阳离子型，带负电称阴离子型，链节上不含可离解基团者，为非离子型。

常用的有机高分子混凝剂主要品种是聚丙烯酰胺（PAM），是目前使用最为广泛的人工合成有机高分子絮凝剂。

聚丙烯酰胺（PAM）的分子式为

$$—(CH_2—CH_2)_n—$$
$$|CONH_2$$

聚丙烯酰胺的链状分子长度大约 400～800nm，聚合度 m 高达 2 万～9 万，相应的分子量高达 150 万～600 万。它的混凝效果在于对胶体表面具有强烈的吸附作用，在胶粒之间形成桥联，产生吸附-架桥作用。

聚丙烯酰胺本身及其水解体没有毒性，聚丙烯酰胺的毒性来自其残留单体丙烯酰胺（AM）。丙烯酰胺为神经性致毒剂，对神经系统有损伤作用，中毒后表现出肌体无力，运动失调等症状。因此各国卫生部门均有规定聚丙烯酰胺工业产品中残留的单体丙烯酰胺含量一般为 0.5％～0.05％。聚丙烯酰胺用于工业和城市污水的净化处理方面时，一般允许丙烯酰胺含量 0.2％以下，用于直接饮用水处理时，丙烯酰胺含量需在 0.05％以下。

6.1.5.3 助凝剂

助凝剂本身可起也可不起凝聚作用，与混凝剂一起能促进水的混凝，改善絮凝体条件。如受污染的原水胶体表面有一层有机保护膜（表面性能变化），可加氧化剂破坏保护膜，帮助混凝。

助凝剂的作用如下：

（1）调节和改善混凝条件，加速混凝过程。

1）原水碱度不足水解困难时，投加碱剂，如石灰、碳酸氢钠。

2）当原水受到严重污染，有机物过多时，可加氧化剂，如臭氧、二氧化氯及高锰酸钾等。

（2）加大絮凝体的密度和重量，使其迅速下沉。此助凝剂即加重剂。

1）在水中加黏土，沉淀污泥一类粗颗粒可以起到加重、加大矾花的作用。

2）在溶液中投加链条状的高分子物质，如在使用 PAC 作为絮凝剂时，投加少量的高分子絮凝剂如聚丙烯酰胺（PAM），也可把很多细小颗粒粘连起来，起加大矾花的作用。

常用的高分子助凝剂有 PAM、活化硅酸、骨胶、海藻酸钠等。活化硅酸配合铝盐、铁盐使用效果良好。

（3）在微絮体间起吸附-架桥作用和沉淀网捕作用。

6.1.6　影响混凝效果的主要因素

影响混凝的因素很多，包括水温、水质、含盐量、水力条件等，还包括混凝剂的品种、性质和投加量。

1. 水温

水温对混凝效果有明显的影响，其主要原因有以下几点：水温低时，混凝剂的水解速度缓慢，因无机混凝剂的水解是吸热反应，低温时，无机混凝剂水解困难；絮凝体的形成也很缓慢，而且絮凝体细而松，不易下沉；水温低时，水的黏度大，水流剪力增加（水化作用增强，妨碍胶体凝聚，影响絮凝体成长），水中杂质微粒的布朗运动减弱，彼此碰撞机会减少，不利于脱稳和凝聚，也不利于颗粒的下沉（下沉阻力增大）。

例如，水温对铝盐类混凝剂絮凝效果的影响：$t=20\sim40℃$，混凝效果好；$t=10\sim15℃$，生成的矾花细而松，不易沉淀；$t=0℃$，效果极差。但水温对铁盐絮凝效果的影响较小，$Fe(OH)_3$ 因比重大，$t=20℃$，$Fe(OH)_3$ 比重为 3.6，而 $Al(OH)_3$ 比重为 2.4。

目前对低温水的处理方法：

（1）投加助凝剂活化硅酸或黏土，投加高分子助凝剂，如聚丙烯酰胺（PAM）。

（2）增大混凝剂的投量，改善颗粒之间的碰撞条件。

2. 水的碱度影响

碱度是指水中能与酸起反应的物质的含量，即与 H^+ 离子起反应的物质的含量。铝盐或铁盐水解时均产生 H^+，使 pH 值降低，只有从水中不断排出 H^+，维持水体中 pH 值在混凝剂最佳工作范围之内。

我国大多数地区的地面水碱度可以满足混凝的要求，但也有一些地区水源碱度不足，特别是投药量较大，而原水碱度较小时，碱度不足，矾花很难形成。

对碱度不足的原水，为提高碱度，一般投加石灰或碳酸氢钠进行碱化，但注意不可过量，否则 $Al(OH)_3$ 会溶解。

$$CaO+H_2O\longrightarrow Ca(OH)_2$$

$$Ca(OH)_2 === Ca^{2+} + 2OH^-$$

$$OH^- + H^+ === H_2O$$

或

$$Al_2(SO_4)_3 + 3CaO + 3H_2O === 2Al(OH)_3 \downarrow + 3CaSO_4$$

$$2FeCl_3 + 3CaO + 3H_2O === 2Fe(OH)_3 \downarrow + 3CaCl$$

3. 水的 pH 值

pH 值影响混凝效果的程度视混凝剂品种而异，因不同的混凝剂在不同的 pH 值的条件下，其水解后的离子在水中的存在形态不同。

如对硫酸铝而言，pH 值<4 时，水解反应受到抑制；4.5<pH 值<6.0 时，铝离子主要以多核羟基配合物的形态存在；7.0<pH 值<7.5，主要是 $Al(OH)_3$ 沉淀物；pH 值>8.0 时，铝离子主要以络合阴离子 $[Al(OH)_3]^-$ 的形态存在。为了除浊，硫酸铝作为混凝剂时最佳 pH 值范围为 6.5~7.5，主要依靠氢氧化铝聚合物的吸附-架桥作用、羟基配合物的电中和作用和 $Al(OH)_3$ 沉淀物的网捕作用为主。

对氯化铁而言，pH 值<3 时，水解受到严重抑制。$Fe(OH)_3$ 属非典型两性化合物，只有在强碱性条件下才会重新溶解，形成溶于水的铁酸盐。

为了除浊，氯化铁的最佳 pH 值比铝盐宽得多，为 6.0~8.4；为了除色，最佳 pH 值范围为 3.5~5.0。但一般天然水的 pH 值在中性范围内。

4. 水力条件

如 5.2.4 节中所述，絮凝时的水力条件，主要是指絮凝时的速度梯度 G，其对絮凝反应的发生和进行具有重要的影响。在混合阶段，混合是原水与凝聚剂充分混匀的过程，是完成絮凝沉淀并取得良好效果的必要前提，混合速度要快，凝聚剂与原水应在 10~30s 内均匀混合，一般小于 2min，要求 G 值=700~1000s^{-1}。在絮凝反应阶段，要求平均 G=20~70s^{-1}，$GT=10^4~10^5$，随着絮凝的进行，G 值应逐渐减小。搅拌强度过大，则生成的小絮体被打碎；搅拌强度过小，则不利絮凝体的成长。

5. 水中悬浮物浓度的影响

从混凝动力学方程可知，水中悬浮物浓度很低时，颗粒碰撞速率大大减小，混凝效果差。为提高低浊度原水的混凝效果，通常采用以下措施。

（1）在投加铝盐或铁盐的同时，投加高分子助凝剂，如活化硅酸或聚丙烯酰胺等，通过吸附-架桥作用，使絮体尺寸密度增大。

（2）投加矿物颗粒（如黏土等）以增加混凝剂水解产物的凝结中心，提高颗粒碰撞速率并增加絮凝体密度，如果矿物颗粒能吸附水中有机物，效果更好，能同时收到部分去除有机物的效果。例如，若投入颗粒尺寸为 $500\mu m$ 的无烟煤粉，比表面积约 $92cm^2/g$，利用其较大的比表面积，可吸附水中某些溶解有机物。

（3）采用直接过滤法，即原水投加混凝剂后经过混合直接进入滤池过滤。滤料（石英砂和无烟煤）即成为絮凝中心。

如果原水浊度既低而水温又低，即通常所称的"低温低浊"的水，混凝则更加固难，这是人们一直重视的研究课题。在实际工程设计和运行时，既要从投药方面，通常是在投加 PAC 絮凝剂时同时投加 PAM 作为助凝剂，同时还要适当加大水头损失和延长絮凝反

应的时间以提高 G 值，从而增强絮凝效果。

如果原水悬浮物含量过高，如我国西北、西南等地区的高浊度水源，为使悬浮物脱稳，所需铝盐或铁盐混凝剂量将相应地大大增加。为减少混凝剂用量，通常投加高分子助凝剂，如聚丙烯酰胺及活化硅酸等。聚合氯化铝作为处理高浊度水的混凝剂也可取得良好的效果。

6.1.7　混凝剂的配制和投加

混凝剂投加有固体投加和液体投加两种方式。固体投加指直接将絮凝剂投加在原水中，目前很少应用。液体投加指将固体混凝剂溶解于水后配成一定浓度的溶液再投入水中。

溶解设备通常取决于水厂规模和混凝剂品种。对大中型水厂而言，通常建造混凝土溶解池并配置搅拌设备，而对于小型水厂或供水站而言，通常采用成套的加药设备。但无论采用哪种方式，都需要在设计中确定混凝剂溶液池的体积，一般采用式（6.18）计算：

$$W=\frac{24\times100aQ}{1000\times1000cn}=\frac{aQ}{417cn} \tag{6.18}$$

式中　W——混凝剂溶液池的体积，m^3；

　　　Q——处理的水量，m^3/h；

　　　a——混凝剂的最大投加量，mg/L；

　　　c——溶液浓度，一般取 $5\%\sim20\%$（按商品固体重量计算）；

　　　n——每日调制次数，一般不超过 3 次。

混凝剂药液投加到原水中必须有计量或定量设备，并能随时调节。计量设备有转子流量计、电磁流量计和计量泵等。计量泵不必另备计量设备，泵上有计量标志，可通过改变计量泵的行程或变频调速来改变加药量，最适合于混凝剂投加系统的自动控制而多为现在设计或运行的城市水厂及村镇供水站所采用。

混凝剂投加的位置一般有泵前投加和进水管道及混合池投加，前者投加在水泵吸水管或吸水喇叭口处，一般适用于取水泵房距离水厂较近者。后者则直接投加在水厂净水构筑物之前的进水管道或混合池入口处。

混凝剂最佳投加量（以下简称"最佳剂量"）是指达到既定水质目标的最小混凝剂投加量。由于影响混凝效果的因素较复杂，且在水厂运行过程中水质、水量不断变化，故要达到最佳剂量且能即时调节、准确投加是相当困难的。早期，我国大多数水厂根据实验室混凝搅拌试验确定混凝剂最佳剂量，然后进行人工调节。这种方法虽简单易行，但主要缺点是，从试验结果到生产调节往往滞后 $1\sim3h$，且试验条件与生产条件也很难一致，故试验中所得的最佳剂量未必是生产上最佳剂量。随着计算机自动控制技术的不断进步，目前多采用在絮凝池入口和清水池分别设置浊度检测仪，根据水厂进出水浊度值自动控制混凝剂的投加量，既实现了水厂投药量的自动控制和运行，同时可精确控制药剂投加量。

6.1.8　混合设备

混合和反应属于混凝过程的两个阶段，水力条件对絮凝体的形成十分重要，有时甚至起着决定性的作用。原水投加混凝剂后，应立即进行充分混合，在很短的时间内把药剂均匀分散到水中，进行胶体的脱稳和初步的絮凝反应。混合在于使药剂迅速均匀地扩散于水中，以创造良好的水解和凝聚条件。目的在于充分利用混凝剂的中间产物（带电聚合物），压缩胶团的双电层，首先降低或消除胶粒滑动电位 ξ，使胶粒脱稳。混凝剂投加方式见图6.5～图6.7。

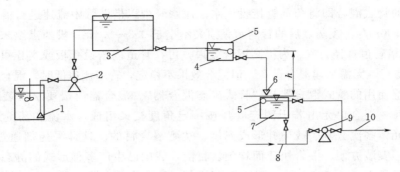

图 6.5　泵前投加

1—溶解池；2—提升泵；3—溶液池；4—恒位箱；5—浮球阀；6—投药苗嘴；
7—水封箱；8—吸水管；9—水泵；10—压水管

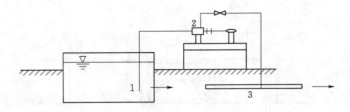

图 6.6　计量泵投加

1—溶液池；2—计量泵；3—压水管

混合的要求：快速而均匀，10～30s 内均匀混合，一般在生产实际中不超过 2min，速度梯度为 $700～1000s^{-1}$。要避免特别强烈和长时间的混合，否则将恶化矾花的黏附性能和减慢随后的反应过程。同时混合设备离后距处理构筑物越近越好，尽可能与构筑物相连接：如必须用管道连接时，则连接管道内流速为 0.8～1.0m/s，管道内停留时间不能超过 2min（即管道距离不宜超过 150m）。

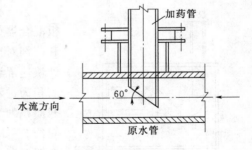

图 6.7　药剂注入管道方式

按照混合方式分类，常用的混合设备可分为水泵混合、管式混合、机械混合和水力混合 4 大类。

6.1.8.1　水泵混合

投药投加在水泵吸水口或管上，混合效果好，节省动力各种水厂均可用，常用于取水泵房靠近水厂水处理构筑物的场合，两者间距不大于 150m。

优点：投加设备简单；混合充分，效果较好，无额外水头损失；不另耗动能。

缺点：吸水管较多时，投药设备要增加，安装、管理困难，且对管道和叶轮有腐蚀性，近年较少采用。

6.1.8.2 管式混合

最简单的管式混合即将药剂直接投入水泵压水管中以借助管中流速进行混合。管中流速不宜小于 1.0m/s，投药点后的管内水头损失不小于 0.3～0.4m。投药点至末端出口距离以不小于 50 倍管道直径为宜。为提高混合效果，可在管道内增设孔板或文丘里管。这种管道混合简单易行，无需另建混合设备，但混合效果不稳定，管中流速低时，混合不充分。

目前广泛使用的管式混合器是"管式静态混合器"。混合器内按要求安装若干固定混合单元体。每一混合单元由若干固定叶片按一定角度交叉组成。水流和药剂通过混合器时，将被单元体多次分割、改向并形成涡旋，达到混合目的。这种混药剂通过混合器时，无活动部件，安装方便，混合快速而均匀。目前，我国已生产多种形式的静态混合器，构造简单，管径最大已达 2000mm，图 6.8 为其中一种管式混合器，其口径与输水管道相配合，一般小一级管径。这种混合器水头损失稍大，较适合于小型水厂或供水站。但在水量变化较大时，混合效果不稳定。

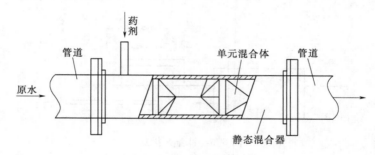

图 6.8 管式静态混合器

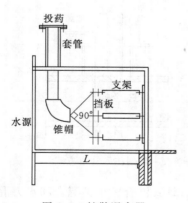

图 6.9 扩散混合器

另一种管式混合器是"扩散混合器"。它是在管式孔板混合器前加装一个锥形帽，其构造如图 6.9 所示。水流和药剂对冲锥形帽而后扩散形成剧烈紊流，使药剂和水达到快速混合。锥形帽夹角 90°，锥形帽顺水流方向的投影面积为进水管总截面积的 1/4。孔板的开孔面积为进水管截面积的 3/4。孔板流速一般采用 1.0～1.5m/s，混合时间约 2～3s。混合器接管长度不小于 500mm。水流通过混合器的水头损失约 0.3～0.4m。混合器直径在 200～1200mm 范围内。

6.1.8.3 机械混合

机械混合池是在池内安装搅拌装置，以电动机驱动搅拌器搅拌使水和药剂混合。搅拌器可以是桨板式、螺旋桨式或透平式。桨板式适用于容积较小的混合池（一般在 2m³ 以下）其余可用于容积较大混合池。搅拌功率按产生的速度梯度为 700～1000s^{-1} 计算确定。混合时间控制在 10～30s 以内，最大不超过 2min。机械混合池在设计中应避免水流同步旋转而降低混合效果。机械混合池的优点是混合效果好，且不受水量变化影响，适用于各种规模的水厂。缺点是增加机械设备并相应增加维修工作，同时还增加了一定的运行电费。

机械混合池设计计算方法与机械絮凝池相同，只是参数不同。

6.1.8.4 水力混合

水力混合池目前在我国应用不多，简单介绍几种形式。

（1）跌水混合：在进水渠、进水井或沉沙池出水处设溢流堰，利用堰后跌水进行混合，跌落高度 0.5～1.0m，混合时间小于 30～40s。

（2）隔板混合（图 6.10）：有多孔隔板、分流隔板及障流隔板等几种形式，利用水流通过缝隙或孔板的收缩与扩散进行混合。

水力混合的缺点是随着进水量的变化，混合效果不稳定。

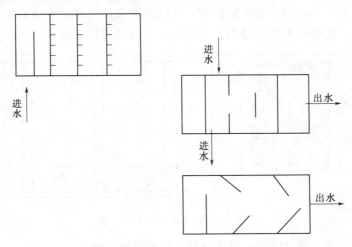

图 6.10 隔板混合

6.1.9 絮凝池

当药剂与原水充分混合后，水中胶体和悬浮物质发生凝聚产生细小矾花（絮体）。这些细小矾花还需要通过絮凝池进一步形成沉淀性能良好、粗大而密实的矾花，以便在沉淀池中去除。絮凝中必须控制一定的流速，创造适宜的水力条件。在反应池的前部，因水中的颗粒细小，流速要大，以利颗粒碰撞黏结；到了絮凝池的后部，矾花颗粒逐步黏结变大，此时的流速应适当减小，以免矾花破碎。因此，絮凝池内的流速应按由大到小进行设计。

絮凝池的种类较多，农村水厂常用的絮凝池有穿孔旋流絮凝池、折板絮凝池、网格絮凝池和隔板絮凝池等。

絮凝反应要求如下：

（1）在絮凝反应设备中要求有适当的搅拌或紊流强度，平均速度梯度 G 值为 20～70s^{-1}并且沿池长方向，随着矾花的长大，流速和搅拌强度即 G 值应逐渐减小。

（2）絮凝池要有足够的絮凝时间。根据絮凝形式的不同，絮凝时间也有区别，一般宜在 10～30min 之间，低浊、低温水宜采用较大值，GT 值为 $10^4 \sim 10^5$。

（3）絮凝池应尽量与沉淀池合建，絮凝池的出水宜在整个断面上穿过花墙，直接分配到沉淀池的过水断面上，避免流速突然升高或出现跌水，以免打碎已经形成的矾花；为避免已形成的絮粒的破碎，絮凝池出水穿孔墙的过孔流速宜小于 0.10m/s。

（4）应避免絮粒在絮凝池中沉淀，如难以避免时，应采取相应的排泥措施。絮凝池形式多样，概括起来分成两大类：水力搅拌式和机械搅拌式。这里仅介绍目前常用的几种絮凝反应池，即穿孔旋流絮凝反应池、格栅或栅条絮凝反应池、隔板絮凝反应池、折板絮凝反应池、机械絮凝反应池。其中前 4 种絮凝反应池为水力搅拌式。

6.1.9.1 穿孔旋流絮凝反应池

将整个池在平面上分成多格（一般大于 6 格），每格接近正方形，各格之间隔墙上沿池壁开孔，孔口上下交错对角布置，水流沿池壁切线方向进入后形成旋流，颗粒在涡旋上升或下降的过程中逐渐碰撞而长大。该种絮凝池各格室的平面常呈方形，为了易于形成旋流，池格平面均填角，孔口采用矩形断面，池内积泥采用底部锥斗重力排除，多级旋流絮凝反应池体积小，絮凝效果好，适用于小型水厂。其结构详见图 6.11。

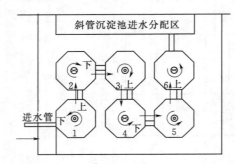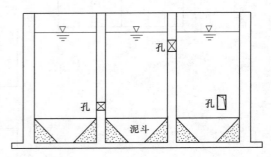

图 6.11　穿孔旋流絮凝池布置

优点：构造简单，造价较低，施工简单，运行管理方便。

缺点：单格内水流流速较低，有可能在每格的底部形成积泥，因此应设置排泥设施。

设计穿孔旋流絮凝池时，应注意以下几点：

（1）絮凝时间：T 一般按 15～25min 设计。

（2）进口端流速：$v_1 = 0.6 \sim 1.0$m/s。出口端流速：$v_2 = 0.2 \sim 0.3$m/s。

上一格进入下一格流速应逐级减小，按式（6.19）计算：

$$v_i = v_1 + v_2 - v_2 \sqrt{1 + \left(\frac{v_1^2}{v_2^2} - 1\right)\frac{t}{T}} \qquad (6.19)$$

式中　t——反应经历的总时间，min；

　　　T——絮凝反应的总时间，min。

注意：共 n 格，第一格 $t = \frac{1}{n}T$，第二格 $t = \frac{2}{n}T$，…

（3）单格尺寸：$a = \sqrt{\dfrac{QT}{nh}}$，$Q$ 为处理流量，一般情况下絮凝池单格尺寸不宜过小，如过小则不方便运行维护，a 一般大于 0.8m，对穿孔旋流絮凝反应池而言，其单格尺寸也不宜过大，a 一般小于 1.5m，过大则不宜形成旋流，从而降低絮凝效果。

（4）有效水深：h 一般取 2.0～3.0m，过大则会增加池深。

(5) 孔口面积 $A_i = \dfrac{Q}{v_i}$，孔口宜布置成窄高形，宽高比一般 $h : b = 1.5 : 1$。

(6) 水头损失：$h_j = \xi \dfrac{v^2}{2g}$，$\xi$ 为局部水头损失系数，在絮凝反应池进水管口处 $\xi_1 = 1.0$，各级孔口处 $\xi_i = 1.06$，则总水头损失 $h_j = \sum h_{j1} + \sum h_{ji}$。

(7) GT 值：$G = \sqrt{\dfrac{gh}{\nu T}}$，$GT = G \times T$。

(8) 底部污泥斗一般设置成棱锥形，锥角 $\theta = 60°$，污泥斗底面平面一般为正方形，边长一般为 0.3m。底部排泥管直径一般取 150~200mm。

穿孔旋流絮凝池设计计算主要公式见表 6.3。

表 6.3　　　　　　　　　　穿孔旋流絮凝池设计计算公式

项　　目	公　　式	说　　明
1. 池体积	$W = \dfrac{QT}{60}$	
2. 池面积	$A = \dfrac{W}{H'}$	
3. 池高	$H = H' + 0.3$	Q——流量，m^3/h； T——絮凝时间，s；
4. 分格面积	$f = \dfrac{A}{n}$	H'——有效水深，m，与斜管沉淀池配套时，可采用 2.5~
5. 分格尺寸	$a = \sqrt{f}$	3.5m 左右；
6. 每格之间孔洞流速	$v_i = v_1 + v_2 - v_2 \sqrt{1 + \left(\dfrac{v_1^2}{v_2^2} - 1\right) \dfrac{t}{T}}$	v_2——出口端流速，m/s； v_1——进口端流速，m/s；
7. 竖井之间孔洞尺寸	$A_i = \dfrac{Q}{v_i}$	v_i——各格间孔洞流速，m/s； h_{j1}——进口处水头损失，m；
8. 总的水头损失	$h_j = \sum h_{ji} + \sum h_{j1}$ $h_{j1} = \xi_1 \dfrac{v_1^2}{2g}$ $h_{ji} = \xi_i \dfrac{v_i^2}{2g}$	h_{ji}——每个孔洞水头损失，m； ξ_1——进口处的水头损失系数，取 1.0； ξ_i——孔洞阻力系数，取 1.06
9. GT 值	$G = \sqrt{\dfrac{gh_j}{\nu T}}$ $GT = G \times T$	

注　对于池深 H，如采用泥斗排泥时，应考虑泥斗的高度。

6.1.9.2　格栅或栅条絮凝池

栅条或网格絮凝池是 20 世纪 80 年代开始在国内进行生产性试验的一种新型絮凝池。因其具有良好的絮凝效果而特别适用于旧设备的挖潜改造而在国内得到迅速的推广应用。栅条、网格絮凝池均为矩形多格竖向回流式，每格孔口上下对角交错布置，在每一格中水平设置若干层栅条或网格（图 6.12）以增加 G 值，提高絮凝效果。当水流通过网格时，相继收缩、扩大，形成涡旋，造成颗粒碰撞。水流通过竖井之间孔洞流速及过网流速按絮凝规律逐渐减小。

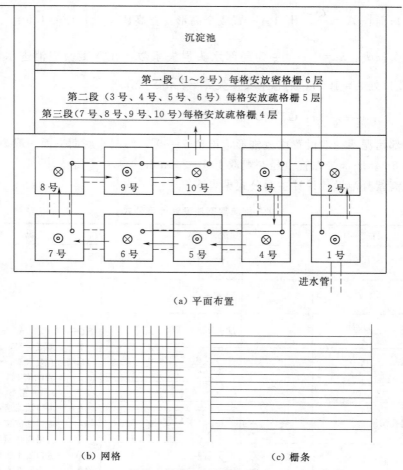

（a）平面布置

（b）网格　　　　　　　　　　　（c）栅条

图 6.12　网格（栅条）絮凝池平面布置示意图

网格或栅条布置：由多格竖井串联而成，每个竖井安装若干层网格或栅条，各竖井之间的隔墙上，上下交错开孔。每个竖井网格数逐渐减少。一般分 3 段控制：前段，密网、密栅；中段，疏网、疏栅；末段，不安装网格、栅条。

适用条件：原水水温 4.0～34.0℃，浊度 25～2500NTU；中、小型水厂；适用于新建也可用于旧池改造。

设计网格或栅条絮凝池时，应注意以下要点：

（1）絮凝时间：T 一般按 12～20min 设计，用于处理低温或低浊水时絮凝时间可适当延长，如絮凝时间可取 25min。

（2）一般分成 6～18 格，小型水厂不宜大于 9 格，分成三段，一段、二段絮凝时间均为 2.5～4.0min，三段絮凝时间为 3.0～4.0min。

（3）网格或栅条数前段多，中段少，末段可不放。上下两层间距为 60～70cm。

（4）每格的竖向流速，前段和中段为 0.12～0.14m/s，末段为 0.10～0.14m/s。

（5）网格或栅条的外框尺寸等于每个池的净尺寸，前段栅条缝隙 50mm，或网格孔眼为 80mm×80mm，中段分别为 80mm 和 100mm×100mm，可由过网格或栅条的流速计算确定。

（6）孔口交错布置前段流速 0.30～0.20m/s，中段 0.20～0.15m/s，末段 0.10～0.14m/s，孔口应处于淹没状态。

（7）网孔或栅间流速前段 0.25～0.30m/s，中段 0.22～0.25m/s，末端不设网格或栅条。

（8）排泥宜穿孔管或单斗底排泥。

（9）网格或栅条可用木料、塑料、扁钢、钢筋混凝土预制件等。

絮凝池宜与沉淀池合建，一般布置成两组并联形式，单组检修时，另一组照常运行。

网格或栅条絮凝池设计计算公式见表 6.4。

表 6.4　　　　　　　　　　　　网格或栅条絮凝池设计计算公式

项　　目	公　　式	说　　明
1. 池体积	$W = \dfrac{QT}{60}$	Q——流量，m^3/h； T——絮凝时间，min； H'——有效水深，m，与平流式沉淀池配套时，可采用 3.0～3.4m，与斜管沉淀池配套使用时可选用 4.2m 左右； v_c——竖井流速，m/s； v_2——各格孔洞流速，m/s； v_1——各段过栅条或网格流速，m/s； h_{j1}——每层网格水头损失，m； h_{j2}——每个孔洞水头损失； ξ_1——网格阻力系数，前段取 1.0，中段取 0.9； ξ_2——孔洞阻力系数，取 3.0
2. 池面积	$A = \dfrac{W}{H'}$	
3. 池高	$H = H' + 0.3$	
4. 分格面积	$f = Q/v_c$	
5. 分格数	$n = A/f$	
6. 竖井之间孔洞尺寸	$A_2 = Q/v_2$	
7. 总的水头损失	$h_j = \sum h_{j1} + \sum h_{j2}$ $h_{j1} = \xi_1 \dfrac{v_1^2}{2g}$ $h_{j2} = \xi_2 \dfrac{v_2^2}{2g}$	
8. GT 值	$G = \sqrt{\dfrac{gh_j}{\nu T}}$ $GT = G \times T$	

注　对于池深 H，如采用泥斗排泥时，应考虑漏斗高度。

6.1.9.3　隔板絮凝池

隔板絮凝反应池是应用历史较久，目前仍常应用的一种水力搅拌絮凝池，有往复式和回转式两种，如图 6.13 所示。后者是在前者的基础上加以改进而成。在往复式隔板絮凝池内，水流做 180°转弯，局部水头损失较大，而这部分能量消耗往往无助于絮凝效果的提高。因为 180°时急剧转弯会使絮凝体有破碎可能，特别在絮凝后期。回转式隔板絮凝池内水流做 90°转弯，局部水头损失大为减小，絮凝效果也有所提高。

为避免絮凝体破碎，廊道内的流速及水流转弯处的流速应沿程逐渐减小，从而 G 值也沿程逐渐减小。隔板絮凝池的 G 值按式（6.12）计算。式中 h 为水流在絮凝池内的水头损失。水头损失按各廊道流速不同，分成数段分别计算。总水头损失为各段水头损失之和（包括沿程和局部损失）。各段水头损失近似按下式计算：

$$h_i = \xi m_i \dfrac{v_{ii}^2}{2g} + \dfrac{v_i^2}{C_i^2 R_i} l_i \tag{6.20}$$

式中　v_i——第 i 段廊道内水流速度，m/s；

　　　v_{it}——第 i 段廊道内转弯处水流速度，m/s；

　　　m_i——第 i 段廊道内水流转弯次数；

　　　ξ——隔板转弯处局部阻力系数。往复式隔板（180°转弯）$\xi=3$；回转式隔板（90°
　　　　　　转弯）$\xi=1$；

　　　l_i——第 i 段廊道总长度，m；

　　　R_i——第 i 段廊道过水断面水力半径，m；

　　　C_i——流速系数，随水力半径 R_i 和池底及池壁粗越系数 n 而定，通常按照曼宁公式

　　　　　　$C_i=\dfrac{1}{n}R^{\frac{1}{6}}$ 计算或直接查水力计算表。

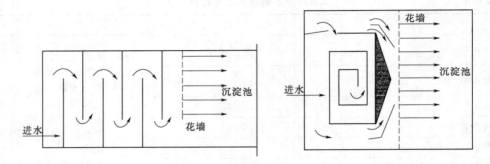

图 6.13　隔板絮凝池结构形式

絮凝池内总水头损失为

$$h=\sum h_i \tag{6.21}$$

根据絮凝池容积大小，往复式总水头损失一般在 0.3～0.5m 左右，回转式总水头损失比往复式约小 40% 左右。

隔板絮凝池通常用于大、中型水厂，因水量过小时，隔板间间距过小而不便施工及运行维护。但与折板及网络絮凝池相比，因水流条件不理想，能耗（即水头损失）中的无效部分比例稍大，故所需较长絮凝时间，池体容积较大。目前一般将往复式与回转式两种隔板絮凝池组合使用，前者为往复式，后为回转式。因絮凝初期，絮凝体尺寸较小，无破碎之虑，采用往复式较好；絮凝后期，絮凝体尺寸较大，采用回转式较好。

设计隔板絮凝池时，应注意以下要点：

（1）池数一般不少于两个，絮凝时间为 20～30min，色度高、难于沉淀的细颗粒较多时，宜采用高值。

（2）池内流速应按变流速设计，进口流速一般为 0.5～0.6m/s，出口流速一般为 0.2～0.3m/s。通常用改变隔板间的间距以达到改变流速的要求。

（3）隔板间净距应大于 0.5m，小型池体当采用活动隔板时可适当减小。进水管口应设挡水措施，避免水流直冲隔板。

（4）絮凝池超高一般采用 0.3m。

（5）隔板转弯处的过水断面面积，应为廊道断面面积的 1.2～1.5 倍。

（6）池底坡向排泥口的坡度，一般为 2‰～3‰，排泥管直径不应小于 150mm。

（7）絮凝效果亦可用速度梯度 G 和反应时间 T 来控制，当原水浊度低，平均 G 值较小或处理要求较高时，可适当延长絮凝时间，以提高 GT 值，改善絮凝效果。

（8）絮凝池宜与沉淀池合建。

隔板絮凝池设计计算公式见表 6.5。

表 6.5　　　　　　　　　　　隔板絮凝池设计计算公式

项　目	公　式	说　明
1. 池体积	$W=\dfrac{QT}{60}$	W——总容积，m^3；
2. 池面积	$F=\dfrac{W}{nH_1}-f$	Q——流量，m^3/h； T——絮凝时间，s； F——每池平面面积，m^2；
3. 池高	$H=H_1+0.3$	H_1——平均水深，m； n——池体个数；
4. 池子长度	$L=\dfrac{F}{B}$	f——每池隔板所占面积，m^2； L、B——池长和池宽，m；
5. 隔板间距	$a_i=\dfrac{Q}{3600nv_iH_1}$	a_i——隔板间距，m； v_i——第 i 段流速，m/s；
6. 各段水头损失	$h_i=\varepsilon m_i\dfrac{v_{it}^2}{2g}+\dfrac{v_i^2}{C_i^2R_i}l_i$	h_i——第 i 段水头损失，m； m_i——第 i 段廊道内水流转弯次数；
7. 总的水头损失	$h_j=\sum h_i$	v_{it}——第 i 段廊道内转弯处水流速度，m/s； l_i——第 i 段廊道总长度，m；
8. GT 值	$G=\sqrt{\dfrac{gh_j}{\nu T}}$ $GT=G\times T$ 其中，T 单位为秒	R_i——第 i 段廊道过水断面水力半径，m； C_i——流速系数

注　对于池深 H，如采用泥斗排泥时，应考虑泥斗的高度。

6.1.9.4　折板絮凝池

折板絮凝池是在隔板絮凝池基础上发展起来的，目前已得到广泛应用。

折板絮凝池通常采用竖流式。它是将隔板絮凝池（竖流式）的平板隔板改成具有一定角度的折板。折板可以波峰对波谷平行安装，如图 6.14（a）所示，称为"同波折板"；也可波峰相对安装，如图 6.14（b）所示，称为"异波折板"。按水流通过折板间隙数，

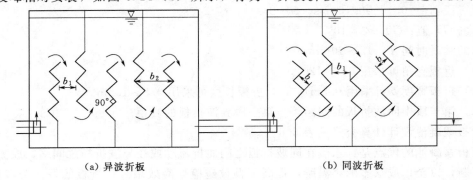

（a）异波折板　　　　　　　　　　（b）同波折板

图 6.14　单通道折板絮凝池

又分为"单通道"和"多通道"。图 6.14 为单通道折板絮凝池。多通道折板絮凝池系指将絮凝池分成若干格，每一格内安装若干折板，水流沿着格子依次上、下流动。在每一个格子内，水流平行通过若干个由折板组成的并联通道，如图 6.15 所示。无论在单通道或多通道内，同波、异波折板两者均可组合应用。有时，折板也可采用平板，絮凝池内折板不同部分可采用不同的设置方式。例如，前面可采用异波，中部采用同波，后面采用平板。这样的组合有利于絮凝体逐步成长而不易破碎，因为平板对水流扰动较小。图 6.15 中第 I 排可采用异波折板，第 II 排可采用同波折板，第 III 排可采用平板。是否需要采用不同形式折板组合，应根据设计条件和要求决定。异波和同波折板絮凝效果差别不大，但平板效果较差，故只能放置在絮凝池末端起补充作用。

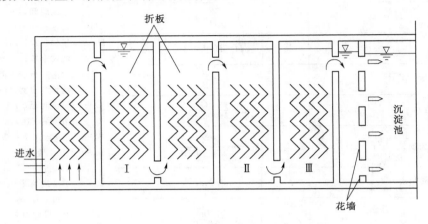

图 6.15　多通道折板絮凝池

设计折板絮凝池时，应注意以下要点：

（1）折板可采用钢丝网水泥板、不锈钢、塑料板或其他材质制作。

（2）一般分为 3 段（也可多于 3 段）。3 段中的折板布置可分别采用异波折板、同波折板以及平行直板布置。

（3）各阶段流速 v、G 值以及时间 t 可参考以下确定。

第一段：$v=0.25\sim0.35\mathrm{m/s}$，$G=80\mathrm{s}^{-1}$，$t\geqslant240\mathrm{s}$。

第二段：$v=0.15\sim0.25\mathrm{m/s}$，$G=50\mathrm{s}^{-1}$，$t\geqslant240\mathrm{s}$。

第三段：$v=0.10\sim0.15\mathrm{m/s}$，$G=25\mathrm{s}^{-1}$，$t\geqslant240\mathrm{s}$。

总的 GT 值：$GT\geqslant2\times10^{4}$。

总的絮凝时间 T：$12\sim20\mathrm{min}$。

（1）折板夹角可采用 $90°\sim120°$。

（2）折板宽度 b 可采用 0.5m 左右，折板长度可采用 $0.8\sim1.5\mathrm{m}$。

（3）第二段中同波折板的间距等于第一段异波折板的峰距。

折板絮凝池设计计算公式见表 6.6。

折板絮凝池的优点是：水流在同波折板之间曲折流动或在异波折板之间缩、放流动且连续不断，以至形成众多的小涡旋，提高了颗粒碰撞絮凝效果。在折板的每一个转角处，两折板之间的空间可以视为完全混合型（CSTR 型）单元反应器。众多的 CSTR 型单元反

表 6.6 　　　　　　　　　　　　　　折板絮凝池设计计算公式

项　目	公　式	说　明
1. 池体积	$W=\dfrac{QT}{60}$	W——总容积，m^3； Q——流量，m^3/h； T——絮凝时间，s； F——每池平面面积，m^2； H_1——平均水深，m； L、B——池长和池宽，m； b_i——折板间距，m； v_i——第 i 段内流速，m/s
2. 池面积	$F=\dfrac{W}{nH_1}-f$	
3. 池高	$H=H_1+0.3$	
4. 池子长度	$L=F/B$	
5. 隔板间距	$b_i=\dfrac{Q}{3600nv_iH_1}$	
6. 异波折板水头损失	$h_{s1}=\xi_1\dfrac{v_1^2-v_2^2}{29}$ $h_{s2}=\left[1+\xi_2-\left(\dfrac{F_1^2}{F_2^2}\right)\right]\dfrac{v_1^2}{2g}$ $h_s=h_{s1}+h_{s2}$ $h_{jx}=\xi_3\dfrac{v_0^2}{2g}$ $h_{j异}=nh_s+h_{jx}$	h_{s1}——渐放段的水头损失，m； v_1——峰速，$0.25\sim0.35m/s$； v_2——谷速，$0.1\sim0.15m/s$； ξ_1——渐放段阻力系数，0.5； h_{s2}——渐缩段的水头损失，m； ξ_2——渐放段阻力系数，0.5； F_1——相对峰的断面积，m^3； F_2——相对谷的断面积，m^3； h_s——一个缩放组合的水头损失，m； h_{jx}——转弯或孔洞的水头损失，m； v_0——转弯或孔洞流速，m/s； $h_{j异}$——总的水头损失，m； n——缩放组合的个数； ξ_3——转弯或孔洞处的阻力系数，上转弯 $\xi_3=1.8$；下转弯或孔洞 $\xi_3=3.0$
7. 同波折板水头损失	$h=\xi\dfrac{v^2}{2g}$ $h_{j同}=n'h+h_{jx}$ $h_{jx}=\xi_3\dfrac{v_0^2}{2g}$	v——板间流速，$0.15\sim0.25m/s$； ξ——每一个 $90°$ 弯道的阻力系数，$\xi=0.6$； $h_{j同}$——总的水头损失，m； n'——$90°$ 弯道的个数； h_{jx}——转弯或孔洞的水头损失，m； v_0——转弯或孔洞流速，m/s； ξ_3——转弯或孔洞处的阻力系数，上转弯 $\xi_3=1.8$；下转弯或孔洞 $\xi_3=3.0$
8. 平板的水头损失	$h=\xi\dfrac{v^2}{2g}$ $h_{j平}=n'h$	h——水头损失，m； v——平均流速，$0.05\sim0.1m/s$； ξ——转弯处阻力系数，按 $180°$ 转弯损失计算，$\xi=3.0$； $h_{j平}$——总的水头损失，m； n'——$180°$ 转弯个数
9. 总的水头损失	$h_j=h_{j异}+h_{j同}+h_{j平}$	h_j——上述 3 个段的水头损失之和，m
10. GT 值	$G=\sqrt{\dfrac{gh_j}{\nu T}}$ $GT=G\times T$	

注　对于池深 H，如采用泥斗排泥时，应考虑泥斗的高度。

应器串联起来，就接近推流型（PF 型）反应器。因此，从总体上看，折扳絮凝池接近于推流型。与隔板絮凝池相比，水流条件大大改善，亦即在总的水流能量消耗中，有效能量消耗比例提高，故所需絮凝时间可以缩短，池子体积减小。从实际生产经验得知，絮凝时间在 12～20min 为宜。

折板絮凝池中的折板也可以改用波纹板，但国内采用波纹板的比折板为少。这是因为如折板上藻类滋生而需清理时，波纹折板较难清理。

折板絮凝池板间距较小，安装维修及清理较困难，折板费用也较高，故通常用于中、小型水厂。

6.1.9.5 机械絮凝池

机械絮凝池利用电动机经减速装置驱动搅拌器对水进行搅拌，故水流的能量消耗来源于搅拌机的功率输入。搅拌器有浆板式和叶轮式等，目前我国常用前者，根据搅拌轴的安装位置，又分为水平轴和垂直轴两种形式，如图 6.16 所示。水平轴式通常用于大型水厂，垂直轴式一般用于中、小型水厂。单个机械絮凝池接近于 CSTR 型反应器，故宜分格串联。分格越多，越接近 PF 型反应器，絮凝效果越好，但分格过多，造价增高且增加维修工作量。每格均安装一台搅拌机。为适应絮凝体形成规律，第一格内搅拌强度最大，而后逐格减小，从而速度梯度 G 值也相应由大到小。搅拌强度决定于搅拌器转速和浆板面积，由计算决定。

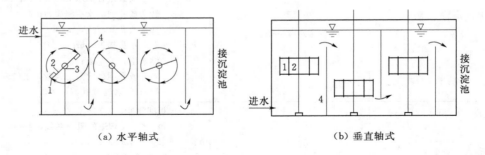

（a）水平轴式　　　　　　　　（b）垂直轴式

图 6.16　机械絮凝池

1—浆板；2—叶轮；3—旋转轴；4—隔墙

设计浆板式机械絮凝池时，应注意以下要点：

（1）絮凝时间一般宜为 15～20min。

（2）池内一般设 3～4 档搅拌机，各档搅拌机之间用隔墙分开以防止水流短路。隔墙上、下交错开孔。开孔面积按穿孔流速决定，穿孔流速以不大于下一档浆板外缘浅速度为宜。为增加水流紊动性，有时在每格池子的池壁上设置固定挡板。

（3）搅拌机转速按叶轮半径中心点线速度通过计算确定，各档线速度逐级减小。线速度宜自第一档的 0.5m/s 起逐渐小至末档的 0.2m/s。

（4）每台搅拌机上浆板总面积宜为水流截面积的 10%～20%，不宜超过 25%，以免池水随浆板同步旋转，降低搅拌效果。浆板长度不大于叶轮直径 75%，宽度宜取 10～30cm。

（5）水平轴式叶轮直径应比絮凝池水深小 0.3cm，叶轮末端与池子侧壁间距不大于

0.2m；垂直轴式的上桨板顶端设于池子水面下 0.3m 处，下桨板底端，设于距池底 0.3～0.5m 处，桨板外缘与池侧壁间距不大于 0.25m。

（6）水平轴式絮凝池每只叶轮的桨板数目一般为 4～6 块。

（7）为了适应水量、水质和药剂品种的变化，宜采用无级变速的传动装置。

（8）絮凝池深度按照水厂标高系统布置确定，一般为 3～4m。

桨板式机械絮凝池设计计算公式见表 6.7。

表 6.7　　　　桨板式机械絮凝池设计计算公式

项　目	公　式	说　明
1. 池体积	$W=\dfrac{QT}{60}$	W——总容积，m^3； Q——流量，m^3/h；
2. 池面积	$F=\dfrac{W}{nH_1}-f$	T——絮凝时间，s； F——每池平面面积，m^2；
3. 池高	$H=H_1+0.3$	H_1——平均水深，m； n——池体个数；
4. 水平轴式池体长度	$L\geqslant aZH$	v——叶轮桨板中心点线速度，m/s；
5. 水平轴式池体宽度	$B=\dfrac{W}{LH}$	D_0——叶轮桨板中心点旋转直径，m；
6. 搅拌机转数	$n_d=\dfrac{60v}{\pi D_0}$	l——桨板长度，m； r_2——桨板外缘旋转半径，m；
7. 每个旋转轴旋转时克服水的阻力所消耗的功率	$P=\sum\limits_{1}^{m}\dfrac{C_D\rho}{8}l\,\bar{\omega}^3(r_2^4-r_1^4)$	r_1——桨板内缘旋转半径，m； m——同一旋转半径上的桨板数； P——桨板所耗总功率，W；
8. 每个旋转轴所需的电机功率	$N=\dfrac{P}{1000n_1n_2}$	n_1——搅拌设备总机械效率，一般取 0.75； n_2——传动效率，可取 0.6～0.95；
9. GT 值	$G=\sqrt{\dfrac{P}{\mu}}$ $GT=G\times T$	N——电动机功率，kW； μ——水的动力黏度，$Pa\cdot s$； $\bar{\omega}$——相对线速度，取旋转线速度 w 的 1/2～3/4

一般所称桨板"旋转线速度"是以池子为固定参照物而旋转的速度。相对线速度则是指桨板相对于水流的运动线速度，其值约为旋转线速度的 1/2～3/4，只有当桨板刚启动时，两者才相等，此时桨板所受阻力最大，故选用电机时，应考虑启动功率这一因素。但计算运转功率或速度梯度 G 值时，应按表 6.7 中公式计算，即按相对线速度考虑，或取旋转线速度的 1/2～3/4。

机械絮凝池的优点是可随水质、水量变化而随时改变转速以保证絮凝效果，能应用于任何规模水厂，但需机械设备从而增加机械维修工作量。

大中型水厂的混合设施常采用桨板式机械混合方式，其搅拌机的设计计算同絮凝池的设计计算方法，只是搅拌强度适当增加，即 G 值满足混合需求。

6.1.9.6　絮凝池的选择

絮凝池形式多样，目前常用的为：穿孔旋流絮凝池、网格或栅条絮凝池、隔板絮凝池、折板絮凝池以及桨板式机械絮凝池，其选择应根据水质、水量、沉淀池形式、水厂高程布置以及维修和运行管理技术水平等因素综合考虑确定。几种不同形式絮凝池的主要优缺点和适用条件见表 6.8。

表 6.8 絮凝池的类型及特点

形 式	特 点	适用条件
穿孔旋流絮凝池	优点：容积较小，水头损失小； 缺点：絮凝效果在水量较大时不理想，单格尺寸不宜过大，一般单格尺寸不超过 1.5m 为宜，因过大不易形成旋流条件	适用于小型水厂或供水站，一般单池处理规模在 5000m³/d 以下
网格或栅条絮凝池	优点：絮凝时间短，絮凝效果好，构造简单； 缺点：水量变化影响絮凝效果；单格尺寸受运行维护要求不宜太小	水量变化不大的水厂；单池能力以 5000～25000m³/d 为宜
隔板絮凝池	一般情况下往复式与回转式联合使用，前段采用往复式，后段采用回转式，优点：絮凝效果好，构造简单，施工管理方便，缺点：前段往复式转弯处水头损失较大，转折处矾花易破碎，后段回转式转弯处则较小，易积泥，需注意排泥	水量大于 30000m³/d 的水厂；水厂水量变化不大
折板絮凝池	优点：絮凝时间短，效果好； 缺点：构造较复杂，水量变化影响絮凝效果，维修维护工作量	水量变化不大的水厂
机械絮凝池	优点：絮凝效果好，水头损失小，絮凝时间短，可适应水量、水质的变化； 缺点：机械设备较多，维修维护工作量大	大小规模均适用，并适用于水量变化较大的水厂

对于村镇供水工程而言，其特点是农村供水用户分散，场镇人口少，若水厂或供水站规模较大，则整个供水区域范围较大，管道工程量及运行维护复杂，因而规模应适当。一般情况下村镇供水工程（含场镇）供水站规模在 1000～20000m³/d 之间，通常以 2000～10000m³/d 居多。同时我国农村饮水工程当地技术管理人才匮乏。因此，综合以上考虑，在选择絮凝池工艺时应除了水质、水量的考虑之外，尤其要考虑运行管理人员的技术素质，故村镇供水工程的絮凝池多以穿孔旋流絮凝池和网格或栅条絮凝池为主。在 3000m³/d 以下规模的小型水厂或供水站多选择穿孔旋流絮凝池，在 3000m³/d 以上规模的水厂或供水站多选择网络或栅条絮凝池。

6.1.9.7 絮凝池工程设计计算实例

以穿孔旋流絮凝池设计计算为例介绍。

【例 6.1】 已知条件：设计水温为 20℃，设计进水量为 1260m³/d，进口流速 $v_1=$ 1.0m/s，出口流速 $v_2=0.2$m/s，絮凝反应时间 $t=25$min，絮凝池分格数 $n=6$，分成两排设置，单格间隔墙厚度为 $d=150$mm，絮凝池有效水深 h_1 取为 3.0m，超高 h_3 取 0.3m，泥斗倾角 $\theta=60°$，泥斗为正方形，平面尺寸为 0.3m×0.3m。水温为 20℃时水的 $\mu=$ $1.029×10^{-3}$Pa·s，水的密度 $\rho=1.0×10^3$kg/m³。

（1）求反应池尺寸：单格反应池平面尺寸、反应池总平面尺寸、池深。

（2）各级孔口流速级尺寸，孔口高：宽＝1.5：1。

（3）水头损失，水头损失系数，进口为 1.0，孔口为 1.06。

（4）计算 GT 值，并判断是否满足混凝反应的要求。

（5）计算絮凝池的尺寸（即长、宽、高）。

解：

（1）反应池尺寸。

1）有效体积为

$$V = QT = \frac{1260}{24} \times \frac{25}{60} = 21.88(\text{m}^3)$$

2）有效面积为

$$A = \frac{V}{h_1} = \frac{21.88}{3.0} = 7.29(\text{m}^2)$$

单格面积为

$$A' = \frac{A}{n} = \frac{7.29}{6} = 1.22(\text{m}^2)$$

单格采用正方形，则正方形边长为

$$a = \sqrt{A'} = \sqrt{1.22} \approx 1.2(\text{m})$$

絮凝池各格平面为正方形，边长为 1.2m，4 个角填成三角形，其直角边长为 0.3m。6 格分成两排布置，则反应池平面尺寸如下：

宽为

$$B = 2a + d = 2 \times 1.2 + 0.15 = 2.55(\text{m})$$

长为

$$L = 3a + 2d = 3 \times 1.2 + 2 \times 0.15 = 3.9(\text{m})$$

3）池深 H。泥斗高度为

$$h_2 = \frac{a - 0.3}{2} \tan\theta = 0.78\text{m} \approx 0.8\text{m}$$

$$H = h_1 + h_2 + h_3 = 3.0 + 0.8 + 0.3 = 4.1(\text{m})$$

（2）各级孔口流速及尺寸。

1）孔口流速。第一格进口流速 $v_1 = 1\text{m/s}$，最后一格出口流速 $v_2 = 0.2\text{m/s}$，由公式得

$$v_n = v_1 + v_2 - v_2 \sqrt{1 + \left(\frac{v_1^2}{v_2^2} - 1\right)\frac{t_n}{T}} = 1.2 - 0.2\sqrt{1 + 24\frac{t_n}{T}}$$

2）孔口尺寸。孔口高：宽=1.5:1，设宽为 a，高 $h = 1.5a$，流量 $q = 0.01458\text{m}^3/\text{s}$，则

$$a = \sqrt{\frac{q}{1.5v}}$$

（3）水头损失。

$$h_j = \xi \frac{v_i^2}{2g}$$

式中 ξ——局部阻力系数，进水管出口处 $\xi = 1.0$，孔口处 $\xi = 1.06$。

穿孔旋流絮凝池水力计算结果见表 6.9。

表 6.9　　　　　　　　　　　穿孔旋流絮凝池水力计算表

孔口位置	絮凝历时 t /min	孔口流速 /(m/s)	孔口过水断面面积/m²	孔口尺寸 /(mm×mm)	实际过孔流速 /(m/s)	水头损失 /m
进口处	0	1.000				0.050
第一、二孔间	4.17	0.750	0.0161	104×155	0.750	0.030
第二、三孔间	8.33	0.600	0.0206	116×174	0.600	0.019
第三、四孔间	12.50	0.480	0.0254	130×195	0.480	0.012
第四、五孔间	16.67	0.375	0.0323	147×220	0.376	0.007
第五、六孔间	20.83	0.283	0.0214	169×254	0.283	0.004
出口	25.00	0.200	0.0300	201×302	0.200	0.002
总水头损失						0.124

总水头损失 0.124m＜0.4m，满足要求。

（4）计算 GT 值，并判断是否满足混凝反应的要求。GT 值校核：GT 值在 $10^3 \sim 10^4$ 之间可保证絮凝过程充分而完善。

$$G = \sqrt{\frac{9.81\rho h_j}{60\mu T}} = \sqrt{\frac{9.81 \times 1000 \times 0.124}{60 \times 1.029 \times 10^{-3} \times 25}} = 28.073(\text{s}^{-1})$$

式中　T——絮凝总时间，$T = 25$min；

　　　μ——水的动力黏度，水温为 20℃时，$\mu = 1.029 \times 10^{-3}$Pa·s；

　　　ρ——水的密度，$\rho = 1000$kg/m³；

　　　h_j——总水头损失，$h_j = 0.124$m。

$GT = 28.073 \times 25 \times 60 = 4.2 \times 10^4$，此值在 $10^4 \sim 10^5$ 之间，满足要求。

（5）絮凝池的尺寸。经过上述计算，得絮凝池相关数据如下。

反应时间 $T = 25$min，孔口流速从 1m/s 递减至 0.20m/s。

排泥管规格：　　　　　　　　　$DN150$

有效水深：　　　　　　　　　　$h_1 = 3.00$m

沉泥区深度：　　　　　　　　　$h_2 = 0.80$m

超高：　　　　　　　　　　　　$h_3 = 0.30$m

总池深：　　　　　　　　$H = h_1 + h_2 + h_3 = 4.10$m

平面尺寸：　　　　　　　$B \times L = 2.55$m×3.9m

6.2　沉淀

水中固体颗粒（或凝聚矾花）依靠重力作用，从水中分离出来的单元操作过程称为沉淀。沉淀是在比重差引起的重力作用下，从液体中分离出来或去除固体颗粒的单元过程，一般去除 $20 \sim 100\mu$m 的颗粒。颗粒比重相对于水大于 1 时，表现为下沉；颗粒比重相对于水小于 1 时，表现为上浮。

将脱稳胶粒通过絮凝形成大的絮凝体的反应过程与水分离过程（沉淀）综合于一个构

筑物中完成（有时还包括压缩双电层的胶体脱稳过程）称为澄清，其和沉淀不同之处在于其上一级无须设置絮凝池。

6.2.1 颗粒在静水中的沉淀

在给水处理中，常遇到两种沉淀：一种是颗粒沉淀过程中，彼此没有相互干扰，只受到颗粒本身在水中的重力和水流阻力的作用，称为自由沉淀；另一种是颗粒在沉淀过程中，彼此相互干扰，或者受到池壁的干扰，虽然其粒度和第一种相同，但沉淀速度较小，称为拥挤沉淀。

1. 自由沉淀

低浊度水沉淀时，因水中的悬浮泥沙颗粒较少，沉淀时各颗粒之间相互干扰较小，可以看作是自由沉淀。

在静水中，颗粒下沉时，会受到向下的重力以及向上的阻力的共同作用。重力为颗粒的质量力，仅与颗粒自身的重量有关，而阻力则与颗粒的大小、糙度、形状以及沉淀速度有关。刚开始下沉时，颗粒受重力作用，下沉速度会越来越大，但随着沉淀速度的加快，颗粒受到的向上的阻力也相应增大。当阻力与重力相等时，即达到平衡状态，此时颗粒的沉速保持恒定。根据牛顿第二定律，可得出一定粒度的颗粒在静水中的沉淀速度公式如下：

$$u=\sqrt{\frac{4g(\rho_s-\rho)}{3C_D\rho_1}d} \tag{6.22}$$

式中　C_D——阻力系数，与颗粒沉降的雷诺数 Re 有关；

　　　ρ_s——颗粒的密度，g/cm^3；

　　　ρ_1——水的密度，g/cm^3；

　　　g——重力加速度，m/s^2；

　　　d——颗粒的直径，cm。

雷诺数 Re 计算公式如下：

$$Re=\frac{ud}{\nu} \tag{6.23}$$

式中　ν——水的运动黏度，cm^2/s。

通过实验，可以把观测到的值代入式（6.22）和式（6.23）求得 C_D 和 Re，绘成曲线，如图 6.17 所示。

在 $Re<1$ 的范围内，呈层流状态，其关系式为

$$C_D=\frac{24}{Re} \tag{6.24}$$

代入式（6.22）得到斯诺克斯公式：

$$u=\frac{1}{18}\frac{\rho_s-\rho_1}{\mu}gd^2 \tag{6.25}$$

在 $1000<Re<25000$ 范围内，呈紊流状态，C_D 接近于常数 0.4，代入式（6.5）得

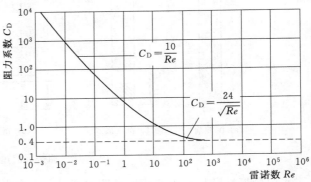

图 6.17　C_D 与 Re 的关系（球形颗粒）

$$u = 1.83 \sqrt{\frac{\rho_s - \rho_1}{\mu} dg} \qquad (6.26)$$

在 $1 < Re < 1000$ 范围内，属于过渡区，C_D 近似为

$$C_D = \frac{10}{\sqrt{Re}} \qquad (6.27)$$

代入式（6.22）得到阿兰公式：

$$u = \left[\frac{4}{255} \frac{(\rho_s - \rho_1)^2 g^2}{\mu \rho_1} \right]^{\frac{1}{3}} d \qquad (6.28)$$

从上述公式可知，颗粒的沉降速度与颗粒的直径和颗粒与水的密度差成正比关系，因此对于颗粒而言，颗粒越大并且越重，越容易沉淀。

2. 拥挤沉淀

对于浊度较高的水而言，其颗粒在水中下沉时，被排挤的水对颗粒具有一定的阻力，颗粒处于相互干扰状态，此沉淀过程称为拥挤沉淀，此时的沉淀速度称为拥挤沉速。这时的沉降将慢于自由沉淀的沉速。

拥挤沉速可以用实验方法测定。当水中含沙量很大时，泥沙即处于拥挤沉淀状态，常见的拥挤沉淀过程有明显的清水和浑水分界面，称为浑液面，浑液面缓慢下沉，直到泥沙最后完全压实为止。

水中凝聚性颗粒的浓度达到一定数量亦产生拥挤沉淀。由于凝聚性颗粒的比重远小于砂粒的比重，所以凝聚性颗粒从自由沉淀过渡到拥挤沉淀的临界浓度远小于非凝聚性颗粒的临界浓度。

如图 6.18 所示，经过一定的沉淀时间后，沉淀实验筒中可划分为 4 个区域：清水区 A、等浓度区 B、变浓度区 C 以及压实区 D。清水区 A 与等浓度区 B 之间存在一个清水区与浑水区分界的分界面。在沉淀过程中，分界面随着沉淀时间的延长而连续下移，则清水区 A 深度不断增加，同时等浓度区 B 不断缩小直至消失，最终只剩下清水区 A 和压实区 D，这就是整个的拥挤沉淀过程。拥挤沉淀的沉速和水中的颗粒浓度有很大关系，一般浓度越高，沉淀时颗粒之间相互干扰越大，以致沉速越小。

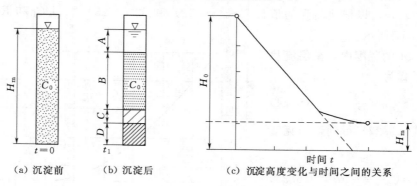

（a）沉淀前　　（b）沉淀后　　（c）沉淀高度变化与时间之间的关系

图 6.18　拥挤沉淀过程

水中凝聚性颗粒如矾花达到足够浓度时，也会出现拥挤沉淀现象，澄清池中悬浮泥渣层的沉淀就是这样，因为泥渣颗粒的密度比沙粒小，所以出现拥挤沉淀的颗粒浓度小些。

如用相同的水样，在不同高度的量筒内做沉淀实验（图 6.19），发现在不同沉淀高度和时，两条沉降过程曲线存在相似关系，即 $\frac{OP_1}{OP_2} = \frac{OQ_1}{OQ_2}$，说明当原水颗粒浓度相同时，$A$、$B$ 区交界的浑液面的下沉速度是相同的，但由于沉淀水深大时，压实区较厚，最后沉淀物的压实要比沉淀水深小时压得密实些。这种沉淀过程与沉淀高度无关的现象，使有可能用较短的沉淀管做实验，来推测实际沉淀效果。

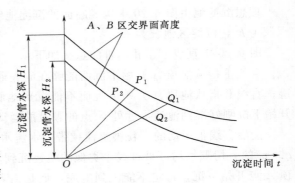

图 6.19　不同沉淀高度的沉降过程相似关系

6.2.2　平流式沉淀池

平流式沉淀池应用很广，特别是在城市水厂中常被采用。

平流式沉淀池为矩形水池，其基本工程布置如图 6.20 所示，分成 4 个主要区域：进水区、沉淀区、污泥区和出水区。进水区作用是使进水和悬浮颗粒均匀分布在整个沉淀池横断面上；沉淀区则是沉淀池的主体，悬浮物颗粒从水中分离出来；从溶液中分离出来的固体颗粒存于污泥区，然后从该区作为底泥排出；进入出水区的全部颗粒被水流带出池外。

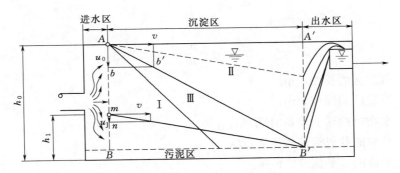

图 6.20　理想沉淀池工作状况

平流式沉淀池在运行时，水流受到池体构造和外界影响（如进口处水流惯性、出口处束流、风吹池面、水质的浓度差和温度差等），致使颗粒沉淀复杂化。为了便于讨论和理解先从理想沉淀池出发，后讨论实际情况。

6.2.2.1　非凝聚性颗粒的沉淀过程

所谓理想沉淀池，应符合以下 3 个假定：

（1）颗粒处于自由沉淀状态。即在沉淀过程中，颗粒之间互不干扰、颗粒的大小、形状和密度不变。因此，颗粒的沉速始终不变。

（2）水流沿着水平方向流动。在过水断面上，各点流速相等，并在流动过程中流速始终不变。

（3）颗粒沉到池底即认为已被去除，不再返回水流中。

理想沉淀池由图 6.20 中构成断面的沉淀池组成，AB 为进水断面，$A'B'$ 为出水断面，水深为 h_0，沉淀区池长为 L。

图 6.20 中直线 Ⅰ、Ⅱ、Ⅲ 的意义如下：

直线 Ⅰ 指从池顶 A 开始下沉而能够在池底最远处 B' 点之前沉到池底的颗粒的运动轨迹；直线 Ⅱ 指从池顶 A 开始下沉而不能沉到池底的颗粒的运动轨迹；直线 Ⅲ 指从池顶 A 开始下沉刚好沉到池底最远处 B' 点的颗粒的运动轨迹。

设沿直线 Ⅲ 运动的颗粒被水流挟带的水流水平流速为 v，颗粒沉速为 u_0。若颗粒沉速 $u > u_0$ 的一切颗粒均可沿直线 Ⅰ 类似的轨迹沉到池底，而颗粒沉淀 $u < u_0$ 的颗粒，如从池顶 A 点开始下沉，肯定不能沉到池底，而是沿着直线 Ⅱ 类似的轨迹被带出池外。如从池顶 A 点以下一定高度处开始下沉，则有可能沉到池底。所以：轨迹 Ⅲ 所代表的颗粒沉速 u_0 具有特殊的意义，一般称为临界沉速或截留沉速，用 u_0 表示。实际上它反映了沉淀池所能全部去除的颗粒中的最小颗粒的沉速，因为凡是沉速等于或大于沉速 u_0 的颗粒能够全部被沉掉。

原水进入沉淀池，在进水区被均匀分配在 A—B 截面上其水平流速为

$$v = \frac{Q}{h_0 B} \tag{6.29}$$

考察顶端 A 点，颗粒沉速 $u \geqslant u_0$ 的颗粒都可以去除，而 $u < u_0$ 的颗粒只能部分去除。

对于直线 Ⅲ 代表的一类颗粒而言，其水平流速 v 和沉淀速度 u_0 都与沉淀时间 t 有关：

$$t = \frac{L}{v} \tag{6.30}$$

$$t = \frac{h_0}{u_0} \tag{6.31}$$

式中　L——沉淀区的长度，m；

h_0——沉淀区的深度，m；

t——水在沉淀区的停留时间，s；

u_0——颗粒的截留沉降速度，m/s；

v——水流的水平流速，m/s。

由式（6.29）～式（6.31）得

$$u_0 = \frac{Q}{LB} \tag{6.32}$$

即

$$u_0 = \frac{Q}{A} \tag{6.33}$$

Q/A 一般称为"表面负荷"或"溢流率"。表面负荷在数值上等于截留速度，但含义不同。表面负荷指沉淀池单位面积上的产水量，而截留速度则指自池顶 A 开始下沉所能全部不去除的颗粒中的最小颗粒的沉降速度。

1. 沉淀速率——Hazen 浅层沉淀理论

设原水中沉速为 $u_i (u_i < u_0)$ 的颗粒的浓度为 C，沉速为 u_i 的颗粒在沉淀池中距池底 h_i 时刚好可以沉降到沉淀池底部。沿着进水区的高度为 h_0 的截面进入的颗粒的总量为 $QC = h_0 BvC$，沿着 m 点以下的高度为 h_i 的截面进入的颗粒的数量为 $h_i BvC$，则沉速为 u_i

的颗粒的去除率为

$$E = \frac{h_i BvC}{h_0 BvC} = \frac{h_i}{h_0} \tag{6.34}$$

另外，从图 6.20 中 $\triangle ABB'$ 和 $\triangle Abb'$ 的相似关系，得

$$\frac{h_0}{u_0} = \frac{L}{v}, \text{即 } h_0 = \frac{Lu_0}{v} \tag{6.35}$$

同理得

$$h_i = \frac{Lu_i}{v} \tag{6.36}$$

由以上公式得

$$E = \frac{u_i}{u_0} \tag{6.37}$$

由式 (6.33) 和式 (6.37) 得

$$E = \frac{u_i}{\dfrac{Q}{A}} \tag{6.38}$$

在理想沉淀池中，有 $L = vt_0$，$H = u_0t_0$，则 $t_0 = L/v = H/u_0$。

于是有

$$u_0 = \frac{vH}{L} = \frac{vHB}{LB} = \frac{Q}{A} \tag{6.39}$$

即表面负荷 Q/A 在数值上等于截留速度 u_0。

由式 (6.38) 可知：悬浮颗粒在理想沉淀池中的去除率只与沉淀池的表面负荷有关，而与其他因素如水深、池长、水平流速和沉淀时间均无关。这一理论早在 1904 年已由哈真 (Hazen) 提出。它对沉淀技术的发展起了不小的作用。当然，在实际沉淀池中，除了表面负荷以外，其他许多因素对去除率还是很有影响的。

理想平流沉淀池的沉淀效率 E 只与颗粒沉速、沉淀池的水量和表面积有关，而与其他因素，如水深、水平流速、沉淀时间、沉淀池的长度和宽度均无关。平流沉淀池的效果可以用液面负荷表示，液面负荷越大，沉淀效果越差，液面负荷越小，沉淀效果越好。

2. 理想沉淀池总的沉淀效率

凡是沉速 $u_i \geqslant u_0$ 的颗粒，在理想沉淀池中都能全部去除，其去除率为 $1 - x_0$（x_0 为沉速小于 u_0 的颗粒所占的重量比）。

对于沉速 $u_i < u_0$ 的各种颗粒，其去除率用式 (6.40) 计算：

$$E_i = \int_0^{x_0} \frac{u_i}{u_0} dx = \frac{1}{u_0} \int_0^{x_0} u_i dx \tag{6.40}$$

则沉淀池总的沉淀效率为

$$E = (1 - x_0) + E_i = (1 - x_0) + \int_0^{x_0} \frac{u_i}{u_0} dx \tag{6.41}$$

6.2.2.2　絮凝沉淀的沉淀过程

给水混凝处理中，絮凝颗粒在沉降过程中要相互碰撞凝聚，颗粒会进一步长大，使沉降速度增加，这种絮凝沉淀的颗粒在池中的沉降轨迹如图 6.21 中曲线所示。

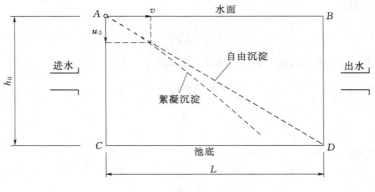

图 6.21　絮凝沉淀轨迹

从图 6.21 可以看出，絮凝沉淀的效果要略优于自由沉淀。在实际工程设计中，通常对絮凝沉淀的沉淀池特性及计算仍按照自由沉淀的理论来考虑，只是在设计参数值选取的时候已经考虑了絮凝沉淀能提高去除能力的因素，或者把所提高的去除能力归入了安全系数，使设计更为安全。

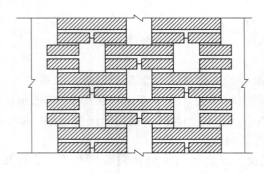

图 6.22　沉淀池穿孔花墙

严格而言，确定絮凝沉淀的沉淀池颗粒去除率与表面负荷的关系需要进行絮凝沉淀实验。但在使用实验值时应考虑到实验条件和工程运行条件的差别，在设计取值时适当考虑一定的富余量。

6.2.2.3　平流式沉淀池的构造

平流式沉淀池分为进水区、沉淀区、污泥区、出水区 4 部分。

1. 进水区

进水区的作用是使流量均匀分布在进水截面上，尽量减少扰动。一般做法是使水流从絮凝池直接流入沉淀池，通过穿孔墙将水流均匀分布在沉淀池的整个断面上，如图 6.22 所示。为使矾花不易破碎，穿孔花墙孔口流速 $v<0.15\sim0.2\text{m/s}$，同时为保证穿孔墙的强度，洞口总面积也不宜过大。

2. 沉淀区

沉淀区的高度一般为 $3\sim4\text{m}$，平流式沉淀池中应尽可能减少紊动性，提高稳定性。紊动性的指标为水流的雷诺数 Re。稳定性指标为水流的弗劳德数 Fr。雷诺数 Re 越小，水流紊动性越小；弗劳德数 Fr 越大，水流的稳定性越高。要降低沉淀池中水流的 Re 和提高水流的 Fr，必须设法减小水力半径。采用导流墙将沉淀池进行纵向分格可减小水力半径，改善水流条件。

沉淀池一般有效水深 H 为 $3\sim4\text{m}$，沉淀区的长度 L 取决于水平流速 v 和停留时间 T，即 $L=vT$，沉淀池的宽度 $B=Q/Hv$，同时还应满足如下要求，即 $L/B\geqslant4$，$L/B\geqslant10$。单格沉淀池宽度宜在 $3\sim8\text{m}$，不宜大于 15m。

停留时间 $T=1.0\sim3.0\text{h}$，华东地区水源一般采用 $1\sim2\text{h}$；低温低浊水源停留时间往往超过 2h。水平流速 v，若絮凝沉淀，$v=10\sim25$mm/s；自然沉淀，v 不大于 3mm/s。

3. 出水区

沉淀后的水应尽量在出水区均匀流出，一般采用堰口布置，或采用淹没式出水孔口，如图 6.23 所示。后者的孔口流速宜为 $0.6\sim0.7$m/s，孔径为 $20\sim30$mm，孔口在水面下 $12\sim15$cm。孔口水流应自由跌落到出水渠中。

为缓和出水区附近的流线过于集中，应尽量增加出水堰的长度，以降低堰口的流量负荷。堰口溢流率一般小于 250L/(m·min)。目前，我国常用的增加堰长的办法如图 6.24 所示。

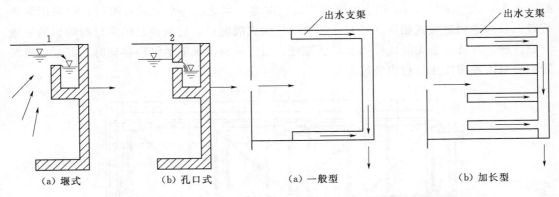

图 6.23 出水口布置
1—出水堰；2—淹没孔口

图 6.24 增加出水堰长度的措施

4. 污泥区和排泥措施

沉淀池的排泥方式有 3 种：泥斗排泥、穿孔管排泥以及机械排泥。

(1) 泥斗排泥：靠静水压力 $1.5\sim2.0$m，下设有排泥管，多斗形式，可省去机械刮泥设备（池容不大时）。原水浊度高时，斗的数量和大小应根据原水浊度、沉淀池尺寸，通过技术经济比较后确定。

(2) 穿孔管排泥：适用于原水浊度不太大的中小型沉淀池，在村镇饮水工程中应用较多。穿孔管布置形式如图 6.25 所示，具体要求如下：

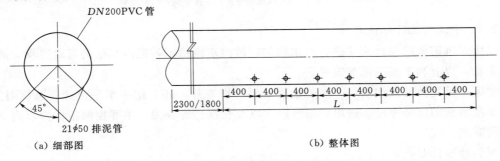

图 6.25 穿孔管排泥布置大样图

1）沉淀池长的 $1/3\sim1/2$ 设置，池底无穿孔管部分纵坡 0.02，横坡 0.05。

2）穿孔管中心间距 $1.5\sim2.0$m。

3）孔眼间距 0.4～0.8m，孔眼向下，垂直成 45°～60°，交错排列，孔眼直径 $d=20$～30mm，孔眼流速为 4～5m/s。

4）穿孔管的闸门，宜用水力闸门，另一端设堵板，便于清通。

5）穿孔管直径不小于 150mm，宜用 200～300mm 的直径。

6）穿孔管的孔眼面积与穿孔管断面积之比，取为 0.4～0.5。

7）每根穿孔管的长度不大于 15m。

（3）机械排泥：可充分发挥沉淀池的容积利用率，且排泥可靠。当池内池外有水位差时，采用多口虹吸式吸泥装置，如图 6.26 所示，其吸泥动力来自沉淀池水位所能形成的虹吸水头，适用于具有 3m 以上虹吸水头的沉淀池。当池内外水位差有限时，可采用泵吸装置，其构造同虹吸式相同。还有一种单口扫描式吸泥机，它是在总结多口吸泥机的基础上设计的。其特点是无需成排的吸口管装置。当吸泥机沿沉淀池纵向移动时，泥泵、吸泥管和吸口沿着横向往复行走吸泥。

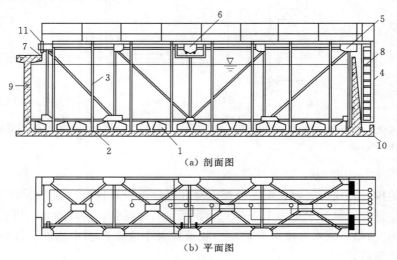

图 6.26 多口虹吸式吸泥机

1—刮泥板；2—吸口；3—吸泥管；4—排泥管；5—桁架；6—电机和传动机；
7—轨道；8—梯子；9—沉淀池壁；10—排泥沟；11—滚轮

6.2.2.4 平流式沉淀池设计

平流式沉淀池的设计应使进、出水均匀，池内水流稳定，提高水池的有效容积，同时减小紊动，以有利于提高沉淀效果。

平流式沉淀池的沉淀效果，除受絮凝效果的影响外，还与池中水平流速、沉淀时间、原水絮凝颗粒的沉降速度、进出口布置形式以及长深比等有关。主要控制指标为表面负荷或停留时间。

沉淀池设计要点如下：

（1）沉淀池出水浊度一般控制在 5NTU 以下。

（2）池数或分格数一般不少于 2 座（对于原水浊度终年较低。经常低于 20NTU 时亦可用 1 座，但要设超越管，以便检修维护用）。

（3）沉淀时间应根据原水水质和沉淀后的水质要求，通过实验或参照相似地区的沉淀资料确定，一般采用为 $1.0\sim3.0$h。但处理低温、低浊度水或高浊度水时，沉淀时间应适当增长。

（4）沉淀池内平均水流速一般为 $10\sim25$mm/s。

（5）有效水深一般为 $3.0\sim3.5$m，超高一般为 $0.3\sim0.5$m。

（6）池的长宽比不应小于 $4:1$，每格宽度或导流墙间距一般采用 $3\sim9$m，最大为 15m；该宽度的限制主要是受排泥设备的宽度限制，一般标准挂吸泥机排泥设备的宽度如上述宽度制作。

（7）池的长深比不小于 $1:10$。

（8）池的弗劳德数 Fr 一般控制在 $1\times10^{-5}\sim1\times10^{-4}$；平流沉淀池内雷诺数 Re 一般为 $4000\sim15000$，多属紊流，池内水流流态宜为层流。因此，设计时应注意隔墙设置，以减小水力半径，降低雷诺数。

平流式沉淀池的设计计算方法有两种：第一种计算方法按照停留时间计算；第二种计算方法按照表面负荷计算，具体公式见表 6.10。

表 6.10　　　　　　　　　　　平流式沉淀池设计计算公式

项　　目		公　　式	说　　明
第一种计算方法	1. 池长	$L=3.6vT$	v——池内平均水平流速，mm/s； T——沉淀时间，h； Q——设计水量，m³/h； H——有效水深，m； β——池的长宽比； R——水力半径，cm； ω——水流断面面积，cm²； ρ——湿周，cm； g——重力加速度，m/s²； ν——水的运动黏度； u_0——表面负荷，数值上等于颗粒的截留速度，m/s
	2. 池面积	$F=\dfrac{QT}{H}$	
	3. 池宽	$b=\sqrt{f/\beta}$	
	4. 弗劳德数	$Fr=\dfrac{v^2}{Rg}$ $R=\dfrac{\omega}{\rho}$	
	5. 雷诺数	$Re=\dfrac{vR}{\nu}$	
第二种计算方法	1. 池面积	$F=\dfrac{Q}{3.6u_0}$	
	2. 池长	$L=3.6vT$	
	3. 池宽	$b=\dfrac{F}{L}$	

注　对于池深 H，如采用泥斗排泥时，应考虑泥斗的高度。

6.2.2.5　影响平流沉淀池沉淀效果的因素

实际的平流沉淀池不同于理想沉淀池，其沉淀效果受到以下几方面的影响。

1. 实际水流状况对沉淀效果的影响

实际沉淀池中水流会产生短路，即短流，其使得沉淀效果降低，在实际沉淀池中的停留时间偏离理想沉淀池，一部分水流通过沉淀池的停留时间小于 t_0，而另一部分水流则大于 t_0，这种现象称为短流，产生短流的原因有：进水的惯性作用；出水堰产生的水流抽吸作用；温度差和浓度差引起的异重流；风浪引起的短流；池内存在导流和刮泥设施等。

2. 絮凝作用的影响

絮凝过程在平流式沉淀池中继续进行，颗粒大小的不同导致沉速不同，沉淀时间和沉淀池的水深对沉淀效果均有影响。由于沉淀池内流流速分布不均，存在速度梯度 dv/dy，引起颗粒碰撞，促进絮凝。颗粒进一步碰撞变大，使得沉淀效果提高，絮凝体在沉淀池中的进一步絮凝作用有利于提高沉淀池的沉淀效果。

6.2.3　斜管与斜板沉淀池

斜管或斜板沉淀池是在 Hazen 浅层沉淀理论的基础上发展起来的。1904 年，Hazen 提出理想沉淀池的沉淀效率公式，即沉淀效率 $E=\dfrac{u_i}{Q/A}$，指出某一粒的颗粒在沉淀池内的沉淀效率与颗粒的截留速度和沉淀池表面负荷有关，而与沉淀池的深度、流速、沉淀时间等其他因素无关。因此得出最经济的沉淀池：只要满足表面负荷而采用最小池深，池深以不产生沉淀的颗粒的二次启动为度。

根据 Hazen 浅层沉淀理论可知，要提高沉淀池的沉淀效果，可采用如下措施：

（1）合理进行絮凝，可增大颗粒粒度，从而改变颗粒的沉降速度，提高沉淀效果。

（2）在沉淀池内中途取水，使得沉淀池中流量 Q 减小，从而提高沉淀效果。

（3）在不影响沉泥稳定的情况下减小池深，增加水平分格，从而增加沉淀面积，提高沉淀效果。

我国早期根据 Hazen 理论，曾把普通平流式沉淀池改建成水平多层多格的沉淀池，如长沙水厂和上海浦东水厂就进行过生产性试验，但由于排泥问题没有得到解决，因此无法推广。为解决排泥问题，斜管（板）沉淀池才逐渐发展起来，浅池沉淀理论得到了实际运用。

6.2.3.1　斜管（板）沉淀池效率高的原因

1. 增加了沉淀面积

如果在池中增加水平隔板（图 6.27），将原来的水深分为 4 层，则每层水深为 $H/4$，如果水平流速 v 及所要求去除的最小颗粒的沉速 u_0 不变，则颗粒沉降轨迹的坡度不变。

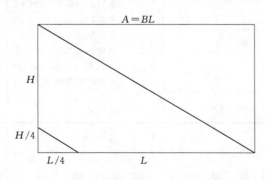

图 6.27　斜管沉淀池原理示意图
A—池面积；B—池宽；L—池长

如果颗粒沉速 u_i 和流量 Q 不变，由于设置格板沉淀池分层厚，沉降距离减少为 $H/4$，则沉淀面积增加了 4 倍，则有

$$E'=\frac{u_i}{Q/(4A)}=4\,\frac{u_i}{Q/A}=4E \quad (6.42)$$

显然，沉淀池的沉淀效率增加了 4 倍。有更多的颗粒沉淀于池底，出水水质更好。为了解决排泥问题，如果采用 4 层斜板，以代替水平隔板，则沉降距离亦为 $H/4$，其投影面积仍然为 $4A$，因此在沉淀效率不变的情况下，其处理能力仍然可提高 4 倍。

2. 斜管（板）内的颗粒再凝聚

絮凝反应后的水进入斜管时与下滑的沉泥在斜管进口处相接触（过度层），由于这一区域颗粒多，浓度大，增加了颗粒相互碰撞的机会，因而形成接触絮凝的在凝聚现象，促进絮凝颗粒的进一步加大，从而提高沉降速度。

3. 创造了良好的沉淀条件，提高沉淀效率

判别水流状态的雷诺指数 Re，通常以小于 500 为层流，大于 2000 为紊流。平流式沉淀池的 Re 通常在 4000～15000。而斜管（板）沉淀池由于斜管（板）的湿周大，水力半径小，所以其 Re 只有几百（斜板），斜管的 Re 为 100～200，属层流。为颗粒的沉淀创造了良好的条件，促使沉淀效率进一步提高。

6.2.3.2　斜管（板）沉淀池的特点

斜管（板）沉淀池是把与水平面成一定角度（一般 60°左右）的管状组件（断面矩形或六角形等）或斜板置于沉淀池构成。水流可从下向上或从上向下流动，颗粒则沉于众多斜管底部，而后自动滑下。

从改善沉淀池水力条件的角度来分析，由于斜板沉淀池水力半径大大减小，从而使雷诺数 Re 大为降低，而弗劳德数 Fr 则大为提高。斜管沉淀池的水力半径更小。一般讲，斜板沉淀池中的水流基本上属于层流状态，而斜管沉淀池的 Re 多在 200 以下，甚至低于 100。斜板沉淀池的 Fr 数一般为 10^{-4}～10^{-3}，斜管的 Fr 数将更大。因此，斜板斜管沉淀池满足了水流的稳定性和层流的要求。当前，我国使用较多的是斜管沉淀池，故下面重点介绍斜管沉淀池，斜板沉淀池与斜管沉淀池类似。

根据水流与颗粒之间相对运动方向，斜管沉淀池可分为向上流、向下流两种斜管沉淀池，斜板沉淀池还有侧向流形式（图 6.28）。在目前的应用中向上流斜管沉淀池应用较多，工程设计中有成为异向流斜管沉淀池。但在用于处理低温低浊类原水的沉淀-气浮工艺中，考虑到配水及沉淀池与气浮池的水流有效衔接，沉淀池多用侧向流斜板沉淀池。

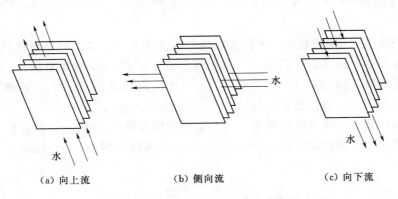

（a）向上流　　　　　　　　　（b）侧向流　　　　　　　　　（c）向下流

图 6.28　斜管（板）水流方向示意图

图 6.29 表示斜管沉淀池的一种布置实例示意图。斜管区由六角形截面（内切圆直径为 30mm）的蜂窝状斜管组件组成。斜管与水平面成 60°角，放置于沉淀池中。原水经过絮凝池转入斜管沉淀池下部。水流自下向上流动，清水在池顶用穿孔集水管收集；污泥则在池底也用穿孔排污管收集，排入下水道。

6.2.3.3　斜管沉淀池的设计和计算

如图 6.29 所示，一般情况下，斜管沉淀池与絮凝反应池合建。斜管沉淀池自上而下分为清水区、斜管区、配水区以及污泥区 4 个区域。

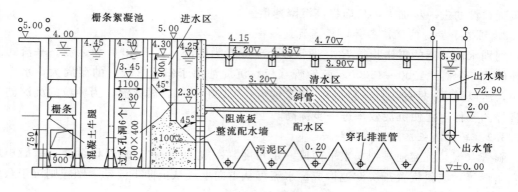

图 6.29 斜管沉淀池示意图

斜管沉淀池各种部分主要设计要点如下。

1. 进水区

为使进水在整个沉淀池断面上均匀分布,在絮凝池与沉淀池之间设置进水区。进水区一般宽 2.0~3.0m,中间设置穿孔花墙,进一步使进水均匀分布。

2. 配水区

为使进水在沉淀池断面均匀分布,原水进入沉淀池配水区前设置整流配水花墙,配水区高度不小于 1.5m。

整流配水花墙可采用缝隙、栅条配水,也可采用穿孔花墙配水。缝隙、栅条配水:缝隙前窄后宽,缝隙中水流速度 $v_{缝}=0.13$m/s。穿孔花墙配水:流速不大于反应池出口流速,通常采用 0.05~0.10m/s。

3. 斜管设置

(1) 倾斜角度 θ。倾角越小,沉淀面积越大,沉淀效率越高。对凝聚性颗粒而言,并非倾角越小沉淀效率越高。实验认为:向上流斜管 $\theta=35°\sim45°$ 时效果最佳。根据生产经验,为使排泥通畅,倾角应为 $52°<\theta<60°$,生产中向上流斜管 $\theta=60°$;横向、向上流 $\theta=50°\sim60°$;向下流:沉淀板 $\theta_1=30°\sim40°$,滑泥板 $\theta_2=60°$。

(2) 倾斜长度 L。目前斜管长度,向上流多采用 800~1000mm。斜管长度 L 由分离段和过渡段组成,一般过渡段采用 200~250mm,分离段采用 600~800mm。

过渡段:

$$L_1=\frac{0.058v_0d^2}{v} \tag{6.43}$$

分离段:

$$L_2=\frac{1.33v_0-u_0\sin\theta}{u_0\cos\theta}d \tag{6.44}$$

式中　v_0——管内流速;

　　　u_0——颗粒沉降速度;

　　　θ——斜管倾角;

　　　d——斜管内径。

市场上销售的斜管一般长度 $l=1.0$m。

当斜管沉淀池应用高于浊度水的第一级沉淀时，有时采用 1.5m 长的斜管，管内经一般也较常规处理工艺时沉淀池的斜管内径大。

4. 斜管平面面积上的液面上升流速，亦称溢流率或液面负荷

通常设计液面上升流速可采用：$v_{\perp} = 2.0 \sim 3.0$mm/s，当倾角为 60° 时，其相应的斜管（板）内流速约为 $v_0 = 2.5 \sim 3.5$mm/s，有 $v_{\perp} = v_0 \sin\theta$。

斜板间距多采用 100mm，斜管管径（正六边形内切圆内径）$d = 25 \sim 50$mm 或 $70 \sim 100$mm，用在絮凝沉淀池之后一般选择 30mm，用在预沉池中一般采用 50mm。

斜管或斜板一般采用不锈钢、塑料或木材，市场上多以塑料为主，单个组合尺寸多为 0.5m×0.5m（或 1.0m×1.0m）。斜管断面形状多为正六边形，见图 6.30。

5. 颗粒沉降速度 u_0

颗粒沉降速度 u_0 指所需去除的最小颗粒的沉降速度，与水的性质（如水温、比重、黏滞度）、沉降颗粒的性质（如密度、

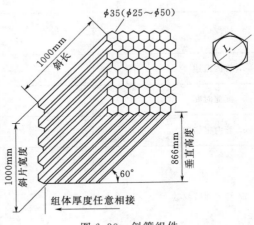

图 6.30　斜管组件

形状、分散性、结绒性）、形成絮体的因素有关。设计时，考虑到水质变化等种种因素的影响，取 $u_0 = 0.3 \sim 0.4$mm/s，向上流斜管沉淀池以 0.25 $\sim$ 0.3mm/s 居多。

6. 排泥

斜管（板）沉淀池由于单位出水量增加，因而泥量亦相应增加，比平流式沉淀池单位面积的积泥量增加好几倍，积泥分布在整个板底上，比较均匀。

主要排泥方式有如下几种：

（1）机械刮泥。适用于大型斜管（板）沉淀池，管理简单，劳动强度小，可以自由控制，可采用平底，降低池高，但在机械刮板运行区存在无斜管（板）区，存在短流现象。

（2）穿孔管排泥。穿孔排泥管孔眼易堵塞，检修不便，浊度高时，效果差。管长小于 15m 较好；常用管径 150 $\sim$ 200mm；穿孔管间距 1.5 $\sim$ 2.0m；孔眼总面积为管径截面积的 60% $\sim$ 80%，穿孔管距池底约 200mm。

（3）多斗排泥。适用于原水浊度不高的中小型沉淀池。池底做成很多泥斗，每斗设一根排泥管，或 2 $\sim$ 4 个斗为一组，设排泥管。排泥管最小管径 200mm，$v_{排} = 2.0$m/s。这种排泥方式增加了池深，因而增加了造价。斗深最好为 1.0m，但不小于 0.6m，倾角不小于 45°，斗底尺寸为 0.4m×0.4m，混凝沉淀 $\theta = 45° \sim 60°$；自由沉淀 $\theta = 45° \sim 50°$。

7. 清水区

该区域位于斜管区的上方，为沉淀后的出水区域，一般高度为 1.0 $\sim$ 1.5m。该区域设置集水槽及出水渠。

斜管沉淀池的设计计算公式见表 6.11。

6.2.3.4　斜管（板）沉淀池的适用条件

斜管（板）沉淀池具有停留时间短、沉淀效率高以及占地面积小的优点，尤其是在

表 6.11　　　　　　　　　　　斜管沉淀池设计计算公式

项　　目	公　　式	说　　明
1. 面积	$A=\dfrac{Q}{0.95v}$	Q——设计水量，m^3/h；
2. 平面尺寸：长 L，宽 B	$B=\sqrt{A}$ $L=B+l\cos\theta$	v_0——斜管内流速，mm/s； $v_上$——液面上升流速，mm/s；
3. 池深	$H=h_1+h_2+h_3+h_4+h_5$ $h_1=l\sin\theta$	l——斜管长度，市售 $l=1000mm$； θ——斜管倾角，$60°$； H——池深，m；
4. 管内流速	$v_0=\dfrac{v_上}{\sin\theta}$	h_2——超高，$0.3m$； h_3——清水区深，一般 $1.0\sim1.5m$；
5. 沉淀时间	$t=\dfrac{l}{v_0}$	h_4——配水区高度，不小于 $1.5m$；
6. 管内雷诺数	$Re=\dfrac{v_0R}{\nu}$	h_5——泥斗高度，一般 $0.8m$，也可 以根据泥斗尺寸计算，泥斗 倾角 $55°\sim60°$；
7. 管内弗劳德数	$Fr=\dfrac{v^2}{Rg}$ $R=\dfrac{\omega}{\rho}$ $\omega=\dfrac{1}{4}\pi d^2$ $\rho=\pi d$	R——水力半径，cm； ω——水流断面面积，cm^2； ρ——湿周，cm； g——重力加速度，m/s； ν——水的运动黏度； d——斜管内径，mm

当前时期土地的使用比较严格的情况下，相较平流沉淀池而言优势明显。但仍然存在如下不足之处，应在沉淀池的运行与维护过程中特别注意：

（1）斜管（板）运行时易产生积泥和藻类滋生，积泥过多易发生坍塌事故，需定期放空清洗，尤其是在春夏之交藻类大量滋生时，应注意及时清洗。

（2）斜管（板）材料费用高。

（3）因水流在斜管（板）间停留时间极短，斜管沉淀池的缓冲能力及稳定性较差，对沉淀前的絮凝处理稳定性要求较高。

斜管（板）沉淀池适合于大、中、小型的各类水厂及供水站，也适合于供水工程的新建、改建或扩建，尤其是当受场地条件限制而不能使用平流式沉淀池时，优势更加明显。另外应注意水在斜管内的停留时间宜为 $5.8\sim7.2min$；斜管沉淀区液面负荷宜采用 $5.0\sim9.0m^3/(m^2\cdot h)$，并要注意出水过堰流率太高会卷起沉泥的问题。

6.2.4　其他类型沉淀池

除了平流沉淀池和斜管（板）沉淀池外，现在工程中常用的沉淀池形式还有竖流式沉淀池和辐射流式沉淀池，这两种形式的沉淀池主要应用于城镇污水处理厂的初沉池和二沉池，一般不应用于给水厂，故在本书中只做些简单的介绍。

1. 竖流式沉淀池

竖流式沉淀池有圆形的，也有方形的，常用为圆形的，其布置形式如图 6.31 所示。为使池内配水均匀，池径不宜过大，一般采用 $4\sim7m$，不大于 $10m$。为了降低池的总高度，污泥区可采用多斗排泥方式，水流方向与颗粒沉淀池方向相反，其截留速度与水流上升速度相等，上升速度等于沉降速度点的颗粒将悬浮在混合液中形成一层悬浮层，对上升的颗粒进行拦截和过滤，因而竖流式沉淀池的效率比平流式沉淀池要高。

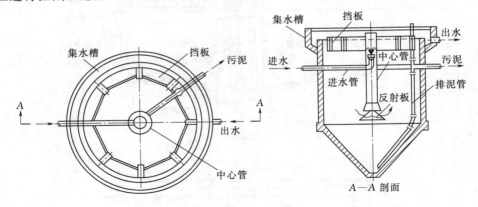

图 6.31　竖流式沉淀池布置

2. 辐流式沉淀池

池中水流沿径向辐射式流动的沉淀池，水流流动方向与颗粒沉降的方向垂直。池平面多呈圆形，小型池子有时也采用方形或多角形，一般直径较大（达 20～30m，最大可达 100m）。有效水深较浅（一般为 1.5～5.0m），中心较周边深，在入流管周围常采用穿孔板围成入流区。水从底部中心进入池中，并沿池中的水流速度从池中心向池四周逐渐减慢。出口设在池周围顶部，采用溢流堰或溢流孔出水。泥斗设在池中央，池底向中心倾斜，污泥通常用刮泥（或吸泥）机械排除。刮泥板旋转速度为 2～4r/h，外周刮板的线速度一般不超过 3m/min。沉淀池底部坡度为 1:12～1:20，污泥被刮至靠近池中心的污泥斗内，污泥斗坡度为 1:6～1:8。

辐流式沉淀具有沉淀效果好，有机械排泥设备时排泥效果好等优点。缺点是其基建投资及经常费用较大，刮泥机维护管理较复杂，耗用金属材料多，施工较平流式沉淀池困难。

按照进水与出水的形式和关系，辐射式沉淀池可分为中心进水周边出水、周边进水周边出水、周边进水中心出水 3 种形式的辐射沉淀池（图 6.32）。其中常用的为前两种形式，中心进水周边出水辐流沉淀池的主要用在污水处理厂的初次沉淀池和二次沉淀池，周边进水周边出水辐流沉淀池主要用在污水处理厂的二次沉淀池。

辐流式沉淀池的主要控制指标同平流式沉淀池和斜管沉淀池一样，是表面负荷和停留时间，其设计计算过程同前两者也基本一样。

6.2.5　澄清池

前面所讨论的絮凝和沉淀属于两个单元过程：水中脱稳杂质在絮凝反应池内通过碰撞结合成较大的絮凝体，然后在沉淀池内下沉。澄清池则将两个过程综合于一个构筑物中完成，主要依靠活性泥渣层达到目的。当脱稳杂质随水流与泥渣层接触时，便被泥渣层阻留下来，使水获得澄清。这种把泥渣层作为接触介质的过程，实际上也是絮凝过程，一般称为接触絮凝。在絮凝的同时，杂质从水分中分离出来，清水在澄清池的上部被收集。

从泥渣充分利用的角度而言，平流式沉淀池单纯为了颗粒的沉降，池底沉泥还具有相当大的接触絮凝活性未被利用，斜管或斜板沉淀池在管底积泥比较多的区域存在一定程度的接触絮凝活性利用。而澄清池则充分利用了活性泥渣量。故泥渣层始终处于新陈代谢状

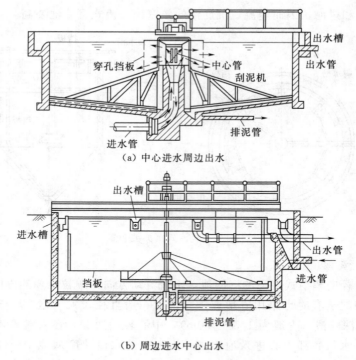

（a）中心进水周边出水

（b）周边进水中心出水

（c）周边进水周边出水

图 6.32　辐流式沉淀池形式

态，泥渣层始终保持接触絮凝的活性。颗粒与水的分离较好，并节约了絮凝剂的使用量，而且沉淀污泥的量也相对少些。

6.2.5.1　泥渣悬浮型澄清池

泥渣悬浮型澄清池又称为泥渣过滤型澄清池。它的工作情况是加药后的原水由下而上通过悬浮状态泥渣层时，使水中脱稳杂质与高浓度的泥渣颗粒碰撞凝聚并被泥渣层拦截下来，从而实现颗粒物与水的分离。这种作用类似过滤作用。浑水通过悬浮层即获得澄清（图 6.33）。由于悬浮层拦截了进水中的杂质，悬浮泥渣颗粒变大，沉速提高。处于上升水流中的悬浮层亦似泥渣颗粒拥挤沉淀。上升水流使颗粒所受到的阻力恰好与其在水中的重力相等，处于动力平衡的悬浮状态。上升流速即等于悬浮泥渣的拥挤沉速。

泥渣悬浮型澄清池常用的有悬浮澄清池和脉冲澄清池两种。泥渣悬浮型澄清池运行适

应性差，比如温水、水量变化时，容易
造成悬浮泥渣的不稳定性，从而影响处
理效果，因而现在的水厂设计中已不常
用，故在本书中不做详细介绍。

6.2.5.2 泥渣循环型澄清池

为了充分发挥泥渣接触絮凝作用，
可使泥渣在池内循环流动。回流量约为
设计流量的 3～5 倍。泥渣循环可借机
械抽升或水力抽升来实现，前者称为机
械搅拌澄清池，后者称为水力循环澄清
池。因机械澄清池靠机械搅拌获得泥渣
循环利用，可调整机械搅拌的速度从而
适应进水量和水质的变化，达到较好的

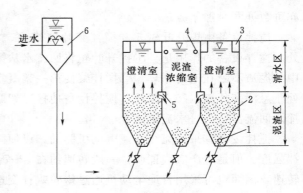

图 6.33 悬浮澄清池流程
1—穿孔配水管；2—泥渣悬浮层；3—穿孔集水槽；
4—强制出水槽；5—排泥窗口；6—气水分离器

澄清效果，在实际工程中的应用较好，故本节重点介绍机械澄清池，同时简单介绍了一下
水力循环澄清池。

1. 机械搅拌澄清池

机械搅拌澄清池的构造如图 6.34 所示，主要由第一絮凝池和第二絮凝池及分离室组
成。整个池体上部是圆筒体，下部是额头圆锥体。加过药剂的原水在第一絮凝室和第二絮
凝室内与高浓度的回流泥渣相接触，达到较好的絮凝效果，结成大而重的絮凝体，在分离
室中进行分离。

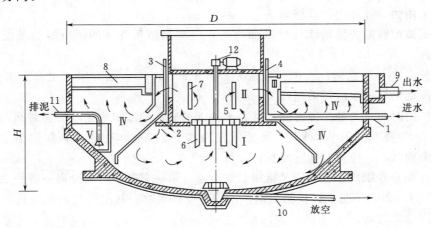

图 6.34 机械搅拌澄清池
Ⅰ—第一絮凝室；Ⅱ—第二絮凝室；Ⅲ—导流室；Ⅳ—分离室；Ⅴ—泥渣浓缩室
1—原水进水管；2—环形三角配水槽；3—透气管；4—投药管；5—提升叶轮；6—搅拌叶片；
7—导流板；8—集水槽；9—出水管；10—放空管；11—排泥管；12—电机

原水由进水管 1 通过环形三角配水槽 2 的缝隙均匀流入第一絮凝室Ⅰ。因原水中可能
含有气体，会积在三角槽顶部，故应安装透气管 3。絮凝剂投注点，按实际情况和运转经
验确定，可加在水泵吸水管内，亦可由投药管 4 投加在澄清池进水管、三角配水槽等处，

亦可数处同时加絮凝剂。

搅拌设备由提升叶轮 5 和搅拌桨片 6 组成，提升叶轮装在第一和第二絮凝室的分隔处。搅拌设备的作用是：①提升叶轮将回流水从第一絮凝室提升至第二絮凝室，使回流水中的泥渣不断在池内循环；②搅拌桨使第一絮凝室内的水体和进水迅速混合，泥渣随水流处于悬浮和环流状态。因此，搅拌设备使接触絮凝过程在第一、第二絮凝室内得到充分发挥。回流流量为进水流量的 3～5 倍。

搅拌设备宜采用无级变速电动机驱动，以便随进水水质和水量变动而调整回流量或搅拌强度。但是生产实践证明，一般转速约在 5～7r/min，平时运转中很少调整搅拌设备的转速，因而也可采用普通电动机通过蜗轮蜗杆变速装置带动搅拌设备。

第二絮凝室设有导流板，用以消除因叶轮提升时所引起的水的转速，使水流平稳的经导流室流入分离室。分离室下部为泥渣层，上部为清水层，清水向上经集水槽 8 流至出水管 9。清水层须有 1.5～2.0m 深度，以便在排泥不当而导致泥渣层厚度变化时，仍可保证出水水质。

向下沉降的泥渣沿锥底的回流缝再进入第一絮凝室，重新参加絮凝，一部分泥渣则排入泥渣浓缩室进行浓缩，至适当浓缩后经排泥管排除，以节省排泥所消耗的水量。澄清池底部设放空管，备放空检修之用。当泥渣浓缩室排泥还不能消除泥渣上浮时，也可用放空管排泥。

可见机械搅拌澄清池集混合、絮凝和分离 3 种工艺在一个构筑物中完成，其利用了沉淀污泥中的剩余絮凝活性，可大大提高沉淀分离的效果，节约絮凝用量，是较好的水处理工艺。但其结构复杂，设备运行维护要求的技术水平较高。

通常采用的设计和运行数据如下：

(1) 机械搅拌澄清池清水区的液面负荷，应按相似条件下的运行经验确定，可采用 2.9～3.6m³/(m²·h)。

(2) 分离室上下流速：我国一般采用 0.8～1.1mm/s，也有采用更高上升流速的实例。但处理低温低浊水时可采用 0.7～0.9mm/s。

(3) 停留时间：此处停留时间指从原水进入澄清池到澄清水出池的总时间，一般采用 1.2～1.5h，主要取决于原水水质、水温及管理水平。如果水中悬浮颗粒细小，胶体物质较多，水温较低时，停留时间宜延长。

(4) 各部分容积比：容积比是指第二絮凝室、第一絮凝室以及分离室容积之比，传统采用 1∶2∶7。但它不是设计控制数据，仅仅是校核参数。其主要目的是保持合理的混合絮凝及沉降分离时间。

(5) 泥渣回流量：设计的泥渣回流量一般为进水流量的 2～4 倍，因此叶轮的提升流量应为进水流量的 3～5 倍。澄清池是依靠回流的活性泥渣起净水作用，一般应保证足够的回流量，其浓度在 2500～5000mg/L 范围内。

(6) 搅拌和提升：在机械搅拌澄清池中，提升叶轮和搅拌桨板一般采用变速电动机，同轴旋转。但澄清工艺对叶轮转速和搅拌桨板的转速有不同的要求，叶轮的外边缘速度为 0.5～1.0m/s，搅拌桨板的外边缘速度为 0.33～1.0m/s。

在实际运行中，叶轮外缘线速度很少超过 1.0m/s，提升水头仅为 5～10cm，通常只作季节性调整，以适应原水浊度、水温、水量的变化。但夏季原水浊度变化很大时，也应做相应的调整。

搅拌桨板高度通常为第一絮凝室高的 1/3 左右，设 4～16 片，桨板总面积按第一絮凝室最大纵断面面积的 5%～10% 来计算。但国内较多池子实际运行情况表明，桨板的外径和高度适度放大能取得较好的效果，有不少水厂在原设计的基础上将桨板加宽加长。

（7）泥渣浓缩室及排泥：可根据池子的大小设计泥渣浓缩室 1～3 个，其容积为澄清池总容积的 1%～4%。要注意定时自动排泥，排泥周期一般为 0.5～1.0h，排泥历时为 5～60s，泥渣含水率为 97%～99%（按重量计算），排泥耗水量约占进水量的 2%～10%。在小型池子中可不设排泥斗，只设中心排泥管（兼作放空用）。当进水悬浮物含量经常超过 1000mg/L 及池直径大于等于 24m 时，澄清池应设机械刮泥装置，将池底积泥刮倒中央后，由中心排泥管排除池外。

（8）为了掌握澄清池各部分的运行情况，需要在进水管、第一絮凝室、第二絮凝室、分离室和出水槽、泥渣浓缩室等处设取样管，由运行人员定期采集澄清池各部分水样。各取样龙头宜加以编号并沿池壁集中设置以利操作。第一、第二絮凝室及泥渣浓缩室泥渣浓度大，在取样管内易沉积，故在池外需设置固定反冲洗管，定期用压力冲洗。

我国编有机械搅拌澄清池标准图供设计选用，均配有搅拌提升设备和机械刮泥设备，出水浊度一般不超过 10mg/L。

机械澄清池设计计算公式见表 6.12。

表 6.12　　　　　　　　　　　　　　机械澄清池设计计算公式

项　目	公　式	说　明
第二絮凝室	$\omega_1 = \dfrac{Q'}{u_1} = \dfrac{3\sim5}{u_1}Q$	ω_1——第二絮凝室截面积，m^2； Q'——第二絮凝室计算流量，m^3/s； Q——第二絮凝室净产水量，m^3/s；
	$D_1 = \sqrt{\dfrac{4(\omega_1 + A_1)}{\pi}}$	u_1——第二絮凝室以及导流室内流速，m/s，0.04～0.07； D_1——第二絮凝室内径，m； A_1——第二絮凝室中导流板截面积，m^2； H_1——第二絮凝室高度，m；
	$H_1 = \dfrac{Q't_1}{\omega_1}$	t_1——第二絮凝室内停留时间，s，30～60s（按第二絮凝室计算水量计）
导流室	$\omega_1 = \omega_2$	ω_2——导流室截面积，m^2； D_1'——第二絮凝室外径（内径加结构厚度），m； A_2——导流室中导流板截面积，m^2； D_2——导流室内径，m； H_2——第二絮凝室出水窗高度，m
	$D_2 = \sqrt{\dfrac{4}{\pi}\left(\dfrac{\pi D_1'^2}{4} + \omega_2 + A_2\right)}$	
	$H_2 = \dfrac{D_2 - D_1'}{2}$ （并满足 $H_2 \geqslant 1.5\sim2.0$m）	
分离室	$\omega_3 = \dfrac{Q}{u_2}$	ω_3——分离室截面积，m^3； u_2——分离室上升流速，m/s，$u_2 = 0.0008\sim0.0011$； D_2'——导流室外径（内径加结构厚度），m； D——池内径，m
	$\omega = \omega_3 + \dfrac{\pi D_2'^2}{4}$	
	$D = \sqrt{\dfrac{4\omega}{\pi}}$	

项　目	公　式	说　明
池深	$$V' = 3600QT$$ $$V = V' + V_0$$ $$W_1 = \frac{\pi}{4} D^2 H_4$$ $$W_2 = \frac{\pi H_3}{3} \left[\left(\frac{D}{2}\right)^2 + \frac{D}{2}\frac{D_r}{2} + \left(\frac{D_r}{2}\right)^2 \right]$$ $$D_r = D - 2H_5 \cot\alpha$$ $$W_4 = \pi H_6^2 \left(R - \frac{H_6}{3} \right)$$ $$W_3 = \frac{1}{3}\pi H_6 \left(\frac{D_r}{2}\right)^2$$ $$H = H_4 + H_5 + H_6 + H_0$$	V'——池净容积，m^3； T——水在池中的停留时间，h，$T = 1.0 \sim 1.5h$； V——池子计算容积，m^3； V_0——考虑池内结构部分所占容积，m^3； W_1——池圆柱部分容积，m^3； H_4——池直壁高度，m； W_2——池圆台容积，m^3； H_5——圆台高度，m； α——圆台斜边倾角，(°)； D_r——圆台底直径，m； W_3——池底球冠或圆锥容积，m^3； H_6——池底球冠或圆锥高度，m； R——球冠半径，m； H——池总高，m； H_0——池超高，m
配水三角槽	$$B_1 = \sqrt{\frac{1.10Q}{u_3}}$$	B_1——三角槽直角边长，m； u_3——槽中流速，m/s，$u_3 = 0.5 \sim 1.0$； 1.10——考虑池排泥耗水量10%
第一絮凝室	$$D_1 = D_1' + 2B_1 + 2\delta_3$$ $$H_7 = H_4 + H_5 - H_1 - \delta_3$$ $$D_4 = \frac{D_r + D_3}{2} + H_7$$ $$\omega_6 = \frac{Q''}{u_4}$$ $$B_2 = \frac{\omega_6}{\pi D_4}$$ $$D_5 = D_4 - 2\left(\sqrt{2}B_2 + \delta_4\right)$$ $$H_8 = D_4 - D_5$$ $$H_{10} = \frac{D_5 - D_r}{2}$$ $$H_9 = H_7 - H_8 - H_{10}$$ $$V_1 = \frac{\pi H_9}{12}(D_3^2 + D_3 D_5 + D_5^2) + \frac{\pi D_5^2}{4} H_8 + \frac{\pi H_{10}}{12}(D_5^2 + D_5 D_r + W_3)$$ $$V_2 = \frac{\pi}{4} D_1^2 H_1 + \frac{\pi}{4}(D_2^2 - D_1^2)(H_1 - B_1)$$ $$V_3 = V' - (V_1 + V_2)$$	D_3——第一絮凝室三段直径，m； δ_3——第一絮凝室池底板厚度，m； H_7——第一絮凝室高度，m； D_4——伞形板延长线与池壁交点处直径，m； ω_6——回流缝面积，m^2； Q''——泥渣回流量，m^3/s； u_4——泥渣回流缝流速，m/s，$u_4 = 0.10 \sim 0.20$； B_2——回流缝宽度，m； D_5——伞形板下端圆柱直径，m； δ_4——第一絮凝室与分离室间裙板厚度，m； H_8——伞形板下接圆柱体高度，m； H_{10}——伞形板离池底高度，m； H_9——伞形板锥部高度，m； V_1——第一絮凝室容积，m^3； V_2——第二絮凝室容积，m^3； V_3——分离室容积，m^3； V'——池净容积，m^3，$V' = V/1.04$

项　目	公　式	说　明
集水槽	$h_2 = \dfrac{q}{u_5 b}$	h_2——槽终点水深，m^3； q——槽内流量，m^3/s； u_5——槽内流速，m/s，$u_5 = 0.4 \sim 0.6$； b——槽宽，m； h_1——槽起点水深，m； h_k——槽临界水深，m； i——槽底坡； l——槽长度，m
	$h_1 = \sqrt{\dfrac{2h_k^2}{h_2} + \left(h_2 - \dfrac{il}{3}\right)^2} - \dfrac{2}{3}il$	
	$h_k = \sqrt[3]{\dfrac{aQ^2}{gb^2}}$	
排泥及排水	$V_4 = 0.01V'$	V_4——污泥浓缩室总容积，m^3； T_0——排泥周期，s； P——浓缩泥渣含水率，%，98% 左右； ρ——浓缩泥渣密度，t/m^3； S_1——进水悬浮物含量，g/m^3； S_4——出水悬浮物含量，g/m^3； q_1——排泥流量，m^3/s； ω_0——排泥管断面积，m^2； μ——流量系数； h——排泥水头，m； d——排泥管直径，m； ξ——局部阻力系数； λ——摩阻系数，可取排泥管 $\lambda=0.03$； t_0——排泥历时，s； V_5——单个污泥浓缩室容积，m^3
	$T_0 = \dfrac{10^4 V_4 (100-P)\rho}{(S_1 - S_4)Q}$	
	$q_1 = \mu\omega_0\sqrt{2gh}$	
	$\mu = \dfrac{1}{\sqrt{1 + \dfrac{\lambda l}{d}\sum\xi}}$	
	$t_0 = \dfrac{V_5}{q_1}$	

为清楚上述公式的应用，机械澄清池计算简图如图 6.35 所示。

机械搅拌澄清池的优点：①处理效果好，稳定；②适用于大、中水厂。缺点：①维修维护工作量大；②启动时有时需要人工加土和加大加药量。

2. 水力循环澄清池

水力循环澄清池是借进水喷射形成真空，引起高浓度泥渣回流循环并与加过药剂的原水充分混合，促进混凝反应和接触凝聚，加速泥水分离。同机械澄清池一样，存在第一絮凝室、第二絮凝室、分离室和污泥浓缩室，其与机械澄清池不同之处在于其利用一定速度的原水形成真空而实现原水与药水以及泥渣的混合和循环，而机械澄清池则利用搅拌机械的提升和搅拌功能，其结构图如图 6.36 所示。

水力循环澄清池的优点：不需机械搅拌，结构简单。水力循环澄清池的缺点：反应时间短，运行不稳定，泥渣回流控制较难，不能适应水温、水质、水量的变化，只能用于小水厂，现在已经不常用。

3. 澄清池与沉淀池的区别

(1) 工艺过程不同（原理）。沉淀池是设置在絮凝反应池之后，依靠絮凝体颗粒的重力来进行分离的水处理过程，而澄清池将絮凝、沉淀合二为一，利用接触絮凝的原理，在一个构筑物中完成药剂与原水混合、絮凝以及分离 3 个单元的处理构筑物，澄清池中泥渣浓度远远高于沉淀池中的颗粒浓度。泥渣层对水中的颗粒还起到一定的过滤作用，去除悬

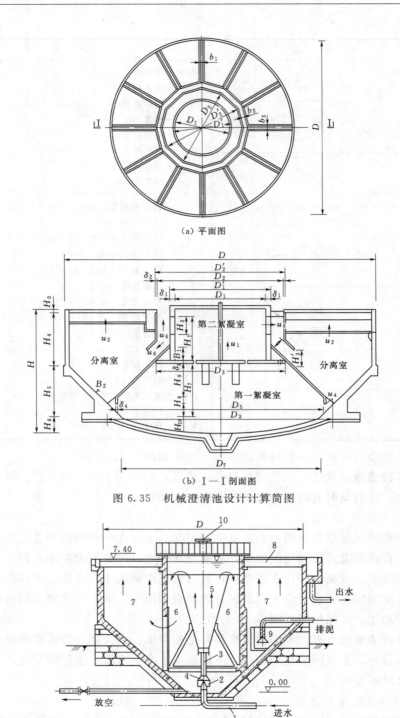

(a) 平面图

(b) Ⅰ—Ⅰ剖面图

图 6.35 机械澄清池设计计算简图

图 6.36 水利循环澄清池示意图

1—进水管；2—喷嘴；3—喉管；4—喇叭管；5—第一絮凝室；6—第二絮凝室；

7—分离室；8—集水槽；9—泥渣浓缩室；10—升降螺杆

浮物的效果更加显著。

（2）泥渣利用情况。沉淀池中沉到池底的泥渣没有进行二次利用，而澄清池则充分利用了沉淀污泥的剩余絮凝活性，大大减小了絮凝剂的投加量，降低了运行成本。

4. 澄清池的运行管理

澄清池中保持较高的泥渣浓度，使得与加过絮凝剂的原水中杂质颗粒具有更多的接触碰撞机会，且因回流泥渣与杂质粒径相差较大，泥渣层同时起到过滤的作用，故絮凝效果好，尤其适用于低温低浊度以及含藻量高的原水的处理，其运行管理中需重点抓好投药和排泥两个环节。

（1）投药环节。投药适量，不应中断，并能随水量、水质的变化及时调整。

（2）排泥环节，掌握悬浮层浓度变化和泥渣浓缩室的积泥规律，按排泥周期、排泥时间及时排泥。

方法如下：

1）观察悬浮泥渣层的界面上升到预定位置时，开始排泥。

2）从反应室出口取样，测定 5min 泥渣沉降比达 10%～15% 时，就需排泥。

另外，在原水浊度变化不大或在洪水季节浊度较稳定时，可按规定时间排泥；正常运转过程中，进水管进水不应突然增加或减少；澄清池不宜间歇运行，停池时间不应超过 2h。

针对原水，为提高澄清效果，提高混凝效果可加助凝剂：

（1）原水碱度不足，形成的矾花细小时，可加石灰。

（2）污染严重的水源，可采用二氧化氯预氯化，杀死藻类和氧化去除有机物。

（3）对低浊度原水，可经常或不定期加入适当泥土，以增加泥渣量。

6.2.6　沉淀池工程设计计算实例

以向上流斜管沉淀池设计计算为例介绍。

【例 6.2】　已知条件：设计水温为 20℃，设计进水量为 1260m³/d，管内流速 $v_0 = 2.5$mm/s，颗粒沉降速度 $u_0 = 0.3$mm/s，采用蜂窝六边形塑料斜管，斜管内切圆直径 $d = 30$mm，管长 1.0m，斜管倾角 $\theta = 60°$。

（1）计算斜管沉淀池尺寸，注意：池体面积利用系数 0.95。

（2）计算斜管沉淀池池深，其中超高 0.3m，清水区水深 1.0m，配水区高度 1.50m，泥槽高度 0.8m。

（3）计算斜管内停留时间。

（4）复核管内雷诺数。

（5）斜管沉淀池尺寸。

解：

（1）计算斜管沉淀池尺寸。

1）斜管面积。斜管总平面面积：

$$A_1 = \frac{Q}{3.6 v_0 \sin\theta} = \frac{1260 \times 1000}{24 \times 3600 \times 2.5 \times 0.866} = 6.73(\text{m}^2)$$

2）平面尺寸。沉淀池与絮凝反应池［例 6.1］合建，参照絮凝池宽度 4.00m，故沉淀池宽度选用 $B = 4.00$m。

因斜管呈 60°放置，故靠近进水口一端池壁的一部分沉淀池不能被利用，斜管长 1m，这部分无效面积为 $A_2 = BL\cos\theta = 4 \times 1 \times 0.5 = 2.00(\text{m}^2)$。

故沉淀池应有总平面积为

$$A = A_1 + A_2 = 6.73 + 2.0 = 8.73(\text{m}^2)$$

沉淀池长度为

$$L = \frac{A}{B} = \frac{8.73}{4.00} = 2.22(\text{m})$$

取 $L = 2.50\text{m}$。

因此沉淀池平面尺寸为 4.00m×2.5m，进水由边长为 2.00m 一侧流入。

液面负荷 $U_0 = Q/A_1 = 1260/[24 \times (4.00 \times 2.50 - 0.5 \times 4.00)] = 6.55[\text{m}^3/(\text{m}^2 \cdot \text{h})]$，此值在 5.0~9.0$\text{m}^3/(\text{m}^2 \cdot \text{h})$《室外给水设计规范》(GB 50013—2006) 范围内，满足要求。

（2）计算斜管沉淀池池深。

超高 $H_1 = 0.3\text{m}$；清水区高度 $H_2 = 1.00\text{m}$；斜管区高度 $H_3 = 1.00\text{m}$；配水区高度 $H_4 = 1.50\text{m}$；积泥区高度 $H_5 = 0.80\text{m}$；泥斗倾角 $\theta = 60°$。

沉淀池总高度

$$H = H_1 + H_2 + H_3 + H_4 + H_5 = 0.30 + 1.00 + 1.00 + 1.50 + 0.80 = 4.50(\text{m})$$

（3）计算斜管内停留时间。

1）水在斜管内的上升流速为

$$v_{上} = v_0\sin\theta = 2.5\sin60° = 2.17\text{mm/s}$$

2）停留时间为

$$T = \frac{1}{v_{上}} = \frac{1.00 \times 1000}{2.17} = 460.83(\text{s}) = 7.68\text{min}$$

（4）复核管内雷诺数。

雷诺数：

$$Re = \frac{Rv_0}{\nu}$$

式中　R——水力半径；

　　　v_0——管内流速；

　　　ν——水的运动黏度。

其中

$$R = \frac{d}{4} = 7.50\text{mm} = 0.750\text{cm}$$

$$v_0 = 2.5\text{mm/s} = 0.25\text{cm/s}$$

$$\nu = 0.01\text{cm}^2/\text{s}(当\ t = 20℃时)$$

则 $Re = 0.750 \times 0.25 \div 0.01 = 18.75 < 500$，满足要求。

（5）斜管沉淀池尺寸。

池型：矩形。

尺寸：$L = 2.50\text{m}$；$B = 4.00\text{m}$；$H = 4.70\text{m}$。

6.3　过滤

6.3.1　过滤概述

过滤是混凝、沉淀之后进一步降低水中的杂质，达到生活饮用水标准的工艺过程。因为混凝沉淀之后水中浑浊度约为 10NTU，含有微小的絮凝颗粒（即 $2\sim3\mu m$ 的颗粒）需要进一步去除。

过滤的主要意图是去除水中悬浮体系中微量的残留悬浮物如胶体、藻类、细菌及絮凝剂等。过滤是指以石英砂、无烟煤等粒状材料滤料截留水中悬浮杂质，使水获得澄清的过程。

在饮用水的净化工艺中，有时絮凝池、沉淀池和澄清池可以省略，但滤池是地表水厂中不可缺少的净水构筑物，它是将沉淀池出来的浊度约 10NTU 左右的水进一步加以处理，以去除水中残留的细小悬浮物颗粒及微生物的过程，使之成为低浊度水。

过滤的主要作用如下：

（1）去除水体中的悬浮物，使沉淀池出水的浊度从 10NTU 左右进一步降低，达到饮用水质标准。

（2）过滤能去除水中有机物、细菌、病毒等，去除率大约为 70%～80%。

（3）残留于滤后水中的细菌、病毒、有机物，失去浑浊度（物质）的保护或依存而大部分呈裸露状态，为消毒杀菌创造了条件。

滤池的形式有许多种，从不同角度分类也多样。按照过滤的速度分类，可分为慢滤池和快滤池；按照滤料层的结构则可分为单层滤料滤池、双层滤料滤池和多层滤料滤池；按照滤池的阀门配置，可分为四阀滤池（普通快滤池）、双阀滤池、无阀滤池、虹吸滤池和单阀滤池等；按照滤池的运行方式，可分为连续滤池和间隙运行式滤池；按照过滤过程中的驱动力，则可分为重力式滤池和压力式滤池；按照冲洗方式，则可分为单纯水反冲洗和气水反冲洗两种形式。

现在应用较多的是快滤池，主要的滤池类型有普通快滤池、重力无阀滤池、虹吸滤池、移动罩滤池、V 型滤池等。

虽然滤池的种类有多种多样，但滤池的工作过程和工作原理基本一样，即过滤和冲洗交错运行，在本节中以普通快滤池为例讲授滤池的过滤机理、反冲洗机理，然后就不同的滤池，其不同特点以及设计计算方法进行介绍。

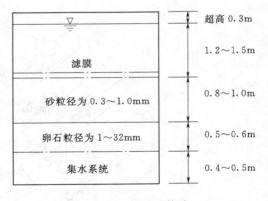

图 6.37 慢滤池构造

6.3.2 慢滤池和快滤池

1. 慢滤池

慢滤池于 1826 年在英国伦敦首先建立，所以也称为英国滤池，其构造如图 6.37 所示。

慢滤池的进水浊度宜小于 20NTU，滤料宜采用石英砂，滤料的粒径宜在 0.3～1.0mm，滤层厚度宜为 0.8～1.0m，滤料表面以上的水深宜在 1.2～1.5m，过滤滤速较慢，一般滤速 $v=0.1\sim0.3m/h$。慢滤池是最早出现的用于水处理的过滤设备，能有效地去除水的色度、嗅和味，见表 6.13。由于慢滤池占地面积大、操作麻烦、寒冷季节时其表层容易冰冻，在城镇水厂中使用的慢滤池逐渐被快滤池所代替。

表 6.13 慢滤池的进水条件与出水水质

进 水 条 件	出 水 水 质	细菌去除率/%	颗粒去除率/%
1. 浊度 10NTU 以下； 2. 总大肠菌类 10~1000 个/100mL； 3. 藻类不要太多； 4. 10000 人以下的给水处理	1. 悬浮物 SS＜1.0NTU； 2. 总大肠菌类＜1 个/100mL	1. 细菌总数 99%； 2. 能去除逗号弧菌	1. 2.7~7μm，99%； 2. 7~12μm，99.9%，较大颗粒，99%~99.9%

慢滤池的工作条件：

（1）出水浊度可接近于 0，而且能很好地去除细菌、嗅味、色度，水质很好，可直接饮用。

（2）过滤速度 $v=0.1\sim0.3$m/h。

（3）在滤料表面几厘米砂层中形成发黏的滤膜，这层滤膜是一些细菌、藻类和原生动植物繁殖的结果，形成滤膜大约需要一到两周。

（4）滤池工作 1~6 个月后，表面滤料被淤泥堵塞，需人工将表面将表面 1~2cm 砂刮出来清洗，再重新铺装。

慢滤池的优缺点如下：

（1）优点：水质好，能去除细菌、病毒，去除率达 98%~99%，可直接饮用。

（2）缺点：生产效率太低，占地面积较大，如生产量为 2000m³/h 的水厂，需占滤池面积 2000/0.2＝10000m²＝1hm²。另外，慢滤池砂的清洗很费时间，很费人工，劳动强度较大。

2. 快滤池

在慢滤池出现后大约 60 年，即 1884 年快滤池被提出，普通快滤池构造如图 6.38 所示。其工作过程可分为过滤过程和反冲洗过程。

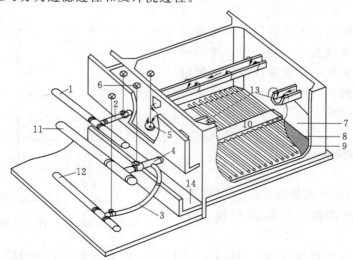

图 6.38 普通快滤池构造图

1—进水总管；2—进水支管；3—清水支管；4—冲洗水支管；5—排水阀；6—浑水渠；
7—滤料层；8—承托层；9—配水支管；10—配水干管；11—冲洗水总管；
12—清水总管；13—冲洗水排水槽；14—废水排水渠

从图 6.38 可知,快滤池包含 4 个主要系统,即进水系统、过滤系统、集水系统和反冲洗系统。滤料层厚度一般为 0.7~0.8m,滤料采用石英砂,粒径为 0.5~1.2mm,并且 $K_{80}=2.0$ 左右,滤料层以上水深 $H=1.50~2.00m$,进水浊度一般在 10NTU 左右,出水可以达到饮用水质标准。滤池过滤速度在 7~12m/h。可见其过滤速度远高于慢滤池的过滤速度(0.1~0.3m/h),因此称为快滤池。

(1)过滤过程。过滤时开启进水支管 2 与清水支管 3 的阀门。关闭冲洗水支管 4 阀门与排水阀。浑水就经进水总管 1、支管 2 从浑水渠 6 进入滤池。经过滤料层 7、承托层 8 后,由配水系统的配水支管 9 汇集起来再经配水系统干管 10、清水支管 3、总管 12 流往清水池。浑水流经滤料层时,水中杂质即被截流。随着滤层中杂质截留量的逐渐增加,滤料层中水头损失也相应增加,一般当水头损失增至一定程度以致滤池产水量锐减,或由于过水质不符合要求时,滤池便需停止过滤进行冲洗。

(2)反冲洗过程。反冲洗时,关闭进水支管 2 与清水支管 3 阀门。开启排水阀 5 与冲洗水支管 4 阀门。冲洗水即由冲洗水总管 11、冲洗水支管 4,经配水系统干管 10、配水支管 9 及支管上的许多孔眼流出,由上而下穿过承托层 8 及滤料层 7 均匀地分布于整个滤池平面上。滤料层在由下而上均匀分布的水流中处于悬浮状态,滤料得到清洗。冲洗废水流入冲洗排水渠 13,再经浑水渠 6、排水管和废水渠 14 进入下水道。冲洗一直进行到滤料基本洗干净为止。冲洗结束后,过滤重新开始。从过滤开始到冲洗结束的一段时间称为快滤池的一个工作周期。从过滤开始至过滤结束称为过滤周期,相应的从反冲洗开始到反冲洗结束称为冲洗周期。

快滤池的产水量决定于滤速(以 m/h 计)。滤速相当于滤池负荷。滤池负荷以单位时间内单位过滤面积上的过滤水量计,单位为 $m^3/(m^2 \cdot h)$。当进水浊度在 15NTU 以下时,单层砂滤池的滤速约 7~9m/h,双层滤料滤速约 9~12m/h,多层滤料滤速一般可用 16~18m/h。

工作周期也直接影响滤池产水量。因为工作周期长短涉及滤池实际工作时间和冲洗水量的消耗。周期过短,滤池日产水量减少。一般工作周期为 12~24h。

6.3.3 颗粒滤料及承托层

6.3.3.1 颗粒滤料

1. 滤料的要求

用于给水处理的滤料,必须符合以下要求:

(1)具有足够的机械强度,以防止冲洗时滤料产生严重磨损和破坏现象。

(2)具有足够的化学稳定性,以免滤料与水产生化学反应而恶化水质,尤其不能含有对人体健康和生产有害的物质。

(3)具有一定的颗粒粒度级配和适当的孔隙率,尤其外形近于球形的颗粒孔隙率大,表面比较粗糙者,其比表面积大的好。

(4)滤料应尽量就地取材,货源充足,价廉。

2. 滤料的种类

石英砂是目前最常用的滤料;在双层、多层滤料中常用的还有无烟煤、石榴石、钛铁矿、磁铁矿、金刚砂等。活性炭滤池中,使用粒状活性炭;硅藻土滤池中,用硅藻土;轻质滤料（聚苯乙烯塑料珠、陶粒）。

双层和多层滤料效果较好，但无烟煤、磁铁矿、石榴石等滤料来源和加工上有一定困难，价格比较昂贵。

3. 表征滤料性能的参数

滤料如何选择，滤料的性能如何，这由其表征性能的参数确定。表征滤料性能的参数主要有：滤料的比表面积 a、有效粒径 d_{10} 和不均匀系数 K_{80}、最大粒径 d_{max} 和最小粒径 d_{min}、滤料的当量粒径、球度系数 Φ 与形状系数 α、滤料的孔隙率 m。

（1）滤料的比表面积。单位体积滤层中滤料的表面积称为滤料的比表面积，对于粒径不相等的非均匀滤料，可以看作是由许多粒径相同的均匀滤料所组成。单位为 cm^2/g 或 cm^2/cm^3。

$$a = \sum a_i \Delta p_i \tag{6.45}$$

式中　Δp_i——粒径 d_i 的组分在滤料中所占的权重。

（2）有效粒径 d_{10} 和不均匀系数 K_{80}。粒径级配可以用滤料的有效粒径和不均匀系数表示，关系如下：

$$K_{80} = d_{80}/d_{10} \tag{6.46}$$

式中　d_{10}——通过滤料重量 10% 的筛孔孔径，反映小颗粒所占比例，是产生水头损失的主要部分，砂滤池 $d_{10} = 0.5 \sim 0.6mm$；实验表明：若滤料 d_{10} 相等，即使其级配曲线不一样，过滤时产生的水头损失仍然相近，由此可知造成水头损失有效部分正是粒径小于 d_{10} 的那些颗粒，所以把 d_{10} 称为有效粒径；

d_{80}——通过滤料重量 80% 的筛孔孔径，反映大颗粒所占比例；

K_{80}——反映了颗粒滤料的均匀程度。K_{80} 如果过大（滤料粗细相差大），则对过滤和反冲洗都不利：过滤时，杂质积在表层，滤层含污能力减少；反冲洗时，冲洗强度满足粗颗粒膨胀的要求时，细颗粒容易冲出滤池，而冲洗强度满足细颗粒膨胀的要求时，粗颗粒则冲洗不干净。

如果 K_{80} 越接近于 1，滤料越均匀，过滤和反冲洗效果越好，但滤料价格提高。

滤池一般控制在 $K_{80} = 2.0$ 左右。

（3）最大粒径 d_{max} 和最小粒径 d_{min}。在生产中常用 d_{max}、d_{min} 控制滤料粒径分布，采用有效粒径筛选滤料。

常用的滤料性能参数见表 6.14。

（4）滤料的当量粒径。滤料的当量粒径是指一假想的均匀滤料的粒径，这个均匀滤料的比表面积与实际的不均匀滤料的比表面积相等。

（5）滤料的形状。滤料颗粒形状影响滤层中的水头损失和滤层孔隙率。通常采用颗粒球度系数 Φ 与形状系数 α 来表征。

球度系数 Φ 定义为：$\Phi =$ 同体积球体表面积/颗粒实际表面积。

形状系数 α 定义为：$\alpha = 1/\Phi$。

表 6.14   滤 料 级 配 与 滤 速

类 别	滤 料 组 成			滤速/(m/h)	强制滤速/(m/h)
	粒径/mm	不均匀系数 K_{80}	厚度/mm		
单层石英砂滤料	$d_{max}=1.2$ $d_{min}=0.5$	<2.0	700	7~9	9~12
双层滤料	无烟煤 $d_{max}=1.8$ $d_{min}=0.8$	<2.0	300~400	9~12	12~16
	石英砂 $d_{max}=1.2$ $d_{min}=0.5$	<2.0	400		
三层滤料	无烟煤 $d_{max}=1.6$ $d_{min}=0.8$	<1.7	450	16~18	18~24
	石英砂 $d_{max}=0.8$ $d_{min}=0.5$	<1.5	230		
	重质矿石 $d_{max}=0.5$ $d_{min}=0.25$	<1.7	70		
均匀级配粗砂滤料	$d_{max}=1.2$ $d_{min}=0.9$	<1.4	1200~1500	8~10	10~13

注 滤料密度一般为：石英砂 $2.50\sim2.70\text{g/cm}^3$，无烟煤 $1.40\sim1.60\text{g/cm}^3$，重质矿石 $4.40\sim5.20\text{g/cm}^3$。

表 6.15 列出了常见的滤料形状与其球度系数和形状系数，滤料颗粒的形状示意如图 6.39 所示。

表 6.15   滤料颗粒的形状及其球度系数、形状系数和孔隙率

序号	形状描述	球度系数	形状系数	孔隙率
1	圆球形	1.0	1.00	0.38
2	圆形	0.98	1.02	0.38
3	已磨蚀的	0.94	1.06	0.39
4	带锐角的	0.81	1.23	0.40
5	有角的	0.78	1.28	0.43

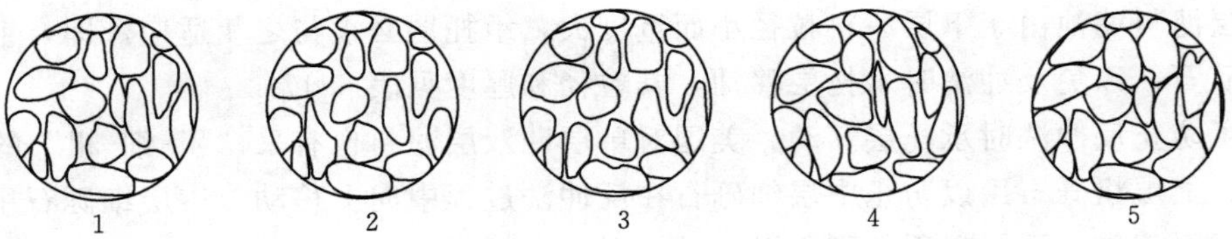

  1   2   3   4   5

图 6.39 滤料颗粒形状示意图

（6）滤料层的孔隙率。滤料层的孔隙率指整个滤层中孔隙总体积于整个滤层的堆积体积之比。

测定方法：取一定量的滤料，在105℃下烘干称重，并用比重瓶测出其密度，然后放入过滤筒中，用清水过滤一段时间后，量出滤层体积，则孔隙率为

$$m = 1 - \frac{G}{\rho V} \tag{6.47}$$

式中　G——烘干后的滤料，g；

ρ——滤料的密度，g/cm³；

V——滤料层的堆积体积，cm³。

石英砂的孔隙率一般在0.42左右，无烟煤0.5～0.6，陶粒0.45～0.60。

4. 双层及多层滤料级配应注意的问题

无烟煤-石英砂组成的双层滤料使用较为普遍，但应注意两个问题，即如何预示不同种类滤料相互混杂的程度和滤料混杂对过滤有何影响。

一种观点认为，煤-砂交界面上适度的混层，可避免交界面上积聚过多杂质而使水头损失增长较快，故适度混杂是有益的。

而另一种认为，煤-砂交界面上不应有混杂现象。因为煤层起截留大量杂质作用，砂层则起精细过滤作用，而界面分层清晰，起始水头损失将较小。

实际上煤-砂交界面上不同程度的混杂是很难避免的，生产实践表明在煤-砂交界面上混杂厚度在5cm左右对过滤有益而无害。

6.3.3.2　承托层

承托层设置于滤料与反冲洗配水系统之间，由一定级配的卵石颗粒组成，主要作用是支承滤料，防止滤料从配水系统中流失。同时还起到均匀分布冲洗水的作用。

单层和双层滤料滤池采用大阻力配水系统，承托层采用天然卵石或砾石，其粒径和厚度见表6.16。

表 6.16　　　　　　　　　快滤池大阻力配水系统承托层粒径和厚度

层次（自上而下）	粒径/mm	厚度/mm
1	2～4	100
2	4～8	100
3	8～16	100
4	16～32	本层顶面高度至少高于配系统孔眼100

三层滤料滤池由于下层滤料粒径小而重度大，承托层必须与之相适应。即，上层应采用重质矿石，以免反冲洗时承托层移动，其粒径和厚度见表6.17。

为了防止反冲洗时承托层移动，美国对单层和双层滤料也有采"粗-细-粗"的砾石分层方式。上层粗砾石用以防止中层细砾石在反冲洗过程中向上移动，中层细砾石用以防止石英砂滤料流失，下层粗砾石则用以支承中层粗砾石。这种分层方式，亦可应用于三层滤料滤池。具体粒径级配和厚度，应根据配水系统类型和滤料级配确定。例如，设承托层共分7层，则第1层和第7层粒径相同，粒径最大。第2层和第6层、第3和第5层的粒径

表 6.17 三层滤料滤池承托层材料、粒径和厚度

层次（自上而下）	材 料	粒径/mm	厚度/mm
1	重质矿石（如石榴石、磁铁矿等）	0.5～1.0	50
2	重质矿石（如石榴石、磁铁矿等）	1～2	50
3	重质矿石（如石榴石、磁铁矿等）	2～4	50
4	重质矿石（如石榴石、磁铁矿等）	4～8	50
5	砾石	8～16	100
6	砾石	16～32	本层顶面高度至少高于配系统孔眼 100

也对应相等，仍依次减少，而中间的第 4 层粒径最小。这种级配分层方式，承托层总厚度不一定增加，而是将每层的厚度适当减小。

如果采用小阻力配水系统，承托层可以不设，或者适当铺设一些粗砂或细砾石，视配水系统具体情况而定。

6.3.4 快滤池过滤理论

以单层砂滤池为例，其滤料粒径通常为 0.5～1.2mm，滤层厚度一般为 70cm，经反冲洗水力分选后，滤料粒径自上而下大致按照由细到粗依次排列，称滤料的水力分级，滤层中孔隙尺寸也因此由上而下逐级增大。设表层细砂粒径为 0.5mm，以球体计，滤料颗粒之间的孔隙尺寸约 80μm。但是，进入滤池的悬浮物颗粒尺寸大部分小于 30μm 仍然能被滤池截留下来，而且在滤池深处，孔隙大于 80μm 也会被截留，说明过滤显然不是机械筛滤作用的结果。经过众多研究者的研究，认为过滤主要是悬浮颗粒与滤料颗粒之间黏附作用的结果。

水流中的悬浮颗粒能够黏附于滤料颗粒表面上，涉及两个问题：①被水流夹带的颗粒如何与滤料颗粒表面接近或接触，这就涉及颗粒脱离水流流线而向滤料颗粒表面靠近的迁移机理；②当颗粒与滤料表面接触或接近时依靠哪些力的作用，使得它们黏附于滤料表面上，这就涉及黏附机理。

1. 颗粒迁移

滤料孔隙的水流一般属于层流状态，被水流夹带的颗粒随着水流流线型运动，它之所以会脱离流线而与滤料表面接近，完全是物理-力学作用。一般认为有以下几种作用引起：拦截、沉淀、惯性、扩散和水动力作用等。图 6.40 为上述几种迁移机理的示意图。

沉淀作用：对于滤料堆积后的滤料层，其颗粒空隙非常小，如对于颗粒粒径为 0.5mm 的滤料而言，其孔隙尺寸大概为 80μm。但水从空气中流过时水流速度非常小，$Re<2$，水流呈层流状态，颗粒在其中沉淀类似于沉淀池，即可把整个滤料层看作类似于层层叠起的一个多层微小沉淀池，利用巨大的沉淀面积，以截留水中微小杂质，如粒径为 0.5mm 的 1m³ 砂粒，可提供有效沉淀，面积达 400m² 左右，相当于同等负荷沉淀池，它能去除的杂质粒径约为沉淀池的 1/20 左右。

扩散作用：经过沉淀后水体中的颗粒非常小，其在水体中做无规则的布朗运动时会扩展至颗粒滤料表面而与滤料接触。

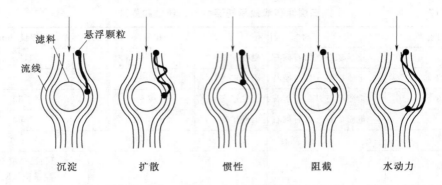

图 6.40 颗粒迁移机理示意图

惯性作用：颗粒随着水流运动时，水流因滤料的阻挡而改变流动方向，但因颗粒具有保持其运动方向和运动速度大小的惯性作用而脱离流线与滤料表面接触。

拦截作用：颗粒尺寸较大时，处于流线中的颗粒会直接碰到滤料表面产生拦截作用。

水动力作用：在滤料空隙中运动的水流处于层流的状态，类似于圆管流，其自滤料表面到水流中心，存在速度梯度，水中的颗粒在速度梯度作用下，会产生转动而脱离流线而与滤料表面接触。

对于上述几种颗粒迁移机理，目前只能定性描述其相对作用大小，还无法定量估算，即哪一种机理在滤料滤除颗粒的作用中起到的具体作用是多大。可能几种机理同时存在，也可能只有其中某些机理起作用，因影响因素如滤料尺寸、形状、滤速、水温、水中颗粒尺寸、形状、密度等较复杂。

2. 颗粒黏附机理

黏附作用是一种物理化学作用，取决于颗粒表面的性质和滤料表面的物理化学性质，即借范德华力和静电力相互作用以及某些化学键、某些特殊的化学吸附力，经过絮凝沉淀处理后水体中剩余的微小絮凝颗粒被黏附在滤料颗粒表面上，或黏附在滤料表面上原先黏附的颗粒上。此外，絮凝颗粒的架桥作用也会存在。黏附作用主要取决于滤料和水中颗粒的表面物理化学性质。未经脱稳的悬浮物颗粒过滤效果就很差，另外在过滤过程中，特别是过滤后期，当滤层中的空隙尺寸逐渐减小时，表层滤料的筛选作用也不能完全排除，但这种现象并不希望发生。

综上所述，普通快滤池工作的特点如下：

（1）必须加混凝剂后过滤，才能有效地去除浑浊度、胶体颗粒。

（2）去除浑浊度主要不是靠筛滤、沉淀作用，而是靠接触絮凝作用，这是胶体双电层被压缩后，被吸附在砂砾表面上，或吸附于已附有胶粒的砂粒表面。

上述滤池中，颗粒迁移和黏附的机理称为滤池过滤的接触絮凝理论。

接触絮凝理论显示了强大的生命力，在过滤机理上占有重要位置，根据这些理论概念：

（1）提出了多层滤料，以提高滤速。

（2）低浊度原水加入混凝剂后，不经混凝沉淀而直接过滤的"接触过滤"或"微絮凝过滤"。

接触过滤：加药后直接进入滤池。

微絮凝过滤：原水加药后→微絮凝池→滤池。

这种加入药剂的原水直接进入滤池，胶体的絮凝作用系在滤料孔隙中进行，并被滤料颗粒所吸附，一次完成杂质的分离。

但是在快滤池工作过程中，也不应完全排除筛滤和沉淀作用的存在，如滤料孔隙由于截留杂质的积累而逐渐变小，筛滤作用将是难免的，尤其是表层滤料。

3. 滤料层截留杂质的规律

对于黏附在滤料表面上的颗粒，其除了受滤料对其的黏附力之外，还存在由于空隙中水流的流动而产生的剪切力作用，其作用的效果是迫使黏附于滤料上的颗粒脱落下来，黏附力和水流剪切力的相对大小决定了颗粒黏附和脱落的程度。

图 6.41 中 F_{a1} 表示颗粒 1 与滤料表面的黏附力，F_{a2} 表示颗粒 2 与滤料表面的黏附力；F_{s1} 表示颗粒 1 所受到的平均水流剪力，F_{s2} 表示颗粒 2 所受到的平均水流剪力。过滤初期，滤料较干净，孔隙率较大，空气流速较小，水流潜力较小，因而黏附作用占优。随着过滤时间的延长，滤料中杂质较多，孔隙率逐渐减少，水流剪力逐渐增大，以致最后附上的颗粒（颗粒 3）将首先脱落下来，或者被水流夹带的后续不再有黏附现象，于是，悬浮颗粒会向下层推移，下层滤料截留作用渐次得到发挥。

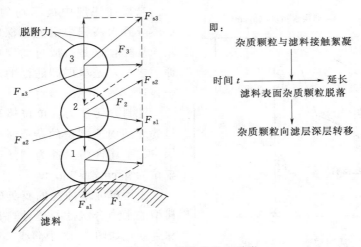

图 6.41　颗粒黏附于脱附

然而，往往是下层滤料截留悬浮颗粒作用远未得到充分发挥时，过滤就得停止。这是因为，滤料经反冲洗后，滤层因膨胀而分层，表层滤料粒径最小，黏附比表面积最大，截留悬浮颗粒量最多，而孔隙尺寸又最小，因而，过滤到一定时间后，表层滤料间孔隙将逐渐被堵塞，甚至产生筛滤料作用而形成泥膜，使过滤阻力剧增。其结果，在一定的过滤水头下滤速剧减（或在一定约束下水头损失达到极限值），或者因滤层表面受力不均匀而使泥膜产生裂隙时，大量水流将自裂隙中流出，以致悬浮杂质穿过滤层而使出水水质恶化。当上述两种情况之一出现时，过滤将被迫停止。

快滤池出水的浊度水随过滤时间的变化如图 6.42 所示。出水浊度不符合饮用水水质标准时，即达到过滤周期结束，需对滤池进行反冲洗。

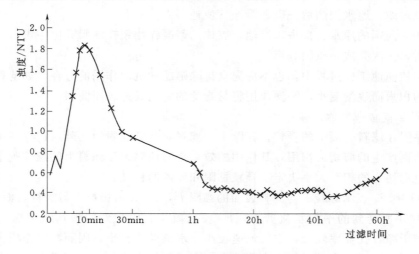

图 6.42　快滤池过滤时出水浊度随时间的变化

在通常情况下，过滤工作周期结束时，杂质在滤层中的分布示意图如图 6.43 所示。由图 6.43 可见，滤料截留杂质颗粒时上层最多，越往下越少。

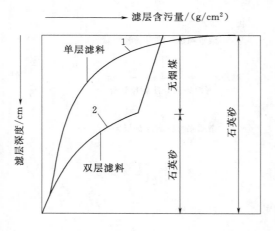

图 6.43　滤料层含污量的变化

杂质在滤层中极不均匀的分布规律，必然导致水头损失沿滤层深度极为不利的增长规律，这是造成过滤周期缩短的主要原因之一，是单层砂滤池的严重弱点的又一体现。

滤料含污能力：单位体积滤料在一个过滤周期内所截留的杂质量。单位体积滤层中的平均含污量称为"滤层含污能力"，单位为 g/cm^3 或 kg/m^3。

采用单纯水冲洗的石英砂滤料滤池是典型的水力分级滤料滤池，其含污能力随深度变化如图 6.43 中曲线 1 所示。

为改进单层滤料滤池的缺点，便出现了双层滤料、三层滤料或均质滤料等滤层组成，如图 6.44（b）所示。多层滤料接近理想滤料滤池，最常见为双层和 3 层滤料滤池。双层滤池其含污量随深度的变化如图 6.43 中的曲线 2 所示。可见，对于双层滤料滤池，上层的无烟煤滤料层起到了截留大部分颗粒杂质的作用，而下沉的石英砂滤料层则起到了精细过滤作用，控制着滤池的出水水质。

双层滤料组成：上层采用重度较小、粒径较大的轻质滤料（如无烟煤）、下层采用重度较大、粒径较小的重质滤料（如石英砂）。由于两种滤料重度差，在一定的反冲洗强度下，反冲洗后轻质滤料仍在上层，重质滤料位于下层，如图 6.44（a）所示。虽然每层滤料粒径仍由上而下递增，但就整个滤层而言，上层平均粒径总是大于下层平均粒径。实践证明，双层滤料含污能力较单层滤料约高 1 倍以上。在相同滤速下，过滤周期增长；在相同过滤周期内，滤速可提高。

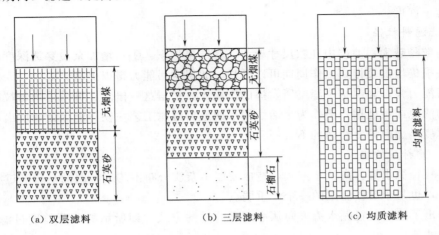

（a）双层滤料　　　　（b）三层滤料　　　　（c）均质滤料

图 6.44　几种滤料的组成

三层滤料组成为：上层为大粒径、小密度的轻质滤料（如无烟煤），中层为中等粒径、中等密度的滤料（如石英砂），下层采用重度较大、粒径较小的重质滤料（如石榴石），如图 6.44（b）所示。各层滤料平均粒径由上而下递减。如果 3 种滤料经反冲洗后在整个滤层中适当混杂，即滤层的每一横断面上均有煤、砂、重质矿石 3 种滤料存在，则称"混合滤料"。尽管称之为混合滤料，但绝非 3 种滤料在整个滤层内完全均匀地混合在一起，上层仍以煤粒为主，掺有少量砂、石；中层仍以砂粒为主，掺有少量煤、石；下层仍以重质矿石为主，掺有少量砂、煤。平均粒径仍由上而下递减，否则就完全失去三层或混合滤料的优点。这种滤料组成不仅含污能力大，且因下层重质滤料粒径很小，对保证过滤后的出水水质有很大作用。

均质滤料组成：所谓"均质滤料"，并非指滤料粒径完全相同（实际上很难做到），滤料粒径仍存在一定程度上的差别（差别比一般单层级配滤料小），而是指沿整个滤层深度方向的任意横断面上，滤料组成和平均粒径均匀一致，如图 6.44（c）所示。要做到这一点，必要的条件是反冲洗时滤料层不能膨胀。当前应用较多的气水反冲滤池就属于均质滤料池。这种均质滤料层的含污能力显然也大于上细下粗的级配滤层。

总之，滤层组成的改变，是为了改善单层级配滤料层中杂质的分布状况，提高滤层含污能力，相应地也会降低滤层中水头损失增长速率。无论采用双层、三层或均质滤料，滤池构造和工作过程与单层滤料滤池无多大差别。

6.3.5　影响滤层中杂质分布状况的因素

影响杂质在滤层中分布规律的众多因素中，值得提出的是滤速、滤料粒径、形状和级配、进水水质、水温、凝聚微粒的性质等。

6.3.5.1　滤速

滤速越大，杂质穿透深度越大，滤层中杂质分布越趋向均匀，下层滤料发挥的作用也将增大。但另一方面高滤速将影响滤后出水水质，水头损失增加迅速，使工作周期过分缩短。

穿透深度：指过滤将结束时，自滤料表层以下某一深度处所取水样恰好符合滤后水质要求的这一深度。

6.3.5.2 滤料粒径

滤料粒径越大，滤层中孔隙尺寸越大，其结果如下：①可增加杂质穿透深度；②可使过滤水头损失增加缓慢，工作周期可以延长，滤层含污能力得以提高。

含污能力大，表明整个滤层所发挥的作用大，根据这一概念，可采用均匀粒径、粗滤料作为初滤池或预处理，但作为生活饮用水的最后过滤工艺往往不能保证滤后出水水质或使滤层厚度增加而导致经济的不合理。

6.3.5.3 滤料层的组成

滤料粒径循水流方向从小到大，造成滤层中杂质分布不均匀，因而是影响过滤效果的主要因素，也是单层砂滤层的一个严重弱点。

现提出了滤料粒径循水流方向从小到大的过滤方式，即所谓的"反粒度过滤"，以及双层滤料滤池。

6.3.6 滤池反冲洗

滤池反冲洗的目的是去除截留在滤层中的杂质，使滤池在短时间内恢复过滤能力。当出水水质不合格或水头损失达到设计最大值时开始冲洗。

6.3.6.1 滤层反冲洗的方法

滤池反冲洗的方法有以下几种。

1. 高速水流反冲洗

利用流速较大的反向水流冲洗滤层，使整个滤层达到流态化状态，且具有一定的膨胀度。截留于滤层中的污物，在水流剪切力和滤料颗粒碰撞摩擦的双重作用下，使滤料表面脱落下来，然后被冲洗水带出滤池。

冲洗效果决定于冲洗流速。冲洗流速过小，滤层孔隙中水流剪切力小；冲洗流速过大，滤层膨胀度过大，滤层孔隙中水流剪切力也会降低，且由于滤料颗粒过于离散，碰撞摩擦也减小。故冲洗流速过大或过小，冲洗效果均会降低。

这种方式一般应用于重力无阀滤池、虹吸滤池以及移动罩滤池。

2. 气水反冲洗

利用上升气泡的振动，将滤料表面污物破碎、脱落，再由水冲带出池外。水冲强度可降低，可减少冲水量，提高滤池冲洗质量。冲洗时滤层不一定膨胀或仅轻微膨胀，冲洗结束后滤层不产生或不明显产生上细下粗分层，即保持原来滤层结构。

这种反冲洗方式多一套空气供气系统，但冲洗效果好，节约水量，滤层不膨胀，无水力分级现象，增加滤层含污能力。

主要的方式有：①气冲＋水冲；②气水反冲＋水冲；③气冲＋气水反冲＋水冲。

气冲时：　　　　　　　　　　$q_气 = 10 \sim 20 L/(m^2 \cdot s)$

气水冲时：　　　　　　　　　$q_气 = 10 \sim 20 L/(m^2 \cdot s)$

　　　　　　　　　　　　　　$q_水 = 3 \sim 4 L/(m^2 \cdot s)$

水冲时：　　　　　　　　　　$q_水 = 4 \sim 6 L/(m^2 \cdot s)$

气水联合冲洗时，总的反冲洗时间约在 10min 左右。

气水联合冲洗时常用长柄滤头（图 6.45）或气水联合冲洗滤砖进行布气与布水（图 6.46）。

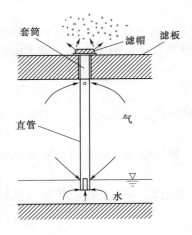

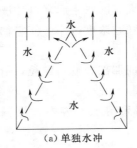

(a) 单独水冲

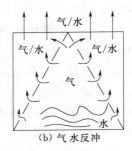

(b) 气水反冲

图 6.45 气水联合冲洗时长柄滤头装置　　图 6.46 气水联合冲洗滤砖

一般应用于 V 型滤池或其他气水反冲洗滤池。

3. 表面辅助冲洗加高速水流反冲洗

表面冲洗管上有喷嘴或孔眼，利用射流使滤料颗粒表面的污泥击碎，更容易脱落，然后开动反冲洗水，与表面冲洗同时进行 3～4min，停止表面冲洗，单独冲洗 2～3min。

这种方式不常用。

6.3.6.2 滤层反冲洗机理

对于滤池的反冲洗，同样涉及两个过程，即过滤后的杂质颗粒（污物）从颗粒滤料上脱落下来的过程和随着反冲洗水流流出滤料层的过程。

不管是滤池的高速水流反冲洗，还是气水联合反冲洗，颗粒滤料上黏附的污物在高速水流的剪切作用下脱落下来，或者在水或气的搅动作用下，黏附污物的颗粒滤料之间相互摩擦、碰撞，从而使污物从颗粒滤料上脱离开来，然后在水流的带动下流出滤池，达到滤池的反冲洗，从而恢复整个滤料层的过滤能力，具体如下：

（1）借助于上升水流的剪切作用，将污物去掉。

（2）固体颗粒滤料间在水流或空气的搅动下之间碰撞摩擦、碰撞而致使黏附与颗粒滤料的污物脱落。

6.3.6.3 滤层反冲洗指标

1. 滤层反冲洗膨胀率

水流自下而上反冲洗时，滤料层便膨胀起来，滤料层膨胀后所增加的厚度与膨胀前厚度之比称为滤层反冲洗膨胀率。

$$e = \frac{L - L_0}{L_0} \times 100\% \tag{6.48}$$

式中　e——滤层反冲洗膨胀率，％；

L_0——滤层膨胀前厚度，cm;

L——滤层膨胀后的厚度，cm。

滤层反冲洗膨胀率 e 取决于反冲洗强度。

滤层反冲洗膨胀率与滤池冲洗效果的关系如下:

滤层反冲洗膨胀率对冲洗效果影响很大。当冲洗水自下而上穿过滤料层，滤料颗粒悬浮于上升水流中，不断地无规则运动，通过相互碰撞、摩擦和水流剪力作用，除去附着在滤料颗粒表面上的悬浮杂质。

(1) e 过小:下层粒径大，膨胀不起来，冲洗不干净。

(2) e 过大:致使滤料颗粒浓度过小，使它们之间碰撞摩擦机会减小，亦增加冲洗强度，多耗水量。

(3) e 理想:截留杂质的那部分滤料颗粒，恰好完全膨胀起来，或者最大膨胀颗粒刚刚开始浮起来为宜。

一般单层砂滤料膨胀率采用 45% 左右，煤-砂双层滤池取 50% 左右，可取得良好的效果。

2. 反冲洗强度

滤池单位面积上所通过的冲洗水流量，称为冲洗强度，以 $L/(m^2 \cdot s)$ 计，或折算成冲洗流速 cm/s，$10L/(m^2 \cdot s) = 1cm/s$。

3. 反冲洗历时

当滤池冲洗强度和滤层膨胀率均符合冲洗要求，但冲洗时间不足时，一方面滤料颗粒与水流之间或滤料颗粒之间没有足够碰撞摩擦时间，另一方面冲洗废水来不及排除，导致污物重返滤层。长期如此下去，滤层将被污泥覆盖而形成泥膜，或深入滤层形成泥球。因此必要的冲洗时间必须保证。

反冲洗强度越大，冲洗历时越短，也可视冲洗排水浊度在 $70 \sim 100mg/L$ 以下，即可停止冲洗。根据生产经验，冲洗历时:单层砂 $5 \sim 7min$;对双层煤-砂滤池 $6 \sim 8min$。

例如，对于 V 型滤池，某水厂采用均质滤料 ($d_{10} = 0.94mm$, $d_{60} = 1.34mm$, $k_{60} = 1.42$)，其冲洗程序、强度和时间如下:

气冲强度约 $15L/(m^2 \cdot s)$，冲洗时间约 4min;气水同时反冲时，气冲强度不变，水冲强度约 $4L/(m^2 \cdot s)$，冲洗时间约 4min，最后水冲(漂洗)强度仍为 $4L/(m^2 \cdot s)$ 左右，冲洗时间约为 2min。总的反冲洗时间约为 10min 左右。

6.3.6.4 冲洗强度的确定和非均匀滤料层膨胀率的计算

1. 冲洗强度

对非均匀滤料，在一定冲洗流速下，粒径小的滤料膨胀度大，粒径大的滤料膨胀度小，故以最粗滤料刚开始膨胀作为确定冲洗强度的依据。

对于单层石英砂滤料而言，冲洗强度:$q = 10 \sim 16L/(m^2 \cdot s)$。

2. 非均匀滤层膨胀率的计算

在滤池的反冲洗过程中，非均匀滤层的膨胀率不仅和颗粒滤料的性质有关(如材质、粒径、形状等)，而且还与水温、反冲洗强度以及滤层的纳污量和污泥颗粒的性质有关，理论计算较为复杂，工程中一般按照规范并结合经验选取。

表 6.18 为水温 $T = 20℃$ 时，常用的滤料层膨胀率。

表 6.18 冲洗强度、膨胀率及冲洗时间常用数据

序号	滤层类型	冲洗强度/[L/(m² · s)]	膨胀率/%	冲洗时间/min
1	石英砂滤料	12~15	45	7~5
2	双层滤料	13~16	50	8~6
3	三层滤料	16~17	55	7~5

注 1. 设计水温按20℃计，水温每增减1℃，冲洗强度相应增减1%。
　　2. 由于全年水温、水质有所变化，应考虑有适当调整冲洗强度的可能。
　　3. 选择冲洗强度应考虑所用混凝剂品种的因素。
　　4. 无阀滤池冲洗时间可采用低限。
　　5. 膨胀度数值仅作设计计算用。

6.3.6.5 配水系统

配水系统的作用在于使冲洗水在整个滤池面积上均匀分布，过滤时，也能均匀收集滤后水。配水均匀性对冲洗效果影响很大。配水不均匀，部分滤层膨胀不足，而部分滤层膨胀过甚，其至会招致局部承托层发生移动，造成漏砂现象。

配水系统有大阻力配水系统和小阻力配水系统两种基本形式。

1. 大阻力配水系统

快滤池中常用的穿孔管大阻力配水系统的构造如图 6.47 和图 6.48 所示。

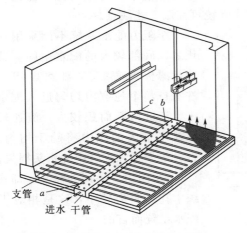

图 6.47 穿孔管大阻力配水系统
a—进水干管上的配水孔；b—配水支管；
c—配水支管末端的支撑结构

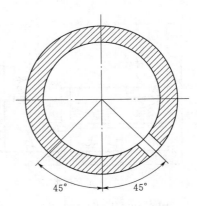

图 6.48 配水支管孔口位置

中间是一根干管或干渠，于其两侧接出若干根相互平行的支管。支管下方开两排小孔，与支管中心线成45°角交错排列。冲洗时，水流自干管起端进入后，流入各支管，由支管孔口流出，再经承托层和滤料层流入排水槽。

优点：配水均匀性好。

缺点：结构复杂，孔口水头损失大，耗能多，不能用在反冲洗水头有限的虹吸滤池和无阀滤池；管道和孔眼易结垢，检修困难。

计算在于确定干管和支管的直径及反冲洗水的水头损失，以便冲洗水能够很均匀地分布于整个滤池面积上。

设计基础数据如下：

(1) 干管起端流速 $v=1.0\sim1.5$m/s，支管起端 $v=1.5\sim2.0$m/s，孔口 $v=5\sim6$m/s。

(2) 孔口总面积与滤池面积之比称为开孔比 α：

$$\alpha=\frac{f}{F}=\frac{\dfrac{Q}{v}}{\dfrac{Q}{v}\times1000}=\frac{q}{1000v} \tag{6.49}$$

式中　v——孔口流速，m/s；

$\quad\quad q$——反冲洗强度，L/(m²·s)（或者 mm/s）。

对于普通快滤池，若 $v=6$m/s，$q=12\sim5$L/(m²·s)，则 $\alpha=0.2\%\sim0.25\%$。

(3) 支管中心间距 0.2～0.3m，支管 $L/D\leqslant60$（末端压力大于起端）。

(4) 孔口 $D=9\sim12$mm，当干管 $D>300$mm，干管顶部也应开孔布水，并在孔口上方设置挡板。

2. 小阻力配水系统

大阻力配水系统的优点是配水均匀性较好。但结构较复杂，孔口水头损失大，冲洗时动力消耗大，管道易结垢，增加检修困难。此外，对冲洗水头有限的虹吸滤池和无阀滤池，大阻力配水系统不能采用。小阻力配水系统可克服上述缺点。

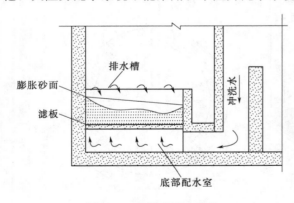

　　小阻力配水系统不能采用穿孔管而代之以底部较大的配水空间，其上铺设穿孔滤板或滤砖等，如图 6.49 所示。冲洗水自整个池宽内均匀进入配水室。由于水流进口断面积较大，流速较小，底部配水室内的压力将趋于均匀。因此，省去了干管和支管中的水头损失。

　　"小阻力"一词的涵义，即指配水系统中孔口阻力较小，这是相对于大阻力配水系统而言的。

　　小阻力配水系统的主要缺点是配水

图 6.49　小阻力配水系统

均匀性较大阻力配水系统为差。因为它只是在配水系统内各部位压力均匀性方面有了改善，而对其他影响因素，却不像大阻力配水系统那样具有以巨大孔口阻力加以控制的能力。例如，配水室内压力稍有不均匀。滤层阻力稍有不均匀。滤板上孔口尺寸稍有差别或部分滤板稍受堵塞，配水均匀程度都会敏感地反映出来。所以，滤池面积较大者，不宜采用小阻力配水系统。

小阻力配水系统的常用形式有钢筋混凝土穿孔（或缝隙）滤板、穿孔滤砖以及滤头等。

小阻力配水系统滤板缝隙总面积与滤池面积之比宜为 1.25%～2.00%。

（1）钢筋混凝土穿孔（或缝隙）滤板。钢筋混凝土板上开圆孔或条形缝隙。板上铺设一层或两层尼龙网。板上开孔比和尼龙网孔眼尺寸不尽一致，视滤料粒径、滤池面积等具体情况决定。如图 6.50 所示滤板尺寸为 980mm×980mm×100mm，每块板孔口数 168 个。板面开孔比为 11.8％，板底为 1.32％。板上铺设尼龙网一层，网眼规格可为 30～50 目。

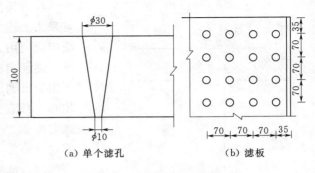

(a) 单个滤孔　　(b) 滤板

图 6.50　钢筋混凝土穿孔滤板

这种配水系统造价较低，孔口不易堵塞，配水均匀性较好，强度高，耐腐蚀。但必须注意尼龙网接缝应搭接好，且沿滤池四周应压牢，以免尼龙网被拉开。尼龙网上可适当铺设一些卵石。

（2）穿孔滤砖。由钢筋混凝土或陶瓷制成，规格有大有小。例如，如图 6.51 所示的滤砖尺寸为 600mm×280mm×250mm，每平方米滤池面积上铺设 6 块。开孔比为：上层 1.07％，下层 0.7％。

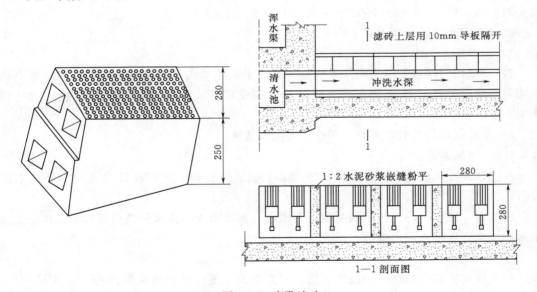

图 6.51　穿孔滤砖

滤砖构造分上下两层连成整体。铺设时，各砖的下层相互连通，起到配水渠的作用；上层各砖单独配水，用板分隔互不连通。实际上是将滤池分成像一块滤砖大小的许多小格。上层配水孔均匀布置，水流阻力基本接近，这样保证了滤池的均匀冲洗。

穿孔滤砖的上下层为整体，反冲洗水的上托力能自行平衡，不致使滤砖冲起，因此所需的承托层厚度不大，只需防止滤料落入配水孔即可，从而降低了滤池的高度。

穿孔滤砖配水均匀性较好，但价格较高。

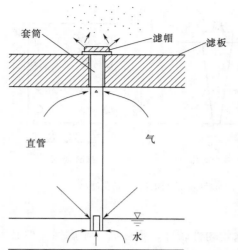

图 6.52　气水同时反冲所用的
长柄滤头工作示意图

（3）长柄滤头。气水反冲的配水和配气系统可采用上述大阻力系统或大阻力与小阻力配水系统配合使用。近年来，配水、配气系统采用长柄滤头逐渐增多。如图 6.52 所示为气水同时反冲所用的长柄滤头工作示意图。长柄滤头由上部滤帽和下部直管组成。每只滤帽上开有许多缝隙，缝宽为 0.25～0.4mm，视滤料粒径决定。直管上部设有小孔，下部有一条直缝。安装前，把套管预先埋入滤板上，待滤板铺设完毕后，再将长柄滤头拧入套管内。长柄滤头一般采用聚丙烯塑料制造。当气水同时反冲时，在混凝土滤板下面的空间内，上部为气，形成气垫，下部为水。气垫厚度大小与气压有关。气压越大，气垫厚度越大。气垫中的空气先由直管上部小孔进入滤头，气量加大后，气垫厚度相应增大，部分空气由直管下部的直缝上部进入滤头，此时气垫厚度基本停止增大。反冲水则由滤饼下端及直管上部进入滤头，气和水在滤头内充分混合后，经滤帽缝隙均匀喷出，使滤层得到均匀反冲。滤头布置数一般为 50～60 个/m²。开孔比约 1.5% 左右。

小阻力配水系统的特点如下：

1）反冲洗水头小。

2）配水均匀性较大阻力配水系统差，当配水系统室内压力稍有不均匀，滤层阻力稍不均匀，滤板上孔口尺寸稍有差别或部分滤板受堵塞，配水均匀程度都会敏感地反映出来。

3）滤池面积较大时，不宜采用小阻力配水系统。

6.3.6.6　冲洗水的排除

滤池冲洗废水由冲洗排水槽和废水渠排出。在过滤时，它们往往也是分布待滤水的设备。

冲洗时，废水由冲洗排水槽两侧溢入槽内，各条槽内的废水汇集到废水渠，再由废水渠末端排水竖管排入下水道，如图 6.53 所示。

1. 冲洗排水槽

冲洗废水应自由跌落入冲洗排水槽，主要是为了避免槽内水面同滤池水面连成一片，使冲洗均匀性受到影响。

冲洗排水槽高度应适当，如太高，则废水排除不净，如太低，则会造成滤料的流失。在冲洗时，应使滤层膨胀高度在槽底以下，对如图 6.52 所示的冲洗排水槽形式而言，其槽顶距未膨胀时滤料表面的高度采用式（6.50）计算：

$$H = eH_2 + H_{槽} = eH_2 + 2.5x + \delta + 0.07 \tag{6.50}$$

式中　e——冲洗时滤层的膨胀率；

　　　H_2——滤层的厚度，m；

x——冲洗排水槽的断面模数，m；

δ——冲洗排水槽槽底厚度，m；

0.07——冲洗排水槽保护高度，m。

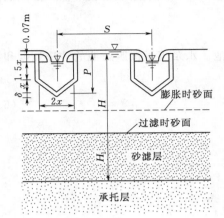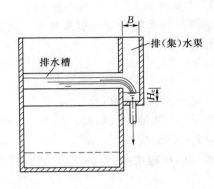

图 6.53 冲洗废水的排除

对于断面模数，通常采用下式计算：

$$x=0.45Q^{0.4} \tag{6.51}$$

$$Q=\frac{qF}{n}$$

式中 Q——冲洗排水槽流量，m^2/s；

q——滤池的反冲洗强度，$m^3/(m^2 s)$ 或 m/s；

n——排水槽数量；

F——滤池面积，m^2。

同时，冲洗排水槽设置时还应满足以下要求，即冲洗排水槽间中心净距为 $1.5\sim2.0m$（过大，影响排水均匀性）；冲洗槽总面积不大于 $25\%F$ 滤池，否则槽间上升流速过大，影响上升水流均匀性。

2. 排水渠

排水渠的布置形式视滤池面积大小而定。一般情况下沿池壁一边布置，如图 6.52 所示。当滤池面积很大时，排水渠也可布置在滤池中间以使排水均匀，典型的如 V 型滤池。

排水渠一般为矩形断面。渠底距排水槽底高度 H_c（图 6.53）按式（6.52）计算：

$$H_c=1.73\sqrt{\frac{Q_2}{gB_2}}+0.2 \tag{6.52}$$

以上是普通快滤池一般采用的冲洗废水排除的系统组成、布置和设计的基本要求，对于其他形式的滤池，冲洗废水的排除系统取决于滤池的构造。

6.3.6.7 冲洗水的供给

冲洗水的供给方式有两种，即冲洗水塔或冲洗水箱供给和冲洗水泵供给。冲洗水泵：投资省，操作麻烦，短时间内耗电量大，使电网负荷陡然骤增。冲洗水塔：造价较高，但操作简单，允许在较长时间内向水塔输水，专用水泵容量小，耗电较均匀，如有地形和其他条件可利用时，建造冲洗水塔较好。

不管是冲洗水泵供给还是冲洗水塔或冲洗水箱供给，其关键的设计要求为确定冲洗水的流量和所需要的冲洗水压，对于冲洗水塔或水箱而言，其水塔或水箱的体积必须满足滤池一次反冲洗所需要的水量。

1. 水泵冲洗

水泵冲洗水的来源一般来自水厂设置的清水池。水泵流量按照滤池的冲洗强度和滤池面积计算，即

$$Q = \frac{qF}{1000} \tag{6.53}$$

式中　Q——水泵流量，m^3/s；

$\quad\quad q$——滤池冲洗强度，$L/(m^2 \cdot s)$；

$\quad\quad F$——滤池面积，m^2。

水泵的扬程按照式（6.54）进行计算：

$$H = H_0 + h_1 + h_2 + h_3 + h_4 + h_5 \tag{6.54}$$

式中　H_0——排水槽与清水池最低水位之间差，m；

$\quad\quad h_1$——从清水池至滤池冲洗管道的总水头损失，m；

$\quad\quad h_2$——配水系统总水头损失，m；

$\quad\quad h_3$——承托层的水头损失，m；

$\quad\quad h_4$——滤层的密度，g/cm^3；

$\quad\quad h_5$——备用水头，一般取 $1.5 \sim 2.0m$。

大阻力配水系统按孔口平均水头损失计算，即采用如下公式：

$$h_2 = \left(\frac{q}{10\alpha\mu}\right)^2 \frac{1}{2g} \tag{6.55}$$

$$h_3 = 0.022qZ \tag{6.56}$$

$$h_4 = \frac{\rho_s - \rho}{\rho}(1 - m_0)L_0 \tag{6.57}$$

式中　q——滤池冲洗强度，$L/(m^2 \cdot s)$；

$\quad\quad \mu$——孔口流量系数；

$\quad\quad \alpha$——配水系统开孔比，$\%$；

$\quad\quad g$——重力加速度，$9.81m/s^2$；

$\quad\quad Z$——承托层厚度，m；

$\quad\quad \rho_s$——颗粒滤料的密度，g/cm^3；

$\quad\quad \rho$——水的密度，g/cm^3；

$\quad\quad m_0$——滤层膨胀前的孔隙率；

$\quad\quad L_0$——滤层膨胀前的厚度，m。

2. 冲洗水塔或者水箱

冲洗水塔与滤池分建，冲洗水箱与滤池合建，置于滤池之上。

水塔或水箱中的水深不宜超过 $3m$，以免冲洗初期和末期冲洗强度相差过大。水塔或水箱应在冲洗间歇时间内充满，容积按照单个滤池冲洗水量的 1.5 倍计算：

$$V=1.5\frac{qFt}{1000}\times 60 \tag{6.58}$$

式中 t——冲洗历时，min；

其他符号意义同前。

水塔或者水箱底高出滤池冲洗排水槽顶距离按式（6.59）计算：

$$H_0=h_1+h_2+h_3+h_4+h_5 \tag{6.59}$$

式（6.59）中符号意义同前。

6.3.7 普通快滤池

普通快滤池的构造如图 6.38 所示，普通快滤池设有：滤池进水、滤后清水、反冲洗进水、反冲洗排水 4 个阀门，故也成为四阀滤池。普通快滤池采用大阻力配水系统，反冲洗水头约 7m，设共用的水塔或水泵轮流进行冲洗。滤池单池面积小于 100m²，一般为 20～50m²，依水厂规定定。滤池池长一般为 3.2～3.6m，含承托层、滤料层及以上水深（1.5～2.0m）和超高（0.3m）。

普通快滤池可用石英砂滤料或无烟煤石英砂双层滤料。过滤工作方式为几个滤间为一组的恒水头恒速过滤（需控流阀用于控制进水量）或减速过滤。

普通快滤池的应用广泛，运行稳定可靠，适用于大、中、小型水厂。缺点是阀门多，运行与检修工作量大。

6.3.7.1 滤池设计滤速及总面积计算

1. 设计滤速

设计滤速直接影响过滤后水质、滤池造价、运行管理等一系列问题，应根据具体情况综合考虑。

可根据表 6.14 的单层和双层滤料快滤池的设计滤速选用。选择滤速时应考虑如下因素：

（1）当水源水质较差或水源水质尚未完全掌握，滤前处理效果难以确保时，设计滤速应选择低一些，反之，滤速可选高一些。

如对于低温低浊、高含藻类的原水，滤池设计滤速应选择较低值。

（2）从总体规划考虑，需要适当保留滤池的生产潜力时，设计滤速宜选低一些。

总之设计滤速的确定应以保证过滤水质为前提，同时考虑经济效果和运行管理，一般可参考条件相似水厂的已有水厂运行经验决定。

强制滤速是指一个或两个滤池停产检修时其他滤池在超过正常负荷下的滤速。按设计滤速决定面积，然后再决定个数，即在滤池面积和个数确定后，应以强制滤速进行校核，如果强制滤速过高，设计滤速应适当降低或滤池个数适当增加。

2. 滤池面积

滤池确定后，根据设计流量（包括水厂自用水量）计算滤池总面积。

$$\sum F=\frac{Q}{v} \tag{6.60}$$

式中 Q——滤池设计流量，m³/h；

v——设计滤速，m/h；

$\sum F$——滤池面积，m^2。

单个滤池面积：$F = \sum F / n$，n 指滤池的分格数。

3. 滤池个数

滤池个数直接涉及滤池造价、冲洗效果和运行管理。滤池个数多，冲洗效果好，运行灵活，强制滤速较低，但单位面积滤池造价增加，并且滤池个数过多，也增加操作管理的麻烦。

若滤池个数少，一旦一个滤池停产检修，将对水厂供水影响很大，同时单池面积过大，冲洗布水均匀性上效果欠佳。通常，不得少于两个，滤池面积及滤池个数依据以下数据适当选择：$\sum F < 30m^2$，$n=2$；$\sum F = 30 \sim 50m^2$，$n=3$；$\sum F = 50 \sim 100m^2$，$n=3 \sim 4$；$\sum F = 100 \sim 150m^2$，$n=5 \sim 6$；$\sum F = 150 \sim 200m^2$，$n=6 \sim 8$；$\sum F > 300m^2$，$n=10 \sim 12$。

4. 滤池平面形状

滤池平面形状：可为正方形或矩形，滤池长宽比主要由管配件布置决定，有时也涉及处理构筑物的总体布置，一般情况下：$\sum F < 30m^2$，$L:B = 1:1$；$\sum F > 30m^2$，$L:B = 1.25:1 \sim 1.5:1$。

5. 滤池高度

包括超高 0.3m，滤层上的水深 $= 1.5 \sim 2.0m$，滤料层厚度一般为 0.7m 左右，承托层约 0.45m，故总高度一般为 $3.0 \sim 3.5m$。

6.3.7.2　普通快滤池管廊布置

普通快滤池进出水阀门较多，需注意其布置方式。管廊是指集中布置滤池的管渠、配件及阀门的场所，要求如下：

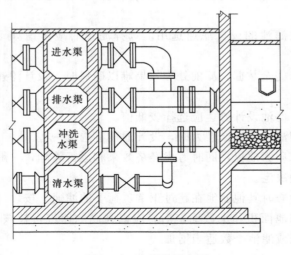

图 6.54　四阀廊道布置

（1）力求紧凑、简捷。

（2）留有设备与管配件安装、维修和操作时必需的空间。

（3）具有良好的防水、排水、通风、照明设备。

（4）便于与滤池操作联系。

（5）管廊中的管道一般用金属材料，也可用钢筋混凝土渠道。

（6）管廊门及通道允许最大配件通过，并考虑检修方便。

管廊布置有多种形式，主要有如下几种：

（1）进水、清水、冲洗水和排水渠，全部布置于管廊内，如图 6.54 所示。该布置方式渠道结构简单，施工方便，管渠集中紧凑，但管廊中管件较多，通行和检修不太方便。

（2）冲洗水和清水渠布置于管廊中，进水和排水渠布置于滤池另一侧，如图 6.55 所示。该布置方式可节省金属管件及阀门，管廊内管件简单，施工和检修方便，但造价稍高。

（3）进水、冲洗水及清水管均采用金属管道，排水渠单独设置，如图 6.56 所示。该布置方式通常用于小型水厂或滤池单行布置。

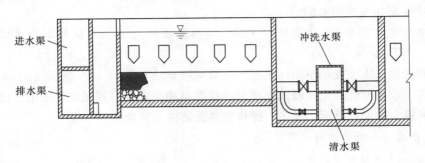

图 6.55　双阀廊道布置

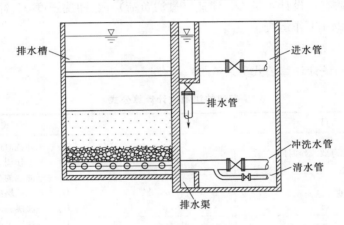

图 6.56　管廊一侧布置

6.3.7.3　管渠设计流速

快滤池管渠设计流速可根据表 6.19 确定。若考虑今后水量处理时留有余地，流速宜取低限值。

表 6.19　　　　　　　　　　　　普通快滤池管渠设计流速

名　　称	流速/(m/s)	名　　称	流速/(m/s)
进水管（渠）	0.8～1.2	清水管（渠）	2.0～2.5
清水管（渠）	1.0～1.5	排水管（渠）	1.0～1.5

6.3.7.4　普通快滤池设计和运行中应注意的问题

（1）滤池底部应设排空管，其入口处设栅罩，池底坡度约为 0.005，坡向排空管。

（2）滤池壁与石英砂层接触处应拉毛成锯齿状，以免过滤水在该处形成"短路"而影响出水水质。

（3）当滤池出水浊度超过 1NTU，或当滤层水头损失达 2～3m，或运行时间已达 24～48h，就需要对滤池进行冲洗。

（4）冲洗时应及时关闭进水阀，控制滤料层表面以上的水深在 200mm 左右，再关闭滤水阀。

（5）冲洗时应先开启冲洗管道上的放气阀，冲洗水阀开启 1/4，待残气放完后才能进行冲洗，并逐渐开大冲洗水阀。

（6）冲洗强度应为 $12\sim15\text{L}/(\text{m}^2\cdot\text{s})$，滤料膨胀率为 $40\%\sim50\%$，冲洗结束时排水浊度小于 15NTU。

（7）冲洗后出水浊度仍不能满足要求时应更换新滤料。

普通快滤池主要优点是运转效果良好，首先是冲洗效果得到保证，适用任何规模的水厂。主要缺点是管配件及阀门较多，操作较其他滤池稍复杂。

6.3.7.5 普通快滤池的设计计算

1. 主要设计参数

主要设计参数有：设计水量 Q、滤速（过滤负荷）v、冲洗强度 q、冲洗时间 t 以及工作周期 T，连续 24h 工作运行。

2. 设计计算公式

普通快滤池的设计计算公式见表 6.20。

表 6.20　　　　　　　　　　　普通快滤池设计计算公式

	项　　目	公　　式	说　　明
滤池	滤池有效工作时间 t'	$t'=24-t\dfrac{24}{T}$	t——冲洗时间，h； T——工作周期，h； n——滤池的分格数，个； H_1——承托层的高度，m； H_2——滤层的高度，m； H_3——滤层以上的水深，m； H_4——滤层的超高，m； w——滤池长度与宽度的比值，参照 5.4.7 节选取； Q——反冲洗强度，L/($\text{m}^2\cdot\text{s}$)
	滤池总面积 F	$F=\dfrac{Q}{vt'}$	
	滤池单格面积 f	$f=F/n$	
	长宽比 w	$w=L/B$	
	强制滤速 v'	$v'=nv/(n-1)$	
	滤池高度 H	$H=H_1+H_2+H_3+H_4$	
配水系统	干管流量 q_g	$q_\text{g}=fq$	a——配水支管的中心间距，一般为 0.2～0.3m； v_j——支管流速，一般为 1.5～2.0m/s； α——配水系统的开孔比，%。大阻力配水系统 $\alpha=0.20\%\sim$ 0.28%，中阻力配水系统 $\alpha=0.60\%\sim0.80\%$，小阻力配水系统 $\alpha=1.25\%\sim$ 2.00%； d_k——孔眼直径，mm，一般为 9～12mm； μ——孔口流量系数，取 0.68
	支管根数 n_j	$n_\text{j}=2L/a$	
	支管直径 d_j	$d_\text{j}=\sqrt{\dfrac{q_\text{g}}{4\pi n_\text{j}v_\text{j}}}$	
	孔眼总面积 F_k	$F_\text{k}=\alpha f$	
	孔眼总分数 N_k	$N_\text{k}=\dfrac{4F_\text{k}}{\pi d_\text{k}^2}$	
	单根穿孔管开孔数 n_k	$n_\text{k}=N_\text{k}/n_\text{j}$	
	孔眼水头损失 h_2	$h_2=\left(\dfrac{q}{10\alpha\mu}\right)^2\dfrac{1}{2g}$	

项　目		公　式	说　明
冲沙排水系统	排水槽根数 n_0	$n_0 = B/a_0$	a_0——排水槽中心间距，m，一般为 1.5～2.0m；δ——排水槽底厚度，取 0.05m；0.07——排水槽的保护高度，m
	排水槽排水量 q_0	$q_0 = a_0 L q$	
	排水槽断面模数 x	$x = 0.045Q^{0.4}$ $Q = qF/n$	
	排水槽距滤料层高度 H	$H = eH_2 + H_{槽}$ $= eH_2 + 2.5x + \delta + 0.07$	
冲洗水泵	冲洗水泵流量 q_b	$q_b = qF/1000$	H_0——排水槽顶与清水池最低水位之间差，m；h_1——从清水池至滤池冲洗管道的总水头损失，m
	水泵扬程 H_B	$H_B = H_0 + h_1 + h_2 + h_3 + h_4 + h_5$ $h_3 = 0.022QZ$ $h_4 = \dfrac{\rho_s - \rho}{\rho}(1 - m_0)L_0$	
冲洗水箱或水塔	水塔或水箱体积 V	$V = 1.5qFt/1000 \times 60$	Q'——管渠的流量，进水（清水）渠或管，则有 $Q' = Q$；冲洗水管或排水渠，则有 $Q' = qF/1000$
	水塔或水箱底与冲洗排水槽顶距离 H_x	$H_x = h_1 + h_2 + h_3 + h_4 + h_5$	
各种管渠	管渠面积 S	$S = Q'/v$	

6.3.8　重力无阀滤池

6.3.8.1　重力无阀滤池的构造和工作原理

重力无阀滤池的构造如图 6.57 所示。过滤时的工作情况是：浑水经进水分配槽 1，由进水管 2 进入虹吸上升管 3，再经顶盖 4 下面的挡板 5 后，均匀地分布在滤料层 6 上，通过承托层、小阻力配水系统 7 进入集水区 8。滤后水从底部空间经连通渠（管）9 上升到冲洗水 10。当水箱水位达到出水渠管 11 的溢流堰顶后，流入渠内，最后流入清水池。水流方向如图 6.57 中箭头所示。

开始过滤时，虹吸上升管 3 与冲洗水 10 中的水位差 H_0 为过滤起始水头损失。随着过滤时间的延续，滤料层水头损失逐渐增加，虹吸上升管 3 中水位相应逐渐升高。管内原存空气受到压缩，一部分空气将从虹吸下降管 14 和虹吸辅助管 12 出口端穿过水封堰 18 进入大气。当水位上升到虹吸辅助管 12 的管口时，水从辅助管流下，依靠下降水流在管中形成的真空和水流的挟气作用，抽气管 13 不断将虹吸

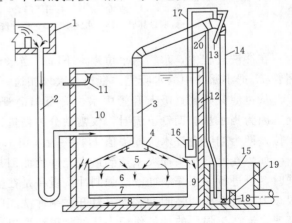

图 6.57　重力无阀滤池的过滤过程

1—配水槽；2—进水管；3—虹吸上升管；4—顶盖；5—布水挡板；6—滤料层；7—配水系统；8—集水区；9—连通渠；10—冲洗水；11—出水管；12—虹吸辅助管；13—抽气管；14—虹吸下降管；15—排水井；16—虹吸破坏斗；17—虹吸破坏管；18—水封堰；19—反冲洗强度调节器；20—虹吸辅助管口

管中空气抽出，使虹吸管中真空逐渐扩大。其结果，一方面虹吸上升管 3 中水位升高。同时，虹吸下降管 14 将排水井 15 中的水吸上至一定高度。当上升管中的水越过虹吸管顶端而下降时，管中真空度急剧增加，达到一定程度时，下落水流与下降管中上升水柱汇成一股冲出管口，把管中残留空气全部带走，形成连续虹吸水流。这时，由于滤层上部压力骤降，促使冲洗水箱里的水循着过滤时的反方向进入虹吸管，滤料层因而受到冲洗。冲洗废水由排水井 15 流入下水道。一般在虹吸辅助管 12 上加装射流器将有助于水流抽取虹吸管中的空气，进入反冲阶段，冲洗时水流方向见图 6.58。

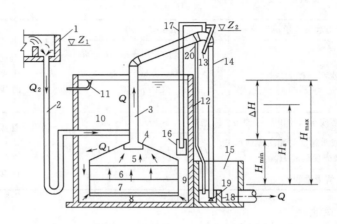

图 6.58　重力无阀滤池的冲洗过程

1—配水槽；2—进水管；3—虹吸上升管；4—顶盖；5—布水挡板；6—滤料层；
7—配水系统；8—集水区；9—连通渠；10—冲洗水；11—出水管；12—虹吸
辅助管；13—抽气管；14—虹吸下降管；15—排水井；16—虹吸破坏斗；
17—虹吸破坏管；18—水封堰；19—反冲洗强度调节器；20—虹吸辅助管口

在冲洗过程中，水箱内水位逐渐下降。当水位下降到虹吸破坏斗 16 以下时，虹吸破坏管 17 把小漏斗中的水吸完。管口与大气相通，虹吸破坏，冲洗结束，过滤重行开始。

从过滤开始到虹吸上升管中水位升至辅助管口这段时间，为重力无阀滤池的过滤周期。因为当水从辅助管下流时，仅需数分钟便进入冲洗阶段。故辅助管口至冲洗水箱最高水位差即为期终允许水头损失值 H，一般采用 $1.5 \sim 2 \mathrm{m}$。

如果在滤层水头损失未达到最大允许值而因某种原因（出水水质不符合要求）需要冲洗时，可进行人工强制冲洗。强制冲洗设备是在辅助管与抽气管相连接的三通上部，接一根压力水管，称为强制冲洗管。打开强制冲洗阀门，在抽气管与虹吸辅助管连接三通处的高速水流产生强烈的抽气作用，使虹吸很快形成。

6.3.8.2　重力无阀滤池设计要点

1. 基本设计参数

（1）滤速，一般在 $8 \sim 12 \mathrm{m/h}$，但滤速的选择可小于此值，视原水水质状况而定。

（2）滤层膨胀率 e，一般为 $30\% \sim 50\%$。

（3）冲洗强度：冲洗强度是变化的，起始冲洗强度采用 $12 \mathrm{L/(m^2 \cdot s)}$，终了冲洗强度采用 $8 \mathrm{L/(m^2 \cdot s)}$，平均为 $10 \mathrm{L/(m^2 \cdot s)}$。

（4）过滤终期水头损失：一般取 1.5～2.0m，当条件限制时，可取低值。

（5）冲洗时间：3.5～5min，设计中一般为 5min。

（6）进水管流速：一般取 0.5～0.7m/s。

（7）冲洗水配水系统采用小阻力配水系统。

2. 虹吸管计算

重力无阀滤池在反冲洗过程中，随着冲洗水箱内水位不断下降，冲洗水头（水箱水位与排水水封井堰口水位差，亦即虹吸水位差）也不断降低，从而使冲洗强度不断减小。设计中，通常以最大冲洗水头 H_{max} 与最小冲洗水头 H_{min} 的平均值作为计算依据，称为平均冲洗水头 H_a（图 6.58）。所选定的冲洗强度，是按在 H_a 作用下所能达到的计算值，称为平均冲洗强度 q_a。由 q_a 计算所得的冲洗流量称为平均冲洗流量，以 Q_1 表示。冲洗时，若滤池继续以原进水流量（以 Q_2 表示）进入滤池，则虹吸管中的计算流量应为平均冲洗流量 Q_1 与进水流量 Q_2 之和（$Q=Q_1+Q_2$）。其余部分（包括连通渠、配水系统、承托层、滤料层）所通过的计算流量为冲洗流量 Q_1。

冲洗水头即为水流在整个流程中（包括连通渠、配水系统、承托层、挡水板及虹吸管等）的水头损失之和。按平均冲洗水头和计算流量即可求得虹吸管管径。管径一般采用试算法确定：初步选定管径，算出总水头损失 $\sum h$，当 $\sum h$ 接近 H_a 时，所选管径适合，否则重新计算。总水头损失为

$$\sum h = h_1 + h_2 + h_3 + h_4 + h_5 + h_6 \tag{6.61}$$

$$h_3 = 0.22 Q_1 Z \tag{6.62}$$

$$h_4 = \frac{\rho_s - \rho}{\rho}(1-m_0)L_0 \tag{6.63}$$

式中　h_1——连通渠或管水头损失，m，可按水力学中谢才公式 $i=\dfrac{Q_1^2}{A^2 C^2 R}$ 计算，进口局部阻力系数取 0.5，出口局部阻力系数为 1；

h_2——小阻力配水系统水头损失，m，视所选配水系统形式而定；

h_3——承托层水头损失，m；

Z——承托层厚度，m；

h_4——滤料层水头损失，m；

m_0——滤层水膨胀前的孔隙率；

L_0——滤层水膨胀前的厚度，m；

ρ_s——颗粒滤料的密度，g/cm³；

ρ——水的密度，g/cm³；

h_5——挡板水头损失，一般取 0.05m；

h_6——虹吸管沿程和局部水头损失之和，m。

虹吸管径的大小决定于冲洗水头 H_a。一般虹吸上升管比虹吸下降管大一级。虹吸上升管与下降管的管径，可参考表 6.21 选择。

表 6.21 虹 吸 管 直 径

滤池处理量/(m³/h)	40	60	80	100	120	160
虹吸上升管直径/mm	200	250	300	350	350	400
虹吸下降管直径/mm	200	200	250	250	300	350

虹吸上升管与下降管中的流速见表 6.22，滤池进出水管流速一并列入表 6.22 中。

表 6.22 管 道 流 速

管道名称	流速/(m/s)	管道名称	流速/(m/s)
虹吸上升管	1.0~1.5	进水管	0.5~0.7
虹吸下降管	1.5~2.0	出水管	0.5~0.7

3. 冲洗水箱

重力无阀滤池冲洗水箱与滤池整体浇筑，位于滤池下部。水箱容积按冲洗一次所需水量确定：

$$V = 0.06qt \tag{6.64}$$

式中　V——冲洗水箱容积，m^3；

　　　q——冲洗强度，$L/(m^2 \cdot s)$，采用上述平均冲洗强度 q_a；

　　　t——冲洗时间，min，一般取 4~6min。

如果平均冲洗强度采用式（6.64）的计算值，则当冲洗水头大于平均冲洗水头 H_a 时，整个滤层将全部膨胀起来。若冲洗水箱水深 ΔH 较大时，在冲洗初期的最大冲洗水头 H_{max} 下，有可能将上层部分细滤料冲出滤池。当冲洗水头小于平均冲洗水头 H_a 时，下层部分粗滤料将下沉而不再悬浮。因此，减小冲洗水箱水深，可减小冲洗强度的不均匀程度，从而避免上述现象的发生。两格以上滤池合用一个冲洗水箱可收到如上效果。

设 n 格滤池合用一个冲洗水箱，则水箱平面面积应等于单格滤池的 n 倍，则水箱有效深度 ΔH 为

$$\Delta H = \frac{V}{nF} = \frac{0.06qFt}{nF} = \frac{0.06}{n}qt \tag{6.65}$$

式（6.65）未考虑一个滤池冲洗时，其余（$n-1$）格滤池继续向水箱供给冲洗水的情况，所求水箱容积偏于安全。

由以上可知，合用一个冲洗水箱的滤池数 $n = 2 \sim 3$，而以 2 格合用一个冲洗水箱居多。因为合用冲洗水箱滤池数过多时，将会造成不正常冲洗现象。例如，某一格滤池的冲洗将结束时，虹吸破坏管刚露出水面，由于其余格不断向冲洗水箱大量供水，管口很快又被水封，致使虹吸破坏不彻底，造成该格滤池时断时续地不停冲洗。

4. 进水管 U 形存水弯

水管设置 U 形存水弯的作用，是防止滤池冲洗时，空气通过进水管进入虹吸管从而破坏虹吸。当滤池反冲洗时，如果进水管停止进水，U 形存水弯即相当于一个测压管，存水弯中的水位将在虹吸管与进水管连接三通的标高以下。这说明此处有强烈的抽吸作用。如果不设 U 形存水弯，无论进水管停止进水或继续进水，都会将空气吸入虹吸管。

为安装方便，同时也为了水封更加安全，常将存水弯底部至于水封井的水面以下。

5. 进水分配槽

进水分配槽的作用，是通过槽内堰顶溢流使各格滤池独立进水，并保持进水流量相等。分配格堰顶标高 Z_1 应等于虹吸辅助管和虹吸管连接处的管口标高 Z_2 加进水管水头损失，再加 $10\sim15cm$ 富余高度，以保证堰顶自由跌水。

若槽底标高较高，当进水管流速较大，空气不易从水中分离出去，挟气水流进入虹吸管中以后，一部分空气可上逸并通过虹吸管出口端排出池外，一部分空气将进入滤池并在伞顶盖下聚集且受压缩。受压空气会时断时续的继续膨胀将虹吸管中的水顶出池外，影响正常过滤。此外，反冲洗时，如果滤池继续进水且进水挟气量很大时，虽然大部分空气可随冲洗水流排出池外，但总有一部分空气会在虹吸管顶端聚集，以致虹吸管有可能提前破坏。但是在虹吸管顶端聚集的空气量毕竟有限，因此虹吸破坏往往并不彻底。如果顶盖下载有一股受压空气把虹吸管中水柱顶出池外而时真空度增大，就可能再次形成虹吸，于是产生连续冲洗现象。为避免上述现象发生，简单措施就是降低分配槽格底标高或另设气水分离器。因为进水分配槽水平断面尺寸较大，断面流速较小，空气易从水中分离出去。通常，将槽底标高将至滤池出水渠堰顶以下约 0.5m，就可以保证过滤期间空气不会进入滤池。因为进水管入口端始终处于淹没状态。如果条件允许，将槽底将至冲洗水箱最低水位以下，对防止进水挟气效果更好，但需要综合考虑其他有关因素，合理确定。

6. 其他设计中需要确定的问题

(1) 深水区。顶盖与滤层之间的空间。顶盖面与水平面夹角为 $10°\sim15°$。浑水区（不包括顶盖锥体部分）高度一般按滤料层厚度 50% 膨胀率，再加 10cm 超高设计。

(2) 集水室高度。集水室高度可参照表 6.23 选取。

表 6.23 　　　　　　　　　　　　重力无阀滤池底部集水室高度

滤池处理量/(m³/h)	40~80	100~120	160
集水室高度/m	0.30	0.35	0.40

(3) 连通管。连通管布置方式有 3 种，即池外、池内或池角，一般在池内 4 角处布置，截面为等腰三角形。其优点是池内外均无管道，便于滤料的进出，同时利用了方形滤池的 4 个水流条件较差的死角，它能保证冲洗均匀布水。

池角连通管的尺寸参见表 6.24。

表 6.24 　　　　　　　　　　　　池 角 连 通 管 尺 寸

滤池处理量/(m³/h)	40	60	80	100	120	160
连通管的边长/m	0.30	0.30	0.35	0.40	0.40	0.50

(4) 虹吸辅助管及破坏管。虹吸辅助管可减小虹吸形成过程中的水量损失，加速虹吸过程的形成。虹吸辅助管和抽气管管径可参照表 6.25 选择。

虹吸破坏管管径，一般采用 $15\sim20mm$。

重力无阀滤池多用于中、小型给水工程。单池面积一般不大于 $16m^2$。少数也有达 $25m^2$ 以上的。

表 6.25　　　　　　　　　　　　　　　　　**虹吸辅助管和抽气管管径**

滤池处理量/(m³/h)	40	60	80	100	120	160
虹吸辅助管管径/mm		32/40			40/50	
抽气管管径/mm		32			40	

主要优点是：①进出水系统没有阀门，造价与现有的 V 型滤池相比较存在巨大的投入及维护优势，现一座 10 万 m³/d 的 V 型滤池各种进水气动阀门及控制系统动辄投资上千万，而且对管理维修的人员素质及技术要求很高，对于一些经济落后县级水厂来说投资建设及维护难度大；②能够自动识别冲洗需求，而其他常规普快、虹吸、V 型滤池等大都需要采用一些液差仪或经验人为设置冲洗周期，这种办法很难保证设置与实际相符，而重力式无阀滤池就有这种自动识别的功能且无须投入。

主要缺点是：①单体制水量小，规模无法跟上；②反冲洗时不间断进水，水量浪费增加制水成本；③在滤前水质不好即高于 5 度时，滤层截污量大，冲洗水量受限，冲洗不完全，初滤水质差，很难满足现有的小于等于 1NTU 的水质标准；④放空阀设置过小，检修排水时间过长；⑤滤料添加困难。

6.3.8.3　重力无阀滤池的设计计算

1. 主要设计参数

主要设计参数有：设计水量 Q、滤速（过滤负荷）v、冲洗强度 q、终期水头损失 H、冲洗时间 t 以及工作周期 T，连续 24h 工作运行。

2. 设计计算公式

重力无阀滤池一般采用 2 格为一组的设置方式，单组重力无阀滤池的设计计算公式见表 6.26。

表 6.26　　　　　　　　　　　　　**单组重力无阀滤池设计计算公式**

项　目		公　式	说　明
滤池	滤池有效工作时间 t'	$t' = 24 - t\dfrac{24}{T}$	Q_2——滤池进水量，m³/s； n——滤池的分格数，一般为 2 个；
	滤池总面积 F	$F = 1.04\dfrac{Q_2}{vt}$	H_1——底部集水区高度，m，按表 6.23 选取；
	滤池单格面积 f	$f = \dfrac{F}{n}$	H_2——滤板厚度，0.12m；
	边长 L	$L = \sqrt{f}$	H_3——承托层的高度，m； H_4——滤层的高度，m；
	强制滤速 v'	$v' = \dfrac{nv}{n-1}$	H_5——浑水区高度，m； L_0——滤层膨胀前厚度，m；
	滤池高度 H	$H = H_1 + H_2 + H_3 + H_4$ $\quad + H_5 + H_6 + H_7 + H_8$ $H_5 = eL_0 + 0.1$ $H_6 = \dfrac{\tan\theta L}{2}$ $H_7 = \dfrac{0.06Ft}{2L^2}$	e——滤层反冲洗膨胀率，一般取 50%； H_6——顶盖高度，m； θ——顶盖顶与水平面间的夹角，为 10°~15°； H_7——冲洗水箱高度，m； H_8——超高，0.15m

续表

项 目		公 式	说 明
管道直径	进水管直径	$d_1=\left(\dfrac{4Q_2}{\pi v_1}\right)^{0.5}$	v_1、v_2、v_3、v_4 分别为进水管流速、出水管流速、虹吸上升管流速、虹吸下降管流速，取值参见表 6.22
	出水管直径	$d_2=\left(\dfrac{4Q_2}{\pi v_2}\right)^{0.5}$	
	虹吸上升管直径	$d_3=2\left(\dfrac{Q_1+Q_2}{\pi v_3}\right)^{0.5}$	
	虹吸下降管直径	$d_4=2\left(\dfrac{Q_1+Q_2}{\pi v_4}\right)^{0.5}$	

6.3.9 虹吸滤池

虹吸滤池系变水头恒速过滤的重力式快滤池，其过滤原理与普通快滤池相同，所不同的是操作方法和冲洗设施。它采用虹吸管代替闸阀，并以真空系统进行控制（即用抽真空来沟通虹吸管，以联通水流；用进空气来破坏虹吸作用，一切断水流），故此而得名。

虹吸滤池采用小阻力配水系统，6~8 个滤间组成一个系统，称为"一组滤池"或"一座滤池"。每池的适用水量为 0.5 万~5 万 m^3/d，适用于大型水厂。

虹吸滤池一般采用矩形布置，因其施工方面，但为了便于说明虹吸滤池的基本构造和工作原理，现以圆形平面为例。图 6.59 为由 6 格滤池组成的、平面为圆形的一组滤池的剖面图，中心部分为冲洗废水排水井，6 格滤池构成外环。

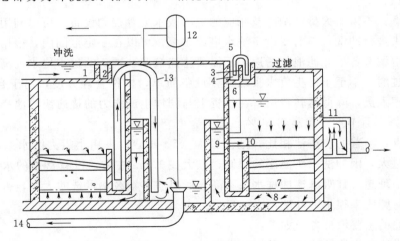

图 6.59 虹吸滤池的构造

1—进水槽；2—配水槽；3—进水虹吸管；4—单格滤池进水槽；5—进水堰；
6—布水管；7—滤层；8—配水系统；9—集水槽；10—出水管；11—出
水井；12—真空系统；13—冲洗虹吸管；14—冲洗排水管

图 6.59 中右半部分为过滤过程，左半部分为冲洗过程。

过滤过程如下：

待滤水通过进水槽 1 进入环形配水槽 2，经进水虹吸管 3 流入单格滤池进水槽 4，再从进水堰 5 溢流进入布水管 6 进入滤池。进水堰 5 起调节单格滤池流量作用。进入滤池的水顺次通过滤层7、配水系统8进入环形进水槽9，再由出水管10流到出水井11，由控制堰流出滤池。

随着滤层不断截留悬浮物，造成滤层阻力的逐渐增加，过滤水头损失逐渐增大，由于各格滤池进、出水量不变，滤池内最高水位与出水堰12堰顶高差，即为最大过滤水头，亦即期终允许水头损失值（一般采用1.5～2.0m）。

反冲洗过程如下：

反冲洗时，先破坏该格滤池进水虹吸管3的真空使该格滤池进水，滤池水位逐渐下降，滤速逐渐降低。当滤池内水位下降速度显著变慢时，利用真空系统12抽出冲洗虹吸管13的空气使之形成虹吸。开始阶段、滤池内的剩余水量通过冲洗虹吸管13抽入池中心下部，再有冲洗排水管14排出。当滤池水位低于集水槽9的水位时，反冲洗开始。当滤池水面降至冲洗水槽顶端时，反冲洗强度达到最大值。此时，其他5格滤池的全部过滤水量，都通过水槽9源源不断地供给被冲洗滤格。当滤料冲洗干净后，破坏冲洗虹吸管13的真空，冲洗停止，然后再用真空系统使进水虹吸管3恢复工作，过滤重新开始。6格滤池将轮流进行反冲洗。运行中应避免2格以上滤格以上滤格同时冲洗。

冲洗水头一般采用1.0～1.2m，由集水槽9的水位与冲洗排水槽的槽顶高差决定。冲洗强度和冲洗历时与普通快滤池相同。由于冲洗水头较小，故虹吸滤池采用小阻力配水系统。

虹吸滤池在工艺构造方面有许多优点，同时也存在一定问题，它与普通快滤池相比有以下的优缺点：

（1）优点：不需要大型的闸阀及相应的电力或水力等控制设备，可以利用滤池本身的出水量、水头进行冲洗，不需要设备洗水塔或水泵；可以在一定范围内，根据来水量的变化自动均衡地调节各单元滤池的滤速，不需要滤速控制装置；滤过水位永远高于滤层，可保持正水头过滤，不至于发生负水头现象；设备简单，操作管理方便，易于自动化控制，减少生产管理人员，降低运转费用；在投资上与同样生产能力的普通快滤池相比能降低造价20%～30%，且节约金属材料30%～40%。

（2）缺点：与普通快滤池相比，池深较大（5～6m）；采用小阻力配水系统单元滤池的面积不宜过大，因冲洗水头池深的限制，最大在1.3m左右。没有富余的水头调节，有时冲洗效果不理想。虹吸滤池冲洗水头不高，所以滤料颗粒不可选的太粗，否则将引起冲洗水头不足，膨胀率很小，冲洗不净的后患。

虹吸滤池的主要设计参数如下：

（1）虹吸滤池为快滤池的一种，其设计滤速、滤料层厚度以及滤料粒径、冲洗强度、工作周期等同于普通快滤池。

（2）滤池格数一般以6～8格为宜，单格面积宜小于25m²；每池形状宜为正方形，也可圆形布置，一般正方形布置施工方便。

（3）过滤水头一般采用1.5～2.0m，反冲洗水头采用1.0～1.2m。

（4）其他设计中需要注意的问题：滤池超高一般0.3m；滤池深度一般为5m；底部清水区高度一般为0.3～0.5m，单格滤格面积大时取高值；排水堰上水深一般为0.1～0.2m。

6.3.10 其他类型滤池

6.3.10.1 V型滤池

1. V型滤池结构及工作过程

滤池有多种形式,以石英砂作为滤料的普通快滤池使用历史悠久。在此基础上,人们从不同的工艺角度发展了其他形式的快滤池。V型滤池就是在此基础上由法国德利满公司在20世纪70年代发展起来的。V型滤池采用了较粗、较厚的均匀颗粒的石英砂滤层;采用了不使滤层膨胀的气水同时反冲洗兼有待滤水的表面扫洗;采用了气垫分布空气和专用的长柄滤头进行气、水分配等工艺。它具有出水水质好、滤速高、运行周期长、反冲洗效果好、节能和便于自动化管理等特点。因此70年代初在欧洲大陆广泛使用。80年代后期,我国南京、西安、重庆等地开始引进使用。90年代以来,我国新建的大、中型净水厂差不多都采用了V型滤池这种滤水工艺,特别是广东省新建的净水厂几乎都采用了V型滤池。1991—1994年在沙口水厂(50万 m³/d)的建设中采用V型滤池。此后,高明、中山小榄、中山东凤、顺德龙江、三水、广宁、汕头、惠州等自来水公司设计和安装了V型滤池。

V型滤池采用气水反冲洗,适用于大中型水厂。其结构形式如图6.60所示。

(1)过滤过程。待滤水由进水总渠经进水气动隔膜阀1和方孔2后,溢过堰口3再经侧孔4进入被待滤水淹沿的V形槽5,分别经槽底均匀的配水小孔6和V形槽堰顶进入滤池。被均质滤料滤层过滤的滤后水经长柄滤头流入底部空间11,由方孔汇入气水分配渠8,在经管廊中的水封井12、出水堰13、清水渠14流入清水池。

(2)反冲洗过程。关闭进水阀1,但有一部分进水仍从两侧常开的方孔2流入滤池,由V形槽一侧流向排水渠一侧,形成表面扫洗。而后开启排水阀将池面水从排水槽中排出直至滤池水面与V形槽顶相平。反冲洗过程常采用"气冲→气水同时反冲→水冲"3步。

气冲打开进气阀,开启供气设备,空气经气水分配渠的上部小孔6均匀进入滤池底部,由长柄滤头喷出,将滤料表面杂质擦洗下来并悬浮于水中,被表面扫洗水冲入排水槽。

气水同时反冲洗在气冲的同时启动冲洗水泵,打开冲洗水阀18,反冲洗水也进入气水分配渠8,气、水分别经小孔10和方孔9流入滤池底部配水区,经长柄滤头均匀进入滤池,滤料得到进一步冲洗,表扫仍继续进行。

停止气冲,单独水冲表扫仍继续,最后将水中杂质全部冲入排水槽。

2. V型滤池主要设计参数

(1)滤料:石英砂,最好是选择海水冲刷强度比较大的海边砂场的石英砂。粒径0.95~1.35mm;不均匀系数 $K_{80}=1.0\sim1.3$;滤层厚度1.2~1.5m。

(2)滤速:7~15m/h。沙上水深1.2~1.3m。

(3)反冲洗强度:反冲洗一般采用气冲、气水同时反冲洗和水冲3个过程。压缩空气15~16L/(m²·s);水反冲4~5L/(m²·s);水表面扫洗1.5~1.8L/(m²·s)。

(4)滤头:采用QS型长柄滤头,滤头长28.5cm;滤帽上有缝隙36条;滤柄上部有ϕ2mm气孔,下部有长65mm、宽1mm条缝;材质为ABS工程塑料。滤头均匀分布在滤

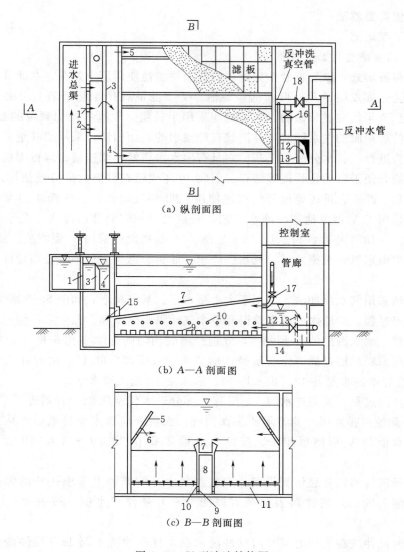

图 6.60　Ｖ型滤池结构图

1—进水气动隔膜阀；2—方孔；3—堰口；4—侧孔；5—Ｖ形槽；6—小孔；7—排水渠；8—气、
水分配渠；9—配水方孔；10—配气方孔；11—底部空间；12—水封井；13—出水堰；
14—清水渠；15—排气阀；16—清水阀；17—进气阀；18—冲洗水阀

板上，每平方米布置 48～56 个。

（5）滤板、滤梁均为钢筋混凝土预制件。滤板制成矩形或正方形，但边长最好不要超过 1.2m。滤梁的宽度为 10cm，高度和长度根据实际情况决定。

（6）整个滤料层在深度方向的粒径分布均匀，在反冲洗过程中滤料层不膨胀，不发生水力分级现象，保证深层截污，滤层含污能力高。

（7）滤层以上的水深一般大于 1.2m，反冲洗时水位下降到排水槽顶，水深只有 0.5m。

（8）Ⅴ型进水槽分设于滤池两侧，排水槽可设于两侧或中间。

6.3.10.2　移动罩滤池

20 世纪 40 年代后期，美国 Handing 公司首先提出了在一只滤池中分成若干长条小路，利用装在移动桁车上的冲洗泵和排水泵对各滤池依次冲洗，而未被冲洗、保持持续过滤的滤池，称为 Hardinge 滤池。自 1958 年开始采用，美国最大的单池产水量达 15 万 m^3/d。1969 年日本介绍了部分过滤、部分冲洗型的 EE 型滤池（Easy and Carriage Fieter），即将一座长条形滤池分成若干正方形小格，上设移动冲洗罩、连续对每格进行反冲洗。1975 年南通市自来水公司设计和建成了我国第一座移动冲洗罩滤池，设计水量为 $120m^3/h$，单格面积为 $1.21m^2$，共一组一行 10 格。采用泵吸式移动冲洗罩滤池。1979 年，上海市政工程设计院在上海长桥水厂扩建工程中，对泵吸式移动冲洗罩池，改进为虹吸式排除冲洗水方式。并采用程序控制器配套使用，使运行自动化。移动冲洗罩滤池在推广过程中从单一形式发展成多种形式，应用地区已从华东、中南、华南地区，扩大发展到华北、东北、西南等地区。

移动罩滤池可包括几个或几十个滤格，布置成单排或多排式。它的反冲洗机构由冲洗罩、行车、导轨和电气控制系统组成。行车沿导轨将冲洗罩按程序带到冲洗的滤格上部，下落形成密封圈，使冲洗的滤格就和整个滤池的上部进水区完全隔离，其他滤格的滤出水就会从冲洗罩所隔离的滤格底部，自下而上通过滤层，经过罩顶排出滤池外。其结构形式如图 6.61 所示。

过滤过程如下：

过滤时，待滤水由进水管 1 经穿孔配水墙 2 及消力栅 3 进入滤池，通过滤层过滤后由配水系统的配水室 5 流入钟罩式虹吸中心管 6。当虹吸中心管内水位上升到管顶且溢流时，带走虹吸管钟罩 7 和中心管间的空气，达到一定真空度时，虹吸形成，滤后水便从虹吸管钟罩 7 和中心管间的空间流出，经出水堰 3 流入清水池。滤池内水位标高 Z_1 和出水堰水位标高 Z_2 之差即为过滤水头，一般取 1.2～1.8m。

反冲洗过程如下：

当某一格滤池需要冲洗时，冲洗罩 10 由桁车 12 带动移至该滤格上面就位，并封住滤格顶部，同时用抽气设备抽出排水虹吸管 11 中的空气。当排水虹吸管真空度达到一定值时，虹吸形成，冲洗开始，也可直接采用水泵直接抽吸。即水泵式反冲洗方式。冲洗水由其余滤格滤后水经小阻力配水系统的配水室 5 配水孔 4 进入铝盒，通过承托层和滤层后，冲洗废水由排水虹吸管或水泵出水管排入排水渠 16。出水堰顶水位标高 Z_2 和排水渠中水封井水位标高 Z_3 之差即为冲洗水头，一般取 1.0～1.2m。当滤格数较多时，在一格滤池冲洗期间，滤池组仍可继续向清水池供水。冲洗完毕，冲洗罩移动至下一滤格，再准备对下一滤格进行冲洗。

移动冲洗罩滤池的特点是：①滤池的冲洗水量由工作滤格的过滤水供给，不需另设冲洗塔或冲洗水泵，而且各滤格共用一套冲洗设备，简化了滤池构造；②滤池各格顺序进行冲洗，不会出现全部滤层处于最大积污情况，因而所需期终水头损失要比其他各类型滤池小；③一般池深较浅，土建构造简单，故基建投资较省，造价约为普通快滤池的 65%～80%，而且占地面积少，节约能源消耗。

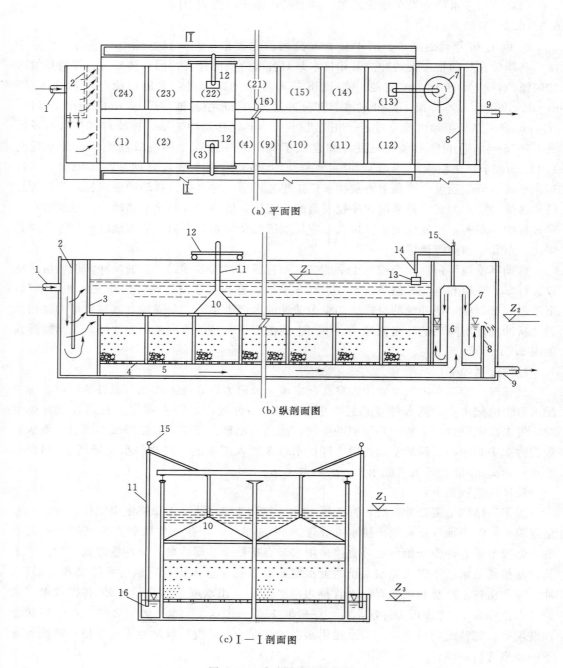

(a) 平面图

(b) 纵剖面图

(c) Ⅰ—Ⅰ剖面图

图 6.61 移动罩滤池结构图

1—进水管；2—穿孔配水墙；3—消力栅；4—小阻力配水系统的配水孔；5—配水系统的配水室；
6—出水虹吸中心管；7—出水虹吸管钟罩；8—出水堰；9—出水管；10—冲洗罩；11—排水
虹吸管；12—桁车；13—浮筒；14—针形阀；15—抽气管；16—排水渠

6.3.10.3　压力滤池

压力滤池是在密闭的容器中进行压力过滤的滤池。压力滤池是密闭的钢罐，里面装有和快滤池相似的配水系统和滤料等，是在压力下进行工作的。在工业给水处理过程中，它常与离子交换软化器串联使用，过滤后的水往往可以直接送到用水装置。压力滤池的构造如图 6.62 所示。

通常的冲洗排水槽改成了排水斗。滤料的粗度、厚度都比普遍快滤池的大，粒径一般采用 0.6～1.0mm，滤料厚一般用 1.1～1.2m。滤速为 8～10m/h，甚至更大，在采用粗滤料及滤料厚度大时，常考虑用压缩空气辅助冲洗，以节省冲洗水量，提高冲洗效果。压力滤池的进、出水管上都装有压力表，两表压力的差值就是过滤时的水头损失，一般可选 5～6m，有时可达 10m。配水系统较多的采用小阻力系统中的缝隙式滤头。压力滤池分竖式和卧式，竖式滤池有现成的产品，直径一般不超过 3m。卧式滤池直径不超过 3m，但长度可达10m。压力滤池耗费钢材多，投资较大。但因占地少，又有定型产品，可缩短建设周期，且运转管理方便，在工业中采用较广。

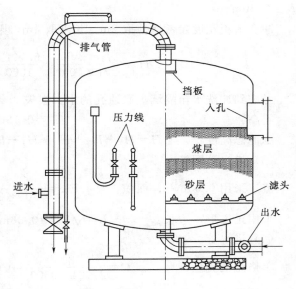

图 6.62　压力滤池

6.3.11　滤池工程设计计算实例

【例 6.3】已知条件：设计进水量 1260m³/d，滤池分为 2 格，平均冲洗强度 $q=15$L/$(s \cdot m^2)$，设计滤速 $v=7.0$m/h，冲洗时间 $t=5$min，期终允许水头损失为 $h=1.7$m，排水井堰口标高为 -0.7m，滤池入土深度为 -0.5m。底部集水区高度为 0.30m，滤板厚度为 0.10m，承托层高度为 0.20m，滤料层高度为 0.75m，滤料以上直壁保护高度为 0.35m，顶盖高度为 0.30m。

试计算：

（1）滤池的平面尺寸。

（2）虹吸管的管径。

（3）反冲洗过程的水头损失等。

解：

（1）单组滤池平面尺寸。

过滤面积：　　　　$f_1=Q/v=1260/(24\times2\times7)=3.75(m^2)$

以 0.3m 为腰长的等腰直角三角形联通渠及斜边面积 $f_2=1/2\times0.3\times0.3\times4=0.18(m^2)$。

故单组滤池面积：　　$f=f_1+f_2=3.75+0.18=3.93(m^2)$

滤池为正方形，则边长 $L=\sqrt{f}=1.98$m，取边长 $L=2.0$m。

则实际过滤面积： $f_1' = 2.00^2 - 0.18 = 3.82 (\text{m}^2)$

实际滤速： $q' = \dfrac{26.25}{3.82} = 6.87 [\text{m}^3/(\text{m}^2 \cdot \text{h})]$

（2）滤池高度。底部集水区高度 $H_1 = 0.30\text{m}$，滤板厚度 $H_2 = 0.10\text{m}$，承托层高度 $H_3 = 0.20\text{m}$，滤料层高度 $H_4 = 0.75\text{m}$，滤料以上直壁保护高度 $H_5 = 0.35\text{m}$，顶盖高度 $H_6 = 0.30\text{m}$。

冲洗水箱宽度参考滤池取 2m，长度取 4m，则冲洗水箱高度

$$H_7 = \frac{f_1 qt \times 60}{2 f_1 \times 1000} = \frac{60 \times 15 \times 5}{1000 \times 2} = 2.25 (\text{m})$$

考虑到冲洗水箱隔墙上联通孔的水头损失 0.05m，冲洗水箱的高度取 $H_7 = 2.30\text{m}$。

超高： $H_8 = 0.15\text{m}$

滤池总高度： $H = H_1 + H_2 + H_3 + H_4 + H_5 + H_6 + H_7 + H_8 = 4.55 (\text{m})$

（3）进水分配箱。

流速采用 0.05m/s，面积： $F_分 = \dfrac{Q_d}{0.05 \times 2} = \dfrac{0.0146}{0.05 \times 2} = 0.146 (\text{m}^2)$

采用正方形，边长： $L = \sqrt{F_分} = 0.38\text{m} \approx 0.4\text{m}$

（4）进水管。

单格滤池流量： $Q = \dfrac{1260}{2 \times 24 \times 3600} = 0.0073 (\text{m}^3/\text{s})$

选用管径为 100mm 的钢管（4 根），则流速

$$v_进 = \frac{0.0073 \times 4}{3.14 \times (0.1 - 0.004 \times 2)^2} = 1.1 (\text{m/s})$$

水力坡降： $i = \dfrac{0.000912 v^2 \left(1 + \dfrac{0.867}{v}\right)^{0.3}}{d^{1.3}} = 2.62 \times 10^{-2}$

进水管长度 $L_进 = 15\text{m}$，其中 90°弯头 3 个，三通 1 个，三通管径采用 $DN200 \times 100$（$DN200$ 为虹吸上升管管径）。

沿程水头损失： $h_f = il = 0.39$

局部水头损失系数为： $\xi_{进口} = 0.6\text{m}$，$\xi_{90°弯头} = 0.6\text{m}$，$\xi_{三通} = 1.5\text{m}$

局部水头损失： $h_j = \dfrac{\sum \xi v_进}{2g} = 0.15 (\text{m})$

进水管水头损失： $h_进 = h_{f进} + h_{j进} = 0.54 (\text{m})$

（5）几个控制标高。

滤池出水口标高＝滤池总高度－滤池入土高度－超高＝4.55－0.5－0.15＝3.9(m)

虹吸辅助管口标高＝滤池出水口标高＋期终允许水头损失＝3.9＋1.7＝5.6(m)

进水分配箱底标高＝虹吸辅助管口标高＋防止空气旋入的保护高度＝5.6＋0.5＝6.1(m)

配水箱堰顶标高＝虹吸辅助管口标高＋进水管水头损失＋（0.1～0.15m）的安全高度

$= 5.6 + 0.54 + 0.1 = 6.24 (\text{m})$

（6）各类管径。

1) 主虹吸管流量：

反冲洗流量：$Q_{冲}=qF_1=15\times3.75=56.25(\text{L/s})$

反冲洗的进水流量：$Q=7.3\text{L/s}$

主虹吸管流量：$Q_{虹}=Q+Q_{冲}=63.55(\text{L/s})$

2）额定流量时的管段流速 v 和坡降 i。假定虹吸上升管管径为 200mm，则查得其管上升流速 $v_{虹上}=2.26\text{m/s}$，在钢管内流速大于 1.20 时，$i=\dfrac{0.00107v^2}{d^{1.3}}$，$i_{虹上}=0.047$，该段管长 6m。

假定虹吸下降管管径为 159mm，此时下降流速 $v_{虹下}=3.62\text{m/s}$，$i_{虹下}=0.165$，该段管长 6m。

等腰三角形连通管，共 4 根，边长尺寸为 0.2m×0.2m。

其反冲时流速：$v_{连}=\dfrac{Q_{冲}}{4f_2}=\dfrac{63.55}{1000\times4\times0.5\times0.2^{0.2}}=0.44(\text{m/s})$

由 $v_{连}=C\sqrt{Ri}$ 得

$$i_{连}=\frac{v_{连}^2}{C^2R}$$

水力半径：$R=\dfrac{\omega}{x}=\dfrac{1/2\times0.2\times0.02}{0.2+0.2+\sqrt{2\times0.2^2}}=0.029(\text{m})$

糙率：$n=0.015$

谢才系数：$C=\dfrac{R^{\frac{1}{6}}}{n}=36.95$

故 $i_{连}=0.0049$

三角形连通管长度：$l_{连}=1.6\text{m}$

3）冲洗时各管段的水头损失（从水箱到排水井）。

a. 沿程水头损失 h_f。

连通管：$h_{f1}=i_{连}\,l_{连}=0.0078\text{m}$

虹吸上升管：$h_{f2}=i_{虹上}l_{虹上}=0.047\times6=0.282(\text{m})$

虹吸下降管：$h_{f3}=i_{虹上}l_{虹上}=0.165\times6=0.99(\text{m})$

故 $h_f=h_{f1}+h_{f2}+h_{f3}=1.28\text{m}$

b. 局部水头损失 h_j。

连通管的进口与出口：

$$h_{j1}=\frac{(\xi_{进}+\xi_{出})v_{连}^2}{2g}=\frac{(0.5+1.0)\times0.44^2}{2\times9.81}=0.0145(\text{m})$$

挡板处：$h_{j2}=0.05\text{m}$

虹吸管进口处：$Q_{冲}=56.25\text{L/s}$，$v=1.98\text{m/s}$，$\xi_{进}=0.5$，$h_{j3}=\dfrac{\xi_{进}v^2}{2g}=0.098\text{m}$

三通处：$Q_{虹}=56.25\text{L/s}$，$v_{虹上}=2.26\text{m/s}$，$\xi_{通}=0.1$，$h_{j4}=\dfrac{\xi_{通}v_{虹上}^2}{2g}=0.026\text{m}$

弯头：$h_{j5}=\dfrac{(\xi_{60°}+\xi_{120°})v_{虹上}^2}{2g}=\dfrac{(0.5+2.0)\times2.26^2}{19.62}=0.663(\text{m})$

缩管（流速 $v_{虹下}=3.62\mathrm{m/s}$）：$h_{j6}=\dfrac{\xi_{缩}v_{虹}^2}{2g}=\dfrac{0.25\times3.62^2}{19.62}=0.167(\mathrm{m})$

出口：$\qquad\qquad h_{j7}=\dfrac{\xi_{出}v_{虹下}^2}{2g}=\dfrac{1.0\times3.62^2}{19.62}=0.668(\mathrm{m})$

c. 小阻力配水系统及滤层水头损失 h_s。

滤板水头损失：$\qquad\qquad h_{s1}=0.3\mathrm{m}$

滤料层及承托层水头损失：$\qquad h_{s2}=h_{滤}+h_{深}=0.7+0.1=0.8(\mathrm{m})$

所以 $\qquad\qquad h_s=h_{s1}+h_{s2}=0.3+0.8=1.1(\mathrm{m})$

故反冲洗时总的水头损失为：$h_{冲}=h_f+h_j+h_s=1.28+0.668+1.1=3.048(\mathrm{m})$

d. 虹吸平均水位差 $H_{虹均差}$。

$$H_{虹均差}=H_{箱均}-H_{排堰}=3.25-(-0.7)=3.95(\mathrm{m})$$

e. 计算结果。通过以上计算结果可知，当选用虹吸上升管与下降管直径分别为 200mm 和 159mm 时，有 $3.048<3.95$，即 $h_{冲}<H_{虹均差}$。

说明虹吸上升管和虹吸下降管直径分别为 200mm 和 159mm 时，虹吸时的水头损失小于冲洗水箱提供的虹吸平均水位差，可以保证冲洗效果。

f. 滤池出水管管径。采用与进水管相同的管径，即 $d100$（4 根）。

g. 排水管管径。排水管的流量包括反冲洗的流量和反冲洗时的进水流量，即

$$Q_{排}=Q_{虹}=Q_{进}+Q_{冲}=56.25+7.3=63.55(\mathrm{L/s})$$

采用 $DN250$ 排水管，则 $v_{排}=1.42\mathrm{m/s}$。

h. 其他管径。虹吸辅助管管径采用 32mm，虹吸破坏斗管和强制冲洗管管径均采用 20mm。

（7）滤池滤料。滤料应具有足够的机械强度和抗蚀性能，可采用石英砂、无烟煤和重质矿石等。滤池滤速及滤料组成的选用，应根据进水水质、滤后水水质要求、滤池构造等因素，滤料按表 6.27 和表 6.28 选择。

表 6.27   **滤池滤速及滤料组成**

滤料种类	滤料组成			正常滤速/(m/h)	强制滤速/(m/h)
	粒径/mm	不均匀系数 K_{80}	厚度/mm		
双层滤料	无烟煤 $d_{min}=1.20$ $d_{max}=1.60$	<2.0	350	5.726	11.45
	石英砂 $d_{min}=0.50$ $d_{max}=1.00$	<2.0	400		

注   承托层采用粒径为 1~2mm 的粗砂，厚度为 100mm。

表 6.28   **承托层的材料及组成**

配水方式	承托层材料	粒径/mm	厚度/mm
滤板配水	粗砂	1~2	100

6.4 消毒

生活饮用水必须经过消毒处理。水的消毒是为了灭活水中的病菌及有害微生物所采取的措施。消毒并非要把水中的微生物全部消灭，只是要消除水中的致病微生物的致病作用。消毒方法有很多，有氯及氯化物消毒、臭氧消毒、紫外线消毒及某些重金属离子消毒。但对村镇的中、小水厂一般采用液氯或漂白粉消毒，其设备简单，货源充足，价格低廉。受污染原水经氯消毒后可能会产生一些有害健康的副产物。但就目前情况而言，氯消毒仍是应用最广泛的一种方法。

6.4.1 氯消毒

6.4.1.1 氯消毒原理

在常温常压下，氯是一种有强烈刺激性的黄绿色气体。当温度低于$-33.80℃$，火灾常温下将氯加压到$6\sim8$个大气压时，就成为深黄色的液体，俗称液氯。

氯消毒的原理是当氯气Cl_2加入水中后，与水作用生成盐酸（HCl）和次氯酸（HClO）。由于次氯酸是很小的中性分子，能扩散到细菌表面，并穿透细菌的细胞壁进入细菌内部，通过氧化作用破坏细菌的酶系统，从而达到杀菌消毒的目的。

6.4.1.2 加氯量

加氯量可分为两部分：需氯量和余量。需氯量用于灭活微生物，氧化有机物和还原性物质等所消耗的部分；余氯是为了抑制水中残存病原微生物的再度繁殖，防治输水管网中水再污染，在管网内维持的少量余氯。加氯量就是根据上述两部分的需要，按各水厂的水源、水质、净化条件、管网长短等实际情况经生产实践来确定，且应满足《生活饮用水卫生标准》的规定。

加氯量一般按折点加氯法确定。缺乏试验资料时，一般地表水经混凝、沉淀和过滤后或清洁的地下水，加氯量可采用$1.0\sim1.5mg/L$；一般的地表水经混凝、沉淀而未经过滤时可采用$1.5\sim2.5mg/L$。

6.4.1.3 加氯点

加氯点是根据原水水质、净水设备进行选择的，一般分为滤前加氯、滤后加氯、二次加氯等方式。

滤前加氯是将加氯点选在沉淀池前或水泵吸水井内，与混凝剂同时投加。滤前加氯可氧化的有机物较多，防止青苔和藻类滋生，同时还可以延长氯的接触时间，增加混凝的效果。这些氧化法称为滤前氯化或预氯化。对于受污染水源，为避免氯消毒副产物产生，滤前加氯或预氯化应尽量取消。将加氯点选在过滤之后、清水池之前的管道上，适宜一般水质的水源。由于水中大量杂质已被去除，加氯的作用只是杀灭残存细菌和微生物，因而加氯量较少。

6.4.1.4 加氯设备

加氯设备主要是氯瓶和加氯机。氯瓶一般是卧式钢瓶，加氯机是将氯瓶流出的氯气先配制成氯溶液，然后用水射器加入水中。加氯机有不同的型号和不同的加氯量。手动加氯机存在加氯量调节滞后、余氯不稳定等缺点。近年来，自来水厂的加氯自动化发展很快，采用加氯机配以相应的自动检测和自动控制装置的自动加氯技术。村镇水厂可根据需要、操作条件、经济状况等进行选用。加氯设备安置在加氯间，氯瓶储备在氯库。加氯间和氯库可以合建或分建。

贮藏在钢瓶内的液氯气化时，每公斤需要吸收 280kJ 的热量。加热量不足就会阻碍液氯的气化。生产上常用自来水浇洒在氯瓶的外壳上以供热量。

氯气是有毒气体，故加氯间和氯库在建筑上的通风、照明、防火、保温等应特别注意，还应设置一系列安全报警、事故处理设施等。

6.4.2　漂白粉消毒

漂白粉是用氯气和石灰制成的，主要成分是 $Ca(OCl)_2$。漂白粉是一种白色粉末状物质，有氯的气味，易受光、热和潮气作用而分解使有效氯降低，故必须放在阴凉、干燥且通风良好的地方。漂白粉消毒和氯气消毒的原理是相同的，主要也是加入水后产生次氯酸灭活细菌。

漂白粉需配成溶液加注，溶解时先调成糊状物，然后再加水配成 1.0%~2.0%（以有效氯计）浓度的溶液。溶液配制的方法和配制混凝剂的方法相似。在小型村镇水厂可利用两个缸，一个为溶药缸，另一个是投药缸。规模较大时也可采用水池。当投加在滤后水中时，溶液必须经过 4~24h 澄清，以免杂质带进清水中；若加入浑水中，则配制后可立即使用。

由于氯气容易逸出和腐蚀性较强，因此溶药缸和投药缸必须加盖，所有设备和管材都应采用耐腐蚀的材料。

对村镇分散供水井，可向水中投加漂白粉溶液，每天 1~2 次，半小时后测定余氯含量，当余氯含量为 0.05~0.1mg/L 时即可使用。也可以将漂白粉装入带有小孔的毛竹筒或带有小孔的无毒塑料袋中，用绳子吊沉入水中 0.5m 左右，使漂白粉慢慢溶于水中，产生的次氯酸可以通过小孔不断向水中扩散。消毒效果可维持半个月左右。

6.4.3　二氧化氯消毒

二氧化氯（ClO_2）在常温常压下是一种黄绿色气体，具有与氯相似的刺激性气味，极不稳定，必须以水溶液形式现场制取。

制取 ClO_2 的方法较多。在供水处理中，制取 ClO_2 的方法主要是用亚氯酸钠（$NaClO_2$）和氯（Cl_2）制取。制取过程是在 1 个内填瓷环的圆柱形发生器中进行的，由加氯机出来的氯溶液和用泵抽出的亚氯酸钠稀溶液共同进入二氧化氯发生器，经过约 1min 的反应，便得二氧化氯水溶液，像加氯一样将其直接投入水中。发生器设置 1 个透明管，通过观察，出水若呈黄绿色即表明二氧化氯生成。反应时应控制混合液的 pH 值浓度。

另一种制取 ClO_2 的方法是用酸与亚氯酸钠反应制取。制取方法也是在 1 个圆柱形二氧化氯发生器中进行。先在两个溶液槽中分别配制一定浓度（注意浓度不可过高，浓度过高，化合时也会发生爆炸，一般 HCl 浓度 8.5%，$NaClO_2$ 浓度 7%）的 HCl 和 $NaClO_2$ 溶液，分别用泵打入二氧化氯发生器，经过约 20min 反应后便形成二氧化氯溶液。酸用量一般超过化学计量 3~4 倍。在用硫酸制备时，需注意硫酸不能与固态 $NaClO_2$ 接触，否则会发生爆炸。

二氧化氯自动消毒过程如图 6.63 所示。

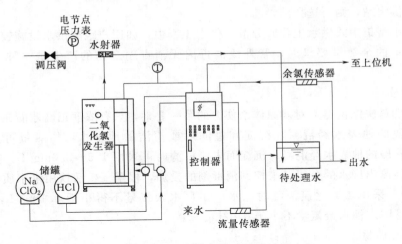

图 6.63 二氧化氯自动消毒过程

二氧化氯既是消毒剂，又是氧化能力很强的氧化剂，在当前水处理中受重视，但由于制取原料价格较高，限制了二氧化氯消毒的广泛应用。

6.4.4 紫外线消毒

研究表明，紫外线主要是通过对微生物（细菌、病毒、芽孢等病原体）的辐射损伤和破坏核酸的功能使微生物致死，从而达到消毒的目的。紫外线对核酸的作用可导致键和链的断裂、股间交联和形成光化学产物等，从而改变了 DNA 的生活活性，使微生物自身不能复制，这种紫外线损伤也是致死性损伤。

根据实验，波长为 $2000\sim2950\mathring{A}$ 的紫外线有明显的杀菌作用，二波长为 $2600\sim2650\mathring{A}$ 的紫外线杀菌能力最强。一般消毒用的紫外线灯管（外形和日光灯一样），其波长为 $2537\mathring{A}$。

紫外线杀菌设备有两种形式，即紫外线灯管放在水中或放在水面上。紫外线消毒的优点是管理简单、杀菌速度快；缺点是经过消毒的水无持续杀菌能力，细菌可能在管网中再次滋生，运行成本高。一般仅在特殊情况下小规模使用，如可用在联户分散打

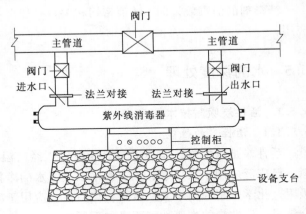

图 6.64 紫外线消毒布置

井供水的工程中。图 6.64 为一种应用于净水处理厂的紫外线消毒布置形式，水从紫外线灯光消毒器中通过即起到照射杀菌消毒的作用。

6.4.5 影响消毒效果的因素

1. 消毒剂的选择

消毒剂有多种，既要考虑到消毒效果，又要考虑到费用及对消毒副产物的控制。目前我国对于大中型水厂以及技术管理水平较高的水厂，通常选择二氧化氯作为消毒剂，

而对于小型供水站，则可选择消毒粉。

在村镇小型集中式供水工程或分散式供水工程中，如用户距离供水设施较近，无需保持水在水管中的余氯量要求时，紫外线消毒因无消毒副产物的产生是一种非常不错的选择。

2. 投加量

药液浓度是决定消毒剂对病原体杀伤力的第一要素，只有浓度正确才能充分发挥其消毒作用。一般的地表水经混凝、沉淀和过滤后或清洁的地下水，加氯量可采用 $1.0 \sim 1.5 \text{mg/L}$；一般的地表水经混凝、沉淀而未经过滤时可采用 $1.5 \sim 2.0 \text{mg/L}$。在运行管理中通常通过检测出厂水的余氯量来控制消毒剂的投加，根据《生活饮用水水质标准》（GB 5749—2006），采用二氧化氯消毒时，水厂出厂水余氯量不得小于 0.1mg/L，不得大于 0.8mg/L，管网末梢水余氯量不小于 0.02mg/L。

3. 水中有机物

有机物的存在会降低消毒效果。因此，应检测水源水中有机物含量，对超过水源水质标准的有机物应进行预处理而去除。

4. 消毒剂与病原体的接触时间

任何消毒剂都需要桶病原体接触一定时间，才能将其杀死，一般为 30min。

5. 温度

消毒剂的消毒效果与温度有关。一般温度高时效果好；温度低则消毒作用弱、速度慢。消毒剂的效力通常为 20℃、10min 作为比较标准。

6. pH 值

消毒剂的消毒效果同 pH 值密切相关，一般天然水的 pH 值在 7.0 左右，社会消毒的应用。

6.5　水的深度处理

6.5.1　活性炭吸附技术

6.5.1.1　活性炭的性能

活性炭是以木材、煤、果壳等为原料，经高温碳化和活化而制成的一种吸附过滤材料，已广泛应用于饮用水、工业给水以及废水的净化和处理。它的作用机理可以分为物理吸附、化学吸附和离子交换吸附。当活性炭应用于净水处理时，通常是三种吸附作用的综合结果。活性炭的主要性能要求如下所述。

1. 孔的大小

活性炭中有许多微孔，活性炭的吸附量受微孔支配。由于选用原料和制造工艺不同，所得活性炭微孔及其分布可能相差很大，而孔的大小及其分布将影响活性炭的吸附特性。

2. 比表面积

一般活性炭的比表面积在 $500 \sim 1000 \text{m}^2/\text{g}$，活性炭的比表面积大小可近似地以活性炭的碘值来衡量，即用 1g 活性炭可吸附的碘的毫克数来表示。一般说，比表面积大则吸附量大，但需根据处理的对象，科学合理地选用活性炭。活性炭表面通常具有微弱的极性，因此对非极性溶质的吸附量较低，而对极性溶质的吸附量较高。活性炭也是一种催化剂，具有一定的催化作用，例如，可以使水中部分 Fe^{2+} 氧化成 Fe^{3+} 等。

3. 吸附量

活性炭的物理吸附一般遵循吸附等温方程式，即

$$Q = \frac{V(c_0 - c)}{M} \tag{6.66}$$

式中 Q——吸附量；

V——水的容积；

c_0——原水中吸附物浓度；

c——吸附平衡时水中剩余物浓度；

M——活性炭的量。

当温度一定时，如 V、c_0 一定，改变 M，则 c、Q 也随之改变，其变化规律见图 6.65。

由图 6.65 可知，活性炭在稀溶液中的吸附率比在浓溶液中大，在浓溶液中随着浓度 c 的增加，Q 的数值的增加很有限，即曲线上升呈平缓状态。由此可见，活性炭在水处理中应用，一般更适用于低浓度的吸附。

这种吸附等温线的测定由于可提供不同种类活性炭的吸附性能，因而可作为选择活性炭和设计活性炭吸附装置时参考的依据之一，即一般在选择活性炭和设计吸附装置时，可先做吸附等温线的测试，以评定该种活性炭的吸附性能。

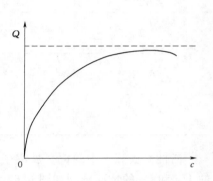

图 6.65 吸附等温线示意图

6.5.1.2 活性炭的分类

在水处理中，常用的活性炭是颗粒状活性炭，另一类是粉末状活性炭。粉末状活性炭的颗粒很小，一般平均直径为 $15\sim25\mu m$，使用过程中需考虑过滤分离，颗粒状活性炭则颗粒相对较大。除此以外，还有几种其他类型的活性炭，即：①球形活性炭，可从沥青中制取，也有较高的机械强度，对 SO_2 和 NO_2 的吸附性能良好；②浸透型或渗透型活性炭，可以使用无机的渗透剂，如 I_2、Ag 等，也可以使用有机的渗透剂，如吡啶、有机胺等；③高分子涂层活性炭，即在多孔活性炭上涂以高分子聚合物，但又不至于堵塞微孔。这种涂层活性炭常用于医药工业。

6.5.1.3 活性炭的应用

活性炭主要用于去除水中的有机污染物，如酚的化合物，见图 6.66。由图 6.66 可知，活性炭对水中酚、甲酚等吸附量和去除率较高，对其他酚的化合物也有一定的效果。

又如，活性炭对去除卤代甲烷也有较好的效果，见表 6.29。表 6.29 为活性炭在 pH

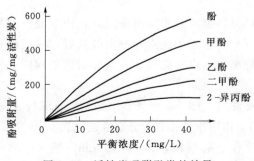

图 6.66 活性炭吸附酚类的效果

值＝7.0、温度为 24℃、接触时间为 24h 时的吸附效果。

表 6.29 活性炭对去除卤代甲烷的效果

卤代甲烷	吸附量/(μg/g 活性炭)	卤代甲烷	吸附量/(μg/g 活性炭)
CHCl$_3$	16.5	CHCl$_2$Br	150.0
CHClBr$_2$	130.0	CHBr$_3$	185.0

此外，活性炭对去除多环芳烃也有较好的效果，见表 6.30。由 6.30 可知，活性炭对去除水中的卤代甲烷（THM）和多环芳烃（PAH）这两类有毒有害致癌物都是有效的。

表 6.30 活性炭对去除多环芳烃的效果

多环芳烃	相对分子量	加入活性炭量/（mg/L）	30min 吸附率/%
蒽	178	100	98
		10	89
苯并蒽	228	100	83.7
		10	67.5
二苯并芘	302	100	70
		10	51.3

活性炭去除水中的重金属离子，例如，水中的 Hg、Cd 和 Cr。活性炭吸附去除水中的 Hg 和 Cr 的情况分别如图 6.67 和图 6.68 所示。

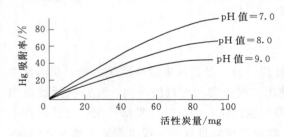

图 6.67　活性炭吸附水中 Hg 的效果

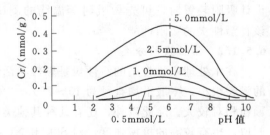

图 6.68　活性炭吸附水中 Cr 的效果

6.5.2　膜分离技术

6.5.2.1　膜分离技术及其分类

膜分离技术是利用特殊的有机高分子或无机材料制成的膜将溶液隔开，使溶液中的某些溶质或水渗透出来，从而达到分离的技术。膜分离技术的优点是分离效果好，一般没有相的变化，设备容易操作和产业化等。当然膜分离技术也有局限性，例如对预处理要求较高，处理能力相对较小等。

目前在水处理方面应用的膜技术，主要有反渗透（RO）、电渗析（ED 或 EDR）、纳滤（NF）、超滤（UF）和微滤（MF）等 5 种，它们的作用原理和有关分离性能见表 6.31。

由表 6.31 可见，ED 或 EDR 能去除水中粒径小的颗粒，为 0.0001μm，但水中离子需带电，因此 ED 或 EDR 局限于去除带电杂质，而对于病菌和大多数有机物则效果差。

表 6.31 各种膜技术的作用和性能

膜的类型	主要作用原理	分离颗粒直径 /μm	分离去除作用		
			病菌	有机物	无机物
EDR	电荷作用	0.0001	无效	无效	无效
RO	筛分与扩散	0.0001	C、B、V	DBP	有效
				SOC	
NF	筛分与扩散	0.001	C、B、V	DBP	有效
				SOC	
UF	筛分与扩散	0.001	C、B、V	无效	无效
MF	筛分与扩散	0.001	C、B	无效	无效

注 C—包裹；B—细菌；V—病毒；DBP—消毒副产物；SOC—合成有机物。

UF 和 MF 则去除颗粒直径较大，但运行所需压力低，膜的成本低，与水处理中传统的混凝过程相比，它对水中病菌可提供一个静止的阻挡层，因此病菌残留下来机会少。而混凝过程是一个动态过程，如滤出水中浊度高，会使病菌漏过而留在水中，从这个意义上而言，膜法中 UF 和 MF 与传统的混凝过程相比更具有优点，因而在水的净化中仍有较大的应用前景。

而 RO 和 NF 的作用原理是由扩散和筛分控制，经筛分作用可去除所有的病菌和有机物，经扩散作用可去除离子型无机物，由于它们分离颗粒直径小，而且对病菌、有机物和无机物均有效，因此 RO 和 NF 具有广泛的处理能力和范围。它既可应用于工业水处理，也可应用于饮用水处理，其中 NF 因所需压力低，膜的成本也低，因此 RO 和 NF 在今后水处理中应作为优先发展的领域，而且随着饮用水法规的逐步完善和水质分析检测技术的不断改进，膜技术的发展将大大促进膜技术的应用，因而膜技术和膜产品的市场前景广阔。

6.5.2.2 膜材料与膜组件

制膜的材料分为有机高分子聚合物、陶瓷以及其他材料。有机高分子聚合物中有醋酸纤维素、聚砜、聚酰胺等，其中醋酸纤维膜被称为第一代有机合成膜，这类膜对 pH 值和温度的适应范围小，化学清洗时药剂易产生腐蚀和损害，而且细菌容易侵蚀醋酸纤维膜，机械强度较差。以聚砜为代表的膜是第二代有机合成膜，它对酸碱、温度的适应范围较大，抗腐蚀和抗氧化能力较强。以陶瓷膜为代表的无机膜则为第三代膜，与聚合膜相比，陶瓷膜具有更好的化学稳定性和耐酸碱性，机械强度高，耐高温，抗微生物能力强等优点，陶瓷膜的管式组件能处理含较大颗粒悬浮杂质的水而不易堵塞膜的通道，因而适合于净水处理。但陶瓷膜的过滤面积较小，而且成本高，约为聚合膜的两倍，因而初期投资费用高。

膜的组件则主要有 4 种形式，即平板式、管式、卷式和中空纤维式。卷式和中空纤维式组件的过滤面积最大，由于在净水处理中，水中含有大量的悬浮物质，卷式膜的进水通道容易堵塞，故管式和中空纤维式更适合用于净水处理。目前在膜分离净水厂使用的大多为中空纤维式组件，使用无视膜的还较少。

6.5.2.3 膜分离技术的选用

以压力为推动力的膜分离技术，可分成 RO、NF、UF、MF 等。如何根据分离的要求来选用合适的膜技术，我们可参照膜分离要求，得出分离去除水中有关颗粒的大小与各种膜技术对应的分离工艺要求，两者的关系见图 6.69。

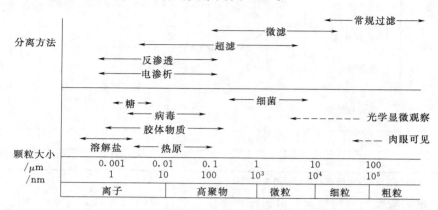

图 6.69 各种去除颗粒直径及对应分离工艺

由图 6.69 可见，根据去除杂质颗粒直径的大小可选择对应的膜技术，如果重点要求去除水中的盐和金属离子，就应选用 RO 和 NF；如果重点要求去除水中的细菌，则选用 MF 膜更为合适。如果反过来，主要要求分离去除水中的细菌，选用 RO 或 NF；主要要求分离去除水中的盐类和金属离子，则选用 MF 就显得不合适了，因为各种膜分离技术有它特定的功能和特点，有它最佳的适用场合。

例如，RO 运行压力高，一般为 1～10MPa，能耗也高，而且由于其良好的截留分离性能，可将水中大多数离子去除。而 NF 膜可在较低的压力下操作，一般为 0.5～1MPa，而且水的适量较高，对二价离子如 Ca^{2+}、Mg^{2+} 的去除率好，适用于硬度高、有机物含量高、浊度低的水，例如，地下水的处理。UF 和 MF 则运行压力低，仅 70～200kPa，可以截留水中大部分悬浮物和细菌，可用于地下水处理，也可用于地面水处理。总之，我们应根据不同的水质、不同的处理要求，科学合理地选用相应的膜分离技术。下面各节我们再分别重点介绍几种膜分离技术。

6.5.2.4 反渗透膜分离技术

1. 反渗透基本原理

如将淡水和盐水两者用一种只能透过水而不能透过溶质的半透膜隔开，见图 6.70，这时淡水会自然地透过膜渗透至盐水一侧，这种现象称为渗透。当渗透进行到盐水一侧的液面达到某一高度时，就会产生一个压力 p_1，这时达到渗透平衡，下边水的液面就不再上升，这一平衡压力就称渗透压。但如果在盐水一侧加一个大于渗透压的压力 p_2，当 $p_2 > p_1$ 时，则盐水中的水分子就会穿过半透膜渗透到淡水一侧，使得盐水的浓度增加，这一现象称为反渗透。

2. 反渗透膜

反渗透膜种类很多。目前在水处理中应用较多的主要是醋酸纤维膜和芳香聚酰胺膜。醋酸纤维膜内成膜材料为醋酸纤维素，溶剂（如丙酮等）使醋酸纤维素溶解，添加剂又称为溶胀剂（如甲酰胺等），起膨胀作用，形成微细孔结构。上述三种材料按一定配方混合

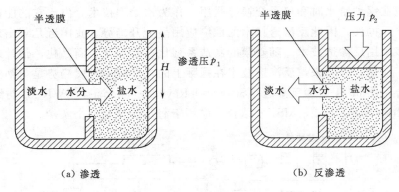

图 6.70 渗透和反渗透原理示意图

并经充分溶解后形成膜液可制成多种形式的膜，再经蒸发、凝胶、热处理等步骤后使用。醋酸纤维膜在水中易水解，适用的 pH 值为 3～8。

聚酰胺膜是以芳香聚酰胺作为膜材料，以二甲基乙酰胺作为溶剂，以硝酸锂或氯化锂作为添加剂制成，通常制成空心纤维形式，以增大膜的表面积，空心纤维的外径约为 45～85μm，表皮层厚约 0.1～1.0μm，近似人的头发的粗细。聚酰胺膜单位体积透水量比醋酸纤维膜高，使用寿命也较长。

3. 反渗透装置的类型和特点

目前常用的反渗透装置有管式、螺旋卷式、中空纤维式、板框式和多束式等。

(1) 管式反渗透装置。这种装置使用管式膜，将膜置于小直径（10～20mm）的耐压多孔管的内侧，膜与管之间有塑料网或纤维网，把许多根管状膜单元装入高压容器内成为内压管式，此外还有外压管式、套管式。管式装置易于换膜，安装维修方便；缺点则是单位体积的膜面积较小，建造费用较高。

(2) 螺旋卷式反渗透装置。它由平板膜做成，在两层渗透膜中间夹衬多孔支撑材料，把膜的三边密封形成膜袋。另一个开放的边与一根接受淡水的穿孔管密封连接，膜袋外再垫一层细网，作为间隔层紧密卷绕而成一个组件，再把一个或多个组件放入耐压筒内，原水及浓缩液系沿与中心管平行方向在膜袋外细网间隔层中流动，浓缩液由筒的一端引出，渗透水则沿两层膜的垫层流动，最后由中心集水管引出。这种卷式装置因其单位面积的膜表面积较大，故透水量也大，紊流效果好，不易产生浓差极化现象；缺点则是膜沾污后清除困难，处理含悬浮物液体的效果差。

(3) 中空纤维或反渗透。这种装置不需要支撑材料，而是把几十万根空心纤维捆成膜束，密封装入耐压容器中。其优点是单位体积的膜表面积很大，制造安装简单，可在较低压力下运行，膜的寿命较长；缺点是不适合处理含悬浮物多的水和液体。

(4) 板框式反渗透装置。这种装置是由若干块平板和平膜按压滤机形式制成，其结构简单，但单位体积的膜面积较小，为了使装置正常运行，必须对原水进行预处理，包括去除悬浮固体，调整 pH 值，消毒等。为防止膜的极化现象，常需要提高水的流速。为了提高水的回收率，常采用多级浓缩方式。

4. 反渗透膜分离技术的应用

反渗透膜技术在水处理中的应用主要是海水淡化和苦咸水淡化，另一个重要用途是制备超纯水，或在锅炉给水时和离子交换等联用并作为预处理技术。由于它的能耗低于电渗析和蒸发等单元操作，因此反渗透技术的推广应用呈上升趋势。我国近几年出现众多的桶装纯水，大多采用反渗透技术。随着膜的制造系列化、定型化、商品化，估计反渗透技术也将逐步推广应用。近年来，反渗透技术在国际上的一个应用发展趋势是与纳滤膜和蒸发等技术的结合，图 6.71 即为反渗透（Seawater Reverse Osmosis，SWRO）与纳滤膜或多级闪蒸（Multi - stage flash，MSF）结合，应用于海水淡化的一个实例。

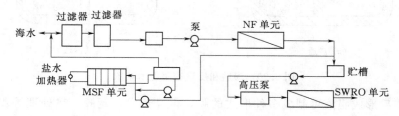

图 6.71 SWRO - NF - MSF 结合的海水淡化流程图

由图 6.71 可知，采用 SWRO - NF - MSF 复合技术后，能源消耗可降低 $25\% \sim 30\%$，化学品消耗可降低 60%，产品淡水的成本可降低 30%，与传统的单一 SWRO 相比，淡化水产量可增加 60%，出水的 TDS < 200mg/L。

6.5.2.5 电渗析膜分离技术

1. 电渗析基本原理

电渗析是在外加直流电场作用下，利用阴、阳离子交换膜对水中离子的选择透过性，使一部分溶液中的离子迁移到另一部分溶液中去，达到浓缩、纯化、分离的技术。电渗析设备由一系列阴阳膜置放在两电极之间而组成，见图 6.72。

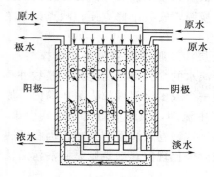

图 6.72 中，通常把离子减少的隔室称为淡室，其出水称为淡水；离子增多的隔室称浓室，其出水称为浓水；与电极板接触的隔室称为极室，其出水称为极水。

2. 离子交换膜

离子交换膜是一种由高分子材料制成的具有离子交换基团的膜，它具有离子选择透过作用。按照膜体的构造离子交换膜可分为异相膜和均相膜；按照膜的

图 6.72 电渗析装置示意图

作用又可分为阳膜、阴膜和复合膜。均相膜和异相膜相比，其电化学性能好，耐温性能也较好，但制造较复杂。

良好的离子交换膜应具备下列条件：离子选择透过性高，即阳膜只允许阳离子透过，阴膜则相反，而实际应用的离子交换腹的选择性透过率一般在 $80\% \sim 95\%$；导电性好，膜的面电阻低，膜电阻通常为 $2 \sim 10\Omega \cdot cm^2$；化学稳定性好，能耐酸、碱，抗氧化、抗氯；平整性、均匀性好，无针孔，具有一定的柔韧性和足够的机械强度，渗水性低等。

3. 电渗析设备

电渗析设备又称电渗析器，由膜堆（包括离子交换腹、隔板），极区（包活电极、极

框、垫板）和压紧装置三大部分组成。隔板用于隔开阴阳膜，隔板本身也是水流的通道。电极材料则一般采用石墨电极、钛涂料电极、铅电极等。在每台电渗析装置中，膜的对数可达数百对。

4. 电渗析膜分离技术的应用

由于电渗析所需能量与处理水的盐度成正比，因此它不太适合处理海水及高浓度废水，而苦咸水（小于 10mg/L）的除盐是电渗析的主要用途。电渗析也可以作为离子交换制取纯水的预处理，通过预处理使离子交换柱的生产能力提高，延长交换周期，并节省再生剂的用量。

电渗析应用于给水处理时，由于电渗析器的浓室和淡室的进水往往是同一种原水，因此有时为了节约原水，浓水常常循环使用。

在电渗析技术应用的发展近况中，有一些趋势值得重视：① 频繁倒极电渗析（EDR），国外 20 世纪 70 年代起研制，国内也已研究开发和应用，每小时倒电极 3～4 次，对于消除和防止结垢有良好的效果；② 离子导电隔网电渗析，国外 1975 年开始研究，即以离子交换材料制备导电隔网代替普通隔网和在隔室内充填阴阳树脂，研究表明，离子导电隔网具有较高的极限电流密度和除盐率，国内也已研制成功并投入批量生产；③ 高温电渗析，可将水加热至 70～75℃，这时电渗析的工效大为提高，电耗则显著降低，但要求膜能耐高温、耐化学侵蚀，并有高的强度，这也是今后电渗析发展的方向之一。

6.5.2.6　超滤膜分离技术

1. 超滤膜分离技术的特点

由于超滤膜的膜孔较大，故能在较小的压力下（一般小于 1MPa）工作，而且具有较大的水通量，一般用于从水中分离相对分子质量大于 500 的物质，如细菌、蛋白质、藻类等。超滤膜有醋酸纤维膜、聚酰胺膜、聚砜膜等，它们适用的 pH 值范围分别为 4～7.5、4～10、1～12。

2. 超滤设备

超滤设备与反渗透设备相似，有管式、板框式、螺旋卷式和中空纤维式等几种形式。进行超滤操作时，施加的外压一般在 0.07～0.7MPa 范围，通常在 0.1～0.15MPa 下，水的迁移量为 0.033～0.83m³/h。而当外压为 0.7MPa 时，有些膜的水迁移量可达到 0.83～4.17m³/h。在超滤过程中，不能滤过的残留物在膜表面层的浓聚，会形成浓差极化现象，使通水量急剧减小。为防止浓差极化现象，应使膜表面平行流动的水的流速大于 3～4m/s，使溶质不断地从膜界面送回到主流层中，减小界面层的厚度，以保持一定的通水速度和截留率。在给水处理中，除了用超滤去除水中的细菌等杂质外，还经常将超滤用于制取超纯水的预处理。

习　题

6.1　对于一般的农村饮水安全工程，其供水站由哪几部分组成？各部分的作用是什么？

6.2　絮凝池有几种？各自适用的条件是什么？

6.3 沉淀池有哪几种？各自适用的条件是什么？

6.4 滤池有哪几种？各自适用的条件是什么？

6.5 氯消毒原理是什么？常用消毒剂有哪些？哪些因素会影响消毒效果？

6.6 某农村供水站供水规模为 $2000m^3$，采用常规水处理工艺，24h 制水。根据净水构筑物试合理设计其主要净水构筑物（包括絮凝池、沉淀池和重力无阀滤池）。其他条件参考 [例 6.1] ～ [例 6.3]。

课外知识： 美国某给水厂处理工艺及净水效果

姚宏（北京交通大学、美国佐治亚理工学院） 张士超（北京交通大学）

周小轮（中国矿业大学） 王春荣（美国佐治亚理工学院、中国矿业大学）

臭氧-生物活性炭（O_3/BAC）饮用水深度处理技术是集臭氧氧化、活性炭吸附和生物降解于一体以去除污染物的主流工艺。该技术于 1886 年开始应用，但由于昂贵的设备和运营成本，当时并没有得到实际的应用。现在世界各地已有上千家水处理厂使用臭氧活性炭处理工艺，如美国加州戈利塔水厂和地公园水厂，德国慕尼黑多奈水厂和日本的北谷净水厂。目前，我国只有少数水厂采用，但也在逐步推广应用，如周家渡水厂、南洲水厂、温州南麂水厂、桐乡市果园桥水厂和中石化金陵分公司自备水厂等。

美国于 1976 年开始研究 O_3/BAC 技术，至 1990 年有 40 多家水厂应用此工艺，其中包括纽约、洛杉矶等大水厂，O_3/BAC 技术在美国应用较成熟。这里重点介绍采用臭氧活性炭深度处理工艺的美国某给水厂的单元设计以及处理效果，并对测定结果进行了讨论，为国内给水厂的设计提供借鉴。

1 给水厂工程概况及净水工艺流程

美国某给水厂始建于 2007 年 7 月份，设计总规模为 $5.7 \times 10^4 m^3/d$，为城市提供饮用水。水源为美国某河水，根据该河的原水水质特点，在中试的基础上，给水厂的深度处理设计采用 O_3/BAC 工艺，其净水工艺流程如图 1 所示。

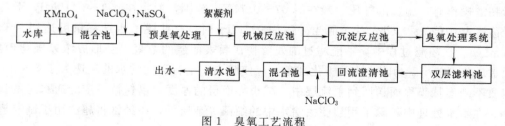

图 1 臭氧工艺流程

2 工程设计

水厂共设有 3 座储水池，每座储水池都设有自己的泵站和一道机械格栅。取水泵由 3 台立式潜水泵组成，功率为 332kW，负荷量最大为 $21.9m^3/s$。

2.1 混合反应池

快速混合反应池设计成网格式反应池，共有 6 格。进出水水量由文氏管流量计量检测，量程为 $0.44 \sim 1.75m^3/s$，节流孔径比 β 取 0.6125。每格反应池进行 2 段反应：第 1

阶段，配备功率为 3.2kW 的感应式混合器进行快速混合，混合时间小于 2s，搅拌速度梯度为 $1000s^{-1}$，6 个反应池同时运行时，平均水力停留时间为 20s，网格反应池的尺寸（$L×D×H$）为 2.44m×2.44m×2.44m；第 2 阶段，使用功率为 20.05kW 的垂直涡轮搅拌机搅拌进行搅拌，$T_{搅拌}=5s$，$G=400\sim900s^{-1}$，6 个反应池同时运行时，$T_{停留}=17s$，网格反应池的尺寸（$L×D×H$）为 2.44m×2.23m×2.44m。2 个阶段所使用的药剂为明矾和阳离子聚合物。

2.2 絮凝沉淀池

絮凝池与沉淀池合建，共有 12 座。絮凝反应池设有 12 座，每池设有 A、B、C、D 4 段，每阶段配置一台垂直涡轮搅拌机，总计 48 台。AB 段的搅拌机功率为 3.68kW，$G=46\sim94s^{-1}$，叶轮直径为 271cm。CD 段的搅拌机功率为 2.21kW，$G=27\sim53s^{-1}$，叶轮直径为 70.65cm。反应池每段的尺寸为 5.79m×6.55m×7.32m，每个池容积为 111m³。12 个水池同时运行时的总停留时间为 45min。

沉淀池共有 12 座，每座池内设有 15 块斜板，单池尺寸为：13m×28m×7m。12 座池同时运行时的水力停留时间为 110min，$Q_{平均}=0.38m^3/s$，$Q_{最大}=0.88m^3/s$，$Q_{最小}=0.22m^3/s$，其平均流量为 0.041m³/h。10 座沉淀池同时运行时，其最大流量为 0.091m³/h。同时，沉淀池配置有 2 套功率为 0.37kW 链式刮板吸泥机。每台刮泥机上有 18 块刮泥板，刮泥板的尺寸（$L×D$）为 76.20mm。

2.3 臭氧系统

本工艺中使用了预臭氧处理系统和后臭氧处理系统，预臭氧处理系统主要用于去除水的嗅和味、色度、铁、锰以及重金属和藻类，改善絮凝效果，后臭氧处理中，其作用可用于杀死细菌和病毒，氧化有机物，以及去除 COD 等。本工艺臭氧系统各阶段臭氧投加量参数值见表 1。

表 1　　臭氧投加量参数值

参　数	预臭氧投加量 /(mg/L)	后臭氧投加量 /(mg/L)	总臭氧投加量 /(mg/L)	液氧量 /(m³/d)
最大值	1	3	4	21.2
最小值	0.5	1	1.5	3.2
平均值	0.5	2	2.5	9.3

设有两座臭氧氧化池，单池的尺寸（$L×D×H$）为 6.71m×4.57m×6.10m，其流量平均值为 2.30m³/s，2 座池子同时运行时，水力停留时间为 4.2min，臭氧的转移效率为 94%，臭氧的质量范围为 6%～12%。臭氧发生器的气源为液态氧，每天需要的液氧量平均为 386.38L/d，产臭氧量 871.18kg/d。发生设备采用中频、水平管式的发生器，共有 3 台，总发生量为 113.40kg/h。

接触反应是臭氧处理系统中生产运行的核心，它的作用是将臭氧发生器产生的臭氧气体迅速有效地扩散到被处理水中，并稳定可靠地完成反应。预臭氧接触反应系统采用文丘里射流曝气的形式，单池设有水射器 8 个，臭氧扩散采用微孔曝气的形式，单池的扩散器为 8 个。设计 2 间臭氧制备室，每室设 2 座扩散池 1 号和 2 号：1 号扩散池长和宽为

6.71m×3.25m，池内设有 105 个扩散器，7 个脱水曝气器；2 号扩散池的尺寸为 22m×5.33m，扩散器 45 个，脱水曝气器 3 个。

2.4 双层滤料滤池

全厂总共设计 12 座滤池，使用颗粒活性炭（GAC)-砂砾石双层滤料滤池。活性炭吸附是去除水中的嗅味、天然和合成溶解性有机物及微污染物质的有效措施，有机物经臭氧氧化后被活性炭吸附，并利用活性炭表面生长微生物的生物降解作用，完成对水中有机物质的去除。

滤池的宽和长为 5.40m×9.18m，最大滤速为 0.34cm/s，常规滤速范围为 0.20～0.272cm/s，最大运行时间 100h，滤池常规运行时间 24h，最大允许的水头损失 1.83m。承托层砾石在排水取上的厚度为 0.36m。滤料层石英砂的厚度为 0.36m，其实际的粒径为 0.53mm，活性炭的厚度为 1.57m，有效粒径为 1.3～1.5mm。滤池反冲洗时，空气流量设计为 0.76m^3·min/m^2，冲洗时间为 1～5min，最大的水冲速度为 0.81m^3·min/m^2，冲洗时间为 15min，表面扫洗的水流速度为 0.205m^3·min/m^2，冲洗时间为 30min。

同时设有 2 座回流池，2 座回流池每个池子的尺寸长×宽为 42.8m×13.4mm，有效水深为 3.76m。每个井的尺寸长×宽为 17.67m×13.61m，有效水深为 3.76m。回流池中选用 4 台功率为 110.4kW 水平式离心泵。回流泵站采用 2 座桥架，额定载重量为 5t，跨度 8.53m，升程 7.01m。采用的起重机最大速度范围 0.03～0.10m/s，功率为 7.36kW。电车最大速度范围 0.13～0.41m/s，最小功率 0.55kW。吊桥最大速度 0.64m/s，最小功率 0.37kW。设计 2 座反冲洗出水井，井宽 8m，井长 18m，有效水深 9m，井总容积 893.8m^3。每座井的有 4 个回流槽，槽的尺寸长×宽×高为 3.05m×0.91m×1.22m。

2.5 澄清池

澄清池 2 座，每池设成 2 格，每格 15 块沉降板，网格尺寸（宽×长×高）为 13m×28m×7m，有效沉降总面积 2900m^2，水力停留时间 126min，平均流量 0.34m^3/s，平均沉降速度为 0.07m^3/min。澄清池选用 4 台功率为 55.2kW 的立式涡轮泵。

设有回流井 2 座，每座的尺寸（宽×长×高）为 14m×18m×4m，井容积 120m^3。每个澄清池设有 2 块污泥条板，传送带功率为 0.368kW，用于排走池底污泥，条板尺寸宽×高为 7.62cm×20.32cm，传送速度是 0.01m/s。

3 标准比较及建议

综上所述该给水处理厂出水水质达标，美国国家二级饮用水水质标准规定：水的浊度不大于 5NTU；对有滤池的系统，任何连续 2 个月中，95% 的每日所取水样浊度不能大于 1NTU（直接过滤不能大于 0.5NTU）。参考我国《生活饮用水卫生标准》（GB 5749—2006)，浊度、COD、BOD_5 分别为 1NTU、3mg/L、5mg/L，从测定结果可知，美国该给水厂出水水质达到并优于我国的饮用水水质标准。美国饮水水质标准分为国家两级饮用水规程一级饮用水规程，是法定强制性的标准，它适用于公用给水系统；二级饮用水规程，为非强制性准则，用于控制水中对美容（如皮肤、牙齿变色）或对感官性状（如嗅、味、色度）有影响的污染物浓度。美国国家环保局（EPA）给水系统推荐二级标准但没有规定必须遵守，然而各州可选择性采纳为强制性标准。我国统一执行《生活饮用水卫生标准》（GB 5749—2006），国家有关部门可以针对不同规模、不同类型的给水处理厂因地制宜地给予不同的经济、技术、政策支持，以利于我国给水处理行业的发展。

——引自《环境工程学报》2013年第7卷第2期，422－426页

第7章 输配水系统

7.1 系统布置

输配水系统包括输水管渠、配水管网、泵站、水塔和水池等。

对输水和配水系统的总体要求：供给用户所需的水量，保证配水管网足够的水压，水质达标，保证不间断给水。

输水管渠是指从水源取水口到供水站和从供水站到配水管网的管道或渠道，仅起输水作用，不沿线配水。输水管渠的输水方式可分成两类：第一类是水源低于供水区，例如取用江河水时，需要采用泵站加压输水，根据地形高差、管线长度和水管承压能力等情况，有时需在输水途中再设置加压泵站；第二类是水源位置高于供水区，例如在山区位置较高的河流取水或取用位置较高的水库水时，有可能采用重力管渠输水。

配水一般采用配水管，配水管也称配水网管，是指从供水站二次加压泵房或调节构筑物（水塔、高位水池）向用户配水的管道系统。配水网管系统布置分树枝状网管和环状管网两种布置方式。配水管又分为配水干管和配水支管，配水管的特点是配水管内的流量随用户用水量的变化而变化。

7.1.1 线路选择与布置要求

给水管网的布置应满足以下要求：按照村镇规划平面图布置管网，布置时应考虑给水系统分期建设的可能，并留有充分的发展余地；管网布置必须保证供水安全可靠，当局部管网发生事故时，断水范围应减小到最小；管线遍布在整个给水区，保证用户有足够的水量和水压。

尽管给水管网有各种各样的要求和布置，但不外乎两种基本形式：树状网和环状网。

树状网中任一管线损坏时，在该管段以后的所有管线就会断水，供水的可靠性较差，水质容易变坏，有出现浑水和红水的可能。但树状网管线较短，管径随供水方向逐渐减小，结构简单，投资较省，是村镇广泛采用的给水管网形式。

环状网中，管线连接成环状，这类管网当任一段管线损坏时，可以关闭附近的阀门使之和其余管线隔开，然后进行检修，水还可从另外管线供应用户，断水的地区可以缩小，从而供水可靠性增加。环状网还可以大大减轻因水锤作用产生的危害。但是环状网的造价明显地比树状网高。一般较大的镇和供水安全可靠性要求高的地区采用。

在实际工作中，常将树状网和环状网结合起来进行布置。根据具体情况，在集镇主要供水区采用环状网或双管排水，边远地区采用树状管网。或者近期采用树状管网，将来再逐步发展成为环状管网，这样比较经济合理。

1. 线路选择

供水管线路选择及定线是指在地形平面图上确定管线的走向和位置。定线时一般只限于管网的干管及干管之间的连接管，不包括从干管取水而分配到用户的分配水管和接到用户的入户管。

管网定线取决于村、镇在整个供水区域内的分布、水源和调节水池的位置，定线时需考虑的要求如下：

（1）干管定线时其延伸方向应和二级泵站输水到调节水池或水塔的水流方向一致，以最近的距离，将一条或几条干管平行地布置在用水量较大的区域。平行的干管间距约为500~800m，干管之间的连接管间距约为800~1000m。

（2）为方便运行维护，干管一般按村、镇间连接道路定线，但尽量避免在高级路面和重要道路下通过。

（3）生活饮用水管尽量避免穿过毒物污染及腐蚀性等地区，如必须穿过时，应采取防护措施。

（4）输配水管渠应尽量避免穿越河谷、山脊、沼泽、重要铁路或泄洪地区，并注意避开地震断裂带、沉陷、滑坡、塌方以及易发生泥石流和高侵蚀土壤地区。

（5）输水管线应充分利用水位高差，结合沿线条件考虑重力输水。如因地形或管线系统布置所限必须加压输水时，应根据设备管材选用情况，结合运行费用分析，通过技术经济比较，确定增压级数、方式和增压泵站的位置。

（6）村镇供水管道与建筑物、铁路和其他管道保持合适的距离，一般情况时见表7.1。

表 7.1   **供 水 管 道 与 建 筑 物**

构 筑 物 名 称	供水管道的平均距离/m	构 筑 物 名 称	供水管道的平均距离/m
铁路远期路堤坡脚	5.0	热力管	1.5
铁路远期路堑坡脚	10.0	街树中心	1.5
建筑红线	5.0	通信机照明	1.0
低、中压煤气管（<1.5kgf/cm²）	1.0	高压电杆支座	3.0
次高压煤气管（1.5~3.0kgf/cm²）	1.5	电力电缆	1.0
高压煤气管（3.0~8.0kgf/cm²）	2.0	污水管	1.5

（7）当供水管与污水管空间交叉时，供水管应设在污水管的上方，并且接口位置不能重叠；如供水管必须设在污水管侧下方时，供水管必须采用金属管材，并根据土壤的渗水性及地下水位状况，妥善确定空间净距。

（8）供水管道相互交叉时，其净距不应小于0.15m。

2. 布置要求

（1）按照居民村、场镇的分布及中心场镇的规划布置，对中心场镇供水应考虑分期建设的可能性。

（2）网管中的干管的长度应以最近距离的用户和调节构筑物来确定。

（3）村、镇配水管线以树枝状布置为主，待场镇水量发展时，再根据实际情况考虑主干管成环。

（4）村镇管严禁与非生活饮用水管连接，严禁与各用户的自备生活饮用水直接连通。

（5）当输水管延伸较长时，为维护管网末梢的服务水头，二级泵站的扬程势必很高，引起泵房附近的干管压力过高，既不经济也不安全，可考虑在适当位置设二次加压泵房，直接从管网抽水进行中途加压，这时二级泵房的扬程只需满足加压泵房附近的服务水头，以后再进行加压，满足下一个加压泵房或管网末梢的服务水头。前后各加压泵站的力量按顺序逐个减少。

（6）供水管网的管径按最高日最大时流量设计。如用水量变化较大，高峰用水时间较短，可考虑在适当位置设置调节水池，这样可以缩小高峰用水时供水站的供水范围，降低干管高峰用水量，从而减小干管管径，节约工程投资。

（7）由于许多村镇地形高差较大，可考虑分压供水或局部加压供水。与提高整个管网的供水压力相比既可节约能源，又可避免地形较低处的管网承受较高的压力而损坏。

7.1.2　输水管渠布置

输水管渠水输水方式有重力输水和压力输水两种方式，但实际情况往往是加压和重力输水两种形式相结合，用得较多的是压力输水管渠，特别是输水管。

（1）输水管根数。除某些重要村镇要求不得间断供水，需设两根输水干管外，一般情况下仅设一根输水管。

（2）连通管和阀门布置。当采用两根输水干管时，一般应设置连通管，其管径与输水干管相同，连通管与阀门的布置，其根数应满足断管时事故用水需求。当仅有一根长距离的输水干管时，为便于检修，其根数应满足断管时事故用水需求。当仅有一根长距离的输水干管时，为便于检修，可设置适当数量的阀门，阀门直径，当输水管径不大于 400mm 时，与输水管同径。

（3）输水干管在穿越河流时，可采用管桥或河底穿越等形式，一般宜设置两条，按一条停止运行，另一条仍能通过设计流量进行设置。

7.1.3　配水管网布置

配水管网的布置方式，一般可分为树枝状管网与环状管网两种基本方式。树枝状管网总长度段，修建费用省，但断水可能性大，而环状管网则相反。目前农村常用的管网布置方式多为树枝状管网，管道的管径流量的变化由大到小，农村随着经济发展与农民生活水平提高，可向环状管网与树枝状管网相结合的混合布置方式过渡，以提高供水保证率。

1. 配水管网的布置原则

（1）尽量缩短管线长度并遍布整个供水区，保证用户有足够的水量与水压。

（2）在符合相关规划的条件下，力求沿最短距离敷设管线，供水到用户。

（3）按照规划，留有充分的发展余地。

2. 配水管网布置

（1）管网中的干管水流方向应与供水流方向一致，干管应设置在村镇连接道路附近或中心场镇的人行道路以下，在村镇中配水时应沿村中主要街道布置，宜通过两侧用水大户。

（2）为保证消火栓处有足够的水压及水量，应将消火栓与配水干管相连，消火栓连接的配水干管一般在 DN100 以上。

（3）为便于检修及冬季防冻回水，管道纵向应有一定的坡度，并在管道最低处装有泄水阀，在管道最高处安排排气阀或水龙头，以防气阻。

（4）配水管与建（构）筑物以及工程管线之间的最小水平净距见表 7.2。

表 7.2　　　　　　　配水管与建（构）筑物以及工程管线之间的最小水平净距

序号	建（构）筑物和工程管线名称		最小平均净距/m	配水管 DN/mm
1	建（构）筑物		1.0	≤200
			3.0	>200
2	雨、污水管道		1.0	≤200
			1.5	>200
3	煤气管	中、低压：$P \leqslant 0.4\text{MPa}$	0.5	
		次高压：$0.4\text{MPa} < P \leqslant 0.8\text{MPa}$	1.0	
		高压：$0.8\text{MPa} < P \leqslant 1.6\text{MPa}$	1.5	
4	热力管：直埋及地沟		1.5	
5	电力电缆：直埋或缆沟		0.5	
6	电信电缆：直埋过管道		1.0	
7	乔木（中心）		1.5	
8	灌木		1.5	
9	地上杆柱	通信照明及<10kV 高压	0.5	
		铁塔基础边	3.0	
10	道路侧石边缘		1.5	
11	铁路钢轨（或坡脚）		5.0	

（5）输配水管与工程管线竖向交叉时，设置在雨、污水管道的上方通过，竖向净距在 0.4m 以上。

（6）阀门和消火栓的布置。

阀门：阀门布置应满足事故管段的切断需要，其位置可连接管以及重要供水支管的节点设置，配水干管上的阀门间距一般为 500～1000m；支管与干管相接处，阀门一般设置在支管上，以使支管的检修不影响主管供水。

在重要中心场镇管网支、干管上的消火栓及工业企业重要水管上的消火栓，均应在消火栓前装设阀门。支、干管上阀门布置不应使两阀门隔断 5 个以上的消火栓。

消火栓：消火栓的间距不应大于 120m；消火栓的接管直径不小于 100mm；消火栓应尽可能设置在交叉口和醒目处，消火栓按规定应距离不小于 5m，距车道边不大于 2m，以便消防车上水，并不应妨碍交通，一般常设在人行道边。

（7）对于通往农村的配水管，限于目前农村的条件允许短时间停水检修的村镇，其检修阀门可少设。

（8）暂时缓建的支管，可在管道敷设时在干管预留口并用管堵封闭。

7.2　管渠材质及附属设施

7.2.1　常用管渠材质

供水管网是供水工程系统中造价最高并且是极为重要的组成部分。供水管网由众多管连接而成。管道为工厂现成产品，运到施工工地后进行埋管和接口。

按照水管工作条件，管道性能应满足下列要求：

（1）有足够的强度，可以承受各种内外荷载。

（2）水密性，它是保证管网有效而经济地工作的重要条件，如因管线的水密性差以至常漏水，无疑会增加管理费用和导致经济上的损失。同时，管网漏水严重时也会冲刷地面引起严重事故。

（3）管道内壁面应光滑以减小水头损失。

（4）应用于供水工程的管道，还应当具有化学稳定性，即其在使用时不得溶出对饮用造成二次污染的物质。

（5）价格较低，使用年限较长，并且有较高的防止水和土壤的侵蚀能力。

此外，管道接口应施工简便，工作可靠。

应用于供水的管道根据材质可分为金属管（铸铁管和钢管等）和非金属管（预应力钢混凝土管、玻璃钢管、塑料管等）供水管道材料的选择取决于承受的水压外部埋管条件、供水情况等。

7.2.2　铸铁管

铸铁管按材质可分为灰口铸铁管和球墨铸铁管。

灰口铸铁管有砂型离心和连续铸造两种加工工艺。砂型离心铸铁管在 20 世纪 60 年代停产。连续铸铁管或称灰口铸铁管，有较强的耐腐蚀性，在 20 世纪 60—80 年代被广泛应用。但由于连续铸管工艺的缺陷，质地较脆，抗冲击和抗震能力较差，管材质量不够稳重量较大，且经常发生接口漏水，水管断裂和爆管事故，给生产带来很大的损失，现在灰口铸铁管已属于淘汰产品，一般不再使用。

球墨铸铁管是选用优质生铁，采用水冷金属型模离心浇注技术，并经退火处理，获得稳定均匀的金相组织，能保持较高的延伸率，故亦称可延性铸铁管。由于其具有较高的抗拉强度和延伸率，而且具有较好的韧性、耐腐蚀、抗氧化、耐高压等优良性能，且施工方便，不需要在现场进行焊接及防腐操作，加上产量及口径的增加、管配件的配套供应等，故被广泛运用于输水、输气及其他液体的输送。

球墨铸铁管外壁采用喷涂沥青或喷锌防腐，内壁衬水泥砂浆防腐。

球墨铸铁管通常采用 T 型滑入式接口，也可用法兰接口，施工安装方便，接口的水密性好，有适应地基变形的能力，抗震效果也好。

对于村镇供水工程，球墨铸铁管较重，安装不如 PE 管方便。但就综合造价而言（管材价格及沟槽开挖和回填）在大管径管道中，其由于 PE 管大管径的价格较高，而且有一定的优势。一般在工程中，在管径为 300mm 以上才考虑球墨铸铁管，以下则以 PE 管为主。

7.2.3 钢管

钢管是目前大口径埋地管道中运用最为广泛的管材。

钢管有无缝钢管和焊接钢管两种。钢管的特点是具有强度高，接口方便，承受内压力大，内表面光滑，水力条件好，可穿越各种障碍物等优点，但是易腐蚀，造价较高。在供水管网中，通常只在管径大和水压较高处，以及因地质地形条件限制或穿越铁路、河谷和地震区时使用。埋地钢管易受腐蚀，必须对其内、外壁作防腐涂层。一般当钢管的埋地敷设长度大于 0.5m 时，需作阴极保护。正确选择钢管的内、外壁涂层并采取阴极保护，可使其使用寿命大大延长，一般能达 50 年左右或更长年限。

钢管通常采用焊接或法兰接口，所用配件如三通、四通、弯管和渐缩管等，由钢板卷而成，也可直接用标准铸铁配件连接。

7.2.4 预应力和自应力钢筋混凝土管

在供水工程建设中，有条件时宜以非金属管代替金属管。对于加快工程建设和节约金属材料都有现实意义。

预应力钢筋混凝土管分普通和加钢套筒两种其特点是造价低，抗震性能强，管壁光滑，水力条件好、耐腐蚀，爆管率低但重量大，不便于运输和安装预应力钢筋混凝土管在设置阀门、弯管、排气防水等装置处，须采用钢管配件。

预应力钢筒混凝土管是在预应力钢筋混凝土管内放入钢筒，其用钢量比钢管省，造价比钢管便宜，接口为承插式，承口环和插口环均用扁钢管压制成型，与钢筒焊成一体。根据《预应力混凝土输水管（震动挤压工艺）》（GB 5695—2011）中管径规格为 $DN400\sim DN2000$。《预应力混凝土输水管（管芯缠丝工艺）》（GB 5696—1995）中管径的规格为 $DN400\sim DN3000$。两种 PCP 管的静水压力均为 0.4MPa、0.6MPa、0.8MPa、1.0MPa、1.2MPa 5 个等级，管长为 5m。

自应力钢筋混凝土管的管径最大为 600mm，只要质量可靠，可用在郊区或农村等水压较低的次要管线上。

7.2.5 塑料管

塑料管有很多种，如聚丙烯腈·丁二烯·苯乙烯塑料管（AS）、聚乙烯管（PE）、入丝网骨架聚乙烯（PE）管、聚丙烯塑料管（PP）和硬聚氯乙烯塑料管（PVC - U）等，目前村镇供水工程中常用的是 PVC - U、PE 管道。

1. 硬聚氯乙烯塑料管（PVC - U）

PVC - U 又称硬 PVC，它是以卫生级聚氯乙烯（PVC）树脂为主要原料，加入适量的稳定剂、润滑剂、填充剂、增色剂等经塑料挤出机挤出成型和注塑机注塑成型，通过冷却、固化、定型、检验、包装等工序以完成管材、管件的生产。

PVC - U 常用的口径为 $DN20\sim DN1000$ 共 18 种规格，包括 $DN20$、$DN25$、$DN32$、$DN40$、$DN50$、$DN63$、$DN75$、$DN90$、$DN110$、$DN125$、$DN140$、$DN160$、$DN200$、$DN250$、$DN315$、$DN400$、$DN630$、$DN1000$。PVC - U 管的工作压力为 0.6MPa、0.8MPa、1.0MPa、1.25MPa、1.6MPa。

PVC - U 管材的优点是：①化学稳定性好，不受环境因素和管道内输送介质成分的影响，耐腐蚀性能好；②水力性能好，管道内壁光滑，阻力系数小，不易积垢；相对于金属管材，密度小，材质轻；③施工安装方便，维修容易。目前，国内 PVC－U 替代镀锌钢管和灰口铸铁管的主要管材之一。

2. 聚氯乙烯塑料管（PE）

PE 指聚乙烯塑料材料，是一种无毒无害的塑料材料，常用作保鲜膜、食品盒等的材料，PE 管则指以聚乙烯为原料加工而成的一种塑料管材，至今具有十几年的使用时间。早期不易获得较大口径的管道而造价较高，在给水管道应用中不多，随着加工工艺的发展，其目前可获得直径在 20～5000mm 的管道，工作压力为 0.4MPa、0.6MPa、0.8MPa、1.0MPa、1.25MPa、1.6MPa，从而大大增加了其应用性，目前已成为给水和村镇供水的优先使用管道材料。

相对于其他塑料管材，PE 管具有以下优越性：

（1）PE 管材材质无毒，不腐蚀，不结垢，可有效地提高管网水质；PE 管道具有良好耐水锤压力的能力，与管材一体的熔接接头及 PE 管对地下运动和动荷载有较好的承载能力，大大提高供水的安全可靠性。

（2）PE 给水管专用材料近几年来得到很大发展。PE 材料早期得不到发展的一个重要原因就是由于其不经济性，然而高性能的聚乙烯管材专用材料开发出来之后，增强了 PE 的使用优势，扩大了 PE 管的应用领域。

（3）PE 管具有很好的柔韧性和可熔接性，使其铺设时更加方便经济和更加安全可靠。PE 管的铺设速度快，其接口采用热熔焊接方式，接口较快而且质量较好，损坏、维护费用低，只要接头良好就可承受轴向负荷而不发生泄漏和脱开，因此铺设时在斜坡和弯曲处不需要进行费用不小的锚点、支墩，费用可降低。管道具备独特的类型，其断裂伸长率均超过 500%，弯曲半径可以达到管道直径的 20～25 倍，还有优良的耐刮伤痕的能力，因此铺设时很容易移动、弯曲和穿插，适用于非开挖顶管等多种施工方法。而且 PE 管对于管道基础的适应能力强，一方面对于管基的要求降低，另一方面铺设管基发生变化，也不容易损坏。

（4）经济性较好，在管道直径 300mm 以下，PE 管相对于球墨铸铁管、钢管具有显著的造价优势。而对于村镇供水工程而言，其供水规模一般较小，同时供水范围大，故所用管道直径不大，但数量较多，因而 PE 管在村镇供水工程中具有明显的优势。另外，近几年在 PE 管的基础上还发展起一种以钢丝网作为骨架的 PE 管，称为钢丝骨架聚乙烯管，它在继承了纯聚乙烯（PE）管道的柔性优点基础上，因有钢丝网的增强作用，使之适应地面沉降的能力更突出，具有良好的抗震性。

7.3 管网水力计算

当给水管网布置方案确定后，就可以进行管网的水力计算。水力计算的任务是在最高日最高时用水量的条件下，确定各管段的设计流量和管径，并进行水头损失计算，根据控制点所需的自由水头和管网的水头损失确定二级泵站的扬程和水塔高度，以满足用户对水量和水压的要求。

要确定管段的设计流量，必须先求出管段的沿线流量和节点流量。

7.3.1 沿线流量、节点流量和管段设计流量的计算

村镇规模较小，给水管网比较简单时，各段管线内的流量比较明确，因而可以根据流量直接确定各管线的管径。有些村镇在给水管间的干管或配水管上，承接了许多用户，沿途配水的情况比较复杂。通常配水可以分为两种情况：一种是企业、机关、学校、公共建筑等大用户的用水从管网中某一点集中配给，成为集中流量；一种是用水量比较小，数量多而分散的居民用水，称为沿线流量。

管网中所有管段的沿线出流量之和应等于最高日最高时用水量。

7.3.1.1 比流量法

通常在计算的采用比流量法对沿线流量进行简化。所谓流量法就是假定居住区的沿线流量是均匀地分布在整个管段上，则单位长度上的配水流量称为比流量。比流量可按式（7.1）计算：

$$q_s = \frac{Q - \sum q}{\sum L} \tag{7.1}$$

式中　q_s——比流量，L/(s·m)；

　　　Q——管网水流量，L/s；

　　$\sum q$——大用户集中用水量总和，L/s；

　　$\sum L$——干管总长度，m，不配水的管段不计，只有一侧配水的管段折半计。

有了比流量，就可以求出各管段的沿线流量 q_1，公式如下：

$$q_1 = q_s L \tag{7.2}$$

式中　q_1——沿线流量，L/s；

　　　L——该管段的计算长度，m。

从式（7.2）中可以看出，管段中的沿线流量是沿着水流方向逐渐减小的，管段中的沿线流量还是变化着的。因此，管段中的沿线流量求出后，不易确定管段中的管径和计算水头损失。为了便于计算，须进行简化。将管段中的沿线流量转化成从节点集中流出的流量，这样沿管线就不再有流量流出，即管段中的流量不再沿线变化。这中间有的集中流量称为节点流量。

沿线流量化成节点流量的原理是求出一个沿线不变的折算流量，使它产生的水头损失等于实际上沿管线变化的流量产生的水头损失。工程上采用折算系数为 0.5，因此在管网中，任一节点的节点流量等于该节点相连各管段沿线流量总和的一半，即

$$q_i = 0.5 \sum q_1 \tag{7.3}$$

求得各节点流量后，管网计算图上便只有集中于节点的流量（加在附近的节点上）。

管网中任一管段中的流量包括沿线不断配送而减少的沿线流量 q_1 和通过该管段转输到以后管段的转输流量 q_t，因而管段的设计流量 Q_1 为

$$Q_1 = q_t + 0.5 \sum q_1 \tag{7.4}$$

式中　q_t——管段转输流量，L/s。

7.3.1.2 人均用水当量法

根据《村镇供水工程技术规范》（SL 310—2014）规定，各管段的沿线出流量可根据人均用水当量和各管段用水人口、用水大户的配水流量计算确定。人均用水当量可按式

(7.5) 计算：

$$q=\frac{1000(W-W_1)K_h}{24P} \tag{7.5}$$

式中　q——人均用水当量，$L/(h \cdot 人)$；

　　　W——村或镇的最高日用水量，m^3/d；

　　　W_1——企业、机关及学校等用水大户的用水量之和，m^3/d；

　　　K_h——时变化系数；

　　　P——村镇设计用水人口，人。

根据人均用水当量，就可以求出各节点流量。每个节点的出流量，包括综合用水出流量和集中出流量。综合用水出流量，以人均综合用水当量乘以由该节点供水的设计人口数计算；集中出流量为用水大户的最高时用水量。

管段设计流量按式（7.4）计算。

转输流量是通过该管段输送到下一管段的流量，在管段中是不变的。

对于树状网来说，由于水流的方向是确定并唯一的，该股那段的转输流量易于计算。因此，树状网的任一管段的计算流量等于该管段以后（顺水流方向）所有节点流量的总和。

对于环状网来说，由于任一节点的水流情况较为复杂，各管段的流量与以后各节点流量没有直接的联系，并且在一个节点上连接几条管段，因此任一节点的流量包括该节点流量和流向以及流离该节点的几条管段流量。所以，环状网流量分配时，不可能像树状网一样，对每一管段得到唯一的流量值。

7.3.2　管径的确定

通过上面的管段流量分配以后，各管段的流量就可以作为已知条件，根据管段流量和流速就可以确定管径了。

$$d=\sqrt{\frac{4Q}{\pi v}} \tag{7.6}$$

式中　d——管径，m；

　　　Q——流量，m^3/s；

　　　v——流速，m/s。

从式（7.6）中可以看出，管径的大小和流速、流量都有关系，要确定管径除了知道流量外，还必须知道流速，确定流速的方法见表 7.3。

表 7.3　　　　　　　　　　　　　　　流 速 的 确 定 方 法

条　件	流　速　值
最高和最低允许流速	为了防止水锤现象，最大流速不超过 $2.5 \sim 3.0 m/s$；当输送浑水时为避免淤积，最小流速为 $0.6 m/s$
经济流速	经济流速是指在一定年限内管网造价和管理费用之和为最小的流速。由于各村镇的电费、管网造价等经济因素不同，其经济流速也有差异，一般较大管径的经济流速大于小管径的经济流速
界限流速	受标准管径规格限制，每一种标准管径不止对应一个最经济的流速，而是对应一个经济流速界限，在界限流速范围内这一管径都是经济的
平均经济流速	中、小管径 $d=100 \sim 400 mm$ 时为 $0.6 \sim 1.0 m/s$，大管径为 $0.9 \sim 1.4 m/s$

也可以直接由界限流速确定的界限流量来确定管径，各管径的界限流量见表7.4，经济因素 f 不为1时，须将流量折算后再查界限流量表，修正公式为

$$q_0 = \sqrt[3]{f}\, q_{ij} \qquad\qquad (7.7)$$

式中　q_0——折算流量，L/s；

　　　f——经济因素；

　　　q_{ij}——管端流量，L/s。

表 7.4　　　　　　　　　界　限　流　量

管径/mm	界限流量/(L/s)	管径/mm	界限流量/(L/s)
100	<9	500	145～237
150	9～15	600	237～355
200	15～28.5	700	355～490
250	28.5～45	800	490～685
300	45～78	900	685～822
400	78～145	1000	822～1120

7.3.3　水头损失的计算

管道内的水头损失计算，应包括沿程水头损失 h_f 和局部水头损失 h_j。其中，沿程水头损失是由于水在流动过程中，水与管壁之间及水与水之间摩擦产生的阻力而造成的水头损失。沿程水头损失可按式（7.8）计算：

$$h_f = iL \qquad\qquad (7.8)$$

式中　h_f——沿程水头损失，m；

　　　i——单位管长水头损失，m/m，可查水力计算表，也可按不同管道材料计算；

　　　L——计算管段的长度，m。

不同的管道材料，其单位管长水头损失 i 不同，计算方法也不同。输水管道常用材质有 PE、PVC-U 等塑料管道，铸铁管，钢管以及混凝土管，根据《村镇供水工程技术规范》（SL 310—2014）规定，其单位管长水头损失分别采用以下经验公式计算。

1. PE、PVC-U 等塑料管道

PE、PVC-U 等塑料管道的单位管长水头损失，可按式（7.9）计算：

$$i = \frac{0.000915 Q^{1.774}}{d^{4.774}} \qquad\qquad (7.9)$$

式中　Q——管段流量，m³/s；

　　　d——管道内径，m。

2. 铸铁管、钢管

钢管、铸铁管的管道内流速 v 不同，其单位管长水头损失计算公式也不同，可按式（7.10）和式（7.11）计算：

$$i = \frac{0.000912 v^2 \left(\dfrac{1+0.867}{v}\right)^{0.3}}{d^{1.3}} \quad (v < 1.2\text{m/s}) \qquad (7.10)$$

$$i = \frac{0.00107v^2}{d^{1.3}} \quad (v \geqslant 1.2\mathrm{m/s}) \tag{7.11}$$

式中　v——管段流速，m/s；

　　　d——管道内径，m。

3. 混凝土管、钢筋混凝土管

混凝土管、钢筋混凝土管的单位管长水头损失，可按式（7.12）计算：

$$i = \frac{10.294n^2Q^2}{d^{5.333}} \tag{7.12}$$

式中　Q——管段流量，$\mathrm{m^3/s}$；

　　　d——管道内径，m；

　　　n——管道粗糙系数，应根据管道内壁光滑程度确定，可为 0.013～0.014。

局部水头损失 h_j 为

$$h_j = \xi \frac{v^2}{2g} \tag{7.13}$$

式中　ξ——局部水头损失系数；

　　　v——管内流速，m/s。

在给水管网的计算中，一般只考虑管线沿程的水头损失，如果有必要，可将沿程水头损失的 5%～10% 作为管网附件的局部水头损失，管道总水头损失为 1.05～1.1 倍沿程水头损失。

7.3.4　输水管道水力计算步骤

（1）确定设计流量：村镇供水工程输水管道设计流量按最高日工作时或最高日最高时用水量计算。

（2）确定管径：按照经济流速范围与设计流量初步确定管径。

（3）按准备选用的管材与设计流量、管径，查相应的水力计算表，确定流速及单位管长沿程损失。

（4）计算管道的沿程水头损失。

（5）计算输水的局部水头损失，或按沿程水头损失的 5%～10% 计算。

（6）计算总水头损失，等于沿程水头损失与局部水头损失之和。

7.3.5　树枝状管网水力计算步骤

（1）根据最高时用水量计算比流量，或人均用水当量。

（2）计算管段沿线流量。

（3）计算分配节点流量。

计算管段沿线流量和分配节点流量一般采用逆推法，即首先计算最末一级节点管段的流量，然后逐级向上计算，直至计算至加压泵站或供水站的出水管。对于村镇供水工程，其主要供水节点为各个村、场镇或者某类用水大户，供水管只起输水作用而配水很少，这时在计算节点流量时，一般直接以村、场镇或者用水大户为节点，而不进行管段流量分配。但对于场镇内的配水管网，既起到输水作用，同时又向两侧用户配水，因此在管网流量计算时，应考虑管段流量，及线流量的分配。

（4）确定管道管径和水头损失。

（5）根据配水干管沿线地形选定控制点，该点自由水压（即打开水龙头后，静水柱高度）相对最小，必须保证该控制点所要求的自由水压。据此条件，结合地形高程，推算各节点水压。

（6）计算水塔或高位水池高度和水泵扬程：计算时应先考虑计算配水干管，后计算配水支管。配水干管是管网起点（泵站、水塔或高位水池）到控制点之间的管段。其终点，即控制点的水压已定，而起点水压须在干管计算后才能确定。从配水干管接出的管段为配水支管，其起点和终点的水压均为已知，因此支管的水力坡度已定。干管与支管管径的确定方法不同，干管按流量和经济流速确定管径，支管按流量和已知水力坡度确定，即充分利用现有水压。值得注意的是，确定管径时，应考虑区域社会经济发展和规划要素。

7.3.6 树状管网设计计算实例

【例 7.1】 某村农村饮水安全工程树状管网平面布置图如图 7.1 所示。该村共 200户，800 人，饲养奶牛 200 头、羊 4000 只，村内有一座小学，共有学生 400 人。管网布置情况、管段长度、人口分布情况如图 7.1 所示。试计算供水规模，采用人均用水当量法确定管段流量，并进行管网水力分析，确定管径、水头损失。

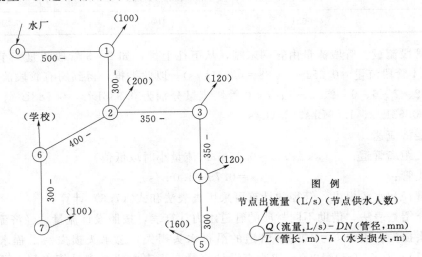

图 7.1 树状管网平面布置图

解：

（1）供水规模。

居民生活用水量：$\qquad Q_1=(800+400/2)\times40=40(\text{m}^3/\text{d})$

畜禽用水量：$\qquad Q_2=200\times80+4000\times5=36(\text{m}^3/\text{d})$

管网漏失和未预见水量：$\quad Q_3=(Q_1+Q_2)\times15\%=11.4(\text{m}^3/\text{d})$

最高日用水量：$\qquad Q=Q_1+Q_2+Q_3=87.4(\text{m}^3/\text{d})$

为方便计算，取最高日用水量为 90m³/d。

（2）配水管网设计流量。

$$Q_{配}=QK_h/24=90×2/24=7.5(m^3/h)=2.1L/s$$

（3）人均用水当量。

设计人口： $P=800+400/2=1000(人)$

人均用水当量： $q_0=Q_{配}/设计人口=0.0021L/s$

（4）节点出流量（表 7.5）。

$$q_{节点}=q_0×节点人数(p)$$

表 7.5　　　　　　　　　　　　　节 点 出 流 量

节点号	人均用水当量 q_0 /(L/s)	设计人口 P/人	节点出流量 $q_0×p$/(L/s)
1	0.0021	100	0.21
2	0.0021	200	0.42
3	0.0021	120	0.252
4	0.0021	120	0.252
5	0.0021	160	0.336
6	0.0021	400/2=200	0.42
7	0.0021	100	0.21

（5）管段流量。管段流量由管网末端，从下往上推，如 2-3 管段流量=节点 3 出流量 q_3+4-4 管段流量=0.252+0.588=0.84(L/s)。以此类推，得到所有管段流量。5-4、4-3、3-2、7-6、6-2、2-1、1-0 管段流量分别为 0.336L/s、0.588L/s、0.84L/s、0.21L/s、0.63L/s、1.89L/s、2.1L/s。

（6）经济流速。

室外长距离管道： $v_{经济}=0.5～0.75m/s$（流量小时取低值）

起端支管： $v_{经济}=0.75～1.0m/s$

（7）管径和水头损失。管径的计算可采用查表法和式（7.6）计算。

这里介绍查表法，借助不同材质的管道水力计算表，按照设计流量、经济流速，查定管径和水头损失。表中 i 为 1000m 管道的沿程水头损失，总水头损失=沿程水头损失×（1.05～1.1）×管长（m）/1000。如所查设计流量介于表中两个流量值之间，可用内插法计算水头损失。

本实例，拟选用 PVC-U 管材，可按《埋地硬聚氯乙烯给水管道工程技术规程》（CEOS 17：2000）中的水力坡降表查定。

1）管段 5-4。

查表得

$Q_{5-4}=0.336L/s≈0.34L/s,v_{5-4}=0.55m/s,DN=32mm,1000i=18.4m$

该管段 $L_{5-4}=300m$，则 $\Delta h_{5-4}≈1.1×18.4×0.3=6.07m$。

将 DN、Δh 标注在图 7.2 上。

2）管段 4-3。

$Q_{4-3} = 0.588\text{L/s}$，$DN \approx 40\text{mm}$，在表中 0.54 和 0.67 之间需用内插法计算 v_{4-3} 和 $1000i$。

$1000i$ 用内插法计算：

$$(0.67-0.54)/(20.53-12.57)=(0.588-0.54)/x$$

解得

$$x=(7.96 \times 0.048)/0.13=2.94(\text{m})，1000i=2.94+12.57=15.51(\text{m})$$

该管段 $L_{4-3}=350\text{m}$，则 $\Delta h_{4-3}=1.1 \times 15.51 \times 0.35=5.97(\text{m})$。

v 用内插法计算：

$$(0.67-0.54)/(0.65-0.53)=(0.588-0.54)/y$$

解得

$$y=(0.12 \times 0.048)/0.13=0.04(\text{m/s})$$

$$v_{4-3}=0.04+0.53=0.57(\text{m/s})$$

将 DN、Δh_{4-3} 标注在图 7.2 上。

本例中各管段的管径及水头损失见表 7.6。

表 7.6　　　　　　　　　　　　管 径 及 水 头 损 失

管段	流量 $Q/(\text{L/s})$	管长 L/m	管径 DN/mm	流速 $v/(\text{m/s})$	沿程水头损失 $1000i/\text{m}$	总水头损失 $\Delta h=1.1Li/\text{m}$
5 – 4	0.336	300	32	0.55	18.40	6.07
4 – 3	0.588	350	40	0.57	15.51	5.97
3 – 2	0.840	350	50	0.50	8.30	3.20
7 – 6	0.210	300	32	0.34	7.70	2.54
6 – 2	0.630	400	50	0.38	5.61	2.47
2 – 1	1.890	300	75	0.48	4.57	1.51
1 – 0	2.100	500	75	0.54	5.49	3.02

（8）确定各节点地面高程。根据地形图或实际测量结果，确定各节点地面高程，如节点 5 为 810.00，节点 6 为 808.5。

（9）确定最不利点的自由水头。由于供水范围内地势较平坦，故将距水厂最远的节点 5 定为最不利点，设定自由水头为 10m。

（10）确定各节点的水压线标高。首先确定最不利点的水压线标高，即自由水头加地面高程，然后下游节点向上游节点推算，以下游节点水压线标高，加上管段的总水头损失，即为上游节点水压线标高，依此类推。

如图 7.2 所示，节点 5 水压线标高为 $10+810.00=820.0(\text{m})$。

节点 4 水压线标高为 $820.00+6.07=826.07(\text{m})$。

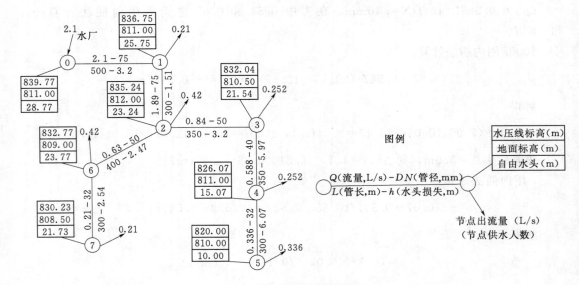

图 7.2 树状管网水力计算图

节点 0 水压线标高为 839.77m，地面标高为 811.00m，要求供水压力不低于 839.77 — 811.00＝28.77m。可据此选泵或确定高位水池、水塔的最低水位。

7.4 泵站设计

7.4.1 水泵及其性能

水泵是一种把机械能转化为水流本身动能和势能的升水机械。泵站则是安装水泵及其有关动力设备的场所。水泵与泵站都是村镇给水工程中的重要组成部分。正确地选择水泵，合理地进行泵站工艺设计，对降低制水成本，提高经济效益以及对日常的运行管理都有着重要的意义。

在村镇中、小型给水工程中，离心泵应用最为广泛。

水泵的主要性能通常由以下 6 个性能参数表示出来：

（1）流量。流量指水泵在单位时间内所输送水的体积。用符号 Q 表示，单位为 L/s。

（2）扬程。扬程指单位重量水体通过水泵后所获得的机械能。用符号 H 表示，单位为 mH_2O。一般将水泵轴线以下到吸水井（池）水面高度称为吸水扬程；水泵轴线以上到出水口水面的高度称为压水扬程。吸水扬程与压水扬程之和称为水泵的净扬程。水泵的净扬程与吸、压管道的沿程水头损失和各项局部水头损失之和称为水泵的总扬程，简称为水泵扬程。用公式表示为

$$H＝H_0+\sum h \tag{7.14}$$

式中 H——水泵总扬程，m；

H_0——水泵净扬程，m；

$\sum h$——水泵吸、压水管道的水头损失之和，m。

（3）功率。水泵的功率包括有效功率、轴功率、配套功率。

单位时间内流过水泵的液体从水泵得到的能量称为有效功率。用符号 N_C 表示，单位为 kW。水泵的有效功率为

$$N_C = \gamma Q H \tag{7.15}$$

式中　γ——水的容量，N/m^3，常温下 $\gamma = 9800N/m^3$；

　　Q——水泵出水量，m^3/s；

　　H——水泵扬程，m。

电动机输送给水泵的功率称为轴功率。用符号 N 表示，单位为 kW。水泵的轴功率包括水泵的有效功率和为了克服水泵中各种损耗的损失功率。这些功率损耗主要是机械磨损、漏泄损失、水力损失等。

与水泵配套的电动机功率称为配套功率，用符号 N_m 表示。配套功率要比轴功率大。这是由于一方面要克服传动中损失的功率；另一方面要保证机组安全运行，防止电动机过载，适当留有余地的缘故。

$$N_m = KN \tag{7.16}$$

式中　K——备用系数，一般取 $1.15 \sim 1.50$。

（4）效率。有效功率与轴功率的比值称为水泵的效率，用符号 $\eta(\%)$ 表示。

$$\eta = \frac{N_C}{N} \tag{7.17}$$

（5）转速。水泵叶轮的转动速度称为转速。通常以每分钟叶轮旋转的次数来表示，符号 n，单位 r/min。在选用电动机时，应注意电动机的转速和水泵的转速相一致。

（6）允许吸上真空高度。水泵的允许吸上真空高度是指水泵在标准状态下，当水温 20℃，水表面大气压力为 1 标准大气压，或水温不是 20℃，就必须修正允许吸上真空高度，修正式为

$$H_1' = H_1 - (10 - H_A) - (h_v - 0.24) \tag{7.18}$$

式中　H_1'——修正后的允许吸上真空高度，m；

　　H_1——水泵样本提供的允许吸上真空高度，m；

　　H_A——水泵安装地点的实际大气压，mH_2O，它随海拔高度不同而变化；

　　h_v——实际工作水温时的液化压力，mH_2O。

在运转中，水泵进口处的真空表读数就是水泵进口处实际真空值。它应小于允许吸上真空高度，否则就会产生气蚀现象。

为防止气蚀现象的产生，水泵有一个最大允许安装高度。水泵的安装高度为水泵轴线至水源最低设计水面的垂直距离，水泵的最大安装高度为

$$H_g = H_1' - \frac{v^2}{2g} - h_s \tag{7.19}$$

式中　H_g——水泵的最大安装高度，m；

　　v——水泵进口处流速，m/s；

h_s——吸水管中各项水头损失之和，m。

7.4.2 水泵的选择

7.4.2.1 水泵选择的基本原则

水泵机组的选择应根据泵站的功能、流量变化、进水含沙量、水位变化，以及出水管路的流量 Q-扬程 H 特性曲线等确定，即满足供水对象所需的最大流量和最高水压要求，并让所选的泵处于高效区工作。水泵样本上给出了各类水泵的参数范围，选泵时应参阅这些参数的特性曲线和性能表进行。

水泵的特性曲线是从水泵厂出厂产品中抽样试验得来的。它是表示在额定转速情况下，流量与扬程（$Q \times H$），流量与轴功率（$Q \times N$），流量与效率（$Q \times \eta$）之间相互关系的曲线。从曲线上能比较方便地看出水泵流量变化与其他性能参数发生变化的关系，并可以了解水泵最佳的工作区域，最高效率时水泵的流量、扬程，以便合理的选泵用泵。选择水泵时应使水泵的设计流量和扬程都落在高效区范围内。

水泵性能和水泵组合，应满足泵站在所有正常运行工况下对流量和扬程的要求，平均扬程时水泵机组在高效运行，最高和最低扬程时水泵机组能安全、稳定运行。

多种泵型可供选择时，应进行技术经济比较，尽可能选择效率高、高效区范围宽、机组尺寸小、日常管理和维护方便的水泵。

近、远期设计流量相差较大时，应按近远期流量分别选择泵，且便于更换；泵房设计应满足远期机组布置要求。

同一泵房内并联运行的水泵，设计扬程应接近。

设计流量大于 $1000 \text{m}^3/\text{d}$ 供水工程的取水泵站和供水泵站，应采用多泵工作。工作是流量变化较小的泵站，宜采用相同型号的水泵，工作时流量变化较大的泵站，宜采用大小泵搭配，但型号不宜超过 3 种，且应设备用泵，备用泵型号至少有一台与工作泵中的大泵一致。

设计流量小于 $1000 \text{m}^3/\text{d}$ 供水工程的取水泵站和供水泵站，有条件时宜设 1 台备用泵。电动机选型号应与水泵性能相匹配，采用多种型号的电动机时，其电压应一致。

7.4.2.2 水泵设计流量的计算

（1）向水厂内的净水构筑物（或净水器）抽送原水的取水泵站，其设计流量应为最高日工作时平均取水量，可按式（7.20）计算：

$$Q_1 = \frac{W_1}{T_1} \tag{7.20}$$

式中 Q_1——泵站设计流量，m^3/h；

W_1——最高日取水量，应为最高日用水量加 $5\% \sim 10\%$ 的水厂自用水量，m^3；

T_1——日工作时间，与净水构建物（或净水器）的设计净水时间相同，h。

设计扬程应满足净水构筑物的最高设计水位（或净水器的水压）要求。

（2）向调节构筑物抽送清水的泵站，其设计流量应为最高日工作时用水量，可按式（7.21）计算：

$$Q_2 = \frac{W_2}{T_2} \tag{7.21}$$

式中 Q_2——泵站设计流量，m^3/h；

$\quad\quad W_2$——最高日取水量，m^3；

$\quad\quad T_2$——日工作时间，应根据净水构建物（或净水器）的设计净水时间、清水池的设计调节能力、高位水池（或水塔）的设计调节能力确定，h。

设计扬程应满足调节构筑物的最高设计水位要求。

（3）直接向无调节构筑的配水管网供水的泵站：①设计扬程应满足配水管网中最不利用户接管点和消火栓设置处的最小服务水头要求；②设计流量应为最高日最高时用水量，可按式（7.22）计算：

$$Q_3 = \frac{K_h W_2}{24} \quad\quad\quad\quad (7.22)$$

式中 Q_3——泵站设计流量，m^3/h；

$\quad\quad W_2$——日最高用水量，m^3；

$\quad\quad K_h$——时变化系数。

7.4.3 村镇给水泵站

给水泵站是给水系统正常运转的枢纽。按泵站在给水系统中的作用不同，可以分为一级泵站（取水泵站）、二级泵站（清水泵站或送水泵站）和加压泵站（中途泵站）。

泵站位置应根据供水系统布置，以及地形、地质、防洪、电力、交通、施工和管理等条件综合确定。

7.5 调节构筑物

7.5.1 调节构建物的作用

村镇供水工程由于规模小，且考虑到管理与停电等因素，某些供水站或泵房采用间歇运行方式，因此一般情况下均应设置水量调节构筑物，以满足高峰时段和间隙运行时段的供水问题。

调节构建物主要包括清水池、高位水池、水塔或水窖，其中水窖为农村缺水地区利用雨水作为水源的调节设施，用以储存和调节水量。高地水池和水塔兼有保证水压的作用。

调节构建物的形式和位置，应根据以下要求，通过技术经济比较确定。

（1）清水池应设在滤池（或净水器）的下游或多水源井的汇流处。

（2）有适宜高地的水厂，应选择高位水池。

（3）地势平坦的小型水厂，可选择水塔。

（4）联片集中供水工程需分压供水时，可分设调节构筑物，并与加压泵站前池或减压池相结合。

（5）调节构筑物应位于工程地质条件良好、环境卫生和便于管理的地段。

给水系统中水塔和清水池的作用之一在于调节泵站供水量和用水量之间的流量差值。清水池的调节容积，由一级、二级泵站供水量曲线确定；水塔容积由二级泵站供水线和用水量曲线确定。清水池中除了储存调节用水，还存放消防用水和水厂生产用水，水塔中需储存消防用水。因此，调节构建物的有效容积，应根据以下要求，通过技术经济比较确定。

（1）有可靠电源和可靠供水系统的工程，单独设立的清水池和高地水池可按最高日用水量的 20%～40%设计；同时设置清水池和高地水池，清水池可按最高日用水量的 10%～20%设计，高地水池可按最高日用水量的 20%～30%设计；水塔可按最高日用水量的 10%～20%设计；向净水设施提供冲洗用水的调节构筑物，其有效容积还应增加水厂自用水量。取值时，规模较大的工程宜取低值，小规模工程宜取高值。

供电保证率低或输水管道和设备等维修时不能满足基本生活用水需要的小型工程，调节构筑物的有效容积可按最高日用水量的 40%～60%设计。取值时，企业用水比例高的工程应取低值，经常停电地区宜取高值。

（2）在调节建筑物中加消毒剂时，其有效容积应满足消毒剂与水的接触时间要求。

（3）供生活饮用水的调节构筑物容积，不应考虑灌溉用水。

（4）高地水池和水塔的最低运行水位，应满足不利用户接管点和消火栓设置处的最小服务水龙头要求；清水池的最高运行水位，应满足净水构筑物或净水器的竖向高程布置。

7.5.2 清水池

7.5.2.1 清水池的结构

清水池常采用钢筋混凝土、预应力钢筋混凝土和砖、石建造，特别是钢筋混凝土清水池应用较广。清水池的形状，可以是方形、矩形。当水池容积小于 2500m³，圆形池较为经济，大于 2500m³，方形、矩形较为经济。

清水池的结构包括池体、导流墙、通气孔、溢流管、进出水管和放空管及水位指示装置。

7.5.2.2 清水池的有效容积

清水池的有效容积：

$$W_c = W_1 + W_2 + W_3 \tag{7.23}$$

式中　W_1——调节容积，m³，一般根据水量曲线和供水量曲线求得，当缺乏上述资料时，可按最高日用水量的 20%～40%考虑；

　　　W_2——供水站自用水量，m³，当滤池采用水聚冲洗时可按一次冲水量计；当采用水塔冲洗时，W_2 一般可以不考虑；一般情况下，可按最高日用水量的 5%～10%计；

　　　W_3——安全储量，m³，为避免清水池抽空，影响供水安全，清水池内保留一定水深作为安全储量，一般按最高日用水量的 5%考虑，对于允许短时间中断供水或间歇供水的情况，W_3 可以不考虑。

7.5.3 水塔高度的计算

给水系统应保证一定的水压，使能供给足够的生活用水和生产用水。泵站、水塔或高地水池是给水系统中保证水压的构筑物，因此需了解水泵扬程和水塔（或高地水池）高度的确定方法，以满足设计的水压要求。

水塔水柜底高于地面的高度 H 可按式（7.24）计算：

$$H = H_c - h_n - (Z_t - Z_c) \tag{7.24}$$

式中　H_c——出控制点 c 要求的最小服务水头，m；

　　　　h_n——按最高时用水量计算的从水塔到控制点的管网水头损失，m；

　　　　Z_t——设置水塔处的地面标高，m；

　　　　Z_c——控制点的地面标高，m。

从式（7.24）看出，建造水塔处的地面标高 Z_t 越高，则水塔高度越低，这就是水塔建在高地的原因。

7.5.4　清水池和水塔的其他要求

清水池、高地水塔的个数或分格数应不少于两个，并能单独工作和分别泄空。清水池、高地水池应有保证水的流动，避免死角的措施，容积大于 $50m^3$ 时应设导流墙。应有水位指示装置，有条件时，宜采用水位自动指示和自动控制装置。清水池和高地水池应加盖，周围及顶部应覆土。在寒冷地区，应有防冻措施，水塔应有避雷措施。清水池和高地水池的结构设计应符合《给水排水工程构筑物结构设计规范》（GB 50069—2002）的规定；水塔的结构设计应符合《给水排水工程构筑物设计规程》（CECS 139—2002）的规定。

调节构筑进水管、溢流管、出水管、排空管、通气孔、检修孔的设置，应符合以下要求：

（1）进水管的内径应根据最高日工作时用水量确定；进水管管口宜设在平均水位以下。

（2）出水管的内径应根据最高日最高时用水量确定；出水管管口位置应满足最小淹没深度和悬空高度要求。

（3）溢流管的内径应等于或略大于进水管的内径；溢流管管口应与最高设计水位持平。

（4）排空管的内径应按 2h 排空计算确定，且不小于 100mm。

（5）进水管、出水管、排空管应设阀门，溢流管不应设阀门。

（6）通气孔应设在水池顶部，直径不宜小于 150mm，出口宜高出覆土 0.7m。

（7）检修孔直径不宜小于 700mm。

（8）通气孔、溢流管和检修孔应有防止杂物和动物进入池内的措施；溢流管、排空管应有合理的排水出路。

习　　题

7.1　输配水系统有哪几部分组成？配水网管系统布置形式有哪些？

7.2　管渠材质如何选择？常用管渠材质有哪些？

7.3　管段流量的计算方法有哪些？怎么计算？

7.4　什么是经济流速？如何确定？

7.5　水泵的主要性能由哪些参数决定？如何计算水泵的设计流量？

7.6　调节构建物包括哪些？怎样选择合适的调节构筑物？

7.7　某平原区农村饮水安全工程由水泵提水至水塔供水，给水管网布置如图 7.3 所

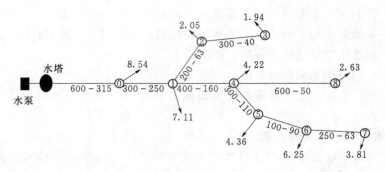

图 7.3　给水管网布置图

示，各节点流量、管道长度和管径如图 7.3 所示。要求最不利点的服务水头为 16m，地形平坦，地面标高 5m。请进行水力分析，计算出管段流量和流速、各节点水头和水压线标高。

课外知识：　输配水系统的脆弱性及风险评估研究

赵元（东南大学）

输配水系统的水力脆弱性，是指在外来干扰和外部环境变化的胁迫下，该系统、设施或内部元件易遭受某种程度的损失或损害，使得系统的正常功能被破坏，用户水量、水压得不到满足，影响公共健康、带来财产损失等。输配水系统的水力风险主要表现在系统漏损严重、水压下降两个方面。

1　影响输配水系统水力脆弱性的因素

给水管网的水力脆弱性评估应充分考虑管网的网络拓扑结构和节点的水力因素对管网脆弱性的影响。

1.1　管网节点供水级别与度数

根据节点所在供水分区的重要性，对节点赋供水级别权值。对于某城市总体规划中优先发展的区域或有大量的居民和工矿企业的现状区域，由于这些区域对供水服务往往有较高的要求，在进行供水管网脆弱性评估时，应对这些区域分配较高的供水级别权值。

自由度（Degree）是有向图的一个重要概念。在供水管网图中，自由度数也可认为是与某一节点相连的节点数，它反映了该节点的连通性，自由度大的节点，应分配较高的自由度权值。

1.2　给水管网的水力特性

使给水管网水量、水压不能满足用户需求的原因有很多，一种是部件失效，如管段爆裂、泵站故障，这都使得管网的结构发生了变化致使连通性变差，即非水源点与水源点相通的概率下降，用户节点水量、水压降低，从而使管网脆弱性加大。这里主要研究管段故障情况下的管网脆弱性。

2　管段故障情况下的管网脆弱性

利用基于求解管网节点方程的 EPANET2 的 Toolkit 作为管网模拟的水力计算模块。

由于 EPANET 提供的水力计算引擎是基于求解节点方程法，对供水管网进行模拟仿真，管网水力分析以节点流量作为已知量，计算引擎在取得这些流量的基础上，计算供水管网在各个状态下的节点水压。

但实际情况是：在供水系统中部分组成元素（如管段、闸阀、水泵等）出现故障或进行维修等情况下，可能满足不了某些节点水压和流量的要求，即会出现供水不足的情况。

当水压不足时，不能通过水力计算得出节点的实际可得流量，因此，需要根据水力计算得到的节点水压，对节点的流量进行修正，根据部分文献提供的方法，按照式（1）对节点水量进行修正，即

$$\tilde{q}_i = q_i \sqrt{h_i/h_{ireq}}, \quad h_i < h_{ireq} \tag{1}$$

$$\tilde{q}_i = q_i, \quad h_i \geqslant h_{ireq} \tag{2}$$

式中：$\tilde{q}_i$ 为第 i 个节点的修正流量（实际可得流量）；q_i 为第 i 个节点的需水量；h_i 为经过水力计算后得到的第 i 个节点的水压；h_{ireq} 为第 i 个节点的最小服务水压。

3 水力脆弱性分析评估模型

根据对供水系统进行脆弱性分析思想以及蒙特卡罗法随机模拟理论，提出了基于蒙特卡罗法的给水管网系统脆弱性分析模型（Vulnerability Analysis Model of Water Supply System，VAMWSS），并利用 Borland DelpHi 7.0 编制了给水管网系统脆弱性分析软件，其程序流程如图 1 所示，具体步骤如下所述。

3.1 输入模型运行的基本数据

模型运行的基本数据包括 VAMWSS 模拟运行的次数 SimMax 和给水管网拓扑结构数据。模拟运行的次数 SimMax 用于确定模型进行随机模拟仿真的循环次数，由于模型每进行一次仿真，都会对给水系统连续 24h（1d）的工况进行模拟计算，所以模拟运行的次数值与供水系统运行仿真模拟的天数相等。给水管网拓扑结构数据主要包括净水厂、需水节点、转输节点、管段、阀门的空间位置，节点与节点、管段与管段之间的连通关系以及需水节点在最高 H 的均时流量。

3.2 事件随机触发过程

事件随机触发过程由给水管网系统脆弱性分析软件中的事件随机触发模块完成。

3.2.1 随机生成时用水量变化曲线

在连续 24h 内节点需水量并不是一成不变的，而是在一定的范围内波动变化。为了更真实地对供水系统脆弱性进行模拟仿真，并且考虑到需水量变化的随机性，VAMWSS 的事件随机触发模块为每个供水分区随机生成符合正态分布的 24 个流量系数，其平均值为 1，方差随每个供水分区的时变化系数而变化。由随机生成 24 个流量系数作为每个供水分区的时用水量变化曲线。

3.2.2 随机生成供水系统运行状态

事件随机触发模块根据一定的概率确定供水系统的运行状态，当运行状态为事故工况时，会随机确定发生事故的水厂编号或管段编号，并将事故水厂和管段关闭，生成可供水力模拟计算模块直接利用的管网模型基础数据，这其中包括新的管网拓扑结构（事故水厂或管段处于关闭状态）、节点高日均时流量、节点需水量时变化曲线、闸阀的开闭状态等。

3.3 水力模拟计算

VAMWSS 的水力模拟计算通过调用 EPANET - Toolkit 对供水系统进行 24h 延时模拟仿真，获取管网节点在 24h 内每一时刻的流量及压力值。

3.4 脆弱性计算

利用水力模拟计算的结果，对节点的脆弱性权值进行计算，首先确定供水级别权值、自由度权值、水量权值和水压权值 4 个部分，利用式（2）求得每个节点在每 1h 内的脆弱性权值，进而通过算术加权平均求出每个节点在每 1d 内的脆弱性权值，并将其存入数据库。

$$\delta_i = \alpha_0\alpha_i + \beta_0\beta_i + f_0f_i + p_0p_i \tag{3}$$

式中：δ_i 为节点的脆弱性指标值；α_i 为供水级别权值；α_0 为供水级别权值系数；β_i 为自由度权值；β_0 为自由度权值系数；f_i 为流量权值，记节点流量为 q_i，总流量为 Q；f_0 为流量权值系数；p_i 为压力权值，记节点压力为 h_i，最小服务水头为 H；p_0 为压力权值系数。

式（3）中的 α_0、β_0、f_0、p_0 4 个系数均为大于 0 的常数，其和是 1 的某种分配，即满足式（4）。这 4 个系数需要根据其所代表的拓扑意义和特性来确定其最佳值，可根据管网的规模、决策者的决策方针及专家的意见等做相应调整。

$$\alpha_0 + \beta_0 + f_0 + p_0 = 1 \tag{4}$$

3.5 供水分区及整个供水系统的脆弱性指标

重复以上 3.1～3.4，直到完成运行 SimMax 次后，利用式（5）、式（6）得出每个供水分区及整个供水系统的脆弱性指标加权值。将各节点的脆弱性指标值进行加权得到每个供水分区及整个供水系统的脆弱性指标，计算公式如下：

$$V_j = \sum i \in M_j \delta_i q_i / \sum i \in M_j q_i \tag{5}$$

$$V = \sum i \in M \delta_i q_i / \sum i \in M q_i \tag{6}$$

式中：V_j 为第 j 个供水分区的脆弱性指标；i 为节点编号；δ_i 为节点脆弱性权值；q_i 为高日均时节点流量；M_j 为第 j 个供水分区的节点集合；V 为整个供水系统的脆弱性指标；M 为整个供水系统的节点集合。

4 输配水系统的风险评估

4.1 资产评定

给水管网的资产重要性评定，可由其受到威胁后所造成的损失体现。给水管网的资产应体现为不同用水对象单位流量的重要性上。对于某节点 v_i，流量为 q，其中部分流量 q_1 供民用，流量 q_2 供商用，…，流量 q_n 供政府部门等，则其资产定义为

$$I = \sum_{j=1}^{n} q_j \rho_j \tag{7}$$

式中：I 为资产指标值；q_j 为不同用水对象提供的流量；ρ_j 为不同用水对象的资产权重值，可分为民用、商业及服务业、工业、政府部门等。

4.2 威胁评定

对给水管网造成的威胁问题有：化学腐蚀；水压较低时地下水渗入；污染物经虹吸进

入管网；污染物进入无盖的清水池或水箱；错误的接水；新管投产前消毒不严格；管道设备维修时进入污染物；管段破裂；阀门等配件故障；管道冲洗不正常等等。下面仅就管段破裂问题进行讨论。对于管段 e_i，其威胁出现的频率定义为

$$T = l\lambda \tag{8}$$

式中：T 为管段威胁出现频率；l 为管段长度；λ 为管段故障率。

4.3 风险评定

参考相关的文献，将给水管网风险计算形式描述为

$$R = f(A, V, T) = f[I, L(V, T)] \tag{9}$$

式中：R 为给水管网风险；A 为资产；I 为给水管网的资产重要程度或资产指标值；V 为供水系统的脆弱性指标；L 为威胁利用资产的脆弱性造成管网安全事件发生的可能性。

确定给水管网风险数值的大小不是风险评估的最终目的，重要的是明确不同威胁对资产所产生的风险的相对关系，即要确定不同风险的优先次序或等级，对于其中风险级别高的资产应优先分配资源进行保护。

这里以华北某高新区输配水系统为例进行了水力脆弱性计算及风险评估。

5 实例

5.1 区域输配水系统概况

区域供水输配系统包括滨海高新城、津南新城和滨海中心城 3 个供水分区及 6 个水厂，该区域是一个非常重要的城市供水系统，从水源到管网，点多面广，众多环节之一受到损坏，其影响是全局的，将会导致整个区域的瘫痪或部分瘫痪。因此对整个供水系统存在的安全隐患和薄弱环节进行细致和全面的评估，进行系统的脆弱性分析是势在必行的。

首先对管网进行计算机化，供水管网包括 265 个节点以及 369 个管段。管网节点与管段基础数据略。

5.2 区域输配水系统的水力脆弱性评估

5.2.1 节点水力脆弱性权值分配方案

结合区域供水系统的特点，依据管网中节点的供水级别与度数以及管网的水力特性，对区域供水系统水力模型中各个节点分配脆弱性权值。

由于节点的供水级别权值和自由度权值是节点固有的属性，其值在 VAMWSS 运行过程中几乎没有变化，仅在部分管段发生事故时，与之相连的节点自由度值才会发生变化，故本研究取供水级别权值系数和自由度权值系数为 0.1，即 $\alpha_0 = \beta_0 = 0.1$。节点的流量权值和压力权值分别为 $f_0 = 0.2$，$p_0 = 0.6$。不同的供水分区，其对水压的要求也不相同，本研究通过调研，得到该区域供水系统内每个供水分区的最小服务水压如下：滨海中心城，0.22MPa；滨海高新城，0.20MPa；津南新城，0.18MPa。

5.2.2 节点水力脆弱性计算

通过对该区供水管网爆管情况的调研，选定管网管段爆管的概率为 0.002 次/(km·a)，设定 VAMWSS 的模拟运行次数为 1000 次，即对区域供水系统 3a 的运行状态进行随机模拟。按图 1 流程图的方法、步骤计算选定区域各供水分区给水管网的节点脆弱性，滨海中心城在供水级别为 4、服务水压为 0.22MPa 时，部分结果见表 1。

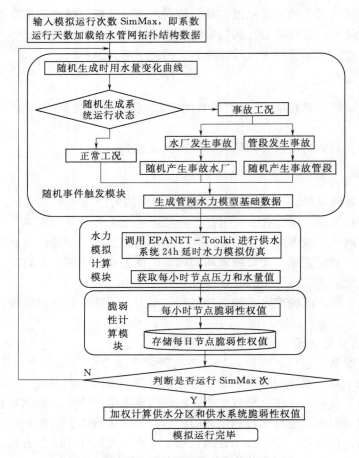

图 1　给水管网系统脆弱性分析软件流程图

表 1　　　　　　　　　　　　　部分管网节点水力脆弱性指标值

节点	自由度	流量标度	脆弱性指标值
1	4	4	1.3
2	3	5	2.4
3	4	4	2.3
4	3	5	2.4
5	2	5	2.2
6	3	5	2.4
7	4	4	2.2
8	1	5	2.1
9	4	4	2.2
10	3	5	2.5
11	4	5	2.4
12	4	3	2.1

5.2.3　区域供水输配系统水力脆弱性

根据式（5）、式（6），对区域供水系统中的所有节点风险指标值与节点的实际可用流量值加权平均，得到各供水分区脆弱性指标值如下：滨海中心城，1.951；滨海高新城，2.885；津南新城，1.623。最后得到该区域供水系统的脆弱性指标值为1.987。

5.2.4　区域供水输配系统风险评定

通过对选定区域供水系统进行脆弱性评估，得到区域供水系统中每个节点、每个供水分区及整个系统的脆弱性指标值。这里分析的规划管网，分布较为均匀，各分区的服务对象基本一致。在各节点流量没有确切统计数据的情况下，为计算简便，同时不影响评定结果，先将各节点资产重要性设定在同一个等级上。这样，节点权值可视为既体现管网节点脆弱性，又反映资产重要性。此外，管网故障管段的威胁出现频率（即管网管段爆管的概率为0.002）已在上述的计算中加以考虑。因此，利用上述计算所得的脆弱性指标值作为评估风险的基准，并对风险等级进行规定，见表2。

表 2　　　　　　　　　　　　风 险 等 级 赋 值 表

等　　级	标　　识	参数范围	风险等级
5	很高	$V \geqslant 4.5$	很高
4	高	$4.5 > V \geqslant 3.5$	较高
3	中	$3.5 > V \geqslant 2.5$	一般
2	低	$2.5 > V \geqslant 1.5$	较低
1	很低	$V < 1.5$	很低

根据表2对区域供水系统中的每个供水分区标定风险等级。由区域供水系统的脆弱性指标值可得到滨海中心城和津南新城两个供水分区的管网系统的风险等级为2，说明系统处于稳定状态，风险等级较低，仅需要周期性监测、评估，即可保障供水系统的安全运行。同时注意到滨海高新城的风险等级为3，故需要对其加强监测及维护。

6　结束语

这里建立了输配水系统的水力脆弱性评估模型和水力风险评估模型，并应用于华北某高新区输配水系统，为帮助供水企业决策系统中的水力高风险区域提供了理论依据。

——引自《合肥工业大学学报（自然科学版）》2010年第33卷第6期，885－888页，896页

第 8 章 施 工 与 验 收

农村供水工程是农村重要的基础设施，其质量直接关系到农村居民的饮水安全。农村供水工程的质量控制主要包括：规划设计及其质量验收，施工及其质量验收。随着饮水安全工作的不断深入，投资越来越大，集中式供水工程越来越多，设计规范已经颁布，如何规范施工及其验收应尽快提到议事日程。本章主要介绍集中式供水工程的施工及其质量验收。

8.1 概述

8.1.1 相关术语

单位工程：具有独立发挥作用或独立施工条件的工程。

分部工程：在一个建筑物内能组合发挥一种功能的建筑安装工程，是组成单位工程的各个部分。对单位工程安全、功能或效益起控制作用的分部工程称为主要分部工程。

分项工程：由一个或若干个检验项目组成，是日常工程质量考核的基本单元。

隐蔽工程：在施工过程中，上一工序工作结束后，为后续的工序或工程所覆盖、包裹或遮挡，无法进行复查的工程。

验收：在施工单位自行质量检查评定的基础上，参与建设活动的有关单位共同对分部、单位工程的质量进行抽样复验，根据相关标准以书面形式对工程质量是否合格做出确认。

竣工验收：在工程全部施工完毕后，投入使用前，对工程质量是否合格做出确认。

见证取样检测：在监理单位或建设单位监督下，由施工单位有关人员现场取样，并送至具备相应资质的检测单位所进行的检测。

抽样检验：按照规定的抽样方案，随机的从进场的材料、构配件、设备或建筑工程检验项目中，抽取一定数量的样本所进行的检验。

外观检验：通过观察和必要的量测所反映的工程外在质量。

8.1.2 基本规定

（1）农村饮水安全供水工程的施工，应通过招投标确定施工单位和监理单位；规模较小的工程，条件不具备时，可由有类似工程经验的单位承担施工。

（2）施工前，应进行施工组织设计、编制施工方案、建立质量管理体系，明确施工质量负责人和施工安全负责人，经批准取得施工许可证和安全生产许可证后，方可实施。

（3）施工过程中，应作好材料设备、隐蔽工程等中间阶段的质量验收，隐蔽工程验收合格后，方可进行下一道工序施工。应作好材料设备采购、见证取样检测、技术洽商、设计变更、质量事故处理、验收等记录。施工单位应按设计图纸和技术要求进行施工，需要变更设计时，应征得建设单位同意，由设计单位负责完成。

（4）农村供水工程，应经过竣工验收合格后，方可投入使用。

8.1.3 施工准备

（1）施工前，应由设计单位进行设计交底，当施工单位发现设计图有错误时，应及时向设计单位和建设单位提出变更设计的要求。

（2）施工前，应根据合同规定与施工需要，进行调查研究，充分掌握下列情况和资料：现场地形、地貌、现有建筑物和构筑物、地上杆线和树木、地下管线和电缆情况；气象、水文、工程地质与水文地质资料；施工用地、交通运输、供电、供水、排水及环境条件；工程材料和施工机械供应条件；结合工程特点和现场条件的其他情况和资料。

（3）施工组织设计的内容应包括工程概况、施工部署、施工方法、施工技术组织措施、施工计划及施工总平面布置图等，对主要施工方法应分别编制施工设计。施工技术组织措施应包括保证工程质量、安全、工期、降低成本、交通保障、文明施工和环境保护的措施。

（4）施工前，尚应完成有关拆迁协议的签订。

8.2 取水构筑物施工

8.2.1 地表水源工程

地表水源工程的施工，应根据需要，合理做好防洪、导流、排水、清淤工作。施工，应不影响原有坝、堤等工程的安全和主要功能。

1. 施工围堰

围堰类型，应根据水源水文情况、地形、地质及地方材料、工期、施工技术和装备等因素，经综合技术经济比较确定；围堰的构造，应简单，符合强度、稳定、防冲和防渗要求，并应便于施工、维修和拆除；钢板桩围堰，顶面高程宜高出施工期间的最高水位 0.5～0.7m；土围堰，顶面高程宜高出施工期间的最高水位 1.0～1.5m。

取水构筑物施工完成、验收合格后，应及时拆除临时施工围堰，清理现场，修复原有护坡、护岸等工程。围堰的拆除应彻底，不应在取水口造成淤积及污染水源水体。

2. 基础开挖

基坑开挖的淤泥和排出的废水应妥善处理，符合环境要求。基础开挖时，应保证边坡稳定，彻底清除淤泥，并留有足够的施工空间；基槽深度超过设计标高时可用砂石料回填夯实；构筑物基础处理应符合设计要求，完成后应作为关键工序进行验收。

3. 回填

在堤岸上埋设取水管道，回填时，应合理控制回填料、最佳含水量、分层夯实，压实系数不小于 0.95，并作为关键工序进行质量控制。回填完成，并验收合格后，方可进行护坡等下一道工序。

4. 验收

岸边式取水构筑物与原有护坡、护岸连接部位的变形缝及防渗应符合设计要求，并作为关键工序进行质量控制。地表水源工程的验收时，应请水源管理单位参加。

8.2.2　地下水源工程

地下水源工程主要指水源井，包括管井、大口井、辐射井等。

8.2.2.1　管井

1. 成井及井管安装

在松散、破碎或水敏性地层中凿井时，应采用泥浆护壁。成井过程中设置的护口管，应保证在管井施工过程中不松动，井口不坍塌。

井管安装前，应检查井管质量，并应探测井孔。泥浆护壁的井，应适当稀释泥浆，并清除井底的稠泥浆；采用填砾过滤器的管井，应设置找中器。

2. 过滤器

过滤器应保证其具有良好的过滤性能，结构坚固、抗腐蚀性强且不易堵塞。其长度应根据可开采含水层的累计厚度、富水性、设计取水量等，通过技术经济分析确定（可开采含水层累计厚度不超过 30m 时，过滤器长度可按含水层累计厚度取值）。过滤器骨架管的穿孔形状、尺寸和排列方式，应根据管材强度和加工工艺确定，孔隙率宜为 15%～30%。

缠丝过滤器，骨架管应有纵向垫筋，垫筋高度 6～8mm，垫筋间距应保证缠丝距管壁 2～4mm，垫筋两端设挡箍；缠丝材料应无毒、耐腐蚀、抗拉强度大和膨胀系数小；缠丝断面形状宜为梯形或三角形；缠丝孔隙尺寸应根据含水层的颗粒组成和均匀性确定。

过滤器深度的允许偏差应为 ±300mm。

3. 封闭非取水层

凿井时，应对设计含水层进行复核，校正进水段的设计位置和长度，封闭非取水含水层。

井口周围也应用不透水材料封闭，封闭深度不宜小于 3m。对不良含水层和其他非开采含水层应进行封闭。封闭材料可为黏土球或水泥砂浆等；选用的隔水层，单层厚度不宜小于 5m；封闭位置宜超过拟封闭含水层上、下各不小于 5m。管外封闭位置的上下偏差不得超过 300mm。

4. 填砾和井径

填砾过滤器的管井，井管安装后，应及时进行填砾。滤料高度应超过过滤器的上端；滤料宜用磨圆度较好的硅质砾石，不应含土和杂物，严禁使用棱角碎石；滤料的不均匀系数应小于 2。

填砾时，滤料应沿井管四周均匀连续填入，随填随测。当发现填入数量及深度与计算有较大出入时，应及时找出原因并排除。

非填砾过滤器的管井，井孔直径应大于井管外径 100mm。填砾过滤器的管井，取水含水层为中、粗砂时，井孔直径应大于井管外径 200mm；取水含水层为粉、细砂时，井孔直径应大于井管外径 300mm。

5. 洗井和抽水试验

成井后应及时进行洗井。松散层的管井在井管强度允许时，宜采用活塞与压缩空气联合洗井；泥浆护壁的管井，当井壁泥皮不易排除时，宜采用化学洗井与其他洗井方法联合进行。洗井过程中应及时观测出水量和含沙量，当出水量达到设计要求或连续两次单位出水量之差小于 10% 且出水含沙量小于 1/20 万（体积比）时，方可结束洗井。

洗井结束后，应捞取井内沉淀物并进行抽水试验。抽水试验的下降次数宜为一次，出水量不宜小于管井的设计出水量；抽水试验的水位和出水量应连续进行观测，稳定延续时间为 6～8h，管井出水量和动水位应按稳定值确定。

6. 主要验收内容及验收资料

井身应圆正、垂直，小于或等于 100m 的井段，顶角倾斜不应超过 1°；大于 100m 的井段，应控制每 100m 顶角倾斜的递增速度不超过 1.5°，井段和井身不得有突变。水井的出水量应基本符合设计出水量，水质应符合要求。

成井后施工单位应提交以下资料：管井结构和地层柱状图、含水层砂样及滤料的颗粒分析资料、抽水试验资料、出水量与含沙量、水质分析成果、成井报告。

8.2.2.2 大口井

1. 施工方法

大口井的施工方法主要有大开槽施工法和沉井施工法。

(1) 大开槽施工法。大开槽施工法是将基槽一直开挖到设计井深，并进行排水，在基槽中进行砌筑或浇注透水井壁和井筒以及铺设反滤层等工作。大开槽施工的优点是：施工方便，便于铺设反滤层，可以直接采用当地的建筑材料。但此法开挖土方量大，施工排水费用高。一般情况下，此法只适用于口径小（$O<4m$）、深度浅（$H<9m$），或地质条件不宜采用沉井施工的地方。

(2) 沉井施工法。沉井施工法是先在井位处开挖基坑，将带有刃脚的井筒或进水井壁放在基坑中，再在井筒内挖土，让井筒靠自重切土下沉。随着井内继续挖土，井筒不断下沉，于是可在上面续接井筒或进水井壁，直至设计井深。

沉井施工有排水与不排水两种方式。排水施工使井内在施工过程中保持干涸的空间，便于井内施工操作，但排水费用较高。不排水施工，利用机械（如抓斗、水力机械）进行水下取土，其优点是节省露水费用，施工安全，但铺设井底反滤层困难，不容易保证质量。

2. 施工

(1) 井壁与井筒。大口井的井壁材料和厚度，应根据井深、井径、施工工艺、当地材料和经济比较，通过受力计算确定。

采用沉井法施工的大口井，钢筋混凝土井筒井径小于 4m 时，壁厚宜为 350～400mm；井径大于 4m 时，壁厚宜为 400～500mm。

钢筋混凝土井筒应在下端设钢筋混凝土刃脚；刃脚外径应比井筒外径大 100～200mm，刃脚高度可为 1.2～1.5m。

(2) 井底进水。井底进水结构，卵砾石含水层井底可不设反滤层，其他含水层井底应铺设 3～5 层凹弧形反滤层，每层厚 200～300mm，弧底总厚度 600～1500mm，刃脚处应比弧底加厚 20%～30%。铺设井底反滤层时，应将井中水位降到井底以下，在前一层铺设完毕并经检验合格后，方可铺设次层。两相邻反滤层的粒径比宜为 2～4。

(3) 井壁进水。井壁进水，混凝土井壁宜采用直径为 50～100mm 的圆形进水孔；浆砌砖、石井壁宜采用矩形进水孔或插入短管进水。进水孔应交错布置，孔隙率宜为 15%～20%；进水孔滤料宜分两层，且填充密实。在中砂、粗砂、卵砾石含水层中，进水段可采用无砂混凝土透水井壁或干砌砖（石）利用砌缝进水，但应满足结构强度要求。

（4）井口与井台。井口应高出地面 500mm；井口周围应设不透水的散水坡，宽度宜为 1.5m；在透水土壤中，散水坡下面应填厚度不小于 1.5m 的黏土层。

（5）抽水清洗。大口井施工完毕，并经检验合格后，应按下列规定进行抽水清洗：抽水清洗前应将大口井或渗渠中的泥沙和其他杂物清除干净；抽水清洗时，应在井中水位降到设计最低动水位以下停止抽水，待水位回升至静水位左右再行抽水，并在抽水时取水样，测定含沙量；当设备能力已经超过设计产水量而水位未达到上述要求时，可按实际抽水设备的能力抽水清洗；当水中的含沙量小于或等于 0.5ppm（体积比）时，停止抽水清洗。

成井后，应量测静水位，在设计流量下抽水测定相应动水位，对出水水质进行化验。

8.2.2.3　泵房

1. 基本要求

泵房底板的地基处理应符合设计要求，经过验收合格后，才能进行混凝土施工。

岸边式取水泵房宜在枯水期施工，并应在汛前施工至安全部位。需度汛时，对已建部分应有防护措施。

泵房地下部分的内壁、隔水墙及底板均不得渗水。电缆沟内不得洇水。泵房出水管连接部位应不渗漏。

2. 预留孔洞、预埋件

各种埋件及插筋、铁件的安装均应符合设计要求，且牢固可靠。埋设前，应将其表面的锈皮、油漆和油污清除干净。埋设的管子应无堵塞现象，外露管口应临时加盖保护。

3. 二期混凝土

混凝土浇筑过程中，应对各种管路进行保护，防止损坏、堵塞或变形。浇筑二期混凝土前，应对一期混凝土表面凿毛清理，刷洗干净。

二期混凝土宜采用细石混凝土，其强度等级应等于或高于同部位一期混凝土的强度等级。对于体积较小，可采用水泥砂浆或水泥浆压入法施工。二期混凝土浇筑时，应注意已安装好的设备及埋件，且应振捣密实，收光整理。机、泵座二期混凝土，应保证设计标准强度达到 70％以上，才能继续加荷安装。

8.3　调节构筑物施工

8.3.1　一般要求

水池底板位于地下水位以下时，施工前应验算施工阶段的抗浮稳定性。当不能满足抗浮要求时，必须采取抗浮措施。位于水池底板以下的管道，应经验收合格后再进行下一工序的施工。

水泥砂浆防水层的水泥宜采用普通硅酸盐水泥、膨胀水泥或矿渣硅酸盐水泥；砂宜采用质地坚硬、级配良好的中砂，其含泥量不得超过 3％。

水泥砂浆防水层的施工应符合下列规定：基层表面应清洁、平整、坚实、粗糙、及充分湿润、但不得有积水；水泥砂浆的稠度宜控制在 7～8cm，当采用机械喷涂时，水泥砂浆的稠度应经试配确定；掺外加剂的水泥砂浆防水层应分两层铺抹，其总厚度不宜小于 20mm；刚性多层作法防水层每层宜连续操作，不留施工缝；当必须留施工缝时，应留成阶梯茬，按层次顺序，层层搭接；接茬部位距阴阳角的距离不应小于 20cm；水泥砂浆应随拌随用；防水层的阴、阳角应做成圆弧形。水泥砂浆防水层宜在凝结后覆盖并洒水养护，外防水层在砌保护墙或回填土时，方可撤除养护；冬期施工应采取防冻措施。

水池的预埋管与外部管道连接时，跨越基坑的管下填土应压实，必要时可填灰土、砌砖或浇筑混凝土。

8.3.2 现浇钢筋混凝土水池

池壁与顶板连续施工时，池壁内模立柱不得同时作为顶板模板立柱，顶板支架的斜杆或横向连杆不得与池壁模板的杆件相连接。侧模板，应在混凝土强度能保证其表面及棱角不因拆除模板而受损坏时，方可拆除；底模板，应在与结构同条件养护的混凝土试块达到设计强度的 70% 后，方可拆除。

采用螺栓固定池壁模板时，应选用两端能拆卸的螺栓，螺栓中部宜加焊止水环；螺栓拆卸后，混凝土壁面应留有 4～5cm 深的锥形槽。固定在模板上的预埋管、预埋件的安装必须牢固，位置准确。安装前应清除铁锈和油污，安装后应做标志。

止水带安装应牢固，位置准确，与变形缝垂直；不得有裂口、砂眼、钉孔，并清除其表面污物。

混凝土浇筑完毕后，应根据现场气温条件及时覆盖和洒水，养护期不少于 14 天。池外壁在回填土时，方可撤除养护。

8.3.3 砖石砌体水池

砖石砌筑前应将砖石表面上的污物清除，砖石应浇水湿润，砖应浇透。砖石砌体中的预埋管应有防渗措施，当设计无规定时，可以满包混凝土将管固定而后接砌；满包混凝土宜呈方形，其管外浇筑厚度不应小于 10cm。砖石砌体的池壁不得留设脚手眼和支搭脚手架。砖石砌体砌筑完毕，应即进行养护，养护时间不应少于 7 天。

砖砌池壁时，砌体各砖层间应上下错缝，内外搭砌，灰缝均匀一致。水平灰缝厚度和竖向灰缝宽度宜为 10mm，但不应小于 8mm，并不应大于 12mm。砌砖时，砂浆应满铺满挤，挤出的砂浆应随时刮平，严禁用水冲浆灌缝，严禁用敲击砌体的方法纠正偏差。

砌筑料石池壁时，应分层卧砌，上下错缝，丁、顺搭砌；水平缝宜采用坐灰法，竖向缝宜采用灌浆法。灰缝厚度宜为 10mm。纠正料石砌筑位置的偏移时，应将料石提起，刮除灰浆后再砌，并应防止碰动邻近料石，严禁用撬移或敲击纠偏。

8.3.4 水处理池

滤池池壁与滤砂层接触的部位，应按设计规定处理；当设计无规定时，应采取加糙措施。滤料的铺设应在滤池土建施工和设备安装完毕，并经验收合格后及时进行。当不能及时进行时，应采取防止杂物落入滤池和堵塞滤板的防护措施。

均匀布水的进出水口，采用薄壁堰、穿孔槽或孔口时，其允许偏差应符合下列规定：同一水池内各堰顶、穿孔槽孔眼的底缘在同一水平面上，其水平度允许偏差应为 ±2mm；穿孔槽孔眼或穿孔墙孔眼的数量和尺寸应符合设计要求，其间距允许偏差应为 ±5mm。

8.3.5 水池满水试验

水池施工完毕后，投入使用前，应进行满水试验。满水试验中应进行外观检查，不得有漏水现象。水池渗水量按池壁和池底的浸湿总面积计算，钢筋混凝土水池不得超过 $2L/(m^2 \cdot d)$；砖石砌体水池不得超过 $3L/(m^2 \cdot d)$。

水池满水试验条件：池体的混凝土或砖石砌体的砂浆已达到设计强度，现浇钢筋混凝土水池的防水层、防腐层施工以及回填土以前，装配式预应力混凝土水池施加预应力以后、保护层喷涂以前，砖砌水池防水层施工以后、石砌水池勾缝以后，砖石水池满水试验与填土工序的先后安排符合设计规定。

水池满水试验前，应做好下列准备工作：将池内清理干净，修补池内外的缺陷，临时封堵预留孔洞、预埋管口及进出水口，检查充水及排水闸门不得渗漏，设置水位观测标尺、标定水位测针，准备现场测定蒸发量的设备，充水的水源应采用清水并做好充水和放水系统的设施。

向水池内充水宜分三次进行：第一次充水为设计水深的 1/3；第二次充水为设计水深的 2/3；第三次充水至设计水深。对大、中型水池，可先充水至池壁底部的施工缝以上，检查底板的抗渗质量，当无明显渗漏时，再继续充水至第一次充水深度。

每次充水宜测读 24h 的水位下降值，计算渗水量，在充水过程中和充水以后，应对水池做外观检查。当发现渗水量过大时，应停止充水。做出处理后方可继续充水。充水至设计水深后至开始进行渗水量测定的间隔时间，应不少于 24h。

测读水位的初读数与末读数之间的间隔时间，应为 24h。连续测定的时间可依实际情况而定，如第一天测定的渗水量符合标准，应再测定一天；如第一天测定的渗水量超过允许标准，而以后的渗水量逐渐减少，可继续延长观测。

水池满水试验应填写试验记录。满水试验合格后，应及时进行池壁外的各项工序及回填土方，池顶亦应及时均匀对称地回填。

8.3.6 材料、设备的采购、验货及存放

各种材料、构件与设备，应符合国家有关环保、卫生、防火、防水、防冻、防爆、防腐等标准的规定。凡与水接触的输配水管道、附件及其防腐材料，滤料、化学处理剂、净水器等材料和设备，应符合卫生安全要求。

材料、设备的采购应符合设计要求，塑料管、机泵、净水器、消毒设备、电气及监控设备等主要材料设备宜在设计人员的指导下采购，且不应采用旧货或积压品。材料设备的供应商应提供生产许可证、卫生许可证、涉水产品卫生许可批件以及产品的质检报告、产品质量合格证、说明书、性能检测报告、装配图和控制原理图；采购合同中应详细说明技术指标和质量要求。管材及其配件、设备及其配件，宜选用同一厂家的配套产品。

材料、设备到货后，应及时对照供货合同和产品说明书进行数量、规格、材质、外观、备件等检查。对批量购置的主要材料应按照有关规定进行见证取样检测。经质量管理人员验收、签字后，方可入库。并做好开箱验收记录。

材料、设备应按性质合理存放，不得与有毒物质和腐蚀性物质存放在一起，水泥、钢材、设备应有防雨、防潮措施，塑料管道应有遮阳等防老化措施。

8.4 管网施工

8.4.1 一般要求

1. 埋深及回填

管道的基础、埋深、回填应符合设计要求。当设计无具体要求时，应按以下规定施工：一般应埋设在未经扰动的原状土层上；在岩基上埋设管道，应铺设砂垫层；软地基上埋设管道，应进行基础处理。管道周围 200mm 范围内应用细土回填；回填土的压实系数不应小于 90%。非冰冻地区，管顶埋深一般不宜小于 0.7m，在松散岩基上埋设时，管顶埋深不应小于 0.5m；寒冷地区，管顶应埋设于冻深线以下；穿越道路、农田或沿道路铺设时，管顶埋深不宜小于 1.0m。

2. 管道交叉处理及附属设施

管线上的排水口、排气阀、闸阀等附件的位置，镇墩、支墩位置及结构尺寸应符合设计要求。当供水管与污水管交叉时，供水管应布置在上面，且不应有接口重叠；若供水敷设在下面，应采用钢管或设钢套管，套管伸出交叉管的长度每边不得小于 3m，套管两端应采用防水材料封闭。

供水管道与建筑物基础的水平净距应大于 3.0m；与围墙基础的水平净距应大于 1.5m；与铁路路堤坡脚的水平净距应大于 5.0m；与电力电缆、通信及照明线杆的水平净距应大于 1.0m；与高压电杆支座的水平净距应大于 3.0m；与污水管、煤气管的水平净距应大于 1.5m。

8.4.2 钢管

管节表面应无疤痕、裂纹、严重锈蚀等缺陷。管道下管前应检查管节的内外防腐层，合格后方可下管。安装的允许偏差为：轴线位置 30mm；高程 ±20mm。

8.4.3 球墨铸铁管

管及管件表面不得有裂纹，不得有妨碍使用的凹凸不平的缺陷。采用橡胶圈柔性接口的球墨铸铁管，承口的内工作面和插口的外工作面应光滑、轮廓清晰，不得有影响接口密封性的缺陷。橡胶圈安装就位后不得扭曲。当用探尺检查时，沿圆周各点应与承口端面等距，允许偏差应为 ±3mm。

8.4.4 塑料管

聚乙烯（PE）管材、管件应分别符合《给水用聚乙烯（PE）管材》（GB/T 13663—2001）和《给水用聚乙烯（PE）管件》（GB/T 13663.2—2005）的规定。管件应分别符合《给水用硬聚氯乙烯（PVC-U）管材》（GB/T 10002.1—2006）和《给水用硬聚氯乙烯（PVC-U）管件》（GB/T 10002.2—2003）的要求。

批量购置的塑料管道，应委托有资质的检测单位按《长期恒定内压下热塑性塑料管材耐破坏时间的测定方法》（GB 6111—1985）和相应的产品标准进行抽样检测，每种规格的抽样数不应少于 3 根。

8.4.5 水压试验

管道水压试验条件：长距离管道试压应分段进行，分段长度不宜大于 1000m。试验段管道灌满水后，应在不大于工作压力条件下浸泡，金属管和塑料管的浸泡时间不少于24h，混凝土管及其有水泥砂浆衬里金属管的浸泡时间不少于48h。

　　水压试验包括管道强度及严密性试验两项内容，当确认试验管段内气体已排除，方可进行这两种试验。

　　管道强度试验应在水压升至不低于《给水排水管道工程施工及验收规范》（GB 50268—2016）规定的试验内水压力后；保持恒压10min，检查接口、管身，无破损及漏水现象时，方可视为合格。管道严密性试验应符合《给水排水管道工程施工及验收规范》（GB 50268—2016）中附录A的规定。严密性试验时，不得有漏水现象，且实测渗水量该规范规定的允许渗水量时，方可视为合格。

8.4.6　管道冲洗消毒

　　管道水压试验后，竣工验收前应冲洗消毒。

　　试验要求：应用流速不小于1.0m/s的水流连续冲洗管道，直至进水和出水的浊度、色度相同为止。管道消毒应采用含氯离子浓度不低于20mg/L的清洁水浸泡24h，再次冲洗，直至取样检验合格为止。

8.5　验　收

8.5.1　分项工程验收

　　根据《建筑工程施工质量验收统一标准》（GB 50300—2013），检验批的定义为："按同一生产条件或按规定的方式汇总起来供检验用的，由一定数量样本组成的检验体""分项工程可由一个或若干个检验批组成，应按主要工种、材料、施工工艺、设备类别等进行划分"，主控项目为："建筑工程中的对安全、卫生、环境保护和公众利益起决定性作用的检验项目"，一般项目为："除主控项目以外的检验项目"。引入"主控项目"和"一般项目"的好处是可以真正做到控制饮水安全工程的关键部位和工序的质量。

　　申报分项工程验收，施工单位应预先1个工作日向监理单位书面提出。分项工程验收记录表应符合《建筑工程施工质量验收统一标准》（GB 50300—2013）附录E的规定。分项工程验收应由监理工程师组织项目专业技术负责人进行验收。分项工程中的主控项目应进行全检，一般项目可进行抽检，抽检数量应由建设和监理单位共同确定。

　　分项工程对质量控制包括两个方面，一方面是对材料与设备的质量控制，另一方面是对施工质量控制。施工质量控制分3个阶段：施工准备阶段、施工作业阶段与施工验收阶段。显然，施工作业阶段的质量控制是最基本的质量控制，它决定了分项工程的质量，从而决定了分部与单位工程的质量。

8.5.2　分部工程验收

　　饮水安全工程建设进行到一定时期后，工程施工中某一个或几个分部工程中的所有分项工程已经施工完毕，且质量全部合格，施工单位对分部工程资料整理完备后，应预先3个工作日向监理或建设单位书面提出申报。为保证分部工程验收资料的完整程度和整理质量，施工单位应在施工准备工作和施工过程中，从组织结构到原材料，从仪器检测到施工过程进行全面的质量控制，并保留可以追溯的质量资料。

分部工程验收由验收工作组负责；验收工作组由项目法人或监理主持，设计、施工与运行管理单位有关专业技术人员参加。分部工程验收的主要工作是：检查工程是否按批准设计完成；检查工程质量，对工程缺陷提出处理要求；对验收遗留问题提出处理意见。分部工程验收签证应符合《水利水电建设工程验收规程》（SL 223—2008）附录 A 的规定。

8.5.3　单位工程验收

根据《建筑工程施工质量验收统一标准》（GB 50300—2013）条文说明中的 5.0.4 条，"单位工程质量验收也称质量竣工验收，是建筑工程投入使用前的最后一次验收"。通过研究分析，觉得还是引入《水利水电建设工程验收规程》（SL 223—2008）中规定的"竣工验收"较好。单位工程验收实际上是将竣工验收的一些内容提前进行了验收，减少竣工验收的工作量和繁琐程度。

申报单位工程验收，施工单位应预先 5 个工作日向监理或建设单位书面提出。单位工程验收的条件是该单位工程的所有分部工程已施工完毕。单位工程验收的主要工作是：检查工程是否按批准设计完成；检查工程质量，对工程缺陷提出处理要求；检查工程是否具备安全允许条件；对验收遗留问题提出处理意见；主持单位工程移交。

单位工程完工后，施工单位应自行组织有关人员进行检查，并向建设单位提交工程验收报告，建设单位收到工程验收报告后，由项目法人主持，组建验收委员会，由监理、设计、施工、运行管理等单位专业技术人员组成，每个单位一般以 2～3 人为宜。单位工程验收鉴定书应符合《水利水电建设工程验收规程》（SL 223—2008）附录 C 的规定。

在单位工程验收以后，应进行工程试运行。试运行合格后，方可进行竣工验收。

8.5.4　试运行

工程按审批的项目全部完成后，应至少经过一周的试运行期，且设计单位施工单位和供水管理单位应参与工程的试运行。

试运行前，应根据净水工艺要求按设计负荷对净水系统进行调试，定时检验各净水构筑物和净水设备的出水水质，作好药剂投加量和水质检验记录，在连续 3 次水质检验均合格后，方可进入整个系统的试运行。并应完成输水管道的试压、冲洗和消毒，以及完成水源工程施工验收。

整个供水系统投入试运行后，应定时记录机电设备的运行参数、药剂投加量、絮凝效果和消毒剂投加量，定时检验各净水构筑物和净水设备的出水浊度、出厂水余氯以及特殊水处理的控制性指标，每天检验一次出厂水的细菌学指标、记录沉淀池（或澄清池）的排泥情况和滤池的冲洗情况。

投入试运行 72h 后，应定点测量管网中的供水流量和水压，对出厂水和管网末梢水各进行一次全分析检验。当水量、水压、水质合格，设备运转正常后，方可进入试运行观察期，观察期应按水厂管理要求做好各项观测记录和水质检验。

8.5.5　竣工验收

饮水安全工程竣工验收是工程建设的重要程序，它是在施工单位已完成整体工程的前提下，并试运行合格后，工程投入使用前，对饮水安全工程质量达到合格与否做出确认，竣工验收是最重要的一次验收。验收前，应完成管理单位组建、管理制度制定与管理人员的技术培训。

申报工程竣工验收，施工单位应预先 10 个工作日向监理或建设单位书面提出。竣工验收主持单位组成应符合《水利水电建设工程验收规程》（SL 223—1999）中 5.2.4 条的规定。竣工验收工作由竣工验收委员会负责，其组成应符合《水利水电建设工程验收规程》（SL 223—1999）第 5.2.5 条规定："竣工验收工作由竣工验收委员会负责。竣工验收委员会由主持单位、地方政府、水行政主管部门、银行（贷款项目）、环境保护、质量监督、投资方等单位代表和有关专家组成"，第 5.2.6 条规定："工程项目法人、设计、施工、监理、运行管理单位作为被验收单位不参加验收委员会，但应列席验收委员会会议，负责解答验收委员的质疑。"

竣工验收鉴定书应符合《水利水电建设工程验收规程》（SL 223—1999）附录 D 的规定，竣工验收主要报告编制大纲可参照《水利水电建设工程验收规程》（SL 223—1999）附录 E 的规定。

竣工验收准备工作：整理工程技术资料、分类立卷；分项工程、分部工程、试运行、单位工程的验收报告；工程试投产或工程使用前的准备工作；编写竣工决算分析。

竣工验收应由建设单位、监理单位、设计单位、施工单位、管理单位、质量监督和卫生部门，以及用户代表参加。

验收时，首先听取并讨论预验收报告，核验各项工程技术档案资料，然后进行工程实体的现场复查，最后讨论竣工验收报告和竣工鉴定书，合格后在工程竣工验收书上签字盖章。

验收时，应对供水系统的安全状况和运行状况进行现场查看分析，并实测其供水能力、各净水构筑物和净水设备的出水浊度、出厂水余氯以及特殊水处理的控制性指标。

验收过程中若发生意见分歧，应通过深入调查研究，充分协商解决，验收委员会有裁决权。如某些问题被认为不宜在现场裁决，则应报请主管部门决定。对工程遗留问题，验收委员会应提出处理意见，责成有关单位落实处理、限期完成，并补行验收。

8.5.6　验收标准

（1）供水能力、水质、水压均应达到设计要求，工程质量应无安全隐患，否则为不合格工程。

（2）机井应符合《管井技术规范》（GB 50296—2014）的规定。

（3）构（建）筑物应符合《给水排水构筑物施工及验收规范》（GBJ 141—2008）的规定。

（4）混凝土结构工程应符合《混凝土结构工程施工质量验收规范》（GB 50204—2015）与《泵站设备安装及验收规范》（SL 317—2015）的规定。

（5）砌体结构工程应符合《砌体工程施工质量验收规范》（GB 50203—2011）的规定。

（6）管道工程应符合《给水排水管道工程施工及验收规范》（GBJ 50268—2016）的规定。

8.5.7　验收注意事项

1. 遗留问题的处理

一般来说，工程竣工验收后，施工单位对遗留尾工不够重视，遗留尾工拖延时间长，迟迟不能完工，建设单位也很棘手。工程竣工验收后，一定要明确尚未完成的尾工项目，拟采取的措施，遗留尾工的完成时间，完成后如何验收，以保留金为担保，督促施工单位尽快完成。

2. 及时完善资料，达到归档要求

竣工验收过程中，参建各方的资料中或多或少地会出现这样那样的问题，竣工验收委员会指出后，因无法监督，个别单位将资料放在一边，不去及时改正，往往造成资料的永久性错误。为此，竣工验收委员会应责成参建各方对资料中存在的问题限期进行改正，由建设单位负责检查核实。否则，建设单位不予接收资料，采取经济手段，促使参建各方认真整改。移交档案资料时，档案管理人员应仔细检查，确认达到归档要求后予以接收。

3. 加强保修期的管理

工程项目经竣工验收合格后，即可办理交接手续，将工程项目的所有权移交给建设单位，由建设单位下属的运行管理单位进行运行管理。工程项目交付使用后，按照有关规定和施工合同的要求进行保修，一般以一年为保修期限。保修期是工程内在的、隐蔽的质量问题容易暴露的时期，通过试运行，有些质量问题会暴露出来，形成质量缺陷。

在实际工作中，要加强这一阶段的质量管理，发现问题，查找原因，属于施工过程中造成的工程质量问题，由施工单位进行维修，限期处理。维修期间，监理单位进行监督、检查和验收，保证修复质量，确保工程面貌完整。

习　　题

8.1　什么是验收、竣工验收？

8.2　简述管井的施工方法。

8.3　水池满水试验有什么要求？具体怎么实施？

8.4　管道施工有哪些步骤？如何进行水压试验和管道消毒？

课外知识：　新农村水务 PPP 模式在我国农村饮水工程建管中的应用研究

李　晶（水利部发展研究中心）　王建平（水利部发展研究中心）

孙宇飞（水利部发展研究中心）

《中共中央、国务院关于加快水利改革发展的决定》明确提出继续推进农村饮水安全建设，要求到 2013 年解决规划内农村饮水安全问题，"十二五"期间基本解决新增农村饮水不安全人口的饮水问题；同时也指出要广泛吸引社会资金投资水利。为了落实中央指示，做好拓宽农村饮水安全工程投融资渠道工作。有必要加强对融资模式的研究。为此，这里分析了在农村饮水安全工程中引入 PPP（Public - Private - Partnerships，公私合作伙伴关系）模式的重要意义，并重点探讨了引入模式、适用范围和配套政策建议等关键问题。

1　引入 PPP 模式的重要意义

PPP 模式是公共部门和私营部门之间的一种合作经营关系，目的是提供传统上由公共部门提供的公共项目和服务。它是通过适当的资源分配、风险分担和利益共享机制，更好地满足公共需求。农村饮水安全工程是保障农村居民基本生活条件的民生工程，具有很强的公益性质。从目前来看，农村饮水工程建设的财政投入保障基本没有问题，但在适合范围内引入 PPP 模式，可以在一定程度上缓解基层配套和农民自筹资金的压力。同时也是有效解决目前农村饮水工程内在问题的客观需要。

1.1　合理分担工程风险的需要

目前，农村饮水安全工程的投资和管理主体是政府及其所属部门，工程建设中存在的工程质量、交工时间、成本控制及管理中的服务质量、财务状况和可持续运营等风险完全由政府部门承担，这对于政府的压力非常之大。通过引入 PPP 模式，公共部门与私营部门分担公益性工程在建设与服务中存在的风险，改变了传统模式下风险集中在公共部门的问题。以英国为例，一项调查表明，2001 年以传统方式建设的项目中 73% 超过合同价格、70% 延期，但推行 PPP 模式后，这种状况得到极大改观。2003 年采用 PPP 模式的项目中只有 22% 超过合同价格、24% 延期，延期超过 2 个月的项目只有 8%。

1.2　进一步提高供水服务质量的需要

目前，我国农村饮水工程整体运营状况并不理想，尤其是随着农民生活水平的提高。逐步对供水服务提出更高的要求。PPP 模式下的公私合作将公共产品的供给引向市场，通过市场解决供需矛盾。私营资本的逐利性将决定其具有采用新技术来降低成本、增加利润的内在动力，和具有采取高效管理来提供高效、优质服务的客观需要，这将有助于进一步改善我国农村供水的运营环境和服务质量。

1.3　促进工程长效运营的需要

目前，我国农村饮水安全工程多由乡镇水管站、村集体、农民饮水合作组织等管理，工程运行效率较低，管理成本偏高，长效运行格局难以形成。引入 PPP 模式，通过选择专业的私营合作伙伴，实现农村饮水安全工程建设管理引入科学高效的管理模式和先进的专业技术，一方面可降低管理成本，实现工程的盈利，促进和保障工程的持续运行；另一方面有助于高效利用和保养工程设备，延长使用寿命。

此外，当前国家鼓励非公有制经济发展的政策、中央一号文件中针对农村饮水安全工程的优惠政策、浙江和湖北等地的实践探索以及 PPP 模式在我国其他公益性行业的应用等都为 PPP 模式在农村饮水安全工程中的应用提供了有力的政策环境和实践支撑。

2　引入 PPP 的合作模式与流程

虽然农村饮水工程的公益性质很强，但严格地来讲，它不属于纯公共物品，而是属于经营性较差的准公共物品，可区分公益性和可经营性两部分。其中，公益性部分对应的实体是供水管网，一般来讲，供水管网建设规模大，投资和维护成本高，且经营性较低，从经济责任上来讲，应由政府来投资；而可经营性的部分是供水水厂，一般来说，水厂能够通过引进先进的技术和加强自身管理实现一定水平的盈利。这一部分具备引入 PPP 模式的条件，可以由私营资本来承担。这里将这种在农村饮水安全工程通过区分工程的公益性和可经营性来划分政府和私营企业责权的公私合作模式称为新农村水务 PPP 模式。

2.1　合作模式

新农村水务 PPP 的基本合作模式是私营资本负责经营性较强的水厂主体的建设和管

理，政府负责公益性较强的管网部分的建设。而对于管网部分的管理和维护，可根据不同地区的实际情况，确定不同的合作方式。

第一种合作方式是政府将管网租赁给私营企业，由企业负责运行期间的管网维护和水费收缴，相当于由私营企业运营水厂和管网，提供全部的供水服务。应用这种合作方式的关键在于确定合理的水价。即私营企业通过科学的管理和引进先进的技术，能够实现一定水平的盈利。这种模式适宜在管网建设完备、对于水价接受能力较强的地区应用。管网租赁的费用可以根据地方的实际情况来确定，比如为了扶持水厂的发展，前一个阶段可以不收取租赁费用，但管网的维护费用由企业全部承担；当水厂正常运转后，可以依据双方的协定，适当收取管网租赁费用。政府收取管网租赁费用的目的并不在于盈利，而是作为督促供水企业维护好管网的重要手段，同时这部分资金也将作为管网的后续更新费用来源之一。合作期满后，如果管网维护得力，达到预期的效果，政府可以将租赁费用作为奖励返还给企业。

第二种合作方式是供水水厂只负责供水，不负责管网的维护和水费的收缴，即水厂将水以一定的价格销售给政府或者当地的农村供水公司，而当地农村供水公司负责管网的更新、改造和维护以及水费的收缴。在这种合作模式中，分工更加详细和明确，更容易发挥出各自的专业特长：供水水厂通过引进先进的技术和科学的管理理念，降低管理成本，提高供水质量，而企业追逐利润的性质也促使企业有动力降低制水成本，以获得更大的利润。而农村供水公司负责管网的更新和维护，以及水费的收缴，同样为了追求更大的利润，农村供水公司有动力维护供水管网、降低管网的漏失率，也有动力督促水费的收缴，进而增加企业的营业收入。

两种方式相较而言，第一种方式的优点在于企业负责供水服务的全过程管理，责任主体更加明确，企业自主能力更强；而政府完全处于监管的角色，有利于更好地履行政府职能。而第二种方式的优点在于，一是通过剥离经营性较差的供水管网，增加私营资本的营利性，更有利于吸引民间资本的注入；二是政府的可控性更强，由于农村供水公司及时掌握管网的布局情况，为政府后续的管网扩建、改造等提供支撑；三是分工更为细致，更加符合我国部分农村地区的特点，尤其部分地区面临水费收缴难、管网维护难等实际问题，由熟悉当地情况的农村供水公司维护管网和收缴水费更为可行。

2.2 风险分担

任何投资和经营都是存在风险的。新农村水务 PPP 模式成功的关键因素之一，是在项目参与各方之间实现有效的、合理的风险分担。而风险分担的基本原则是风险与收益对等，即当一个主体在有义务承担风险损失的同时，也应该有权利享有风险变化所带来的收益，并且该主体承担的风险程度与所得回报相匹配。依据这一原则，在农村饮水安全工程中引入 PPP 模式常见的风险及应对方法有以下几种。

2.2.1 法律政策变更风险

该类风险主要是指由于颁布、修订、重新诠释法律规定或者政策调整而导致项目的合法性、市场需求、产品收费、合同协议的有效性等元素发生变化，从而对项目的正常建设和运营带来损害，甚至直接导致项目的中止或失败的风险。尤其是我国 PPP 项目还处在起步阶段，相应的法律法规不够健全，容易出现这方面的风险。根据已有的案例，类似这种由于法律或政策变更引起的风险，应该由政府承担。如上海大场水厂的案例，政策变更后，上海市水务资产公司将一次性付清英方费用，包括剩余 15 年的建设补偿金。

2.2.2 水厂或配套设施建设延误风险

该类风险主要指由于私营公司水厂建设缓慢，或者由于管网建设延期，造成供水时间的延误。如遇不可抗力而造成的延期，风险应由双方共同承担；除此以外，应该由相应的主体承担风险，如果是水厂建设延期造成的延误，水厂应按延期的时间和造成的损失向政府交纳费用；如是管网建设延期，政府应按合同规定向水厂提供补偿。

2.2.3 市场收益不足风险

该类风险是指项目运营后的收益不能满足收回投资或达到预定的收益。市场收益不足风险的分担，也应根据成因来具体分析，如果是由于企业内部经营而造成的制水成本过高导致的收益不足，应由私营企业承担；而如果是市场预测与实际需求之间出现差异而产生的风险，应由企业和政府共同承担。为规避此类风险，私营企业在进入市场前，应做好充分的市场调查和市场预测工作，详细论证，尽量将风险的可能性降到最低。同时政府部门也要独立地进行市场的调查工作，不要盲目接受私营企业的市场预测，应掌握准确的决策信息。另外在合同制定阶段，应明确风险分担的方法。

2.2.4 不可抗力风险

当合同任何一方都无法控制，且在签订合同前无法合理防范、回避或克服的风险发生时，一方面通过商业保险，尽量挽回建设损失；另一方面根据投资比例，由双方共同分担风险。

2.3 合作流程

根据 PPP 模式的一般运行规律，结合农村饮水工程特点，新建工程中引入新农村水务 PPP 模式的合作流程一般包括选择项目合作公司、确立项目、签订合作合同、项目建设、运行管理、项目移交等环节。与上述流程相比，在已建成的工程中引入 PPP 模式的流程，一是不存在项目建设环节，二是在确立项目过程中更多考虑的是对工程营利性的论证。其他流程基本相同。

3 引入 PPP 模式的适用范围

政府在农村饮水工程中引入新农村水务 PPP 模式，是利用市场经济供求关系和价格变化，通过经济利益的驱动，引导私营资本参与工程的建设和管理，进而丰富融资渠道，提高工程管理水平和服务质量，保障饮水工程长期有效的运行。

而私营资本进入农村饮水安全工程领域除了回报社会的慈善行为外，更主要的是要追求利润回报。投资农村饮水安全工程，虽然不是具有高回报的投资领域，但其投资价值在于，一是回报较为稳定，基本不易受经济危机等风险的冲击，且有稳定的现金流；二是由于具有自然垄断性，竞争较其他行业小；三是通过进入公共领域，与政府建立更好的合作关系；四是具有良好的社会效益。

PPP 模式的合作范围必将是能够符合双方意愿的市场环境。因此，适用 PPP 模式的主要范围首先是地方政府具有合作需求和意愿的地区，其次是私营企业通过引入先进的专业技术和管理技术，具有营利可能的农村饮水安全工程。按照这一思路，有以下几类工程适宜引入 PPP 模式。

3.1 千吨万人以上的大型工程

在目前的市场环境下，水价是由政府决定的，工程本身能够决定的要素只有水量和制水成本两项。千吨万人以上的工程供水规模较大，水量需求相对有一定的保障，如果经营管理得当。将强化规模经济优势，有效降低制水成本。同时在建设过程中引入适当的技术，降低工程的建设成本，将进一步增加工程盈利的可能。另外，此类大型工程对资金投入的需求高，并且一旦管理不当将损失较大。因此地区政府具有引入资金和先进技术、管理经验的意愿。

3.2 多目标供水结构的工程

多目标供水结构的工程除保障本地区的农村饮水安全外，还可以利用富裕的水量以市场价格向第二、第三产业提供供水服务。这样无论是在水价还是水量上，都能够有所保障，增加企业盈利的可能性。而对于地方政府来说，也希望通过农村饮水安全工程解决本地区第二、第三产业的供水，尤其是对以酿酒、饮料为主的企业的供水，这类企业对水质的要求较高，如能够满足其要求，那么从客观上也提高了农村饮水的质量。

3.3 区域单村工程"打捆"经营

一般来讲，单村工程受供水规模、农民对水价的承受能力等方面因素的限制，营利性不强，不具备引入 PPP 模式的条件。但若将一个区域的单村工程"打捆"经营，则可能创造出适合的条件。首先，私营企业方将从整个区域相对宏观的角度来考虑工程的布局，有利于实现工程布局的优化；其次，在工程设计、设备购买、厂房建设等方面可以采用标准化建设，有利于降低工程建设成本；最后，可以对工程实行统一管理，减少管理层级。优化管理结构，有效降低管理成本。从政府管理的角度来讲，通过一次合作解决一个区域的农村饮水安全问题。有利于降低政府的建设成本；同时各单村工程管理和服务水平基本一致，有利于改善农村的饮水质量；此外，责任主体明确，有利于降低政府管理成本。

3.4 政府补贴的工程

还有些工程的水价不能完全反映制水成本。如高扬程提水、高氟水、高砷水等的制水成本。此类工程不但不具有盈利空间且多处于亏损的状态，不具有引入 PPP 合作模式的条件。2003 年水利部发布的《关于加强村镇供水工程管理的意见》提出"由于政策等因素的影响，当实际供水价格达不到成本水价时，不足部分要通过申请财政补贴、有条件的地方通过划拨'养站田'或'养站林'等办法解决"，即对于此类工程政府可以采取补贴的方式予以扶持。政府补贴后，创造出一定的盈利空间。也就基本具备了吸引私营资本进入的条件。而对于此类工程，政府具有引入先进技术、降低成本的意愿。可见，此类工程也具有引入 PPP 合作模式的可能。补贴金额由双方具体协商，但原则应是不高于目前工程的补贴水平。

4 引入 PPP 模式的关键问题

4.1 水量

水量是引入 PPP 模式的关键问题之一，也是私营企业最为关心的问题之一。在国际和国内的案例中存在为了吸引私营资本而设定保证对方一定盈利水平的保底水量的做法。但目前这种做法在我国是行不通的。以前在一些地区曾有过为吸引外商投资而承诺一定盈利水平的保底水量的做法。但 2002 年发布《国务院办公厅关于妥善处理现有保证外方投资固定回报项目有关问题的通知》后，明确要求与外方合作项目不准设定固定回报率，一些已有项目也被及时处理。解决实际供水量低于设计供水能力进而影响私人投资回报问题的办法是加强工程论证，把风险化解在前期。在实际合作过程中，在双方平等协商和科学论证的基础上，可以确定一个约定水量。当实际供水量低于该水量时，按约定水量计算服务费用。但这一水量不是保障私营企业的盈利，而是保障在既定条件下农村饮水安全工程的可持续运营，同时也是政府和企业共同承担水量不足带来的运营风险的体现。

4.2 供水价格调整

双方合作的另一个关键问题是供水价格的调整。政府对水价的管理、调控，除了要考虑水厂生产、经营要有合理利润率以外，更要考虑城乡居民心理情绪、社会稳定。不可能像一般竞争性商品，让价格"随行就市"。从目前的价格管理政策来看，农村供水价格一经物价局确定，是相对固定的，如果供水成本没有太大变化，一般不会轻易调整。只有供水成本变化较大，需要重新核算供水成本，才会相应调整水价。

在由私营企业经营水厂和管网的PPP合作模式下，与私营企业约定的供水服务价格就是终端用户供水价格。在这种情况下，确定一种固定的调价机制不太可行，这违反《价格法》和我国的有关规定。如果确实出现因物价指数变化而影响工程可持续运行的情况，可通过合理测算，由政府对成本增长部分进行补贴。而对于私营企业只负责供水部分的PPP合作模式，与私营企业约定的供水服务价格仅是从供水水厂与管网间的结算价格，非终端用户供水价格。在这种情况下，可约定当CPI多年累积超过10%或以3年为周期，适当调整服务费用。另外，当价格部门批准的供水价格提高时，应相应提高私营企业的服务费用。

5 引入PPP模式的政策建议

为进一步引导和推动新农村水务PPP模式在农村饮水工程中的应用，保障模式的切实可行。特提出如下建议。

5.1 建立完善的监管体系

完善的监管体系是实现引入PPP模式目的根本保障，在农村饮水安全工程中主要包括：一是供水价格监管。供水价格既是私营资本盈利的根本保障，同时也关系到农民的切身利益，在PPP模式的项目执行过程中，对供水价格的监管是一项重要内容。二是项目的服务质量监管。为提高公众对公共服务的满意度，在PPP模式的项目运营过程中应加强服务质量监管。三是项目的退出监管。为了避免企业在退出阶段时有掠夺性经营的可能，必须严加监管，保障供水设备的可持续运营。

5.2 制定配套政策和完善现行法律法规

政府政策的支持是PPP模式成功运作最为重要的条件之一。一方面，应尽快落实2011年中央一号文件的有关精神，加快制定农村饮水安全工程的用地政策、税收优惠政策，落实电价优惠政策等。另一方面，应尽快出台关于在农村饮水安全工程中推行PPP模式的指导意见，支持与私营资本合作的做法，使各地在推行过程中有据可依。

5.3 加强行业协会在PPP模式应用方面的指导

随着我国农村供水事业的不断发展，采用PPP模式合作的项目也会逐渐增多。由于PPP模式的项目往往都比较复杂，且一般管理部门缺乏相关的专业知识和经验，结合水利行业的特点，政府可以授权给水利行业协会，如中国城市供水协会、中国农业节水和农村供水技术协会等，加强这方面的行业指导，负责 PPP 模式的项目的程序设计、开发、监督和管理工作。这样，一方面，有利于降低 PPP 模式项目的风险，提高资金使用效率并保证 PPP 模式项目的有效运作；另一方面，也能够加强对由私营企业提供的公共服务和产品的质量和价格的监督。

5.4 推行试点工作

PPP 模式在农村饮水安全工作中的应用还属于新鲜事物，结合当前农村饮水安全工程建设和管理的紧迫性，应建立相关的示范性试点工程，进一步总结 PPP 模式的适用条件和范围，总结政府角色转变和相关扶持政策的经验，为全面推行 PPP 模式提供实践支撑。

——引自《水利发展研究》水势论坛，2012 年第 3 期，1－5 页，31 页

第9章　农村供水工程的运行管理

满足生活饮用水需求、保障生活饮用水卫生安全，是农村供水的主要任务。根据第一次全国水利普查资料，我国已建成不同规模供水工程 5887.46 万处，其中：集中式供水工程 92.25 万处，分散式供水工程 5795.21 万处。农村供水工程总受益人口 8.12 亿人，集中式供水工程受益人口 5.59 亿人，分散式供水工程受益人口 2.63 亿人。

与城市供水工程相比，农村供水工程规模小、用户分散、建设条件、管理条件、供水方式、用水条件和用水习惯等方面都有较大差异。因此，在长期发展过程中，农村供水工程的运行管理体制机制还存在很多问题，主要如下：

（1）水污染逐步加重，缺乏水源保护意识。

（2）农村饮用水管理机构及其职责不明确。

（3）缺乏总体规划，影响工程实施效果。

（4）运行管理资金短缺。

（5）工程管理制度不健全，缺乏良性运行管理机制。

（6）对实施长效紧迫性认识不足。

（7）农村饮用水源水质监测力量严重不足。

（8）饮水安全宣传工作不到位，公众参与不够。

（9）科技储备相对薄弱，一些基础研究尚属起步阶段。

解决以上问题的方法是建立健全农村供水工程的运行管理体制，包括水源保护、供水工程管理和水质监测等方面。

9.1　水源保护

水源保护应按照国家颁布的《饮用水水源保护区污染防治管理规定》的要求，合理设置生活饮用水水源保护区，并经常巡视，及时处理影响水源安全的问题。任何单位和个人在水源保护区内从事建设活动，应征得供水单位同意和水行政主管部门的批准。

水源保护是环境综合整治规划的首要目标和经济发展的制约条件。

9.1.1　水源地保护区

9.1.1.1　水源保护区的设置与划分

饮用水水源保护区是国家为防治饮用水水源地污染、保证水源地环境质量而划定，并要求加以特殊保护的一定面积的水域和陆域，分为地表水饮用水源保护区和地下水饮用水源保护区。地表水饮用水源保护区包括一定面积的水域和陆域。地下水饮用水源保护区指地下水饮用水源地的地表区域。集中式饮用水水源地（包括备用的和规划的）都应设置饮用水水源保护区。饮用水水源保护区的设置应纳入当地社会经济发展规划和水污染防治规划。对于跨地区的饮用水水源保护区的设置，应纳入有关流域、区域、城市社会经济发展规划和水污染防治规划。

在水环境功能区和水功能区划分中，应将饮用水水源保护区的设置和划分放在最优先位置；跨地区的河流、湖泊、水库、输水渠道，其上游地区不得影响下游（或相邻）地区饮用水水源保护区对水质的要求，并应保证下游有合理水量。

9.1.1.2 地表水源保护区划分

供水单位应按照国家和部门颁布的《饮用水水源保护区污染防治管理规定》《饮用水水源保护区划分技术规范》（HJ/T 338—2007）和《饮用水水源保护区标志技术要求》（HJ/T 433—2008）等规范和规定，地表水饮用水水源保护区在一定的水域和陆域，按照不同水域特点进行水质定量预测并考虑当地具体条件下划定水源保护区，并设立标志，保证在规划设计的水文条件和污染负荷下，供应规划水量时，保护区的水质能满足相应的标准。地表水饮用水水源保护区一般划分为一级保护区和二级保护区，必要时可增设准保护区。各级保护区应有明确的地理界限。

饮用水地表水源各级保护区及准保护区内必须分别遵守下列规定：

（1）一级保护区内：禁止新建、扩建与供水设施和保护水源无关的建设项目；禁止向水域排放污水，已设置的排污口必须拆除；不得设置与供水需要无关的码头，禁止停靠船舶；禁止堆置和存放工业废渣、城市垃圾、粪便和其他废弃物；禁止设置油库；禁止从事种植、放养禽畜，严格控制网箱养殖活动；禁止可能污染水源的旅游活动和其他活动。

（2）二级保护区内：不准新建、扩建向水体排放污染物的建设项目；改建项目必须削减污染物排放量；原有排污口必须削减污水排放量，保证保护区内水质满足规定的水质标准；禁止设立装卸垃圾、粪便、油类和有毒物品的码头。

（3）准保护区内：直接或间接向水域排放废水，必须符合国家及地方规定的废水排放标准；当排放总量不能保证保护区内水质满足规定的标准时，必须削减排污负荷。

确定饮用水水源保护区划分的技术指标，应考虑以下因素：当地的地理位置、水文、气象、地质特征、水动力特性、水域污染类型、污染特征、污染源分布、排水区分布、水源地规模、水量需求。地表水饮用水水源保护区划分的技术指标见表9.1。

表 9.1　　　　　　　　　　地表水饮用水水源保护区划分的技术指标

指标名称	指标含义
距离	从取水点或某一界限起算的距离
面积	各级水源保护区所包括的水域或陆域的总面积
污染物衰减	污染物在水体中输移、扩散、转化，经过一定时间或流程衰减到某一浓度
水团传输影响频率	在潮汐涨、落潮过程中，水团传输往返通过某一断面所需时间与涨、落潮历时对比
水源保护区边界	根据排水区外边界线划定水源保护区的边界；水源保护区的边界不超过流域集水域边界

1. 河流型饮用水水源保护区的划分

（1）一级保护区。

1）水域范围。

a. 通过分析计算方法，确定一级保护区水域长度。

a）一般河流水源地，应用二维水质模型计算得到一级保护区范围，一级保护区水域长度范围内应满足《地表水环境质量标准》（GB 3838—2002）Ⅱ类水质标准的要求。二维水质模型及其解析解参见附录 B，大型、边界条件复杂的水域采用数值解方法，对小型、边界条件简单的水域可采用解析解方法进行模拟计算。

b）潮汐河段水源地，运用非稳态水动力-水质模型模拟，计算可能影响水源地水质的最大范围，作为一级保护区水域范围。

c）一级保护区上、下游范围不得小于卫生部门规定的饮用水源卫生防护带（详见卫监发〔2001〕161 号文《生活饮用水集中式供水单位卫生规范》）范围。

b. 在技术条件有限的情况下，可采用类比经验方法确定一级保护区水域范围，同时开展跟踪监测。若发现划分结果不合理，应及时予以调整。

a）一般河流水源地，一级保护区水域长度为取水口上游不小于 1000m，下游不小于 100m 范围内的河道水域。

b）潮汐河段水源地，一级保护区上、下游两侧范围相当，范围可适当扩大。

c. 一级保护区水域宽度为 5 年一遇洪水所能淹没的区域。通航河道：以河道中泓线为界，保留一定宽度的航道外，规定的航道边界线到取水口范围即为一级保护区范围。非通航河道：整个河道范围。

2）陆域范围。一级保护区陆域范围的确定，以确保一级保护区水域水质为目标，采用以下分析比较确定陆域范围。

a. 陆域沿岸长度不小于相应的一级保护区水域长度。

b. 陆域沿岸纵深与河岸的水平距离不小于 50m；同时，一级保护区陆域沿岸纵深不得小于饮用水水源卫生防护规定的范围。

（2）二级保护区。

1）水域范围。

a. 通过分析计算方法，确定二级保护区水域范围。

a）二级保护区水域范围应用二维水质模型计算得到。二级保护区上游侧边界到一级保护区上游边界的距离应大于污染物从 GB 3838—2002Ⅲ类水质标准浓度水平衰减到 GB 3838—2002 Ⅱ类水质标准浓度所需的距离。二维水质模型及其解析解参见附录 B，大型、边界条件复杂的水域采用数值解方法，对小型、边界条件简单的水域可采用解析解方法进行模拟计算。

b）潮汐河段水源地，二级保护区采用模型计算方法；按照下游的污水团对取水口影响的频率设计要求，计算确定二级保护区下游侧外边界位置。

b. 在技术条件有限情况下，可采用类比经验方法确定二级保护区水域范围，但是应同时开展跟踪验证监测。若发现划分结果不合理，应及时予以调整。

a）一般河流水源地，二级保护区长度从一级保护区的上游边界向上游（包括汇入的上游支流）延伸不得小于 2000m，下游侧外边界距一级保护区边界不得小于 200m。

b）潮汐河段水源地，二级保护区不宜采用类比经验方法确定。

c. 二级保护区水域宽度：一级保护区水域向外 10 年一遇洪水所能淹没的区域，有防洪堤的河段二级保护区的水域宽度为防洪堤内的水域。

2）陆域范围。二级保护区陆域范围的确定，以确保水源保护区水域水质为目标，采用以下分析比较确定。

a. 二级保护区陆域沿岸长度不小于二级保护区水域河长。

b. 二级保护区沿岸纵深范围不小于 1000m，具体可依据自然地理、环境特征和环境管理需要确定。对于流域面积小于 $100km^2$ 的小型流域，二级保护区可以是整个集水范围。

c. 当面污染源为主要水质影响因素时，二级保护区沿岸纵深范围，主要依据自然地理、环境特征和环境管理的需要，通过分析地形、植被、土地利用、地面径流的集水汇流特性、集水域范围等确定。

d. 当水源地水质受保护区附近点污染源影响严重时，应将污染源集中分布的区域划入二级保护区管理范围，以利于对这些污染源的有效控制。

3）准保护区。根据流域范围、污染源分布及对饮用水水源水质影响程度，需要设置准保护区时，可参照二级保护区的划分方法确定准保护区的范围。

2. 湖泊、水库型饮用水水源保护区的划分

（1）水源地分类。依据湖泊、水库型饮用水水源地所在湖泊、水库规模的大小，将湖泊、水库型饮用水水源地进行分类，分类结果见表 9.2。

表 9.2 　　　　　　　　　　　　湖泊、水库型饮用水水源地分类

水 源 地 类 型		水 源 地 类 型	
水库	小型，$V \leqslant 0.1$ 亿 m^3	湖泊	小型，$S \leqslant 100km^2$
	中型，0.1 亿 $m^3 \leqslant V \leqslant 1$ 亿 m^3		大中型，$S \geqslant 100km^2$
	大型，$V \geqslant 1$ 亿 m^3		

注　V 为水库总库容；S 为湖泊水面面积。

（2）一级保护区。

1）水域范围。

a. 小型水库和单一供水功能的湖泊、水库应将正常水位线以下的全部水域面积划为一级保护区。

b. 大中型湖泊、水库采用模型分析计算方法确定一级保护区范围。

a）当大中型水库和湖泊的部分水域面积划定为一级保护区时，应对水域进行水动力（流动、扩散）特性和水质状况的分析、二维水质模型模拟计算，确定水源保护区水域面积，即一级保护区范围内主要污染物浓度满足 GB 3838—2002 Ⅱ类水质标准的要求。具体方法参见附录 B，宜采用数值计算方法。

b）一级保护区范围不得小于卫生部门规定的饮用水源卫生防护范围。

c. 在技术条件有限的情况下，采用类比经验方法确定一级保护区水域范围，同时开展跟踪验证监测。若发现划分结果不合理，应及时予以调整。

a）小型湖泊、中型水库水域范围为取水口半径 300m 范围内的区域。

b）大型水库为取水口半径 500m 范围内的区域。

c）大中型湖泊为取水口半径 500m 范围内的区域。

2）陆域范围湖泊、水库沿岸陆域一级保护区范围，以确保水源保护区水域水质为目标，采用以下分析比较确定。

a. 小型湖泊、中小型水库为取水口侧正常水位线以上 200m 范围内的陆域，或一定高程线以下的陆域，但不超过流域分水岭范围。

b. 大型水库为取水口侧正常水位线以上 200m 范围内的陆域。

c. 大中型湖泊为取水口侧正常水位线以上 200m 范围内的陆域。

d. 一级保护区陆域沿岸纵深范围不得小于饮用水水源卫生防护范围。

（3）二级保护区。

1）水域范围。

a. 通过模型分析计算方法，确定二级保护区范围。二级保护区边界至一级保护区的径向距离大于所选定的主要污染物或水质指标从 GB 3838—2002 Ⅲ类水质标准浓度水平衰减到 GB 3838—2002 Ⅱ类水质标准浓度所需的距离，具体方法参见附录 B，宜采用数值计算方法。

b. 在技术条件有限的情况下，采用类比经验方法确定二级保护区水域范围，同时开展跟踪验证监测。若发现划分结果不合理，应及时予以调整。

a）小型湖泊、中小型水库一级保护区边界外的水域面积设定为二级保护区。

b）大型水库以一级保护区外径向距离不小于 2000m 区域为二级保护区水域面积，但不超过水面范围。

c）大中型湖泊一级保护区外径向距离不小于 2000m 区域为二级保护区水域面积，但不超过水面范围。

2）陆域范围二级保护区陆域范围确定，应依据流域内主要环境问题，结合地形条件分析确定。

a. 依据环境问题分析法。

a）当面污染源为主要污染源时，二级保护区陆域沿岸纵深范围，主要依据自然地理、环境特征和环境管理的需要，通过分析地形、植被、土地利用、森林开发、地面径流的集水汇流特性、集水域范围等确定。二级保护区陆域边界不超过相应的流域分水岭范围。

b）当水源地水质受保护区附近点污染源影响严重时，应将污染源集中分布的区域划入二级保护区管理范围，以利于对这些污染源的有效控制。

b. 依据地形条件分析法。

a）小型水库可将上游整个流域（一级保护区陆域外区域）设定为二级保护区。

b）小型湖泊和平原型中型水库的二级保护区范围是正常水位线以上（一级保护区以外），水平距离 2000m 区域，山区型中型水库二级保护区的范围为水库周边山脊线以内（一级保护区以外）及入库河流上溯 3000m 的汇水区域。

c）大型水库可以划定一级保护区外不小于 3000m 的区域为二级保护区范围。

d）大中型湖泊可以划定一级保护区外不小于 3000m 的区域为二级保护区范围。

（4）准保护区。按照湖库流域范围、污染源分布及对饮用水水源水质的影响程度，二级保护区以外的汇水区域可以设定为准保护区。

3. 水源保护实施方案

（1）水源地保护区的监督管理。多部门联合执法，禁止在水源地内堆放垃圾，并将水源地保护区内现有的垃圾全部清理；对水源地内的违规建设项目，及时清除，防止违规建设项目对水源造成污染；对保护区内的生活垃圾、生活污水建立集中收集系统，实行集中清运的管理办法。

（2）设立水源地一级保护区的界标、二级保护区的交通警示标志。

1）一级保护区界标的构造标准和设立方案。

a. 一级保护区界标的构造及标准。界标正面上方为饮用水源保护区图形标志，中间是保护区名称，下面是当地环保部门的监督电话信息，如图9.1和图9.2所示。界标背面上方，用图形或者文字说明保护区的范围，标明保护区准确地理坐标和范围参数；中下方书写饮用水水源保护区具体的管理要求，引用《中华人民共和国水污染防治法》关于水源保护区的法律条款要求；最下方靠右边书写"××人民政府20××年设立"等字样，如图9.3所示。

（图中线条宽度为18）

图 9.1 饮用水水源保护区图形标尺寸
比例示意图

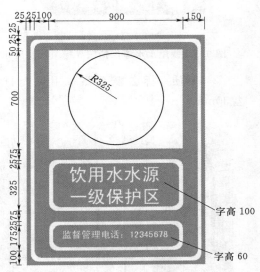

图 9.2 饮用水水源保护区界标正面
图示及尺寸

b. 一级保护区界标设立位置。在取水点上游1000m和下游100m处的两岸河道设置饮用水水源保护区界标，如图9.3所示。

2）二级保护区交通警示标志的构造标准和设立方案。

a. 二级保护区交通警示标志的构造及标准。水源二级保护区道路警示牌分正反两面，分别为"驶入""驶出"两种，提醒过往车辆和行人谨慎驾驶和行为，内容及构造标准，如图9.4所示。

b. 二级保护区交通警示标志设立数量和位置。穿行饮用水源二级保护区公路时，交通警示标志的设立要符合《道路交通标志和标线》（GB 5768—2009）的相关规定。

（3）饮用水源保护区各类标志的制作方案。

1）尺寸和颜色，如图 9.1～图 9.4 所示。

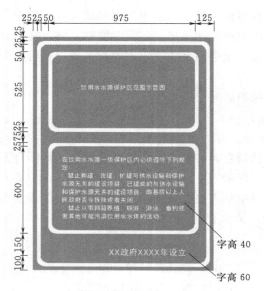

图 9.3　饮用水水源保护区界标图示及尺寸

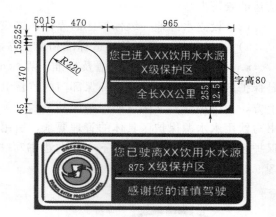

图 9.4　饮用水水源保护区道路警示牌图示及尺寸

2）材质。标志表面要采用反光材料，底板采用厚度 2mm 的铝合金板，四周折边 30mm。

图 9.5　隔离网围墙平面布置图

3）支撑及固定。都采用双杆支撑，杆子为钢管，壁厚不小于 3mm，横截面直径为 60mm，牌面下缘至地面高度为 1.8～2.5m。杆子下端制作混凝土基础，预埋螺栓进行固定。

4）质量要求。标志的加工要求、外观质量及测试方法要符合《公路交通标志板》（JT/T 279）的规范要求。

（4）设立水源地护栏围网等隔离防护工程。采用成型场地围栏网，沿河道两岸，在取水点上游 100m 至下游 10m 范围内建成隔离网围墙。隔离网围墙平面布置图如图 9.5 所示。

9.1.1.3　地下水源保护区划分

地下水按含水层介质类型的不同分为孔隙水、基岩裂隙水和岩溶水 3 类；按地下水埋藏条件分为潜水和承压水两类。地下水饮用水源地按开采规模分为中小型水源地（日开采量小于 5 万 m^3）和大型水源地（日开采量大于等于 5 万 m^3）。

根据《饮用水水源保护区划分技术规范》（HJ/T 338—2007），地下水饮用水源保护区的划分应在收集相关的水文地质勘查、长期动态观测、水源地开采现状、规划及周边污染源等资料的基础上，用综合方法来确定。各级地下水源保护区的范围应根据当地的水文地质条件确定并保证开采规划水量时能达到所要求的水质标准。地下水饮用水源保护区一般划分为一级保护区、二级保护区和准保护区。各级保护区应有明确的地理界限。地下水饮用水源保护区划分的技术指标见表9.3。

表 9.3 　　　　　　　　　　　　地下水饮用水源保护区划分的技术指标

指标名称	指 标 含 义
距离	从开采井起算的某一距离
迁移时间	污染物在地下水中输移，达到开采井或某一界线所经历的时间
地下水流边界	已知的地下水流动分界线和含水层边界
净化能力	污染物在地下水中输移，经一定时间或距离衰减到某一浓度水平

1. 一级保护区的范围

一级保护区位于开采井或井群区周围，其作用是保证集水有一定滞后时间，以防止一般病原菌的污染。

一级保护区的范围，采用距离和（或）迁移时间指标，通过以下分析计算和比较确定：

（1）一级保护区边界距开采井或井群的最小距离不小于饮用水水源卫生防护带半径。

（2）一级保护区边界距开采井或井群的迁移时间大于一旦发生可能污染水源的突发情况时，采取紧急补救措施所需的时间。

（3）一级保护区边界距开采井或井群的迁移时间相当于一般病原菌衰减的时间。

（4）直接影响开采井水质补给区，应执行一级保护区的规定。

（5）当含水层埋深较深或与地面水没有互补关系时，可根据具体情况调整一级保护区范围。

2. 二级保护区的范围

二级保护区位于一级保护区外，其作用是保证集水有一定滞后时间，以防止一般病原菌以外的其他的污染。

二级保护区的范围，采用迁移时间、地下水流动边界、净化能力指标，通过以下分析计算和比较确定：

（1）二级保护区边界到一级保护区边界的迁移时间大于所选定的主要污染物在覆盖层土壤和含水层中被吸附、衰减到期望的浓度水平所需的时间。

（2）地下水流动边界线和（或）被开采含水层边缘为二级保护区边界线。

（3）被开采含水层的补给区可划定为二级保护区。

（4）在存在地下水越流补给时，应根据补给条件，调整一、二级保护区的范围。

3. 准保护区的范围

地下水饮用水源准保护区位于二级保护区外的主要补给区，其作用是保护水源地补给水源的水量和水质。

被开采含水层的补给区、补给二级保护区的地表水和地下水区域，可划为准保护区。

4. 已形成地下水降落漏洞地区的水源保护区划分

在地下水区域性持续下降和过大下降、已形成地下水降落漏洞地区，应控制地下水开采规模，根据地下水水位、水力坡度等变化，适当扩大一级保护区的范围，二级保护区的范围划分如前所述。

9.1.2 水源管理

源头保护是保障饮用水安全的根本措施。水体资源种类繁多，包括海洋、江河、湖泊、水库中的水及地下潜水、承压水、岩石裂隙水、溶洞水等，但是不是所有的水体都可以作为饮用水源。农村集中供水工程的水源分为地表水（江河、湖泊、水库等）和地下水（潜水、承压水、山泉水等），水源管理的任务是合理的选择、利用和管理保护好水源。

9.1.2.1 地表水源管理要求

地表水源卫生防护范围为取水点上游 1000m 至下游 100m。具体要求如下：

（1）取水点周围半径 100m 的水域内，应严禁捕捞、网箱养殖、停靠船只、游泳和从事其他可能污染水源的任何活动，并设置明显的范围标志和严禁事项的告示牌。

（2）取水点上游 1000m 至下游 100m 的水域，不应排入工业废水和生活污水；其沿岸防护范围内不得堆放废渣，不得设立有毒、有害化学物品仓库、堆栈，不得设立装卸垃圾、粪便和有毒有害化学物品的码头，不得使用工业废水或生活污水灌溉及施用难降解或剧毒的农药，不得排放有毒气体、放射性物质，不得从事放牧等有可能污染该段水域水质的活动。

（3）以河流为供水水源时，根据实际需要，可将取水点上游 1000m 以外的一定范围河段划为水源保护区，并严格控制上游污染物排放量。

（4）受潮汐影响的河流，取水点上、下游及其沿岸的水源保护区范围应根据具体情况适当扩大。

（5）以水库、湖泊和池塘为供水水源时，应根据不同情况的需要，将取水点周围部分水域或整个水域及其沿岸划为水源保护区，防护措施与上述要求相同。

（6）对生活饮用水水源的输水明渠、暗渠，应重点保护，严防污染和水量流失。

9.1.2.2 地下水源管理要求

地下水源卫生防护范围为管井（机井）、大口井、渗渠或井群的水文地质影响半径范围内是地下水源的防护范围（一般在水源井周围 10~30m）。具体要求：

（1）地下水水源保护区和井的影响半径范围应根据水源地所处的地理位置、水文地质条件、开采方式、开采水量和污染源分布等情况确定，且单井保护半径不应小于 100m。

（2）在井的影响半径范围内、不应再开凿其他生产用水井，不应使用工业废水或生活污水灌溉和施用持久性或剧毒的农药，不应修建渗水厕所和污废水渗水坑、堆放废渣和垃圾或铺设污水渠道，不应从事破坏深层土层的活动。

（3）雨季，应及时疏导地表积水，防止积水入渗和漫溢到井内。

（4）渗渠、大口井等受地表水影响的地下水泥，其防护措施与地表水源保护要求相同。

（5）地下水资源缺乏地区，开采深层地下水的水源井应保证生活用水，不宜用于农业灌溉。

9.1.2.3 其他要求

（1）任何单位和个人在水源保护区内进行建设活动，应征得供水单位的同意和水行政主管部门的批准。

（2）水源保护区内的土地宜种植水源保护林草或发展有机农业。

（3）水源的水量分配发生矛盾时，应优先保证生活用水。

（4）每天应记录水源取水量。

9.2 供水站运行管理

9.2.1 一般规定

（1）供水单位应规范运营机制，努力提高管理水平，确保安全、优质、低耗供水。

（2）供水单位应根据工程具体情况，建立包括水源卫生防护、水质检验、岗位责任、运行操作、安全规程、交接班、维护保养、成本核算、计量收费等运行管理制度和突发事件处理预案，并按制度进行管理。

（3）供水单位操作人员应经过岗前培训，熟练掌握其岗位的技术要求，持证上岗。

（4）供水单位应取得取水许可证、卫生许可证，运行管理和操作人员应有健康合格证。

（5）供水单位应认真填写运行管理日志，并做好档案管理，应定期向主管部门报告供水情况。

（6）因维修等原因临时停止供水时，应及时通告用户；发生水源水污染或水致疾病等影响群总健康的事故时，应及时向主管部门报告，并查明原因、妥善处理。

（7）供水单位应定期听取用户意见，并不断总结管理经验，提高管理水平。

（8）供水单位应对用户进行用水卫生和节约用水知识宣传。

（9）供水单位可参照国家现行行业标准《城镇供水厂运行、维护及安全技术规程》（CJJ 58）的有关规定，对农村供水工程进行管理。

9.2.2 供水水质管理

为解决农村饮水安全问题，"十一五""十二五"期间，由水利部门主导实施农村饮水安全工程的建设基本解决了农村饮水安全问题。但从各级机构对农村饮水安全工程水质监测的情况看，农村饮用水的水质合格率较低，情况不容乐观。

水质管理即水的质量管理和控制。为了保护人民的身体健康，国家为给水生产单位生产的水规定了严格的质量标准。给水系统的水质管理，就是给水企业——水厂——为达到国家对水的质量要求，在企业内部采取的质量保证措施。水质管理是水厂生产运行的灵魂，它渗透在生产运行的每个工序和环节，每个运行管理人员都应把保证生产合格的水作为天职。

9.2.2.1 水质标准

供水水质标准具体见第1章相关内容。其他要求如下：

（1）Ⅰ、Ⅱ、Ⅲ类供水单位的供水水质，应符合《生活饮用水卫生标准》（GB 5749—2006）的要求；Ⅳ、Ⅴ类供水单位的供水水质应符合《农村实施〈生活饮用水卫生标准〉准则》的要求。

（2）供水单位应建立水质检验制度，定期对水源水、出厂水和管网末梢水进行水质检验，并接受当地卫生部门的监督。

（3）Ⅰ、Ⅱ、Ⅲ类供水单位应建立水质化验室，配备与供水规模和水质检验要求相适应的检验人员（按村镇供水站定岗标准确定）和仪器设备；Ⅳ类供水单位应逐步具备检验能力；Ⅴ类供水单位应有人负责水质检验工作。全分析项目检验可根据情况自行完成或委托具有水质检验资质的单位完成。

（4）水质采样点应选在水源取水口、水厂（站）出水口、水质易受污染的地点、管网末梢等部位。管网末梢采样点数应按供水人口每 2 万人设 1 个；人口在 2 万人以下时，应不少于 1 个。

（5）水质检验方法按《生活饮用水标准检验方法》（GB 5750—2006）规定执行。

（6）供水单位应采取措施对饮用水进行消毒。

1）采用氯消毒时，消毒剂应与水接触 30min 后出厂。出厂水中余氯含量不应低于 0.3mg/L；管网末梢水余氯含量不应低于 0.05mg/L。

2）采用氯胺消毒时，消毒剂应与水接触 120min 后出厂。出厂水总氯不应低于 0.6mg/L；管网末梢水总氯不应低于 0.05mg/L。

3）采用二氧化氯消毒时，消毒剂应与水接触 30min 后出厂。出厂水二氧化氯余量不应低于 0.1mg/L；管网末梢水二氧化氯余量不应低于 0.02mg/L，亚氯酸盐含量不超过 0.8mg/L。

4）采用其他消毒措施时，应检验相应的消毒控制指标，保证消毒效果。

9.2.2.2　水质检验

为解决农村供水工程水质化验责权不明，无专门机构专业人员，无生活饮用水水质检测设施设备，对农村生活饮用水水质无常规化验，水质安全无法得到保障等问题，《全国农村饮水安全工程"十二五"规划》要求加强和规范农村饮水安全工程水质检测中心（站、室，以下统称"水质检测中心"）建设，改善农村饮水卫生状况，改善水质减少疾病，节约医疗费用。

水质检测中心的主要任务是对区域内规模较大集中式供水工程开展水源水、出厂水、管网末梢水水质自检，对区域内设计供水规模 $20m^3/d$ 以下的集中式供水工程和分散式供水工程进行水质巡检，为供水单位和农村饮水安全专管机构提供技术支撑，保障供水水质安全。水质检测中心可依托规模较大水厂化验室组建，由农村饮水安全工程专管机构指导和管理；也可依托卫生、水利、环保、城市供水等部门的现有水质检测、监测机构合作共建，接受各有关部门的业务指导和管理，为农村饮水安全工程专管机构等提供技术服务。

各水质检测中心的水质检验项目和频率根据原水水质、净水工艺、供水规模等合理确定。在选择检测指标时，应根据当地实际，重点关注对饮用者健康可能造成不良影响、在饮水中有一定浓度且有可能常检出的污染物质。必要时，可在进行《生活饮用水卫生标准》（GB 5749—2006）106 项指标全分析的基础上，合理筛选确定水质检测指标。

（1）设计供水规模 $20m^3/d$ 及以上的集中式供水工程定期水质检测。

1）出厂水和管网末梢水水质检测指标一般应包括《生活饮用水卫生标准》（GB 5749—2006）中的 42 项水质常规指标，并根据下列情况增减指标：

a. 微生物指标中一般检测总大肠菌群和细菌总数两项指标，当检出总大肠菌群时，需进一步检测耐热大肠菌群或大肠埃希氏菌。

b. 常规指标中当地确实不存在超标风险的指标可不检测，如：从来未遇到过放射性指标超标的地区，可不检测总 α 放射性、总 β 放射性两项指标；没有臭氧消毒的工程，可不检测甲醛、溴酸盐和臭氧三项指标；没有氯胺消毒的工程，可不检测总氯等。

c. 非常规指标中在本县已存在超标的指标和确实存在超标风险的指标，应纳入检测能力建设范围之内。如地表水源存在生活污染风险时，应增加氨氮指标的检测，以船舶行驶的江河为水源时应增加石油类指标的检测。

d. 部分不具备条件的县，至少应检测微生物指标（菌落总数、总大肠菌群）、消毒剂余量指标（余氯、二氧化氯等）、感官指标（浑浊度、色度、嗅和味、肉眼可见物等）、一般化学指标（pH 值、铁、锰、氯化物、硫酸盐、溶解性总固体、总硬度、耗氧量、氨氮）和毒理学指标（氟化物、砷和硝酸盐）等。

2）水源水水质检测按照《地表水环境质量标准》（GB 3838—2002）、《地下水质量标准》（GB/T 14848—1993）的有关规定执行。

3）水质检测频次应符合表 9.4 或表 9.5 的要求，水质合格标准符合表 9.6 的要求。

表 9.4 集中式供水工程的定期水质检测指标和频次

工程类型	水源水，主要检测污染指标	出厂水，主要检测确定的常规检测指标和重点非常规指标	管网末梢水，主要检测感官指标、消毒剂余量和微生物指标
日供水大于等于 1000m³ 以上的集中供水工程	地表水每年至少在丰、枯水期各监测 1 次，地下水每年不少于 1 次	常规指标每个季度不少于 1 次	每年至少在丰、枯水期各监测 1 次
1000～200m³/d 集中供水工程	地表水每年至少在水质不利情况下（丰水期或枯水期）监测 1 次，地下水每年不少于 1 次	每年至少在丰、枯水期各监测 1 次	每年至少在丰、枯水期各监测 1 次
20～200m³/d 集中供水工程		每年至少在丰、枯水期各监测 1 次；工程数量较多时每年分类抽检不少于 50％的工程	每年至少在水质不利情况下（丰水期或枯水期）监测 1 次

注 1. 常规检测指标：根据本表确定的水质指标。
　　2. 污染指标：氨氮、硝酸盐、COD_Mn 等。
　　3. 感官指标：浑浊度、色度、嗅和味、肉眼可见物。
　　4. 消毒剂余量：余氯、二氧化氯等。
　　5. 微生物指标：菌落总数、总大肠菌群、耐热大肠菌群。

表 9.5 日常水质检验项目及检测频率

水源		检 验 项 目	供 水 单 位 类 别				
			Ⅰ 类	Ⅱ 类	Ⅲ 类	Ⅳ 类	Ⅴ 类
水源水	地下水	感官性状指标、pH 值	每周 1 次	每周 1 次	每周 1 次	每月 2 次	每月 1 次
		细菌学指标	每月 2 次	每月 2 次	每月 2 次	每月 1 次	每月 1 次
		特殊项目	每周 1 次	每周 1 次	每周 1 次	每月 2 次	每月 2 次
		全分析	每季 1 次	每年 2 次	每年 1 次	每年 1 次	每年 1 次
	地表水	感官性状指标、pH 值	每日 1 次	每日 1 次	每日 1 次	每日 1 次	每日 1 次
		细菌学指标	每周 1 次	每周 1 次	每周 1 次	每月 1 次	每月 1 次
		特殊项目	每周 1 次	每周 1 次	每周 1 次	每周 1 次	每月 1 次
		全分析	每月 1 次	每季 1 次	每年 2 次	每年 2 次	每年 2 次

水源	检 验 项 目	供 水 单 位 类 别				
		Ⅰ类	Ⅱ类	Ⅲ类	Ⅳ类	Ⅴ类
出厂水	感官性状指标、pH 值	每日 1 次	每日 1 次	每日 1 次	每日 1 次	每日 1 次
	细菌学指标	每日 1 次	每日 1 次	每日 1 次	每周 1 次	每月 2 次
	消毒控制指标	每班 1 次	每班 1 次	每日 1 次	每日 1 次	每日 1 次
	特殊项目	每日 1 次	每日 1 次	每日 1 次	每日 1 次	每日 1 次
	全分析	每月 1 次	每季 1 次	每年 2 次	每年 1 次	每年 1 次
末梢水	感官性状指标、pH 值	每月 2 次	每月 2 次	每月 2 次	每月 2 次	每月 2 次
	细菌学指标	每月 2 次	每月 2 次	每月 2 次	每月 2 次	每月 2 次
	消毒控制指标	每月 2 次	每月 2 次	每月 2 次	每月 2 次	每月 1 次
	全分析	每季 1 次	每年 2 次	每年 1 次	每年 1 次	视情况确定

注 1. 感官性状指标包括浑浊度、肉眼可见物、色、嗅和味等 4 项。

2. 细菌学指标包括细菌总数、总大肠菌群两项。

3. 消毒控制指标：采用氯消毒时，为余氯含量；采用氯胺消毒时，为总氯含量；采用二氧化氯消毒时，为二氧化氯余量；采用其他消毒措施时，为相应检验消毒控制指标。

4. 特殊检验项目是指水源水中氟化物、砷、铁、锰、溶解性总固体或 COD_{Mn} 等超标且有净化要求的项目。

5. 全分析每年 2 次，应为丰、枯水期各 1 次；全分析每年 1 次，应为枯水期 1 次。

6. 水质变化较大时，应根据需要适当增加检测项目和检验频率。

表 9.6 水质检验项目合格标准

出厂水或管网水	综合	出厂水	管网水	表 1.1 项目
合格率/%	95	95	95	95

注 1. 综合合格率为表 1.1 中 42 项指标的加权平均合格率。

2. 出厂水检验项目合格率：浑浊度、色度、嗅和味、肉眼可见物、余氯、细菌总数、总大肠菌群、耐热大肠菌群、COD_{Mn} 共 9 项指标的合格率。

3. 管网水检验项目合格率：浑浊度、色度、嗅和味、余氯、细菌总数、COD_{Mn}（管网末梢点）共 7 项指标的合格率。

4. 综合合格率按加权平均进行统计，计算公式如下：

(1) 综合合格率＝100％×（管网水 7 项各单项合格率之和＋42 项扣除 7 项后的综合合格率)/(7＋1)。

(2) 管网水 7 项各单项合格率＝100％×单项检验合格次数/单项检验总次数。

(3) 42 项扣除 7 项后的综合合格率（35 项）＝100％×35 项加权后的总检验合格次数/（各水厂出厂水的检验次数×35×各厂供水区分布的取水点数)。

(2) 设计供水规模 20m³/d 及以上的集中式供水工程日常现场水质检测。

1) 出厂水主要检测：浑浊度、色度、pH 值、消毒剂余量、特殊水处理指标（如铁、锰、氨氮、氟化物等）等。

2) 末梢水主要检测：浑浊度、色度、pH 值、消毒剂余量等。

3) 每个月应对区域内 20％以上的集中式供水工程进行现场水质巡测。

4) 水质检验检测频率不应低于表 9.5 的要求。

5) 当水源受有机物污染时，应增加检测耗氧量（COD_{Mn}），出厂水耗氧量不应超过 3mg/L，特殊情况下不应超过 5mg/L；当水源受粪便污染时，应增加检测粪大肠菌群，出厂水和管网末梢水的粪大肠菌群的限值是每 100mL 水样不得检出；当水源受重金属或其他污染物污染时，应增加检测相应指标，出厂水水质不应超过该指标限值。

（3）设计供水规模 20m³/d 以下供水工程和分散式供水工程的水质抽检应根据水源类型、水质及水处理情况进行分类，各类工程选择不少于 2 个有代表性的工程，每年进行 1 次主要常规指标和部分非常规指标分析，以确定本地区需要检测的常规指标和重点非常规指标，并加强区域内分散式供水工程供水水质状况巡检。

（4）当检验结果超出水质指标限值时，应立即复测，增加检验频率。水质检验结果连续超标时，应查明原因，及时采取措施解决，必要时应启动供水应急预案。

（5）当发生影响水质的突发事件时，应对受影响的供水单位适当增加检测频率。

（6）在建立水质检测制度时，水质检测中心应详细掌握区域内每个供水规模在 20m³/d 及以上集中供水工程的供水规模、水源类型、水处理及消毒工艺、水厂的检测能力。巡查时应详细了解水源保护情况、水处理及消毒设施的运行情况、水厂的日常水质检测情况。对检测发现的水质问题，应及时通知供水单位并监督其及时整改。水质检测中心同时负责对小型供水单位水质检测人员培训及检测仪器操作维护的指导。

（7）检测方法。水样的采集、保存、运输和检测方法按照《生活饮用水标准检验方法》（GB/T 5750—2006）确定。水质检验也可采用国家质量监督部门、卫生部门认可的简便设备和方法。

9.2.3 净水构筑物运行管理

9.2.3.1 絮凝工艺

絮凝工艺包括从混凝剂投加、药剂和水混合到形成絮体的全过程，涉及药剂配制、投加和计量，混合和絮凝等各阶段的协调配合和精心管理，才能保证达到最优处理效果。

1. 药剂的配制与投加管理

应根据净水工艺、原水水质情况、有关试验和设计要求选择混凝药剂。混凝药剂质量应符合国家现行的有关标准，购置药剂时，应向厂家索取产品的卫生许可证、质量合格证和说明书。购买后，药剂管理人员应掌握药剂特性及其安全使用要求将其分类妥善存放，并做好入、出库记录。药剂仓库和加药间应保持清洁，并有安全防护措施。

运行时，混凝剂应按规定的浓度用清水配制标准溶液（浓度不超过 5%），药剂配制好后继续搅拌 15min，静置 30min 以上方能使用。根据水质和流量确定加药量，水质和流量变化较大时，应及时调整投加量。配制好的混凝剂应在设计投加点按设计投加方式计量投加，保证药剂与水快速均匀混合，不应漏加和渗漏。工作人员每天应经常巡视各类加药系统的运行状况，发现问题及时处理，并对各种药剂每天的使用量、配制浓度、投加量以及加药系统的运行状况进行记录。

2. 混合和絮凝工艺管理

混合的目的是使药剂与水中的胶体颗粒迅速接触，发挥药剂作用，产生脱稳效果。一般需要很短的时间，所以必须快速、均匀，控制混合时间为 10~30s，最多不超过 2min，搅拌强度用 G 值表示为 700~1000s^{-1}。

经过快速混合脱稳后的胶体颗粒开始出现初步絮凝现象，为保证絮凝效果，需要从异向絮凝向同向絮凝转变，通过水力搅拌或机械搅拌设备，达到絮体密实而且大，与水体分离性好，易沉淀，完成整个过程。经投加药后的絮凝池水体水样，必须定时进行搅拌试验或目测絮凝池出口处是否有明显的絮凝体出现，并经常观测絮凝池的絮体颗粒大小和均匀程度，及时调整混合设备和加药量，做到混凝后水体中的颗粒与水分离度大，絮体大小均匀，大而密实。在絮凝阶段，由于絮体已经长大，要防止絮体破碎，因此，G 值比前一阶段减小，即搅拌强度或水流速度逐步降低。控制指标平均 G 值为为 $20\sim70s^{-1}$，平均 GT 值为 $1\times10^4\sim1\times10^5$（$T$ 为絮凝时间）。

混凝时，要注意控制运行水位变化幅度，保证混凝效果。运行负荷的变化不超过设计值的 15%，并按设计要求和生产情况控制进出口流速、运行水位、停留时间等工艺参数。同时应定期排出絮凝池中的污泥。

9.2.3.2　沉淀工艺

沉淀池是完成沉淀过程使得水得到澄清的设备。我国现行的《生活饮用水卫生标准》（GB 5749—2006）中要求饮用水的浑浊度不超过 1NTU，水源与净水技术条件限制时不超过 3NTU。沉淀过程中的运行管理应符合以下基本要求。

1. 沉淀出水水质

沉淀出水水质直接反馈出混凝效果。因此，供水站管理中，沉淀池的管理往往与加药、混凝是统一的。及时了解和掌握水质和水量的变化情况，以正确地确定混凝剂投加量。在线检测浊度实现投药自控的供水站，可较好地解决原水水质和水量的变化对混凝效果和沉淀后出水的影响。对于一般中小型供水站，一般要求 2～4h 检测一次原水浑浊度、pH 值、水温、碱度。在水质变化频繁的季节，如洪水、台风、暴雨、融雪时，需加强运行管理，落实各项防范措施。水质测定结果和处理水量的变化要及时填入生产日记。

2. 控制指标

沉淀池运行的主要控制指标是水力停留时间（沉淀时间）、表面负荷和水平流速。作为供水站出水水质控制中的一环，沉淀池出口应设置质量控制点，出水浊度宜控制在 3～5NTU。

3. 污泥排出

沉淀池要连续稳定工作，必须及时排出沉淀池底的污泥。定期排泥关系到沉淀池的净水效果，是日常运行管理的重要内容。采用排泥车排泥时，每日累计排泥时间不得少于 8h，这种排泥方式由于连续进行，一般不需要定期放空清池。如有机械故障必须及时检修，以免造成积泥过多，增加以后清泥困难。采用穿孔管排泥时，排泥周期视原水浑浊度不同，通常为每 3～5h 排泥一次，每次排泥 1～2min，每年需定期放空池子 1～2 次，用压力水冲洗干净。清泥时，劳动强度较大，最好选在供水量较小的季节，利用晚间进行清洗，以减少对供水影响。

4. 其他要求

原水藻类含量较高且除藻不当时，藻类会在沉淀池中滋生。对此，应采取适当的预处理措施，防止藻类滋生并杀灭已滋生的藻类。沉淀池内外都应经常清理，保持池体清洁卫生。

沉淀池的定期维护与大修应按《城镇供水站运行、维护及安全技术规程》（CJJ 58—94）执行。

9.2.3.3 过滤工艺

常规水处理中，过滤是指石英砂等粒状滤料层截留水中悬浮杂质，从而获得澄清的工艺。在原水水质较好，浊度较低的情况下，沉淀池有时可以省略，但过滤是不可缺少的，它是保证饮用水卫生安全的重要措施。过滤出水水质必须满足现行国家生活饮用水水质标准对浑浊度的要求。

1. 普通快滤池运行管理

（1）运行前的准备工作。

1）滤料和承托料的质量检验、保存与存放。滤料的质量直接影响过滤效果、出水水质、工作周期和冲洗水量。滤料的质量检验比较复杂，包括取样、样品制备、破碎率、磨损率、密度、含泥量、轻物质含量、盐酸可溶率等测定，无烟煤滤料的沉浮测定，筛分与粒径级配调整等，按行业标准进行检验。滤料和承托料一般包装在编织袋中，并有颜色标志。滤料运输及存放期间应防止包装袋破损、使滤料漏失、相互混杂或混入杂物。不同种类和不同规格的承托料和滤料应分别堆放。

2）铺设滤料。滤池的滤料和承托层应符合设计和运行要求。快滤池之所以具有去除水中悬浮物质的作用，关键在于滤料，它是保证水质的重要因素，铺设时必须多加注意，尽量符合设计要求。承托层铺设时，应按照设计所规定层数，从下而上、从粗到细一层层铺好，严格控制各层厚度、做到厚薄均匀，不可任意少铺或改变层数。施工中的疏忽会带来运行时的许多麻烦。铺设时下池人数越少越好，以免踩乱铺好的承托层。每层铺完后需刮平，同时校准高度，然后用水冲洗干净。承托层铺好后，滤池灌水到排水槽处，再向滤池中投入石英砂到规定高度，一般初次使用时滤料比设计要加厚 5cm 左右，然后放水刮平滤料，再进行反冲洗。使用无烟煤滤料时，因为颗粒上黏附有煤粉，不易脱落。铺设滤料后，同样应进行反冲洗，在冲洗结束时，应关小阀门降低冲洗强度，是滤料能按粒径大小自动分成上细下粗的层次。积在滤层表明的较轻杂质和不合规格的细颗粒必须刮除，然后浸泡在水中数天，在进行反冲洗，并刮掉表明煤粉。如果无烟煤中由煤矸石，必须在铺设前剔除，不能和无烟煤混在一起作为滤料放入滤池。各种滤料放入滤池之前，不必专门进行清洗，可直接倒入池中再进行反冲洗，以去除杂质和粉屑，可减少铺设工作量并能满足要求。

3）检查各部分管道和阀门是否正常，配水、排水系统是否符合设计和运行要求。

4）凡滤料应用含氯量为 0.3mg/L 的漂白粉溶液或液氯浸泡 24h，氯的投加量按 $0.05\sim0.1kg/m^3$（滤料和承托层体积）计算。加氯后，应使氯和滤料有足够接触时间，已达到预期的消毒效果，应每隔 0.5～1h 从滤池放空管放出一部分水，同样操作连续 1d 时间。每次放水时所取水样的含氯量不小于 3mg/L。经过多次放水，等到滤料将要露出水面时，可适当补充加水，浸泡 24h 后，经检验滤后水合格后，连续反冲洗 2 次以上才能投入使用。

（2）初次运行。

1）测定初滤时水头损失与滤速。打开进水阀门，沉淀池水进入滤池，调节出水阀的开启度，测定相应的水头损失和滤速，使清洁滤层水头损失和滤速都符合设计要求。滤池初用或冲洗后上水时，池中的水位不得低于排水槽，严禁暴露砂层。

2) 如进水浊度符合滤池要求，水头损失却增长快速，导致运行周期比设计要短很多时，可能是由于滤料加工不妥或粒径过细所致，处理方法为将滤料表面 3～5cm 厚的细滤料层刮除，即可延长运转周期，而后需再重新测定滤速与水头损失的关系，直至满足要求。

（3）正常运行。转为正常运行必须有一套严格的操作规程和管理方法，否则很容易造成运行不正常、滤池工作周期短、过滤出水水质变坏等问题。滤速、水头损失和过滤周期等参数，虽会随水量多少、水质好坏而变化，运行开始做到心中有数，对于供水站管理是必要的。

1) 严格控制滤池进水浊度。进水浊度过高，不仅会缩短滤池运行周期，增加反冲洗水量，还会影响滤后水质，更不利于病原体的去除，一般应 1～2h 测定一次进水浊度，并记入生产日报表。

2) 严格按照设计要求和生产情况控制滤速、运行水位、过滤水头损失、冲洗周期、冲洗强度、冲洗时间等工艺参数。必须保证出水浊度达到国家标准的要求。

3) 适当控制滤速刚投入运行的滤池，滤速有可能会小一点，运行 1h 后再调整至规定滤速。

4) 运行中注意观察水头损失，一般不允许产生负水头。

5) 各类滤池均应在过滤后设置质量控制点，按时测定滤后水浊度，一般 1～2h 测一次，并记入生产日报表。当滤后水浑浊度不符合水质标准时，立即进行反冲洗。

6) 当用水量减小，部分滤料需要停池时，应先把接近要冲洗的滤池冲洗清洁后再停用，一般可在冲洗前或冲洗时进行。

7) 每隔 2～3 个月对每个滤池进行一次技术测定，分析滤池运行状况是否正常，应每年做一次 20％总面积的滤料滤层抽样检查，含泥量不应大于 3％，记录归档。对滤层的管配件和其他附件要及时维修。

2. 重力无阀滤池运行管理

滤池第一次反冲洗前，安装在虹吸下降管下面的冲洗强度调节器，其开启度应调节到相当于下降管管径的 1/4，再逐步增加开启度，直到达到规定的冲洗强度时为止，重力无阀滤池的冲洗强度是变化的，开始大后来小，所以只能测定平均冲洗强度。几格滤池合用一个冲洗水箱时，可记录冲洗水箱从水位开始下降到虹吸破坏这段时间内的水位下降高度。上述测定方法可能有些误差：①冲洗时，其他几格滤池仍在过滤，不断向水箱中供水；②由于连通管的水头损失，各格冲洗水箱的水位不会相同，只能大致测出冲洗强度。

运行中，如果进水浑浊度突然增大，过滤水浑浊度不合要求时，除了及时增加混凝剂以降低进水浑浊度外，还可降低滤速或采用强制冲洗方法多次冲洗，保证过滤水水质。

滤池使用几年后，需要换砂或检修，为了不致断水，可逐格检修。检修时，冲洗水箱分隔墙上的连通管用门板盖住。但是水箱隔开后容量减小，冲洗水量不足，滤料不易冲洗干净，补救办法是待冲洗水箱再次满水后，用强制冲洗方法多次反冲洗。

重力无阀滤池平时无法观察滤料情况，最好每隔半年，在供水淡季，打开入孔，检查滤料是否平整、有误损耗等，发现问题应针对情况加以解决。滤料更换或补充后，应经过清洗和消毒才能向外供水。重力无阀滤池的运行应注意以下几点：

（1）重力无阀滤池一般设计为自动冲洗，因此滤池的各部分水位相对高程要求较严格，工程验收时各部分高程的误差应在设计允许范围内。

（2）滤池反冲洗水来自滤池上部固定体积的水箱，冲洗强度与冲洗时间的乘积为常数，每次冲洗强度大时冲洗时间短，冲洗强度小时冲洗时间长。因此，想要改善冲洗条件，只能增加冲洗次数，缩短滤程。

（3）滤池除应保证自动冲洗的正确运行外，还应有未达到自动冲洗时，采用人工强制冲洗的操作手段，建立必要的压力水或真空泵系统，并保证操作方便、随时可用。

（4）滤池的冲洗强度靠虹吸排水下降管底端的反冲洗强度调节器或虹吸下降管下水封井的溢水口高度变化来调节，在试运行时即应依靠试验的方法逐步调节，使平均冲洗强度达到设计要求。

（5）初始运行时，应向冲洗水箱缓慢注水，使滤砂浸入水中，滤层内的水缓慢上升，形成冲洗并持续 $10\sim20min$；再向冲洗水箱的进水加氯，含氯量大于 $0.3mg/L$，冲洗 $5min$ 后停止冲洗，以此含氯水浸泡 $24h$，再冲洗 $10\sim20min$，方可正常运行。

（6）滤池出水浊度大于 $1NTU$ 时，尚未自动冲洗时，应立即进行人工强制冲洗滤池。

（7）操作人员应当每天检查滤池进水池、虹吸管、辅助管的工作状况，保证虹吸管不漏气，检查强制冲洗设备，高压水有足够的压力，真空设备的保养、补水，阀门的检查保养。

（8）每 $1\sim2$ 年清除上层滤层的滤料，去除泥球。运行 3 年左右要对滤料、承托层、滤板进行翻修，部分或全部更换，对各种管道、阀门及其他设备解体，恢复性修理。每年对金属件油漆一次。

9.2.4　调节构筑物运行管理

调节构筑物有多种形式，有的设在净水厂称清水池，有的设在供水区附近的高地上，称高位水池。清水池与高位水池建造形式相同，只是相对供水区的高度不同。如供水区附近没有合适的高地可利用，可以建造水塔，水塔也可以说是人工架高的水池。给水规模很小的系统还可以使用容积更小的特制调节设备——气压罐。常见的调节构筑物主要是清水池和水塔。

9.2.4.1　清水池的运行与维护

1. 运行

（1）清水池必须安装水位计，并应连续检测，也可每小时观测一次。

（2）清水池严禁超越上限水位或下限水位运行，每个给水系统都应根据本系统的具体情况，制定清水池的上限和下限允许水位，超上限易发生溢流、浪费水资源的事故，超下限可能吸出底沉泥，污染出厂水质，甚至抽空水池而使系统断水。

（3）清水池顶上不得堆放可能污染水质的物品和杂物，也不得堆放重物。

（4）清水池顶上种植物时，严禁施放各种肥料和农药。

（5）清水池的检查孔、通气孔、溢流管都应有卫生防护措施，以防活物进入清水池污染水质。

（6）清水池应定期排空清洗，清洗完毕经消毒合格后方可再蓄水运行。

（7）清水池的排空管、溢流管道严禁直接与下水道联通。

（8）汛期应保持清水池四周排水（洪）通畅，防止污染。

（9）清水池尤其是高位水池应高于池周围地面，至少溢流口不会受到池外水流入的威胁。

（10）厂外清水池或高位水池的排水要妥善安排，不得给周围村庄造成影响。

2. 维护

（1）日常保养。

1）应定时对水位计进行检查，滑轮上油，保证水位计的灵活、准确。

2）定时清理溢流口、排水口，保持清水池的环境整洁。

（2）定期维护。

1）每 1～3 年清刷一次。

2）清刷前池内下限水位以上可以继续供入管网，至下限水位时应停止向管网供水，下限水位以下的水应从排空阀排出池外。

3）在清刷水池后，应进毒处理，合格后方可蓄水运行。

4）清水池处地下水位较高时，如地下水清水池设计中未考虑排空抗浮，在放空水池前必须采取降低清水池四周地下水位的措施，防止清水池在清刷过程中浮动移位，造成清水池损坏。

5）应每月对阀门检修一次；每季度对长期开或长期关的阀门活动操作一次，检修一次水位计。清水池顶和周围的草地、绿化应定期修剪，保持整洁。

6）电传水位计应根据其规定的检定周期进行检定；机械传动水位计宜每年校对和检修一次。

7）1～3 年对水池内壁、池底、池顶、通气孔、水位计、水池伸缩检查修理一次，阀门解体修理一次，金属件油漆一次。

（3）大修理。

1）应每 5 年将闸阀阀体解体，更换易损部件，对池底、池顶、池壁、伸缩缝进行全面检查整修；各种管件经检查，有损坏应及时更换。

2）清水池大修后，必须进行清水池满水渗漏试验，渗水量应按设计上限水位（满水水位）以下浸润的池壁和池底的总面积计算，钢筋混凝土清水池渗漏水量每平方米每天不得超过 2L，砖石砌体水池不得超过 3L。在满水试验时，应对水池地上部分进行外观检查，发现漏水、渗水时，必须修补。

高位水池的运行与维护可参考清水池进行。

9.2.4.2　水塔的运行与维护

1. 运行

（1）水塔水箱必须装设水位计。

（2）严禁超上限和下限水位运行。

（3）水箱应定期排空清刷。

（4）经常检查水塔进水管、出水管、溢流管、排水管有无渗漏。

（5）保持水塔周围环境整洁。

2. 维护

(1) 日常保养。应定时对水位计进行检查，保持环境洁净。

(2) 定期维护。

1）每1～2年清刷水箱一次。

2）清刷水箱后恢复运行前，应对水箱进行消毒。

3）每月对水塔各种闸阀检查、活动操作一次；检查一次水位计。

4）每年雨季前检查一次避雷和接地装置，检测接地电阻一次，接地电阻值不得超过30Ω。

5）大雨过后检查水塔基础有否被雨水冲刷，严重时应及时采取补救措施。

6）入冬前检查水箱保温措施情况。

7）保持水塔内各种管道不渗漏，管道法兰盘螺栓齐全。

8）每年定时检查水塔建筑、照明系统、栏杆、爬梯，发现问题及时修理。

9）金属件每年油漆一次。

9.2.5 供水管网管理

为了维持管网的正常工作，保证供水安全，必须做好日常的管网养护管理工作，内容包括管道巡查、管道检漏、清垢和涂料、管道的冲洗与消毒、管道维修、管网水压和流量测定、管道技术档案等。

供水管网的主要管理对象有：①输、配水管道（网）；②附属设备与设施：闸门、排气阀、止回阀、减压阀、消火栓、公用水栓等。

9.2.5.1 管道巡查

日常管道巡查是巡线工人按计划定期主动地对供水管线巡视，及时发现不安全因素并采取措施，保证安全供水。主要内容有：

(1) 管线上有无新建筑物或重物，防止管线被圈、硬压、埋占。

(2) 与供水范围内所有施工单位积极配合，确定建筑物与给水管道的距离；有无因施工开槽影响管线安全问题，防止挖坏水管。

(3) 注意有无在管线上方取土或将闸门井、消火栓等附属设施用土埋设现象。

(4) 禁止给水管砌入下水道、检查井、雨水口或电缆井中。

(5) 明露管线是巡查又一重点。雨后应及时检查过河明管有无挂草，阻碍水流或损坏管道现象；检查架空水管基础桩、墩有无下沉、腐朽、开裂现象；吊挂在桥上管道，应检查吊件有无松动、锈蚀等现象；在寒冷地区，每年9月底以前，需普查明露管道保温层有无破损现象。

(6) 穿越铁路、高速公路或其他建筑物的管沟，凡设检查井的要定期开盖或入内检查。

(7) 检查有无私自接管现象。

巡查工作结束后，应按规定作记录，认真填写工作日志，记录下巡查工作的内容，发现问题和采取措施，上报及解决方法等。以此为据，进行考核，并作为基础资料归档。

9.2.5.2 管道检漏

淡水是人类生存最基本的条件之一，水资源贫乏和环境污染是制约城镇供水的主要因素。供水管道漏水是对宝贵水源的浪费，不仅增加了净水成本，而且还额外地增大了供水设施的投资费用，同时，也导致一些次生灾害。因此，保护水源，节约用水，检漏降损，已成为全人类的共识。据中国水协1998统计，我国城市水司平均漏失率为12%～13%，如果按单位管长单位时间的漏水量统计，我国为2.85m³/(h·km)，日本、英国、德国和匈牙利分别为1.2m³/(h·km)、1.0m³/(h·km)、0.8m³/(h·km)、0.4m³/(h·km)和0.2m³/(h·km)，由此看出我国的漏水量远大于经济发达国家。

目前，我国多数城市采用被动检漏法或以此法为主，而地下管道漏水的规律是由暗漏到明漏，有时暗漏的水流入河道、下水道或电缆沟后始终成不了明漏，因此我国城市水司降低漏耗的潜力还相当大。做好检漏工作可极大地提高有效供水能力，对节约用水，提高水司的社会效益和经济效益具有重大意义。

1. 供水管道漏水声的种类及传播

供水管道担负的任务是将净水输送到用户，以满足人们最基本的需要。然而，供水管道也会发生漏水情况，当发生时，喷出管道的水与漏口摩擦，以及与周围介质等撞击，会产生不同频率的振动，由此产生漏水声。漏水声的种类通常可分为3种：

（1）漏口摩擦声：是指喷出管道的水与漏口摩擦产生的声音，其频率通常为300～2500Hz，并沿管道向远方传播，传播距离通常与水压、管材、管径、接口、漏口等有关，在一定范围内，可在闸门、消火栓等暴露点听测到漏水声。

（2）水头撞击声：是指喷出管道的水与周围介质撞击产生的声音，并以漏斗形式通过土壤向地面扩散，可在地面用听漏仪听测到，其频率通常为100～800Hz。

（3）介质摩擦声：是指喷出管道的水带动周围粒子（如土粒、沙粒等）相互碰撞摩擦产生的声音，其频率较低，当把听音杆插到地下漏口附近时，可听测到，这为漏点最终确认提供了依据。

2. 检漏方法

由于人类对供水管道漏水的共识，先后研究了一些检漏方法，也研制了一些仪器，例如，在德国、英国等经济发达国家通常采用的检漏方法有：音听检漏法、相关检漏法、漏水声自动监测法和分区检漏法等。前3种检漏法是靠漏口产生的声音来探测漏点的，这对无声的泄漏效果差。而分区检漏法是通过计量管道流量及压力来判别有无漏水，即最小流量法。目前我国通常采用被动检漏法、音听检漏法或相关检漏法，有些水司也采用了漏水声自动监测法或分区检漏法，随着供水管网管理的规范和技术的进步，许多水司会逐步引进漏水声自动监测法或分区检漏法。

（1）被动检漏法。即发现漏水溢出地面再去检修。当巡查时发现局部地面下沉、泥土变湿、杂草茂盛、降雪先融或下水井、电缆井等有水流入而附近有给水管道时，说明有漏水可能，应细查或刨查。

（2）音听检漏法。音听检漏法分为阀栓听音和地面听音两种，前者用于查找漏水的线索和范围，简称漏点预定位；后者用于确定漏水点位置，简称漏点精确定位。

1）阀栓听音法。阀栓听音法是用听漏棒或电子放大听漏仪直接在管道暴露点（如消火栓、阀门及暴露的管道等）听测由漏水点产生的漏水声，从而确定漏水管道，缩小漏水检测范围。金属管道漏水声频率一般在300～2500Hz，而非金属管道漏水声频率在100～

700Hz。听测点距漏水点位置越近，听测到的漏水声越大；反之，越小。

2）地面听音法。当通过预定位方法确定漏水管段后，用电子放大听漏仪在地面听测地下管道的漏水点，并进行精确定位。听测方式为沿着漏水管道走向以一定间距逐点听测比较，当地面拾音器靠近漏水点时，听测到的漏水声越强，在漏水点上方达到最大。用木制听漏棒或听漏饼机，听测地面下管道漏水的声音，从而找出漏水地点。水从漏水孔喷出的声音，频率居高（约为 $500 \sim 800Hz$），水从漏水口喷出的水，频率居中（$100 \sim 250Hz$）。

（3）相关检漏法。相关检漏法是当前最先进最有效的一种检漏方法，特别适用于环境干扰噪声大、管道埋设太深或不适宜用地面听漏法的区域。用相关仪可快速准确地测出地下管道漏水点的精确位置。

一套完整的相关仪主要是由 1 台相关仪主机（无线电接收机和微处理器等组成）、2 台无线电发射机（带前置放大器）和 2 个高灵敏度振动传感器组成。其工作原理为：当管道漏水时，在漏口处会产生漏水声波，并沿管道向远方传播，当把传感器放在管道或连接件的不同位置时，相关仪主机可测出由漏口产生的漏水声波传播到不同传感器的时间差 T_d，只要给定两个传感器之间管道的实际长度 L 和声波在该管道的传播速度 V，漏水点的位置 L_x 就可按公式 $L_x = (L - V \times T_d)/2$ 计算出来。

（4）分区检漏法。分区检漏法是主要应用流量计测漏。首先关闭与该区相连的阀门，使该区与其他区分离，然后用一条消防水带一端接在被隔离区的消火栓上，另一端接到流量计的测试装置上；再将第二条消防水带一端接在其他区的消火栓上，另一端接到流量计的测试装置上，最后开启消火栓，向被隔离区管网供水。借助于流量计，测量该区的流量，可得到某一压力下的漏水量。如果有漏水，可通过依此关/开该区的阀门，可发现哪一段管道漏水。

3. 检漏工作的要求

（1）人员条件：良好的听力，工作有耐心，有一定文化水平，较强的判断分析能力。培训实践后上岗。

（2）常用仪器：农村适宜选择价廉、方便、效果良好的仪器，如木制听漏棒，听漏饼机等。

（3）工作组织：分区分片，2 人一组，专人专片，每个月检测 1 次，夜间进行，听漏者参与维修。

9.2.5.3 管道清垢和涂料

1. 管道清垢

由于输水水质、水管材料、流速等因素，水管内壁会逐渐腐蚀而增加水流阻力，水头损失逐步增长，输水能力随之下降。

为了防止管壁腐蚀或积垢后降低管线的输水能力，除了新敷管线内壁事先采用水泥砂浆涂衬外，对已埋地敷设的管线则有计划地进行刮管涂料，即清除管内壁积垢并加涂保护层，以恢复输水能力，节省输水能量费用和改善管网水质，这也是管理工作中的重要措施。

产生积垢的原因很多，如金属管内壁被水侵蚀。水中的碳酸钙沉淀，水中的悬浮物沉淀，水中铁、氧化物和硫酸盐的含量过高，以及铁细菌、藻类等微生物的滋长繁殖等。

金属管线清垢的方法很多，应根据积垢的性质选择。

（1）水力法。松软的积垢可提高流速进行冲洗。冲洗时流速比平时流速高 3～5 倍，但压力不应高于允许值。每次冲洗的管线长度为 100～200m。冲洗工作应经常进行，以免积垢变硬后难以用水冲去。用压缩空气和水同时冲洗效果更好，其优点是：

1）清晰简便，水管中无需放入特殊工具。

2）操作费用比刮管法、化学酸洗法要低。

3）工作进度较其他方法迅速。

4）用水流或气-水冲洗不会破坏水管内壁的沥青涂层或水泥砂浆涂层。

水力清管时，管垢随水流排出。起初排出的水浑浊度较高，之后逐渐下降，冲洗工作直至出水完全澄清为止。用这种方法清垢所需时间不长，管内的绝缘层不会破损，所以也可作为新敷设管线的清洗方法。

（2）气压脉冲射流法。气压脉冲射流法冲洗管道的效果也很好。气压脉冲射流法冲洗如图 9.6 所示。

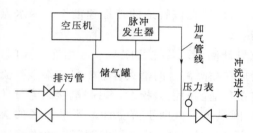

图 9.6　气压脉冲射流法冲洗管道示意图

储气罐中的高压空气通过脉冲发生器、加气管道、冲洗进水送入需清洗的管道中，冲洗下来的锈垢由排污管排出。该法的设备简单，操作方便，成本不高。进气和排水装置可安装在检查井中，因而无需断管或开挖路面。

（3）刮管法。刮管器（图 9.7）有多种形式，都是用钢丝绳绞车等工具使其在积垢的水管内来回拖动。

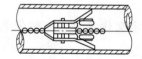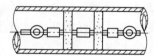

图 9.7　刮管器

刮管器适用于刮除小口径水管内的积垢。它由切削环、刮管环和钢丝刷组成。使用时，先由切削环在水管内壁积垢上刻画深痕，然后刮管环把管垢刮下，最后用钢丝刷刷净。

大口径水管刮管时可用旋转法刮管，安装情况和刮管器相类似，但钢丝绳拖动的是装有旋转刀具的封闭电动机。

刮管法的优点是：工作条件较好，刮管速度快。缺点是：刮管器和管壁的摩擦力很大，往返拖动相当费力，并且管线不易刮净。

（4）清管器清垢。清管器用聚氨酯泡沫制成，其外表面有高强度材料的螺纹，外形如炮弹，外径比管道直径稍大，清管操作由水力驱动，大小管径均可适用。

优点是成本低，清管效果好，施工方便且可延缓结垢期限，清管后如不衬涂也能保持管壁表面的良好状态。

清管时，通过消火栓或切断的管线，将清管器塞入水管内，利用水压力以 2～3km/h 的速度在管内移动。约有 10% 的水从清管器和管壁之间的缝隙流出，将管垢和管内沉淀物冲走。冲洗水的压力随管径增大而减小。软质清管器可任意通过弯管和阀门。

（5）酸洗法。将一定浓度的盐酸或硫酸溶液放进水管内，浸泡 14～18h 以去除碳酸盐和铁锈等积垢，再用清水冲洗干净，直到出水不含溶解的沉淀物和酸为止。这种方法的缺点是酸洗后，水管内壁变为光洁，如水质有侵蚀性，以后锈蚀可能更快。

2. 管道涂料

管壁积垢清除以后，应在管内衬涂保护涂料，以保持输水能力和延长水管寿命。一般是在水管内壁涂水泥砂浆或聚合物改性水泥砂浆。水泥砂浆涂层厚度为 3～5mm，聚合物改性水泥砂浆约为 1.5～2mm。水泥砂浆用 M50 硅酸盐水泥或矿渣水泥和石英砂，按水泥：砂：水＝1：1：0.37～1：1：0.4 的比例拌和而成。聚合物改性水泥砂浆由 M50 硅酸盐水泥、聚醛酸乙烯乳剂、水溶性有机硅、石英砂等按一定比例配合而成。

9.2.5.4 管道维修

输、配水管道的损坏是影响正常供水的常见问题。由于为了维护供水管道的安全，应先了解管道损坏原因，包括：管材与接口质量问题；施工与安装时硬伤留下的隐患；由于操作不当引起水压过高产生的水锤作用；静压超过管道允许压力产生的破坏；温度急骤变化产生的冻害；外部荷载过重、地面下沉、外界施工等造成的破坏等。应查明破坏现象，分析原因并及时修理。

一般来说，金属管道中钢管焊接口的抗破坏强度大。非金属管道中预应力钢筋混凝土管柔性接口连接的管道抗损性较强。

管道损坏主要表现是折断、开裂、爆管、口漏、锈蚀、堵塞（管道破裂、管壁漏水、接头渗漏）等几种情况，但最后都是导致管道停水、跑水，而所有维修方法都是如何尽快修好并防止漏水，恢复正常供水。

给水管道发现损坏后，条件允许时，可全部或局部停水维修，可按照管道施工与安装方法更换损坏的管材或管件；不允许暂停供水的村镇，宜采用不停水补修。

1. 钢管的修理

（1）螺纹连接处修漏。若只是丝扣不严，则可加麻丝或水胶带重新上紧。若给水管道配件开裂或锈烂，应予以更换；对于连接处腐蚀较轻的管段只需重新缠麻丝或水胶带就可堵漏；对于连接处腐蚀较重的管段或丝牙烂牙过多，则应换上新的管段。

（2）活接头的修漏。活接头与接头螺母漏水，一般重新紧一紧就可止漏。如不见效果就要把旧垫刮净，防止换上新垫后因接触不平仍然漏水。

（3）法兰盘修漏。法兰盘一般都是由于螺栓拧得不紧产生漏水，一般拧紧螺栓即可；若法兰盘间未加垫片，应补加垫片；若法兰盘间垫片摆放不正，则应使垫片与法兰盘同心摆放；若垫片与法兰盘间有黏结物，接触不好，则应清理它们的表面；若垫片老化不起作用，则应卸开法兰盘重新换垫片。

（4）管道砂眼、锈蚀。有砂眼时采用哈夫夹（螺栓管箍、管套、管卡）堵漏法，即用铅楔或木楔打入洞眼内，然后垫以 2～3mm 厚的橡皮布，最后用尺寸合适的哈夫夹卡于相应的管道上，并用螺栓拧紧即可堵住泄漏。对于锈蚀严重的管段则需要进行更换。地下水管的更换有时需锯断管子的一头或两头，再截取长度合适的管径与长度，用活接头予以重新连接。

（5）管身破裂。对于管身破裂的钢管一般采用重新换管的办法修复。小管道可采用活接头连接；大管道可两端焊上法兰盘连接或焊接连接。钢管上的较小裂缝或较大的孔洞可用电（气）焊焊补，有挖补焊和贴焊，小孔直接焊补；或用焊接钢套管浇筑接口，或采用哈夫夹卡紧裂纹处进行修复。

2. 铸铁管

（1）铸铁管承插接口漏水。若是青铅接口，可重新敲紧接头，或补冷铅后再敲紧；若是石棉水泥接口、自应力水泥砂浆接口、石膏水泥接口等，可剔去接口材料，重新打口连接；若是橡胶圈柔性接口，因橡胶圈就位不正确或不密实等造成管道漏水的，可重新校正橡胶圈位置并连接到位，若因橡胶圈老化、破裂，则需更换橡胶圈。

（2）铸铁管发现管子砂眼漏水。在砂眼处放些铅片或保险丝，用圆头锤（钳工锤）在砂眼处敲打，不漏即可；若孔稍大，可在砂眼处钻孔形成内螺纹，用丝堵拧入修理；也可采用哈夫夹堵漏法。

（3）铸铁管管子裂缝漏水。在修理管段之前，要将裂纹两端钻通孔，防止裂纹扩展。可在裂纹处包上橡皮板，外用钢板卡子卡紧修理。无法修理的大裂缝漏水时，可切去裂缝管段，加套袖，重新填料打口。

（4）铸铁管段严重损坏。就必须更换整段管道。更换时，一侧用承插式连接，另一侧用套袖连接。

3. 塑料管（PVC - U、PVC、PE）

（1）一段管道损坏需要更换时，可采用双承活接管配件进行更换，将损坏管段切断更换新管时，应注意将插入管段削角形成坡口，而且在原有管段和替换管道的插入管端标刻插入长度标线。

（2）若出现管道穿小孔或接头渗漏情况，则可以采用两种方法进行维修：

1）套补黏接法。选用同口径管材约 20cm，将其纵向剖开，按黏接接法进行施工，将剖开套管内面和被补修管外表打毛，清除毛絮后涂上胶黏剂，然后紧套在漏水点，用钢丝绑扎固定在管道上，待胶水固化后即可使用。

2）玻璃钢法。用环氧树脂加一些固化剂配制成树脂溶液，以玻璃纤维布浸润树脂溶液后便缠绕管道或接头漏水点，使之固化后成为玻璃钢即可止水。

4. 阀门接头漏水

关闭自来水总阀，查找原因，若是因与钢管螺纹连接的阀门接头未扭紧而漏水，应拆下阀门接头，在外丝处旋上几道麻丝或水胶带，再把阀门接头装上扭紧。如因破损配件而漏水应及时更换阀门或接头。若与塑料管黏接或热熔连接的阀门接头漏水，则需锯断阀门两端接头，取下报废的阀门，更换新的阀门。

9.2.5.5　管道的冲洗与消毒

管道试压合格、更换、清垢和涂料后，都应进行冲洗消毒。

1. 管道冲洗消毒准备工作规定

（1）用于冲洗管道的清洁水源已经确定。

（2）消毒方法和用品已经确定，并准备就绪。

（3）排水管道已安装完毕，并保证畅通、安全。

（4）冲洗管段末端已设置方便、安全的取样口。

（5）照明和维护等措施已经落实。

2. 管道冲洗与消毒的要求

（1）管道清洗应符合现行的《给水排水管道工程施工及验收规范》（GB 50268—2016）、《生活饮用水卫生标准》（GB 5749—2006）和《建筑给水排水设计规范》（GB 50015—2015）的要求。应在管道试压合格、完成管道现场竣工验收后进行，管道清洗主要工序包括冲洗-消毒-冲洗-并网。

（2）管道严禁取用污染水源进行水压试验、冲洗，施工管段处于污染水水域较近时，必须严格控制污染水进入管道；如不慎污染管道，应由水质检测部门对管道污染水进行化验，并按要求在管道并网进行前进行冲洗与消毒。

（3）管道冲洗与消毒应编制施工方案。

（4）施工单位应在建设单位、管理单位的配合下进行冲洗与消毒。

（5）冲洗时应避开用水高峰，冲洗流速不小于 1.0m/s，连续冲洗。

（6）管道第一次冲洗应用清洁水冲洗至出水口样浊度小于 3NTU 为止。

（7）管道第二次冲洗应在第一次冲洗后，用有效氯离子含量不低于 20mg/L 的清洁水浸泡 24h 后，再用清洁水进行第二次冲洗直至水质检测、管理部门取样化验合格为止。

9.2.5.6 管网水压和流量测定

测定供水管网的压力和流量，是管网技术管理的一个主要内容。

测定供水管网的压力应在有代表性的测压点进行。测压时可将压力表安装在消火栓或供水龙头上，定时记录水压，能有自动记录压力仪则更好，可以获得 24h 的水压变化曲线。

测定水压有助于了解管网的工作情况和薄弱环节。根据测定的水压资料，按 0.5～1.0m 的水压差，在管网图上绘出等水压线图，由此反映各管线的负荷。整个管网的水压线最好均匀分布，如水压线过密，表示该处管网的负荷过大，因而指出所用的管径偏小，水压线的密集程度可作为今后放大管径或增敷管线的依据。等水压线标高减去地面标高，即可得到各点的自由水压，绘出等自由水压线图，据此了解管网内是否存在低水压区。

管网流量测定工作可根据需要进行，测定时将毕托管（图 9.8）插入待测水管的测流孔内。毕托管有两个管嘴，一个对着水流，一个背着水流，由此产生的压差 h 可在 U 形压差计中读出。根据毕托管管嘴插入水管的位置，可测定水管内任一点的流速，并按如下公式计算：

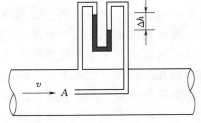

图 9.8 毕托管装置示意图

$$v = k\sqrt{\rho_1 - \rho}\sqrt{2gh} \qquad (9.1)$$

式中　v——水管断面内任一点的流速，m/s；

　　　　h——压差计读数，m；

　　　　ρ_1——压差计中液体密度，kg/L，通常用四氯化碳配成密度为 1.224kg/L 的溶液；

ρ——水的密度，kg/L；

k——毕托管系数；

g——重力加速度，9.81m/s^2。

设 k 值为 0.866，再将 $\rho_1 = 1.224$ 带入式（9.1）可得水管断面内任一点的流速：

$$v = 0.866 \times \sqrt{1.224 - 1} \times \sqrt{2 \times 9.8} \sqrt{h} = 1.81 \sqrt{h}$$

用毕托管测定管网断面流速，然后根据管径即可计算供水管网的流量。

9.2.5.7　管网技术档案

熟悉掌握管线的情况、各项设备的安装位置和性能、用户接管的地位等，以便及时处理。平时要准备各种管材、阀门、配件和修理工具数个，便于抢修。

管理部门应保存设计资料、竣工资料。其中，设计资料包括管网初建和每次扩建、改造时的设计资料，主要有设计任务书、初步设计、工程总平面图、管网水力计算图、管道平面布置图、纵断图、附属构筑物图等。竣工资料包括初建管网、新装或改造的管道工程的竣工资料，如比例大于 1:500，可分幅绘制，或每月季删补，图中标注有管道位置、管径、材质、节点号和坐标、埋深、闸阀、水表、消火栓位置、用户接管位置等。

同时，还要对设备卡、闸阀卡、减压阀卡、进排气阀卡、消火栓卡、村级或用户水表卡进行编号建卡，与图中编号一致。卡片上填写编号、位置坐标、口径、型号、生产厂家、日期、检修记录等。

9.3　供水成本与水价

传统的水资源价值观认为：水资源是大自然赐予人类的，是一种取之不尽、用之不竭的资源，水资源是一种无价的资源，可任意开发利用。错误的水资源价值观往往导致人类疯狂的利用水资源，造成水资源短缺、水环境恶化，造成严重的水危机。严峻的现实以及人类对可持续发展的需求，迫使人们对传统的水资源观点进行了深刻的反思，开始认识到水资源本身是有价值的，在使用水资源进行生产和生活的过程中，必须考虑水资源自身的成本——水资源的价值。2002 年修订的《中华人民共和国水法》规定：直接从江河、湖泊或者地下取用水资源的单位和个人，应当按照国家取水许可制度和水资源有偿使用制度的规定，向水行政主管部门或者流域管理机构申请领取取水许可证，并缴纳水资源费，取得取水权。2006 年 4 月 15 日开始实施的《取水许可和水资源费征收管理条例》规定：取水单位或者个人应当缴纳水资源费。取水单位或者个人应当按照经批准的年度取水计划取水。超计划或者超定额取水的，对超计划或者超定额部分累进收取水资源费。

农村饮水安全工程受到了各级政府的高度重视，几年来，国家拨付大量资金有计划、有步骤地解决农村饮水不安全问题，农村饮水安全工程的实施极大改善了农村居民的身体健康和生活质量。在工程运行过程中，供水价格无疑是最敏感、最受关注的内容之一，合理的水价政策不仅有利于促进农村供水工程的良性运行，也有利于调节农民的用水需求，有利于促进农村经济社会可持续发展。国家发改委、卫生部、水利部《关于加强农村饮水安全工程建设和运行管理工作的通知》中规定：农村饮水安全工程实行有偿供水，计量收费，有条件的地方逐步推行两部制水价。

据"水利工程供水价格管理办法"供水价格由供水生产成本、费用、利润和税金构成。

供水生产成本由正常供水生产过程中发生的直接工资、直接材料费、其他直接支出以及制造费用4部分构成。直接材料包括制水生产过程中消耗的原水、药剂等主辅材料，备品备件，燃料，动力等；其他直接支出包括直接从事供水生产人员和生产经营人员的职工福利费以及实际发生的工程观测费、临时设施费等；制造费用包括管理人员工资、职工福利费、固定资产折旧费、修理费、水资源费、水电费、机物料消耗、运输费、办公费、差旅费、试验检测费等。

供水生产费用是指水厂为组织和管理供水生产经营而发生的合理销售费用、管理费用和财务费用，统称期间费用。它也由4部分组成，即销售费用、管理费用、财务费用和偿还贷款。销售费用包括委托代收水费和手续费，销售部门人员工资、职工福利、差旅、办公、折旧、修理、物料消耗、低值易耗品摊销等其他费用；管理费用包括供水经营、管理机构的各种经费，如工会经费、职工教育经费、劳动保险、技术开发、业务招待、坏账损失、毁损等；财务费用包括水厂为筹集资金而发生的费用，包括利息支出等；偿还贷款是指有些供水工程要归还建设或改造中使用贷款或债券的本金。

供水工程水价计算主要考虑工程建成后，运行时所产生的动力费、水资源费、药剂费、管理人员工资、折旧费、大修理费、检修维护费以及行政管理水质检验费等，作为工程的年运营费用，其取值参照《××省乡镇供水技术标准》和结合已成工程年运行实际情况进行取值计算，以成本加微利算出水价，报经县级物价部门核定，确定供水执行水价。

供水成本可分为：制水成本（全成本、总成本），运营成本（运行成本），分别除以全年的制水量，即为单位制水成本、单位运营成本，以元/m³表示。

9.3.1　构成项目与计算

构成供水工程制水成本的费用如下：

1. 水资源费或原水费 E_1

水资源费按照各地有关部门的规定计算：

$$E_1 = \frac{365QK_1e}{K_d} \tag{9.2}$$

式中　Q——最高日供水量，即设计供水能力，m^3/d；

　　K_1——水厂自用水量增加系数；

　　e——水资源或原水单价，元/m^3；

　　K_d——日变化系数。

2. 电费 E_2

以各级泵电动机的用电为计算基础，厂内其他用电设备按增加5%考虑。

$$E_2 = 1.05\frac{QHd}{\eta K_d} \tag{9.3}$$

式中　H——水泵抽升全扬程，m；

　　d——电价，元/(kW·h)；

η——机泵效率，一般 $70\% \sim 85\%$。

3. 药剂费 E_3

$$E_3 = 365 \frac{QK_1}{K_d \times 10^6}(a_1 b_1 + a_2 b_2 + \cdots) \tag{9.4}$$

式中　a_1、a_2——各种药剂（混凝剂、消毒剂等）的平均投加量，mg/L；

　　　b_1、b_2——各种药剂相应单价，元/t。

4. 工资福利费 E_4

$$E_4 = 职工每年每人工资福利费 \times 职工定员 \tag{9.5}$$

5. 维修费（E_5、E_6）

年维护修理费包括日常维护修理费用 E_5 和大修费的年分摊费用 E_6，其中，日常维护修理费用 E_5 是指日常检修和维护费用，按固定资产原值 0.5% 取值；大修费的年分摊费用 E_6 按固定资产原值 $1.5\% \sim 2.0\%$ 取值。计算公式如下：

$$E_5 = 固定资产原值 \times 检修维护费率 \tag{9.6}$$

$$E_6 = 固定资产原值 \times 大修理费率 \tag{9.7}$$

6. 折旧费 E_7

折旧费通常按资产原来成本的固定百分比来计算，该金额须定期记入支出账内或从总收入中扣除，以弥补该资产的贬值。折旧费 E_7 按固定资产原值 $4.0\% \sim 5.0\%$ 取值。计算公式如下：

$$E_7 = 固定资产原值 \times 综合基本折旧率 \tag{9.8}$$

7. 无形资产和递延资产摊销费 E_8

$$E_8 = 无形资产和递延资产产值 \times 年摊销率 \tag{9.9}$$

8. 管理费用、销售费用和其他费用 E_9

管理费包括管理和销售部门的办公费、取暖费、租赁费、保险费、会议费、水质检测费、研究试验费、差旅费、成本中所支的税金（如房产税、车船使用税等）及其他不属于以上项目的支出等。其费率一般取前 8 项总和的 $5.0\% \sim 15.0\%$。

$$E_9 = (E_1 + E_2 + E_3 + E_4 + E_5 + E_6 + E_7 + E_8) \times (5\% \sim 15\%) \tag{9.10}$$

9. 流动资金利息支出 E_{10}

$$E_{10} = (流动资金总额 - 自有流动资金) \times 年利率 \tag{9.11}$$

经营期内借款的利息支出也应计入总成本费用。

10. 税金及附加费用 E_{11}

税金主要指营业税，按年运营成本的 6% 计取；城市建设维护税按营业税的 5% 征收，教育附加费按营业税的 3% 征收。

9.3.2　成本计算

1. 年运营成本 E_c

上述生产成本和生产费用构成主要适用于有一定规模的乡镇自来水厂。绝大多数规模较小、生产经营管理活动简单的农村饮水安全工程生产成本费用分不大清楚，生产成本与费用常简化为年运营成本，即上述费用前 9 项。年运营成本测算公式为

$$E_c = E_1 + E_2 + E_3 + E_4 + E_6 + E_8 + E_9 \qquad (9.12)$$

2. 年总成本 $E_总$

年总成本为上述前 10 项费用之和，计算公式如下：

$$E_总 = E_1 + E_2 + E_3 + E_4 + E_5 + E_6 + E_7 + E_8 + E_9 + E_{10} \qquad (9.13)$$

3. 单位运营成本 AC_x

$$AC_x = \frac{E_c}{\dfrac{365Q}{K_d}} \qquad (9.14)$$

4. 单位制水成本（全成本）AC

$$AC = \frac{E_总}{\dfrac{365Q}{K_d}} \qquad (9.15)$$

单位制水成本测算对水厂工程的可行性研究与设计有重要参考价值，也是物价主管部门审批水价或农村集体组织征求农民对水费计收标准意见时的重要依据。

9.3.3　水价测算

9.3.3.1　测算原则

水价测算在明晰产权、控制人员、约束成本的基础上，维持并保证水厂正常运作，良性运行，具有可持续性，又要尽可能减轻农民负担，公平合理，保本微利，经听证、物价部门批准，统一政策，分级管理，政府定价或政府指导价，确保供水工程良性运行和维修养护费用的原则进行。

9.3.3.2　水价测算

1. 规模化水厂企业化经营的供水单位水价测算

售水价格应在制水全成本基础上，增加销售税金及附加利润等项费用，并考虑漏失水量与未收水费等因素，取利润率 5%～10% 进行计算。

$$水价\ P = 单位制水成本\ AC \times \frac{税利系数}{销售水量系数} \qquad (9.16)$$

$$税利系数 = \frac{100\%}{100\% - 税金及附加费\ E_{11} - 利润率} \qquad (9.17)$$

$$销售水量系数 = \frac{水厂供水量 - 供水损失量}{水厂供水量} \qquad (9.18)$$

2. 中小型联村水厂、村级水厂水价测算

$$水价\ P = \frac{单位运营成本\ AC_x}{销售水量系数} \qquad (9.19)$$

习　题

9.1　什么是饮用水水源保护区？有哪几种类型？

9.2　地表水饮用水源保护区划分为几级、几种类型？每级保护区有什么规定？

9.3　如何划分地下水饮用水源保护区？共几级？有什么要求？

9.4　农村饮水安全水质检测中心的主要任务是什么？集中式供水工程的定期水质检测指标有哪些？

9.5　混合和絮凝工艺管理有什么要求？

9.6　沉淀工艺的控制指标有哪些？

9.7　普通快滤池、重力无阀滤池的运行需要注意哪些问题？

9.8　清水池和水塔运行有哪些规定？如何进行维护？

9.9　管道检漏的方法有哪些？怎样操作？

9.10　供水成本有哪些组成部分？如何测算水价？

课外知识：　　　**国外供水行业的管理模式**

于慧英（天津自来水有限公司）

在国外，政府不能保障以充足的资金对供水行业的基础设施进行投入已是共性问题，而自来水和污水处理都需要投资来进一步满足城市的需求，扩大服务区域，增加人均用水量，改善污水处理。因此，采取供水服务收费定价的方式能够收回供水设施的运行、维护费用和投资成本，从而保障供水行业为国民提供良好服务的持续性，是国际供水行业的共同追求，为此近年来各国都进行了许多改革。

1　国外政府对供水行业的管理模式

1.1　国家所有，政府经营

德国建立了良好的供水和污水处理基础设施，供水和污水处理产业主要是国有，在6000多家企业中有 95% 以上完全属于政府。供水服务一直与污水处理服务分别单独提供。但是，商业化的考虑将导致新结构产生，存在将供水和污水处理行业设施合并的趋势，形成综合性的管理。今后，为保持供水质量及其可靠性所需要的高投资，以及市政管理者的财政限制，将会进一步吸引私人企业加入到这一行业。需要指出的是，在德国市场上很少有补贴，这意味着收费必须能够支付所有的运行、维护、修理和投资成本。

加拿大提供给水和污水管理服务是地方政府的职责，但联邦和省政府还要在地方政府实施这些责任时给予支持和管理。联邦和省政府通过提供赠款和长期借款，为这些行业的投资提供财政支持，并负责其各自管辖区域的饮用水水质标准的制订、实施和强制执行。

新加坡公共事业委员会（PUB）是一个供水机构，负责以最低的成本提供足够的和可靠的供水，维持新加坡的经济增长。

1.2　私人企业进入供水行业

美国用于饮用水和污水处理的资金绝大多数来自国内的用户和纳税人，只有 2% 的收入来自于联邦和各州的拨款。在美国，私人供水企业有很长的历史。在供水系统中，几乎有一半是私人企业；在污水处理系统中，主要是在保留污水设施公有权的情况下，以私人承包形式运行和维护污水系统。

英国天然水源和饮用水的质量之所以很好，原因是国家在供水和污水服务方面投入了大量资金。近年来，在水务行业英国政府又进行了改革。1981 年，政府为了使大型水务委员会在性质上更加商业化，使其受地方政府的影响更小而进行了改革，不久政府又开始考虑在供水行业实行全面私有化。1988年英国政府开始进行产业私有化，1989年政府通过法律，将供水和污水处理的主要职能转移到新成立的公司，然后在股票市场上以浮动价格销售。同时，还成立了一个新的国家公共团体（国家河流管理机构，最近被并入国家环境署）承担这些职能，但仍然由国家控制。

法国供水行业实行的是公共和私人混合管理，约70%的给水用户和35%的污水处理用户由私人企业提供服务。这些服务主要是被一些大公司支配，主要有四家公司：Vivendi、Mondeo、Saur和Cise公司。前两个公司为大约60%的用户提供服务。因为水和污水处理具有地方性，所以具体的管理职责由各行政区（城市）承担。行政区可直接提供这些服务或将服务承包出去（目前约75%是分包的）。而价格则必须能够支付提供水和污水处理的费用加上向当地行政区政府缴纳的税款，再加上支付给当地 de l'eau 机构的收费（国家供水、污水管理机构，负责这一行业的总体监督，包括市场结构、运行状况和价格）。

1.3 探索供水行业市场开放

意大利大多数公共设施领域，包括供水，一直都是公有。由于需要为投资增长筹集资金，现在这种状况正在改变，供水行业开始渐进实行私有化，其目标是通过鼓励采用更为企业化的管理方式，吸引私人资金，以满足巨大的投资需要，促进行业的发展。在整个供水行业，从水源收集到净化处理、配水和污水处理，合并成一个管理结构，将服务的所有权和管理权分开，由一个单位进行综合用水管理，从而最大化地实现规模效益。

澳大利亚供水设施大部分属于国家所有，并得到政府的大量补贴，但又不能全部收回成本，因此未反映出水作为资源的真实价值。现在大多数管辖区域都已成功地将公共设施的服务提供与管理职能分开，并将重点放在商业化上。供水公司已开始将大量的股份退还给政府所有者。

加拿大随着联邦和省政府对各类市政基础设施投资、赠款的减少，地方政府对在供水领域吸引私人参与表现出了更大的兴趣。直接的私人投资机会最多的是在长距离输水和处理设施领域。由于大多数供水和污水处理系统都是由同一个单位拥有并运行的，所以水费和污水费合在一起收取。

2 国外供水行业的经济运行情况

美国的自来水和污水处理运行、维护费用占总服务成本的58%～66%，剩余部分是投资债务。获得投资有多种来源，一般的偿还利息都低于市场利息。资金来源包括单独设立的发展基金、免税公共机构债券和市政改善预算。自来水和污水处理的收费方式是以DWP作为收费代理，用户从DWP收到一张账单，包括水费、污水费和电费，用户每两个月交一次费用，但大用户要每月交费。

加拿大水和污水协会（CWWA）是一个全国性的团体，代表该国公共领域市政供水和污水处理服务的共同利益。该协会建议采用统一的计量和污水出水水质监测，作为结构性收费的重要内容，通过适当的收费结构，实现水和污水系统的全额成本回收，以及在设定费率时应利用长期的规划基准，考虑以切实可行的投资计划为依据的、合理的未来规划的成本。供水和污水处理系统在工程服务部门的管理下，作为独立的商业单位运行，供水水费的设定原则是从用户那里回收全部的运行和维护费用、所有的投资费用和债务。

英国的供水公司收费是将所有账单（通知单）邮寄给用户，用户可用现金到当地邮局或银行支付，或使用个人支票通过邮局汇款或直接划账。供水公司鼓励用户采取直接划账的方式支付，因为这是一种低成本、快速和更可靠的收费方式。用户也可选择按月交费。

德国水费价格并不是由各州设定的，而是由供水者和市议员代表服务区的人口共同设定的。由于水和污水处理收费必须收回服务提供者的全部成本，因此收费设定符合"成本回收原则"，主要特点：一是根据各自的费用设定收费段；二是收费由两部分组成，一个与基础设施提供有关，一个与运行费用有关，两者必须结合在一起，以反映实际的总成本；三是投资回收必须设定在适宜的水平上；四是必须为资产的维护和更换建立储备基金。

法国一些水公司的收费价格不一定要能够支付全部的服务成本，而是由 de l'eau 机构向这些公司发放补贴，作为协调水和污水处理基础设施投资手段的一个部分。意大利1994 年通过改革确定的新收费标准是以价格上限标准为依据，特别是收费必须反映资源的性质，所提供的服务质量，提高服务水平所需要的投资、运行费用、投资回收、生产力效益。1996 年开始实施的新收费标准是以最高价格限制标准为依据，与英国的方法相似。

新加坡水和污水定价政策有其显著的特点：一是水价必须足以保障每年的售水总收入能够满足总的常规成本，包括折旧和资金利息，保障实现其在供水基础设施开发成本中的一个合理比例；二是供水收费收入必须足以收回能够接受的固定资产收益；三是水价一直被用来反映广泛的社会目标，如对于每月用水低于规定水量的用户（现在是 40m³）采用较低的价格；四是制定水价还考虑了支持节水目标及防止大量用水的因素（新加坡的水资源不足，一部分水源从马来西亚购入）。由于供水定价系统的作用，公共事业委员会（PUB）已能够回收所有的运行和维护费用、投资成本，从而能够保障供水服务的持续性，并为其他国家提供了范例。

澳大利亚为了解决供水服务收费不能全部收回供水设施成本，因而不能反映水作为资源的真实价值问题，对供水行业已开始进行大范围的改革，包括与供水定价有关的措施，如对于城市供水服务的收费安排包括入网费和使用费等。

3　国外供水行业的发展趋势

供水和污水处理行业从国家所有、政府经营方式向私有化、商业化运作发展，通过吸引更多的私人企业进入供水行业以解决政府对其基础设施投入资金不足问题，由一些大公司具体经营供水和污水处理。如英国通过对供水行业私有化改革，在实现投资目标、改善服务上，与 10 年前相比，取得了显著效果。

行业变革带动了收费方式变革，将供水和污水处理服务合并，分段收费，综合管理，由单项收费方式转向一单多项收费、代理机构收费、划账收费等（如美国一张账单包括了水费、污水费和电费）。

水资源短缺的国家在制定水价时还考虑了支持节水目标、防止大量用水的因素（如新加坡）。

以回收完全成本为原则，设定收费标准，以保障供水服务的持续性，使供水和污水处理行业更加完善。如新加坡在供水和污水处理定价上实行新政策，使公共事业委员会（PUB）能够回收所有的运行和维护费用、投资成本，这种管理模式已成为典范，其他国家纷纷效仿。

——引自《经营与管理》2010 年第 10 期

第10章 案 例

10.1 集中式供水工程

10.1.1 供水范围、供水对象及设计水平年

大田供水站解决 3763 人的饮水安全问题。工程设计年限 15 年。基准年，2017 年；设计年，2032 年。

10.1.2 需水量预测

大田供水站供水水量包括村镇居民生活用水量、村镇企业和专业户饲养畜禽用水量、公共建筑用水量、消防用水量、浇洒道路和绿地用水量、管网漏失水量和未预见用水量和水厂自用水量等。

1. 居民生活用水量 Q_1

(1) 设计人口的确定。根据《村镇供水工程设计规范》(SL 687—2014)，设计年限末的用水人口，以设计基准年的人口数为基数，按下式计算：

$$P = P_0(1+\gamma)^n + P_1 \tag{10.1}$$

式中 γ——设计年限内人口的自然增长率，取 7.01‰。

经计算，设计年限末的用水人口为 4179 人。

(2) 居民生活用水量 Q_1。

$$Q_1 = \frac{Pq}{1000} \tag{10.2}$$

根据对供水范围用户的实地考察，根据居民生活习惯与用水现状、用水条件、供水方式、经济条件等情况，结合本地经济发展状况，查《村镇供水工程设计规范》(SL 687—2014)"最高日居民生活用水定额表"及不同地区居民最高日用水量指标，本设计农村最高日居民生活用水定额取 80L/(人·d)。

2. 村镇企业和专业户饲养畜禽用水量 Q_2

根据供水范围内的无村镇企业、无较大的专业户饲养畜禽的用水现状，并且近 5 年无发展计划，因此不计村镇企业和专业户饲养畜禽用水量。

3. 公共建筑用水量 Q_3

公共建筑用水量应根据公共建筑性质、规模及其用水定额确定。由于缺乏资料，根据《村镇供水工程设计规范》(SL 687—2014)以及《建筑给水排水设计规范》(GB 50015—2003)规范建议的范围，可按居民生活用水量的 5%~25%估算，其中村庄为 5%~10%，集镇为 10%~15%，建制镇为 10%~25%。

本工程主要为村庄用水，故取居民生活用水量的 10%。

$$Q_3 = 10\% Q_1 \tag{10.3}$$

4. 消防用水量 Q_4

根据规范要求：消防用水量应按照《建筑设计防火规范》（GB 50016—2014）和《农村防火规范》（GB 50039—2010）的有关规定确定，允许短时间间断供水的村镇，当居民用水量和公共用水量之和高于消防用水量时，供水规模可不单列消防用水量。因此，该工程不需要单独考虑消防用水量。

5. 浇洒道路和绿地用水量 Q_5

根据规范要求：浇洒道路和绿地用水量，经济条件好或规模较大的镇可根据需要适当考虑，其余镇、村可不计入此项。

本工程主要为村庄供水，故不考虑浇洒道路和绿地用水量。

6. 管网漏失水量和未预见水量 Q_6

根据规范要求：管网漏失水量和未预见水量之和，宜按上述用水量之和的 $10\% \sim 25\%$ 取值，村庄取较低值、规模较大的镇区取较高值。

结合当地发展情况，管网漏失水量和未预见水量取上述用水量之和的 15%。

$$Q_6 = 15\% (Q_1 + Q_2 + Q_3 + Q_4 + Q_5) \tag{10.4}$$

7. 水厂供水规模 $Q_供$

由以上可知，供水规模（即最高日供水量）＝居民生活用水量＋公共建筑用水量＋管网漏失水量与未预见水量。即

$$Q_供 = Q_1 + Q_3 + Q_6 \tag{10.5}$$

8. 水厂自用水量 Q_7

根据原水水质、净水工艺和净水构筑物（设备）类型确定，采用常规净水工艺的水厂，可按最高日用水量的 $5\% \sim 10\%$ 计算。本次水厂自用水量为最高日供水量的 5%。

$$Q_7 = 5\% Q_供 \tag{10.6}$$

9. 农村用水变化系数及供水时间

（1）时变化系数 K_h：按照《村镇供水工程设计规范》（SL 687—2014）取值为 2.3。

（2）日变化系数 K_d：采用 $K_d = 1.5$；采用全日制供水。

10. 水厂取水规模 $Q_取$

$$Q_取 = Q_7 + Q_供 \tag{10.7}$$

式（10.2）~式（10.7）计算结果见表 10.1。

表 10.1　　　　　　　　　　　供 水 规 模 计 算 表　　　　　　　　　　单位：m^3/d

项　目	用水定额	用水小计	备　注
居民生活 Q_1	$q=80L/(人 \cdot d)$	334.32	
村镇企业及家禽用水 Q_2		0	不计入
公共建筑 Q_3		33.43	
消防用水 Q_4		0	不计入
浇洒道路和绿地用水 Q_5		0	不计入

项　目	用水定额	用水小计	备　注
管网漏失及未预见 Q_6		55.16	
水厂自来水 Q_7		21.15	
水厂供水规模 $Q_{供}$		422.91	
水厂取水规模 $Q_{取}$		444.06	

根据表 10.1，大田供水站供水规模为 $422.91\text{m}^3/\text{d}$，水厂自用水量为 $21.15\text{m}^3/\text{d}$，确定水厂取水规模为 $450\text{m}^3/\text{d}$，水厂实行全日制 24h 供水。

10.1.3　工程级别确定

10.1.3.1　工程类型

大田供水站为自流饮水集中供水工程，根据《村镇供水工程设计规范》（SL 310—2014）中集中式供水工程类型划分进行判断，供水站供水规模为 $422.91\text{m}^3/\text{d}$，工程类型为 Ⅳ 型。

10.1.3.2　工程等级

根据《村镇供水工程设计规范》（SL 310—2014），集中式供水工程的防洪设计应符合《防洪标准》（GB 50201—2014）以及《水利水电工程等级划分及洪水标准》（SL 252—2017）的有关规定，供水站的主要建筑物按 4 级设计，次要建筑物按 5 级设计。

10.1.3.3　工程设计标准

1. 供水水质

根据水源水水质情况，本供水站的水质符合国家《生活饮用水卫生标准》（GB 5749—2006）。

2. 用水方便程度

本工程在资金能够满足的情况下，尽量供水入户。

3. 供水水压

大田供水站至用户的最小水压为 14.04m，满足《村镇供水工程设计规范》（SL 687—2014）中对水压的要求。

配水管网中，消火栓设置处的最小服务水头不低于 10m。

输配水管道最大静水头不宜超过 60m，用户水龙头的最大静水头不宜超过 40m，超过时宜采取减压措施。

10.1.4　取水构筑物设计

大田供水站在贾村沟海拔 1096.30m 处取水，该处沟床基岩出露，无地质灾害。

水源点取水采取简易取水方式。拦水坝上游集水面积为 3.57km^2。由于无参考水文资料，查阅《四川省水文手册》，按照推理公式法推求洪峰流量。经水文计算，10 年一遇的洪峰流量为 $15.8\text{m}^3/\text{s}$。根据河床断面及坝基地质情况，设计拦水坝长 4.0m，坝高 1.5m，坝顶宽 1m，坝底宽为 3m，坝顶高程 1097.50m，坝底高程 1095.50m。采用开敞式溢洪道尺寸估算公式：

$$Q = \varepsilon \sigma m B \sqrt{2g} H^{\frac{3}{2}} \tag{10.8}$$

式中　ε——侧收缩系数，取 1；

　　　σ——淹没系数，取 1；

　　　m——流量系数；

　　　B——水面宽度，m；

　　　g——重力加速度，9.81m/s²；

　　　H——堰上水头，m。

10 年一遇的洪峰流量时（设计洪水）坝顶溢洪水深为 1.16m。

使用坝体抗滑稳定计算应用公式：

$$K=\frac{f\sum W}{\sum P} \tag{10.9}$$

式中　f——摩擦系数；

　　　$\sum W$——水平截面所承受的正压力，Pa；

　　　$\sum P$——大坝任何水平截面以上的坝体所承受的总水平推力，Pa。

在正常使用状态下，抗滑稳定安全系数为 $K=1.83$，在设计洪水下，抗滑稳定安全系数为 $K=1.35$。坝体利用当地条石，采用 M7.5 砂浆砌条石，为避免溪沟水对沟岸的冲刷对拦水坝造成影响，本次在沟床两岸设护堤。

在拦水坝上游右侧安设 $DN90PE$ 管接入输水管道至厂区。

10.1.5　输水建筑物设计

输水管从拦水坝取水后，沿着山地铺设，深埋在地下，开挖深度为 0.8m。取水口水位高程为 1096.30m，厂区高程为 1060.00m，高差 36.3m，距离为 620m。输水管路顺山坡而下，管路无穿越公路、河流等障碍物。

输水管选择用压力等级 0.8MPa 的 $DN90PE$ 管。在拦水坝出水口安装一闸阀，控制流量，输水管尾端不设闸阀，管路无水击现象发生。

输水管管径的确定采用下式计算：

$$Q=\frac{Q_{取}}{t} \tag{10.10}$$

$$h_f=1.1iL=\frac{1.1L\times0.000915Q^{1.774}}{d^{4.774}} \tag{10.11}$$

输水管采用 $DN90PE$ 管（0.8MPa），管内径为 81.4mm，输水管水头损失为 8.82m，管内流速 1.001m/s。

10.1.6　净水构筑物设计

经县疾病预防控制中心检测，供水工程所选水源水汛期浑浊度为 4.9～15NTU，存在细菌学指数超标，为达到国家《生活饮用水卫生标准》（GB 5749—2006）要求，需要对该水源的水处理后才能供给用户饮用，拟定对原水采取混合、絮凝、沉淀、过滤、消毒等净水工艺流程处理，如图 10.1 所示。

采用重力输水，将水引至厂区，在厂区经净化后储入清水池，自压配水至用户。

10.1.6.1　混凝设施

1. 加絮凝剂

本工程采用 PAC 絮凝剂，用一台一体化加药机进行加药，置于管理房内，用

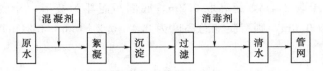

图 10.1　供水站水处理流程

$DN32PPR$ 管引至管道混合器。

（1）投加混凝剂 PAC 设计。PAC 即聚合氯化铝，是水净化领域的重要混凝剂，对低温、低浊及高浊水具有高效净化作用。它是一种无机高分子混凝剂，主要通过压缩双层、吸附电中和、吸附架桥、沉淀物网捕等机理作用，使水中细微悬浮粒子和胶体离子脱稳、聚集、絮凝、混凝、沉淀，达到净化处理效果。

PAC 与其他混凝剂相比，具有以下优点：应用范围广，适应水性广泛；易快速形成大的矾花，沉淀性能好；适宜的 pH 值范围较宽（5～9），且处理后水的 pH 值和碱度下降小；水温低时，仍可保持稳定的沉淀效果；碱化度比其他铝盐、铁盐高，对设备侵蚀作用小。

（2）混凝剂 PAC 投加量计算。根据水质，原水浓度为 100～500mg/时投加量为 3～6mg/L。本次大田供水站集中供水工程处理水量 $Q_{取}=450m^3/d$，工作时间为 24h。故混凝剂的时投加量为

$$W=\frac{Q_{取} wt}{1000} \tag{10.12}$$

经计算，混凝剂的每小时需投加 0.094kg。

（3）混凝剂 PAC 投加设备选用。根据以上计算，本次选用 PAC 干粉自动加药装置，该加药装置是一个智能化、全自动、连续式一体化的混凝剂溶配及投药装置，它由供水系统、干粉投加系统、溶解熟化系统、控制系统、液体投加系统及二次稀释投加系统构成。

2. 管道混合器

采用 $DN150$ 管道混合器在原水进入穿孔旋流絮凝池前加入混凝剂，使原水与混凝剂充分混合，达到混凝目的。

10.1.6.2　絮凝池设计

根据工程规模及水质情况，大田供水站采用穿孔旋流絮凝池，絮凝池必须控制一定的流速，创造适宜的水力条件。絮凝池建为 6 格，水质为低浊水，絮凝时间可取 $T=25min$，按下式计算絮凝池尺寸：

（1）絮凝池有效容积为

$$V=\frac{Q_{取} T}{60} \tag{10.13}$$

（2）絮凝池有效面积为

$$A=\frac{V}{h_1} \tag{10.14}$$

（3）絮凝池单池面积为

$$A'=\frac{A}{n} \tag{10.15}$$

絮凝池有效水深取 2.4m，超高取 0.2m，底部污泥斗为棱形，斗底平面为一正方形，边长 0.2m，斗高取 0.6m，则絮凝池总高度为 2.4＋0.2＋0.6＝3.2(m)，其平面尺寸计算结果见表 10.2。

表 10.2　　　　　　　　　　供水站絮凝池结构尺寸

流量 $Q_{取}$ /(m³/h)	分格数 n /个	有效容积 V /m³	有效水深 h_1 /m	有效面积 A /m²	单池面积 A' /m²	尺寸 边长×边长 /(m×m)	实际面积 /m²
18.75	6	7.81	2.4	3.26	0.54	0.8×0.8	0.64

由于絮凝池单池边长为 0.8m，内部隔墙厚 0.2m，所以絮凝池宽度为 0.8＋0.8＋0.2＝1.8(m)。絮凝池的进口流速设计为 1.0m/s，出口流速取 0.2m/s，则有：

（1）中间各孔流速为

$$v_n = v_1 + v_2 - v_2 \sqrt{1 + \left(\frac{v_1^2}{v_2^2 - 1}\right)\frac{t_n}{T}} \tag{10.16}$$

（2）孔口面积为

$$f = \frac{Q_{取}}{v_n} \tag{10.17}$$

（3）孔口尺寸。孔口高宽比为 1.5，则根据孔口面积，设计各孔口尺寸为（宽×高）：

进口处：60mm×90mm；

一、二格间：65mm×100mm；

二、三格间：75mm×115mm；

三、四格间：85mm×130mm；

四、五格间：95mm×145mm；

五、六格间：110mm×170mm；

出口处：130mm×195mm。

（4）各段水头损失为

$$h_j = 1.0 \frac{v_n^2}{2g} \tag{10.18}$$

（5）总水头损失为

$$h_j = \sum h_{jn} \tag{10.19}$$

式（10.16）～式（10.19）具体计算结果见表 10.3。

（6）絮凝池常数（GT 值）。平均速度梯度 G 为

$$G = \sqrt{\frac{9.81\rho h_j}{60\mu T}} \tag{10.20}$$

按水温为 20℃计，水的密度 $\rho = 1000$kg/m³，水的动力黏度 $\mu = 1.029 \times 10^{-3}$Pa·s；经计算 $G = 27.26$s^{-1}。

根据标准，G 需在 20～70s^{-1} 之间，因此符合标准。

经计算，$GT = 4.09 \times 10^4$。

根据标准，GT 需在 10^4～10^5 之间，因此符合标准。

表 10.3　　　　　　　　　大田供水站絮凝池各格间流速、孔口尺寸计算

孔口位置	絮凝历时 t_n/min		孔口流速 v_n/(m/s)	孔口面积 f/m²	孔口尺寸 /mm	实际孔口面积/m²	实际孔口流速/(m/s)	水头损失 /m
进口处		0	1.000	0.0052	60×90	0.00540	0.963	0.043
一、二格间	$T×1/6$	4.167	0.753	0.0069	65×100	0.00650	0.800	0.032
二、三格间	$T×2/6$	8.333	0.600	0.0087	75×115	0.00860	0.605	0.018
三、四格间	$T×3/6$	12.500	0.479	0.0109	85×130	0.01110	0.468	0.011
四、五格间	$T×4/6$	16.667	0.375	0.0139	95×145	0.01380	0.377	0.007
五、六格间	$T×5/6$	20.833	0.283	0.0184	110×165	0.01820	0.286	0.004
出口处	T	25.000	0.200	0.0260	130×195	0.02546	0.205	0.002
合计								0.117

每格孔口应作上、下对角交叉布置。第一格进水在下面，出水在上对角，第二格出水在下对角，如此相互交叉，使水形成螺旋流，使水中颗粒充分发生碰撞、凝聚成大颗粒矾花，达到絮凝的目的。每两格间采用 C25 钢筋混凝土现浇，墙体厚 0.20m，与沉淀池相连为整体。絮凝池底部采用漏斗形，便于排泥，底部设排泥管，并设置排泥角阀。

10.1.6.3　沉淀池设计

沉淀池设计为向上流斜管沉淀池，池体利用系数为 0.95。采用蜂窝六边形聚乙烯斜管，板厚 0.4mm，安装倾角 $\theta=60°$，斜管上升流速 $v_上$ 取 3.0mm/s，絮粒沉降速度 u_0 取 0.4mm/s，斜管内径圆直径 $d=32$mm，水温为 20℃，运动黏度 $\nu=0.01$cm²/s。

供水站斜管沉淀池计算过程如下：

（1）斜管内流速为

$$v_0=\frac{v_上}{\sin\theta}\tag{10.21}$$

经计算，$v_0=3.46$mm/s。

（2）斜管总平面面积为

$$A=\frac{Q_取}{0.95v_0}\tag{10.22}$$

经计算，$A=1.58$m²。

（3）斜管有效长度为

$$l=\left(\frac{1.33v_0-u_0\sin\theta}{u_0\cos\theta}\right)d\tag{10.23}$$

经计算，$l=681$m。考虑管端紊流、积泥等因素，过渡区采用 200mm，则斜管总长度 L 应为 $681+200=881$（mm），采用 1000mm。

（4）为配合絮凝池的宽度，沉淀池宽度 $B=1.8$m，因斜管成 60°放置，故靠近进水一端的一部分沉淀池面积不能利用，部分无效面积为

$$A'=BL\cos\theta\tag{10.24}$$

经计算，$A'=0.9$m²。

（5）沉淀池应有的总平面面积为

$$A_总 = A + A' \tag{10.25}$$

经计算，$A_总 = 2.48\text{m}^2$。

（6）沉淀池长度为

$$L = \frac{A_总}{B} \tag{10.26}$$

经计算，$L = 1.38\text{m}$。考虑到斜管件尺寸及方便布置等因素，故沉淀池长度采用 2.0m。

（7）复核雷诺数为

$$Re = \frac{Rv_0}{\nu} \tag{10.27}$$

经计算，$Re = 27.21 < 500$。

（8）沉淀池高度为

$$H = H_1 + H_2 + H_3 + H_4 + H_5 \tag{10.28}$$

式中　H_1——超高，采用 0.3m；

H_2——清水区高度，采用 1.2m；

H_3——斜管高度 $1 \times \sin 60° \approx 0.9\text{m}$；

H_4——布水区高度，采用 1.5m；

H_5——排泥区高度，采用 0.6m。

经计算 $H = 4.5\text{m}$。

积泥区呈漏斗形，底部设排泥管，沉淀池池体、底板均采用 C25 钢筋混凝土现浇。

絮凝池与沉淀池共墙，且宽度一致，沉淀池进口处预留进水孔，孔高 0.2m。

10.1.6.4　慢滤池设计

由于工程水厂规模较小，引入水源水汛期浑浊度为 4.9～15NTU，低于 20NTU，故本工程选用过滤效果较好的慢滤池。其设计如下：

（1）滤池总面积为

$$F = \frac{Q_取}{vt} \tag{10.29}$$

经计算，$F = 62.5\text{m}^2$。

（2）滤池深度为

$$H = H_1 + H_2 + H_3 + H_4 \tag{10.30}$$

式中　H_1——承托层深，m；

H_2——石英砂滤料砂层深，m；

H_3——砂上水深，m；

H_4——安全超高，m。

根据规范，承托层一般采用 $H_1 = 0.45\text{m}$，由上到下的承托物粒径为 1～2mm、2～4mm、4～8mm、8～16mm、16～32mm，承托物厚分别对应为：50mm、100mm、100mm、100mm、100mm，承托物层间铺设透水土工布以防止滤料流失。

石英砂滤料砂层采用 $H_2 = 1.0\text{m}$ 厚，粒径为 0.3～1mm；砂上水深 $H_3 = 1.2\text{m}$；安全

超高取 H_4＝0.35m，则经计算，滤池深为 3.0m。

经计算，滤池面积 62.5m²，确定滤池为 10m×7.0m（长×宽），将滤池分为 4 格，单格尺寸为 2.5m×7.0m。每格池顶设 DN150 通气管，检修进人孔，并设爬梯以方便检修，池壁设进水管、出水管、溢流管及排污管，其中溢流管及排污管排向厂内排水沟统一排放，进水管进入池内接等径钻孔管，管长 2.4m。

池体采用 C25 钢筋混凝土现浇筑，下部垫层采用 10cm 厚 C15 混凝土。承托层下采用 10cm 厚小阻力 C30 钢筋混凝土穿孔板，板下设置 M10 浆砌标准砖支墩。

10.1.6.5　消毒设计及投加方式

1. 投加二氧化氯设计

（1）设计条件。处理水量 $Q_{取}$ 为 450m³/d；工作时间为 24h。

（2）设计计算。根据《村镇供水工程设计规范》（SL 687—2014），消毒剂的最大用量应根据原水水质、管网长度和相似条件下的运行经验确定，使水中消毒剂残留量和有害副产物控制在允许范围内。根据水源确定消毒剂投加量。本次选择投加量为 0.8mg/L。

（3）设备选型。

$$耗氯量（g/h）＝供水量（m^3/h）×投加量（mg/L）$$
$$大田水厂耗氯量＝450/24×0.8＝15（g/h）$$

根据以上计算成果，选用 SFZ 系列二氧化氯复合型发生器，设备额定产气量为 20g/h。

（4）设备工作原理。二氧化氯发生器由供料系统、反应系统、吸收系统、安全系统、自动控制系统等组成；发生器外壳为给水用优质防腐 PVC 材料。它的工作原理：运行时氯酸钠水溶液与盐酸在负压条件下，按照设定的工作程序，经供料系统定量输送到反应系统中，在一定的温度下经过多阶负压曝气反应产生二氧化氯与氯气的混合气体，经吸收系统吸收后形成一定浓度的二氧化氯混合消毒液，然后通入待处理水中。

以氯酸钠水溶液和盐酸为原料，采用负压多级曝气反应新工艺，生产以二氧化氯为主，氯气为辅的复合消毒液，其机理是：二氧化氯通过吸附和透过细胞壁，有效氧化细胞壁内含巯基的酶，并可快速控制微生物蛋白质的合成。对水中传播的病原微生物，包括病毒、芽孢以及水路系统中的异氧菌、硫酸盐还原菌和真菌有很好的杀灭效果，特别是对大肠杆菌的处理效果更为突出。

2. 消毒方式设计

考虑到设备的检修及损坏，本次采用一套消毒设备，选用 SFZ 系列复合型二氧化氯发生器，该系列设备见表 10.4。二氧化氯发生器置于管理房内，用 DN32PPR 管引至管道混合器，管道混合器设置在慢滤池与清水池之间的管道上。

表 10.4　　　　　　　　　消 毒 设 备 表

设 备 名 称	数量	设 备 名 称	数量
SFZ 系列复合型二氧化氯发生器（20g/h）	1	盐酸储蓄罐	1
氯酸钠计量泵	1	化料器	1
盐酸计量泵	1	管道过滤器	1
氯酸钠储蓄罐	1	余氯检测仪	1

10.1.7　调节构筑物设计

本次供水工程供水系统来水量可靠，只单独设计清水池，清水池容积按取水规模的40%取。

清水池容积为

$$V = 40\% Q \tag{10.31}$$

式中　Q——水厂取水规模，m^3/d。

清水池最大水位高程为 1060.00m，根据计算清水池供水量 180m^3，考虑清水池因消防用水等特殊情况的用水保障，清水池设计容积为 200m^3。

根据厂区地形条件和厂区建筑物、交通布置等因素，清水池设计为圆形，内直径为 8.0m，清水池最大净空高 4.3m，有效水深 4.0m，有效容积 200.96m^3；设中格墙，分为容积相等的功能完全相同的两部分。池底垫层采用 C15 混凝土，厚 0.1m，池墙、池底板采用 C25 钢筋混凝土，池底板厚度 0.20m；池墙厚度 0.20m，清水池盖板采用 C25 钢筋混凝土现浇，厚 0.18m。水池设置排污管、溢流管（管口应与最高设计水位持平）、通气孔、检查孔等设施。

10.1.8　配水工程及入户工程设计

10.1.8.1　配水管网

配水管网采用树枝状布置，按照供水区域的分布情况，以及为维修安装方便，管线走向尽量沿桥、公路、沟渠、机耕路等，管道沿线必须外露的部分，要使用聚氨酯泡沫保温，外部用石棉布、沥青马蹄脂防护，并以最短的管线提供最大供水范围。配水量按最高日最高时用水量计算，K_h 根据全日供水工程的时变化系数表来确定，干管管径按设计流量和经济流速确定。

各进口处均设置一座闸阀。配水管网中，消火栓设置处的最小服务水头不应低于 10m，设置消火栓的管道内径，不应小于 100mm。拟定为 110mm。

支管按设计流量和水头损失确定管径，管网最不利点自由水头不小于 10m。输配水管道水头不宜超过 60m，用户水龙头的最大静水头不宜超过 40m，超过时宜采取减压措施。

在管道凸起点，以及干管各闸阀后，应设自动进（排）气阀；其他管段每隔 500m 设自动进（排）气阀。树枝状管网的末梢，应设泄水阀。干管上应分段或分区设检修阀，各级支管上均应在适宜位置设检修阀。

10.1.8.2　管网水力计算

管网中所有管段的沿线出流量之和应等于最高日最高时用水量。

（1）最高日最高时供水量为

$$Q_{max} = \frac{Q_{供} K_d}{t \times 3600} \tag{10.32}$$

经计算，$Q_{max} = 11.26 L/s$。

（2）人均用水当量 q_n 为

$$q_n = \frac{Q_{max}}{N} \tag{10.33}$$

（3）沿线流量 q_L 两节点之间的干管段，其沿线流量按下式计算：

$$q_L = q_n n \tag{10.34}$$

（4）干管线、支管线计算，沿程水头损失，可按下式计算：

$$h_f = iL \tag{10.35}$$

PE 等硬塑料管的单位管长水头损失，可按下式计算：

$$i = \frac{0.000915 Q^{1.774}}{d^{4.774}} \tag{10.36}$$

管道内径，计算公式如下：

$$D = \sqrt{\frac{4Q}{\pi v}} \tag{10.37}$$

式（10.33）～式（10.37）计算结果见表 10.5 和表 10.6。

表 10.5 供水区管段流量计算表

管段	长度 /m	人口 /人	流量 /(L/s)	水头损失 /m	选用管型	公称压力 /MPa
水厂－J2	1443	231	2.65	15.275	75	0.8
J2－J3	2072	162	1.59	20.248	63	0.8
J3－J4	1143	63	1.25	22.326	50	0.8
J4－J5	849	215	0.83	22.980	40	0.8
J5－J6	1218	171	0.26	40.791	25	0.8
J1－J7	4019	90	8.61	29.100	125	0.8
J7－J8	767	88	6.93	6.984	110	0.8
J8－J9	432	166	6.58	3.586	110	0.8
J9－J10	722	88	6.20	5.397	110	0.8
J10－J11	810	171	5.82	5.409	110	0.8
J11－J12	768	320	5.44	4.541	110	0.8
J12－J13	1259	165	4.70	14.942	90	0.8
J13－J14	628	267	3.98	5.534	90	0.8
J14－J15	876	680	3.33	13.872	75	0.8
J15－J16	1216	600	1.91	16.598	63	0.8
J7－J17	2509	55	1.33	54.458	50	0.8
J17－J18	446	160	0.43	11.094	32	0.8
J18－J19	602	71	0.11	14.325	20	0.8
合计	21777	3763	—	—	—	—

表 10.6 供水区各控制点水压计算表

节 点	水头损失 /m	水压标高 /m	地面高程 /m	自由水头 /m	减压阀 /m	备注
取水点 J1		1060.00	1060.00			
J2	15.28	1044.72	1012.00	32.72		
J3	20.25	1024.48	990.00	34.48		
J4	22.33	1002.15	970.00	32.15		

续表

节 点	水头损失 /m	水压标高 /m	地面高程 /m	自由水头 /m	减压阀 /m	备注
J5	22.98	979.17	960.00	19.17		
J6	40.79	938.38	910.00	28.38		
J7	29.10	1030.90	994.00	36.90		
J8	6.98	1023.92	995.00	28.92		
J9	3.59	1000.33	960.00	40.33		
J10	5.40	994.93	970.00	24.93		
J11	5.41	889.52	850.00	39.52	100	安装减压阀
J12	4.54	784.98	760.00	24.98	100	安装减压阀
J13	14.94	710.04	685.00	25.04	80	安装减压阀
J14	5.53	704.51	657.00	47.51		
J15	13.87	690.64	653.00	37.64		
J16	16.60	674.04	660.00	14.04		
J17	17.84	1013.06	980.00	33.06		
J18	11.09	951.97	925.00	26.97	50	安装减压阀
J19	14.33	837.64	815.00	22.64	100	安装减压阀

配水管网水力计算图如图 10.2 所示。

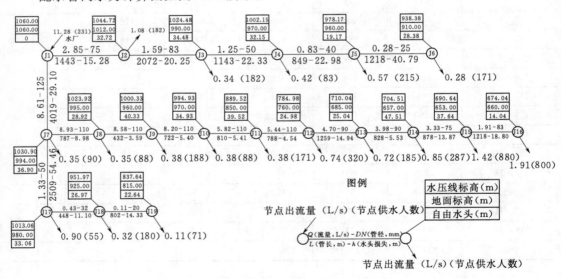

图 10.2　配水管网水力计算图

10.2　分散式供水工程

10.2.1　基本情况

根据农村饮水安全现状调查情况和建设任务，拟解决某村 445 人（127 户）的饮水不安全问题。根据现场调研走访，供水区用户相对比较集中，有利于供水管理。

10.2.2 水源选择

水源拟采用泉水予以解决。引泉池选择山脚下的空地中，该水源水量充足、水质较好、环境卫生、取水方便，无污染物。经现场勘察以及调研，泉水富水性较好，能够满足用水需求。

10.2.3 设计标准

工程的供水规模按最高日用水定额进行计算。根据《村镇供水工程设计规范》（SL 687—2014）的有关规定，因此本报告取生活用水定额为 60L/(人·d)。设供水保证率取为 95%。设计基准年为 2017 年，设计水平年为 2032 年。

10.2.4 供水规模确定

根据 SL 687—2014 中的要求，近远结合，以近期为主，设计年限 15 年。因此，要解决的农村饮水不安全供水工程采用 15 年为设计年限。根据乡镇总体规划，设计项目区人口自然增长率为 3‰，设计基准年为 2017 年，某村供水站设计需要解决的人口为 445 人，则 2032 年项目区设计人数为

$$P = P_0(1+r)^n + P_1 = 445 \times (1+3‰)^{15} + 0 = 465（人）$$

居民生活用水定额 q 按 60L/(人·d) 计。

设计项目区 2032 年居民日生活用水量 Q_1 为

$$Q_1 = Pq = \frac{465 \times 60}{1000} = 27.93（m^3/d）$$

管网漏失水量和未预见用水量宜按上述用水量之和的 10%～25% 取值，由于项目区面积较大，管网较长，本设计拟按前面五项之和的 12% 计列。管网漏失水量和未预见水量 Q_2 为 $27.93 \times 12\% = 3.35（m^3/d）$。

不计消防用水量、道路绿化用水量、畜禽用水量等。

工程供水规模按最高日用水量 Q_{max} 计算，如下：

$$Q_{max} = Q_1 + Q_2 = 27.93 + 3.35 = 31.28（m^3/d）$$

则取供水工程设计规模取 32m³/d。根据 SL 687—2014，工程设计规模为 V 型，供水的时变化系数 K_h 取为 2.3；日变化系数 K_d 取为 1.5。

（1）最高日平均时给水量 Q_{cp} 为

$$Q_{cp} = \frac{Q_d}{24} = \frac{32}{24} = 1.33（m^3/h）$$

（2）最高日最高时给水量 Q_{maxh} 为

$$Q_{maxh} = Q_{cp}K_h = 1.33 \times 2.3 = 3.07（m^3/h）$$

（3）年平均给水量 Q_y 为

$$Q_y = \frac{365}{K_d}Q_d = \frac{365}{1.5} \times 32 = 7786.67（m^3/a）$$

供水规模参数见表 10.7。

该工程为 V 型供水工程，按照《防洪标准》（GB 50201—2014）有关规定，取水建筑物等主要建筑物按照 20 年一遇洪水进行设计，50 年一遇洪水进行校核。供水工程的主要建筑物水厂较小，供水工程的主要建（构）筑物应按本地区抗震设防烈度按照 Ⅵ 度设计。

表 10.7 供水规模参数表

序号	项 目 名 称	单位	水量
1	最高日设计给水量	m³/d	32
2	最高日平均时给水量	m³/h	1.33
3	最高日最高时给水量	m³/h	3.07
4	年平均给水量	m³/a	7786.67

10.2.5 工程设计

10.2.5.1 工程总体布置

工程建设任务采用分散供水工程解决，即泉水通过管网延伸至调节清水池，后经输水管道输送至各村民小组用水户。

10.2.5.2 调节构筑物设计

清水池的容积充分考虑该区受益人口生活方式等多种因素，按照 SL 687—2014 有关规定有可靠电源和可靠供水系统的工程，单独设立的清水池可按最高日用水量的 20%～40%，本报告设计为 40%。其有效容积按以下公式计算：

$$W_c = W_1 \tag{10.38}$$

式中　W_c——有效容积；

　　　W_1——调节容积，按最高日用水量的 40%计算。

故　　　　　　　　　$W_c = 32 \times 40\% = 12.8 (\text{m}^3)$

供水工程清水池有效蓄水容积按 15m³ 设计。采用圆形砖砌结构。

10.2.5.3 配水工程及入户工程设计

配水管网规划布置合理与否对管网的运行安全，适用及经济等方面都至关重要，因此综合当地发展规划、地形地质、人口增长、技术经济，以及运行管理方便等因素，选择适宜的方案，合理布置管线。根据供水区村民居住分布情况，配水管网采用树枝状布置，根据《规范》的规定，供水主管道按规划水平年规模设计，供水管道均采用 PE 管。

（1）人均综合用水量。树形管网设计最高时流量 $Q_{max} = 3.07\text{m}^3/\text{h}$，人均配水当量 q_0 为

$$q_0 = \frac{Q_{maxh}}{P} = 1.83 \times 10^{-3} \text{L/(s · 人)}$$

（2）各管道配水流量。每个配水管段配水流量＝$q_0 \times$ 本管段供水人口，具体见管网布置图以及表 10.8 和表 10.9。

表 10.8 某村供水管网管段及人口分布表

管段编号	管道长度/m	分段人口/人	远期人口/人
0—1	2000	0	0
1—2	300	0	0
2—3	500	0	0
2—4	100	120	126
4—5	600	180	188
4—6	350	145	152
合计	3850	445	465

表 10.9   **某村分散供水工程配水流量计算表**

管段编号	现有人口/人	远期人口/人	配水流量/(L/s)	管道长度/m
0－1	0	0	0	2000
1－2	0	0	0	300
2－3	0	0	0	500
2－4	120	126	0.230	100
4－5	180	188	0.345	600
4－6	145	152	0.278	350
合计	445	465	0.852	3850

（3）计算各节点流量。节点流量计算等于该节点上各沿线流量总和的一半。

（4）水头损失和地面标高。具体见表 10.10 和表 10.11。

表 10.10   **某村分散供水工程配水管网水力计算**

	水 头 损 失 计 算								自 由 水 头 计 算			
管段编号	管长/m	流量/(L/s)	公称管径/mm	内径/mm	管内流速/(m/s)	水力坡度/(m/m)	水头损失/m	总水头损失/m	节点编号	水压线标高/m	地面高程/m	自由水头/m
									0	1218.52	1218.52	0
0－1	2000.00	0.852	75	61.40	0.288	2.001	4.001	4.401	1	1134.12	1117.39	16.73
1－2	300.00	0.852	75	61.40	0.288	2.001	0.600	0.660	2	1133.46	1110.75	22.71
2－3	500.00	0.287	50	40.80	0.220	2.045	1.023	1.125	3	1082.33	1057.00	25.33
2－4	100.00	0.450	63	51.40	0.217	1.506	0.151	0.166	4	1133.29	1094.57	38.72
4－5	600.00	0.311	50	40.80	0.238	2.358	1.415	1.556	5	1071.74	1044.00	27.74
4－6	350.00	0.139	50	40.80	0.106	0.563	0.197	0.217	6	1133.08	1096.80	36.28
合计	3850.00						3.385	3.724				

表 10.11   **某村分散供水工程配水管网水头计算**

节点编号	水压线标高/m	地面高程/m	自由水头/m	备 注
0	1218.52	1218.52	0	
1	1134.12	1117.39	16.73	减压 80m
2	1133.46	1110.75	22.71	
3	1082.33	1057.00	25.33	减压 50m
4	1133.29	1094.57	38.72	
5	1071.74	1044.00	27.74	减压 60m
6	1133.08	1096.80	36.28	

受益区配水管道全部采用聚乙烯 PE 管，配水管网采用 75mm、63mm、50mm 的管径，采用热熔连接，管道变径一般均在分水井处，采用变径管接头连接，分水处采用等径或异径三通连接。

（5）管网长度统计。具体见表 10.12。

表 10.12　　　　某村分散供水工程配水管网长度统计表

序　　号	管　道　型　号	长度/m
1	输水管网	
	PE100 给水管 DN75（公称压力 1.6MPa）	2000
2	配水管网	
	PE100 给水管 DN75（公称压力 1.6MPa）	300
	PE100 给水管 DN63（公称压力 1.6MPa）	100
	PE100 给水管 DN50（公称压力 1.6MPa）	1450

（6）其他附属设施设计。根据受益区地形以及供水范围，设计拟建闸阀井、减压阀、排气阀、放空阀。上述阀门井均采用《市政给水管道工程及附属设施》（07MS101）图集。

闸阀井：在各主、支管交接处设置闸阀井，根据管网布置。

排空阀：在管道"凹"形的最低处及管网末梢设置排空阀。

排气阀：在管道"凸"形的高点处设置排气阀。

课外知识：　国内外供水管网漏损管理技术与指标浅析

孙福强（北京自来水集团）

供水行业中管网的漏失是普遍存在的现象。资料显示，2007 年我国城市供水管网的平均漏失率为 10%，有些地区甚至达到了 20%～30%，致使全国城市供水年漏损量近 100 亿 m³。我国管道单位长度、漏水量平均值为 3.01m³/(h·km)，国外的平均值为 1.3m³/(h·km)，欧洲一些国家的平均值在 0.53m³/(h·km)。而一般认为，我国城市供水管网单位长度的供水强度是高于欧美等国家的，因此，我国供水管网的实际漏水情况比国外发达国家要严重得多。

我国城市日益严重的水资源短缺问题已经影响到城市的发展建设，控制漏损率的重要性也越来越突出。除了管网的实际物理漏损水量外，随着查表入户率近年来的不断提高，由计量误差导致的供水漏损率也有所增加；另外，随着非居民用水价格的提高，违章用水行为也屡禁不止。这些都导致了我国供水漏损率指标表现为逐年增加。据《2010 年城市供水统计年鉴》统计，2009 年全国 600 余座城市的供水管网水量净漏失率达到 16.23%，远远超过了国家要求城市漏失率控制在 12% 以下的标准。漏损率的增加不仅造成了经济损失，还可能带来水质的下降，更降低了水资源利用率，加剧了城市的缺水问题。所以，降低供水管网的漏损率刻不容缓。

1　漏损检测方法

漏损检测是管网管理的基础工作之一。发达国家的漏损研究工作开展的较早，其漏损检测技术和方法研发和应用也随之进展较快。目前，发达国家多以主动检漏为主，采用的方法包括：听音法，区域装表法，区域测漏法，雷达检测法等。而我国很多中小城市还是以被动检漏居多，一些采取主动检漏的水司也是以听音法，人工巡视法为主，部分采用区域装表法。在检漏仪器方面，国外常用设备有听音棒，电子听漏仪、噪声自动记录仪、地表雷达探测仪、相关检漏仪等。我国常用设备主要有听漏棒，电子听漏仪，相关仪等。在漏损信号的声学分析领域与国外差距较大。

2 DMA 漏损控制技术

发达国家较早就开始着手进行供水管网的漏损控制技术研发。东京作为国际上管网漏损控制最优秀的城市之一，漏损率从 1955 年战后恢复时期的 20％到 2007 年降低到 3.3％，其中管网材质的更换是其漏损控制的重要手段之一。东京从 1980 年开始将供水入户管网更换为不锈钢材质的管道。2007 年共检修漏损 16270 次，仅为 1998 年漏损检修数的 43％，对东京的管网漏损预防控制以及水中铅含量的控制起到了积极的作用。

近年来，我国漏损控制工作也取得了许多成效。2000 年后一些水司，如北京、郑州、上海等开始开展采用独立计量区域（DMA）技术进行漏损控制管理的实验研究，2009 年郑州自来水公司还在研究中建立了试验区域微观水力模型，其目是通过模型计算，确定整个管网系统的最不利点来控制漏损；深圳市将 170 余个小区纳入小区漏损控制，推广 DMA 的分区管理，同时借助 GIS 技术，将管网图像库，属性数据库及水务供水的外部数据库融为一体，提高了数据的准确性，易于动态的数据更新和远程监控，实现供水管网信息系统的可视化管理；南京通过加装封闭区域远传管理表，形成 DMA 分区计量，目前已安装 838 只远传管理表，实现对封闭区域内供水管网供水量的实时监测，通过夜间最小流量和总分表误差的监测及时发现判断区域内是否存在超限漏水，及时检漏维修，虽然目前远传管理表的覆盖范围还很小，但 2012 年通过远传管理表及时发现修漏水量达 1667.8m³/h，效果十分明显。昆明通用水务公司 2008 年通过开发水力模型，进行管网分区试验、中央调度系统建设等措施降低管网漏损率等，同时积极推广新型管材，提高球墨铸铁管的使用率，还聘请了五家专业检漏公司对昆明城市供水管网进行检漏，特别是新购置了最先进的检漏设备系统，来"帮助"昆明降低管网漏失率，2008 年共计检出 180 个暗漏点。

近年来，DMA 的理念被我国供水企业较为广泛地进行应用实践，建立 DMA 不仅能为发现漏损提供依据，更能有效的降低漏损率，提高用水效率。通过监测入口流量和出口流量以量化漏损水平，并借助相关仪器对漏损进行定位、修复，从而降低漏损程度。DMA 流量计量一般采用最小夜间流量法（MNF），通过设定一个合理的用户夜间用水量值，计量 DMA 进水口和出水口流量即可得漏损量。通常可以采用最小夜间流量法量化 DMA 的漏损水平，即将夜间流量分级，当夜间流量在一段时间内一直处于一种高水平，排除其他因素影响，可以认为 DMA 小区内有漏水点出现，这时需要立即布设相关仪器进行检漏、定位，找出漏点进行修复处理；当夜间流量处于中级水平，需要提出警告，重点关注；当夜间流量处于较低水平时，认为 DMA 小区管网状况良好。首先需要设定一个合理的夜间最小流量基准值与检测的夜间流量进行比较；不同小区、不同管网状况，相应基准值也不同。

3 漏损评价指标

在管理方面，国外非常重视检漏工作的经济合理性，饮用了"效益成本比"的经济分析方法，效益与成本比越大，漏损控制的经济效益越好。我国供水行业在管理方面缺乏系统的评价体系和绩效指标，处于较低的管理水平。2002 年颁布实施的《城市供水管网漏损控制及评定标准》，作为我国首次制定的有关管网漏损控制和管理的行业标准在供水行业中得到了广泛应用。该标准中定义了"供水总量""有效供水量""管网漏水量""漏损率"和"基本漏损率"等概念，首次为城市供水管网漏损控制和管理建立了统一的评定标准。我国一直采用百分比的方式来计算管网漏损率，其客观性与国际上普遍应用的管网漏损率存在较大差异。英国漏损绩效最简单的指标是将漏损表示为单位服务连接漏损或单位干管长度漏损的形式，实际上，大部分公司没有服务连接的精确资料，通常使用从账务系统获得的收费户数。为便于各国之间进行比较，国际水协（IWA）和美国给水协会（AWWA）近年来摈弃了多年来使用百分数表示未计量用水率或未收费用水率指标，倡导使用"升/服务连接点/日"和"系统漏损系数（ILI）"相比水量损失的百分比计算值来评价漏损控制水平。便于客观地反映系统水量损失的构成以及水量损失管理真实水平。

　　IWA 组织多个国家的专家开展了供水管网漏损调查研究，于 2000 年提出了包括管网"不可避免漏水量"（UARL）等漏损管理指标和评定管网漏损程度的"系统漏损指数"（ILI）（关系为：$ILI = CARL/UARL$）等一整套评价指标体系。以"不可避免漏水量"为漏损控制的基准，衡量和评价管网漏损控制管理水平，计算方法在西方发达国家已经得到了广泛应用。UARL 是指在当今的技术水平及条件下，无论采取什么技术手段都无法避免的供水系统理论上的最小物理漏失水量。它包括一定的背景渗漏，一些明漏及暗漏。计算公式为：$UARL = (18Lm + 0.8Nc + 25Lp)P$，其中，$Lm$ 为干管长度，Nc 为服务连接个数，Lp 为产权边界至收费计量点间私有产权地下管线长度，P 为平均压力。UARL 综合考虑了供水系统干管长度，系统平均压力，进户管的总数，及进户管红线后的平均长度等因素。这一最小水量对于不同的系统是不同的。由于国外供水管网大多为树状，并且居民小区以支线单户为主，所以，用于计算不可避免漏水量的服务连接点一般为一点一户，而我国管网以环状管网为主，居民小区以支线多户为主，服务连接点一般为一点多户。因此，UARL 这一评价指标不能直接简单的套用到我国供水管网的分析。例如：利用此公式计算北方某城市一个独立计量区域（DMA）的不可避免漏水量为 0.27m³/h，而它的净夜间最小流量为 3.18m³/h。如果据此计算数据和测试值，要把该 DMA 的漏损控制在不可避免漏水量水平下几乎是不可能的。

　　根据国内一些水司的漏损控制实践，计算不可避免漏水量必须基于 DMA 的基础上，对我国城市供水管网来说，目前各类划分 DMA 的方法多种多样，建议首先对 DMA 按照一定方式进行分类，不同类型 DMA 的"不可避免漏水量"的确定，应以其一段时间内运行状况良好，检测不出漏点为最佳状态，此时其所对应的最小夜间流量即可被认定为是该区域的 UARL。采用此方法简单，并且适用于不同小区，避免了"一刀切"的弊端。

4　结语

　　我国水资源紧张，近年来用水量逐年增加，用水结构复杂，供水管网不断扩大，漏损率也有上升的趋势。而我国在管网漏损控制管理方面尚缺乏完整统一的控制指标、技术策略和评价标准。漏损的研究虽然从理论分析发展到试验阶段，但一直没有相对完善的理论和计算方法。作为漏损控制的基础性工作首先需要建立一套漏损状况的指标或者标准，通过数据分析，研究供水管网漏损控制的背景漏失量确定和经济漏控评价方法，也有助于供水企业对供水管网的运行状态进行评估，更系统的分析管网漏损状况，以便选择最适合的漏损控制策略，有效地提高供水企业的经济效益和管理、服务水平。

——引自《城镇供水》2013 年第 6 期，64 - 66 页

附　录

附录 A　欧盟饮用水水质指令

附表 A.1　　　　　　　　　　　　微 生 物 学 参 数

指　　　标	指　标　值	备　　　注
埃希氏大肠杆菌	0/（个/mL）	
肠道球菌	0/（个/mL）	
埃希氏大肠杆菌	0/250mL	
肠道球菌	0/250mL	
铜绿假单胞菌	0/250mL	用于瓶装或桶装饮用水
细菌总数（22℃）	100/mL	
细菌总数（37℃）	20mL	

附表 A.2　　　　　　　　　　　　化 学 物 质 参 数

指　　　标	指　标　值	单　　　位	备　　　注
丙烯酰胺	0.10	μg/L	注 1
锑	5.0	μg/L	
砷	10	μg/L	
苯	1.0	μg/L	
苯并 [a] 芘	0.010	μg/L	
硼	1.0	mg/L	
溴酸盐	10	μg/L	注 2
镉	5.0	μg/L	
铬	50	μg/L	
铜	2.0	mg/L	注 3
氰化物	50	μg/L	
1,2-二氯乙烷	3.0	μg/L	
环氧氯丙烷	0.10	μg/L	注 1
氟化物	1.5	mg/L	
铅	10	μg/L	注 3 和注 4
汞	1.0	μg/L	
镍	20	μg/L	注 3
硝酸盐	50	mg/L	注 5
亚硝酸盐	0.50	mg/L	注 5
农药	0.10	μg/L	注 6 和 7
农药（总）	0.50	μg/L	注 6 和 8

续表

指　标	指标值	单　位	备　注
多环芳烃	0.10	μg/L	特殊化合物的总浓度，见注9
硒	10	μg/L	
四氯乙烯和三氯乙烯	10	μg/L	特殊指标的总浓度
三卤甲烷（总）	100	μg/L	特殊化合物的总浓度，见注10
氯乙烯	0.50	μg/L	注1

注　1. 参数值是指水中的剩余单体浓度，并根据相应聚合体与水接触后所能释放出的最大量计算。

2. 如果可能，在不影响消毒效果的前提下，成员国应尽力降低该值。

3. 该值适用于由用户水嘴处所取水样，且水样应能代表用户一周用水的平均水质；成员国必须考虑到可能会影响人体健康的峰值出现情况。

4. 该指令生效后 5～15 年，铅的参数值为 25μg/L。

5. 成员国应确保 ［硝酸根浓度］/50＋［亚硝酸根浓度］/3≤1，方括号中为以 mg/L 为单位计的硝酸根和亚硝酸根浓度，且出厂水亚硝酸盐含量要小于 0.1mg/L。

6. 农药是指有机杀虫剂、有机除草剂、有机杀菌剂、有机杀线虫剂、有机杀螨剂、有机除藻剂、有机杀鼠剂、有机杀黏菌和相关产品及其代谢副产物、降解和反应产物。

7. 参数值适用于每种农药；对艾氏剂、狄氏剂、七氯和环氧七氯，参数值为 0.030μg/L。

8. 农药总量是指所有能检测出和定量的单项农药的总和。

9. 具体的化合物包括：苯并［b］呋喃、苯并［k］呋喃、苯并［g,h,i］芘、茚并［1,2,3,-c,d］芘。

10. 如果可能，在不影响消毒效果的前提下，成员国应尽力降低下列化合物值：氯仿、溴仿、二溴一氯甲烷和一溴二氯甲烷。该指令生效后 5～15 年，总三卤甲烷的参数值为 150μg/L。

附表 A.3　　　　　　　　　　　　指　标　参　数

指　标	指导值	单　位	备　注
色度	用户可以接受且无异味		
浊度	用户可以接受且无异常		注7
嗅	用户可以接受且无异常		
味	用户可以接受且无异常		
pH 值	6.5～9.5		注1和3
电导率	2500	μS/cm(20℃)	注1
氯化物	250	mg/L	注1
硫酸盐	250	mg/L	注1
钠	200	mg/L	
耗氧量	5.0	mg/L	注4
氨	0.50	mg/L	
TOC	无异常变化		注6
铁	200	μg/L	
锰	50	μg/L	
铝	200	μg/L	
细菌总数（22℃）	无异常变化		
产气荚膜梭菌	0	个/100mL	注2

续表

指　标		指 导 值	单　　位	备　注
大肠杆菌		0	个/100mL	注5
放射性参数	氚	100	Bq/L	
	总指示用量	0.10	mSv/年	

注 1. 不应具有腐蚀性。

2. 如果原水不是来自地表水或没有受地表水影响，则不需要测定该参数。

3. 若为瓶装或桶装的静止水，最小值可降至 4.5，若为瓶装或桶装水，因其天然富含或人工充入二氧化碳，最小值可降至更低。

4. 如果测定 TOC 参数值，则不需要测定该值。

5. 对瓶装或桶装的水，单位为个/250mL。

6. 对于供水量小于 10000m³/d 的水厂，不需要测定该值。

7. 对地表水处理厂，成员国应尽力保证出厂水的浊度不超过 1.0NTU。

——译自 Council Directive 98/83/EC on the Quality of Water Intended for Human Consumption

附录 B　美国饮用水水质标准

国家一级饮用水规程：

国家一级饮用水规程（NPDWRs 或一级标准），是法定强制性的标准，它适用于公用给水系统。一级标准限制了那些有害公众健康的及已知的或在公用给水系统中出现的有害污染物浓度，从而保护饮用水水质。

附表 B.1 将污染物划分为无机物、有机物、放射性核素及微生物。

附表 B.1　　　　　　　　　　　　**国 家 一 级 饮 水 标 准**

污染物	MCLG[①]/(mg/L)[④]	MCL[②] TT[③]/(mg/L)[④]	从水中摄入后对健康的潜在影响	饮用水中污染物来源
无机物				
锑	0.006	0.006	增加血液胆固醇，减少血液中葡萄糖含量	炼油厂、阻燃剂、电子、陶器、焊料工业的排放
砷	未规定[⑤]	0.05	伤害皮肤，血液循环问题，增加致癌风险	半导体制造厂，炼油厂，木材防腐剂，动物饲料添加剂，防莠剂等工业排放，矿藏溶蚀
石棉（>10μm 纤维）	7×10^7 纤维/L	7×10^7 纤维/L	增加良性肠息肉风险	输水管道中石棉，水泥损坏，矿藏溶蚀
钡	2	2	血压升高	钻井排放，金属冶炼厂排放、矿藏溶蚀
铍	0.004	0.004	肠道损伤	金属冶炼厂，焦化厂、电子、航空、国防工业的排放
镉	0.005	0.005	肾损伤	镀锌管道腐蚀，天然矿藏溶蚀，金属冶炼厂排放，水从废电池和废油漆冲刷外泄

续表

污染物	MCLG①/(mg/L)④	MCL② TT③/(mg/L)④	从水中摄入后对健康的潜在影响	饮用水中污染物来源
铬	0.1	0.1	使用含铬大于 MCL 多年，出现过敏性皮炎	钢铁厂、纸浆厂排放，天然矿藏溶蚀
铜	1.3	作用浓度 1.3TT⑥	短期接触使胃肠疼痛，长期接触使肝或肾损伤，有肝豆状核变性的病人在水中铜浓度超过作用浓度时，应请教个人医生	家庭管道系统腐蚀，天然矿藏溶蚀，木材防腐剂淋溶
氰化物	0.2	0.2	神经系统损伤，甲状腺问题	钢厂或金属加工厂排放，塑料厂及化肥厂排放
氟化物	4.0	4.0	骨骼疾病（疼痛和脆弱），儿童得齿斑病	为保护牙，向水中添加氟，天然矿藏溶蚀，化肥厂及铝厂排放
铅	0	作用浓度 0.015TT⑥	婴儿和儿童：身体或智力发育迟缓，成年人肾脏出问题，高血压	家庭管道腐蚀，天然矿藏侵蚀
无机汞	0.002	0.002	肾损伤	天然矿藏溶蚀，冶炼厂和工厂排放，废渣填埋场及耕地流出
硝酸盐（以 N 计）	10	10	"蓝婴综合征"（6 个月以下婴儿受到影响未能及时治疗），症状：婴儿身体发蓝色，呼吸短促	化肥泄出，化粪池或污水渗漏，天然矿藏溶蚀
亚硝酸盐（以 N 计）	1	1	"蓝婴综合征"（6 个月以下婴儿受到影响未能及时治疗），症状：婴儿身体发蓝色，呼吸短促	化肥泄出，化粪池或污水渗漏，天然矿藏溶蚀
硒	0.05	0.05	头发、指甲脱落，指甲或脚趾麻木，血液循环问题	炼油厂排放，天然矿物的腐蚀，矿场排放
铊	0.0005	0.0002	头发脱落，血液成分变化，对肾、肠或肝有影响	矿砂处理场溶出，电子、玻璃、制药厂排放
有机物				
丙烯酰胺	0	TT⑦	神经系统及血液问题，增加致癌风险	在污泥或废水处理过程中加入水中
草不绿	0	0.002	眼睛、肝、肾、脾发生问题，贫血症，增加致癌风险	庄稼除莠剂流出
阿特拉津	0.003	0.003	心血管系统发生问题，再生繁殖困难	庄稼除莠剂流出
苯	0	0.005	贫血症，血小板减少，增加致癌风险	工厂排放，气体储罐及废渣回堆土淋溶
苯并（α）芘	0	0.0002	再生繁殖困难，增加致癌风险	储水槽及管道涂层淋溶
呋喃丹	0.04	0.04	血液及神经系统发生问题，再生繁殖困难	用于稻子与苜宿的熏蒸剂的淋溶

污染物	MCLG[①] /(mg/L)[④]	MCL[②] TT[③] /(mg/L)[④]	从水中摄入后对健康的 潜在影响	饮用水中污染物来源
四氯化碳	0	0.005	肝脏发生问题,致癌风险增加	化工厂和其他企业排放
氯丹	0	0.002	肝脏与神经系统发生问题,致癌风险增加	禁止用的杀白蚁药剂的残留物
氯苯	0.1	0.1	肝、肾发生问题	化工厂及农药厂排放
2,4-滴	0.07	0.07	肾、肝、肾上腺发生问题	庄稼除莠剂流出
茅草枯	0.2	0.2	肾有微弱变化	公路抗莠剂流出
1,2-二溴-3-氯丙烷	0	0.0002	再生繁殖困难,致癌风险增加	大豆、棉花、菠萝及果园土壤熏蒸剂流出或溶出
邻-二氯苯	0.6	0.6	肝、肾或循环系统发生问题	化工厂排放
对-二氯苯	0.075	0.075	贫血症,肝、肾或脾受损,血液变化	化工厂排放
1,2-二氯乙烷	0	0.005	致癌风险增加	化工厂排放
1,1-二氯乙烯	0.007	0.007	肝发生问题	化工厂排放
顺1,2-二氯乙烯	0.07	0.07	肝发生问题	化工厂排放
反1,2-二氯乙烯	0.1	0.1		化工厂排放
二氯甲烷	0	0.005	肝发生问题,致癌风险增加	化工厂排放和制药厂排放
1,2-二氯丙烷	0	0.005	致癌风险增加	化工厂排放
二乙基基己二酸酯	0.4	0.4	一般毒性或再生繁殖困难	PVC管道系统溶出,化工厂排出
二乙基己基邻苯二甲酸酯	0	0.006	再生繁殖困难,肝发生问题,致癌风险增加	橡胶厂和化工厂排放
地乐酚	0.007	0.007	再生繁殖困难	大豆和蔬菜抗莠剂的流出
二恶英(2,3,7,8-四氯二苯并对二氧六环)	0	0.00000003	再生繁殖困难,致癌风险增加	废物焚烧或其他物质焚烧时散布,化工厂排放
敌草快	0.02	0.02	生白内障	施用抗莠剂的流出
草藻灭	0.1	0.1	胃、肠发生问题	施用抗莠剂的流出
异狄氏剂	0.002	0.002	影响神经系统	禁用杀虫剂残留
熏杀环	0	TT[⑦]	胃发生问题,再生繁殖困难,致癌风险增加	化工厂排出,水处理过程中加入
乙基苯	0.7	0.7	肝、肾发生问题	炼油厂排放
二溴化乙烯	0	0.00005	胃发生问题,再生繁殖困难	炼油厂排放
草甘膦	0.7	0.7	胃发生问题,再生繁殖困难	用抗莠剂时溶出
七氯	0	0.0004	肝损伤,致癌风险增加	禁止用的杀白蚁药剂的残留物

续表

污染物	MCLG①/(mg/L)④	MCL② TT③/(mg/L)④	从水中摄入后对健康的潜在影响	饮用水中污染物来源
环氧七氯	0	0.0002	肝损伤,再生繁殖困难、致癌风险增加	七氯降解
六氯苯	0	0.001	肝、肾发生问题,致癌风险增加	冶金厂、农药厂排放
六氧环戊二烯	0.05	0.05	肾、胃发生问题	化工厂排出
林丹	0.0002	0.0002	肾、肝发生问题	畜牧、木材、花园所使用杀虫剂流出或溶出
甲氧滴滴涕	0.04	0.04	再生繁殖困难	用于水果、蔬菜、苜宿、家禽杀虫剂流出或溶出
草氨酰	0.2	0.2	对神经系统有轻微影响	用于苹果、土豆、番茄杀虫剂流出
多氯联苯	0	0.0005	皮肤起变化,胸腺发生问题,免疫力降低,再生繁殖或神经系统困难,增加致癌风险	废渣回填土溶出,废弃化学药品的排放
五氯酚	0	0.001	肝,肾发生问题,致癌风险增加	木材防腐工厂排出
毒莠定	0.5	0.5	肝发生问题	除莠剂流出
西玛津	0.004	0.004	血液发生问题	除莠剂流出
苯乙烯	0.1	0.1	肝、肾、血液循环发生问题	橡胶,塑料厂排放,回填土溶出
四氯乙烯	0	0.005	肝发生问题	从 PVC 管流出,工厂及干洗工场排放
甲苯	1	1	神经系统、肾、肝发生问题	炼油厂排放
总三卤甲烷(TTHMs)	未规定⑤	0.1	肝、肾、神经中枢发生问题,致癌风险增加	饮用水消毒副产品
毒杀芬	0	0.003	肾、肝、甲状腺发生问题	棉花、牲畜杀虫剂的流出或溶出
2,4,5-涕丙酸	0.05	0.05	肝发生问题	禁用抗莠剂的残留
1,2,4-三氯苯	0.07	0.07	肾上腺变化	纺织厂排放
1,1,1-三氯乙烷	0.2	0.2	肝、神经系统、血液循环系统发生问题	金属除脂场地或其他工厂排放
1,1,2-三氯乙烷	0.003	0.005	肝、肾、免疫系统发生问题	化工厂排放
三氯乙烯	0	0.005	肝脏发生问题,致癌风险增加	炼油厂排出
氯乙烯	0	0.002	致癌风险增加	PVC 管道溶出,塑料厂排放
二甲苯（总）	10	10	神经系统受损	石油厂、化工厂排出
放射性核素				
β粒子和光子	未定⑤	4 毫雷姆/年	致癌风险增加	天然和人造矿物衰变
总 α 活性	未定⑤	15 微微居理/L	致癌风险增加	天然矿物侵蚀

污染物	MCLG① /(mg/L)④	MCL② TT③ /(mg/L)④	从水中摄入后对健康的 潜在影响	饮用水中污染物来源
镭 226，镭 228	未定⑤	5 微微居理/L	致癌风险增加	天然矿物侵蚀
微生物				
贾第氏虫	0	TT⑧	贾第氏虫病，肠胃疾病	人和动物粪便
异养菌总数	未定	TT⑧	对健康无害，用作为批示水处 理效率，控制微生物的指标	未定
军团菌	0	TT⑧	军团菌病，肺炎	水中常有发现，加热系统内会 繁殖
总大肠杆菌 （包括粪型及 艾氏大肠菌）	0	5.0%⑨	用于指示其他潜在有害菌的 存在	人和动物粪便
浊度	未定	TT⑧	对人体无害，但对消毒有影 响，为细菌生长提供场所，用于 指示微生物的存在	土壤随水流出
病毒	0	TT⑧	肠胃疾病	人和动物粪便

① 污染物最高浓度目标 MCLG——对人体健康无影响或预期无不良影响的水中污染物浓度。它规定了确定的安全限量，MCLGs 是非强制性公共健康目标。

② 污染物最高浓度——它是供给用户的水中污染物最高允许浓度，MCLGs 是强制性标准，MCLG 是安全限量，确保略微超过 MCL 限量时对公众健康不产生显著风险。

③ TT 处理技术——公共给水系统必须遵循的强制性步骤或技术水平以确保对污染物的控制。

④ 除非有特别注释，一般单位为 mg/L。

⑤ 1986 年安全饮水法修正案通过前，未建立 MCLGs 指标，所以，此污染物无 MCLGs 值。

⑥ 在水处理技术中规定，对用铅管或用铅焊的或由铅管送水的铜管现场取龙头水样，如果所取自来水样品中超过铜的作用浓度 1.3mg/L，铅的作用浓度 0.015mg/L 的 10%，则需进行处理。

⑦ 如给水系统采用丙烯酰胺及熏杀环（1－氯－2,3 环氧丙烷），它们必须向州政府提出书面形式证明（采用第三方或制造厂的证书），它们的使用剂量及单体浓度不超过下列规定：丙烯酰胺＝0.05%，剂量为 1mg/L（或相当量）；熏杀环＝0.01%，剂量为 20mg/L（或相当量）。

⑧ 地表水处理规则要求采用地表水或受地面水直接影响的地下水的给水系统，一要进行水的消毒，二为满足无须过滤的准则，要求进行水的过滤，以满足污染物能控制到下列浓度：贾第氏虫，99.9% 杀死或灭活；病毒 99.99% 杀死或灭活；军团菌未列限值，EPA 认为，如果一旦贾第氏虫和病毒被灭活，则它就已得到控制；浊度，任何时候浊度不超过 5NTU，采用过滤的供水系统确保浊度不大于 10NTU，（采用常规过滤或直接过滤则不大于 0.5NTU），连续两个月内，每天的水样品中合格率至少大于 95%；HPC 每毫升不超过 500 细菌数。

⑨ 每月总大肠杆菌阳性水样不超过 5%，于每月例行检测总大肠杆菌的样品少于 40 只的给水系统，总大肠菌阳性水样不得超过 1 个。含有总大肠菌水样，要分析粪型大肠杆菌，粪型大肠杆菌不容许存在。

国家二级饮用水规程：

二级饮用水规程（NSDWRs 或二级标准），为非强制性准则，用于控制水中对美容（皮肤、牙齿变色），或对感官性状（如嗅、味、色度）有影响的污染物浓度。

美国环保局（EPA）为给水系统推荐二级标准但没有规定必须遵守，然而，各州可选择性采纳，作为强制性标准。

附表 B.2 **国 家 二 级 饮 水 标 准**

污 染 物	二 级 标 准	污 染 物	二 级 标 准
铝	0.05～0.2mg/L	锰	0.05mg/L
氯化物	250mg/L	嗅	3
色	15（色度单位）	银	0.1mg/L
铜	1.0mg/L	pH 值	6.5～8.5
腐蚀性	无腐蚀性	硫酸盐	250mg/L
氟化物	2.0mg/L	总溶固体	500mg/L
发泡剂	0.5mg/L	锌	5mg/L
铁	0.3mg/L		

附录 C 世界卫生组织《饮用水水质标准》第二版

附表 C.1 **饮用水中的细菌质量***

有机体类		指 标 值	旧标准
所有用于饮用的水	大肠杆菌或耐热大肠菌	在任意 100mL 水样中检测不出	
进入配水管网的处理后水	大肠杆菌或耐热大肠菌	在任意 100mL 水样中检测不出	在任意 100mL 水样中检测不出
	总大肠菌群	在任意 100mL 水样中检测不出	在任意 100mL 水样中检测不出
配水管网中的处理后水	大肠杆菌或耐热大肠菌	在任意 100mL 水样中检测不出	
	总大肠菌群	在任意 100mL 水样中检测不出。对于供水量大的情况，应检测足够多次的水样，在任意 12 个月中 95％ 水样应合格	

* 如果检测到大肠杆菌或总大肠菌，应立即进行调查。如果发现总大肠菌，应重新取样再测。如果重取的水样中仍检测出大肠菌，则必须进一步调查以确定原因。

附表 C.2 **饮用水中对健康有影响的化学物质**

项 目	指标值 /(mg/L)	旧标准 /(mg/L)	备 注
无机组分			
锑	0.005(p)*		
砷	0.01**(p)	0.05	含量超过 6×10^{-4} 将有致癌的危险
钡	0.7		
铍			NAD$^{\&}$
硼	0.3		
镉	0.003	0.005	
铬	0.05(p)	0.05	
铜	2(p)	1.0	ATO$^{\#}$

项　目	指标值 /(mg/L)	旧标准 /(mg/L)	备　注
氰	0.07	0.1	
氟	1.5	1.5	当制定国家标准时，应考虑气候条件、用水总量以及其他水源的引入
铅	0.01	0.05	众所周知，并非所有的给水都能立即满足指标值的要求，所有其他用以减少水暴露于铅污染下的推荐措施都应采用
锰	0.5(p)	0.1	ATO
汞（总）	0.001	0.001	
钼	0.07		
镍	0.02		
NO_3^-	50	10	每一项浓度与它相应的指标值的比率的总和不能超过1
NO_2^-	3(p)		
硒	0.01	0.01	
钨			NAD
有机组分			
1. 氯化烷烃类			
四氯化碳	2	3	
二氯甲烷	20		
1,1-二氯乙烷			NAD
1,1,1 三氯乙烷	2000(p)		
1,2-二氯乙烷	30**	10	过量致险值为 10^{-5}
2. 氯乙烯类			
氯乙烯	5**		过量致险值为 10^{-5}
1,1-二氯乙烯	30	0.3	
1,2-二氯乙烯	50		
三氯乙烯	70(p)	10	
四氯乙烯	40	10	
3. 芳香烃族			
苯	10**	10	过量致险值为 10^{-5}
甲苯	700		ATO
二甲苯族	500		ATO
苯乙烷	300		ATO
苯乙烯	20		ATO
苯并［a］芘	0.7**	0.01	过量致险值为 10^{-5}

项 目	指标值 /(mg/L)	旧标准 /(mg/L)	备 注
4. 氯苯类			
一氯苯	300		ATO
1,2-二氯苯	1000		ATO
1,3-二氯苯			NAD
1,4-二氯苯	300		ATO
三氯苯（总）	20		ATO
5. 其他类			
二-(2-乙基己基) 己二酸	80		
二-(2-乙基己基) 邻苯二甲酸酯	8		
丙烯酰胺	0.5**		过量致险值为 10^{-5}
环氧氯丙烷	0.4(p)		
六氯丁二烯	0.6		
乙二胺四乙酸（EDTA）	200(p)		
次氮基三乙酸	200		
二烃基锡			NAD
三丁基氧化锡	2		
6. 农药			
草不绿	20**		过量致险值为 10^{-5}
涕灭威	10		
艾氏剂/狄氏剂	0.03	0.03	
莠去津	2		
噻草平/苯达松	30		
羰呋喃	5		
氯丹	0.2	0.3	
绿麦隆	30		
DDT	2	1	
1,2-二溴-3-氯丙烷	1**		过量致险值为 10^{-5}
2,4-D	30		
1,2-二氯丙烷	20(p)		
1,3-二氯丙烷			NAD
1,3-二氯丙烯	20**		过量致险值为 10^{-5}
二溴乙烯			NAD
七氯和七氯环氧化物	0.03	各 0.1	
六氯苯	1**	0.01	过量致险值为 10^{-5}

项　目	指标值 /(mg/L)	旧标准 /(mg/L)	备　注
异丙隆	9		
林丹	2	3	
2-甲-4-氯苯氧基乙酸（MCPA）	2	100	
甲氧氯	20		
丙草胺	10		
草达灭	6		
二甲戊乐灵	20		
五氯苯酚	9(p)	10	
二氯苯醚菊酯	20		
丙酸缩苯胺	20		
达草止	100		
西玛三嗪	2		
氟乐灵	20		
氯苯氧基除草剂，不包括 2,4-D 和 MCPA			
2,4-DB	90		
二氯丙酸	100		
2,4,5-涕丙酸	9		
2-甲-4-氯丁酸（MCPB）		NAD	
2-甲-4-氯丙酸	10		
2,4,5-T	9		
消毒剂及消毒副产物			
1. 消毒剂			
一氯胺	3		
二氯胺和三氯胺		NAD	
氯	5		ATO 在 pH 值＜8.0 时，为保证消毒效果，接触 30min 后，自由氯应＞0.5mg/L
二氧化氯			由于二氧化氯会迅速分解，故该指项标值尚未制定。且亚氯酸盐的指标值足以防止来自于二氧化氯的潜在毒性
碘		NAD	
2. 消毒副产物			
溴酸盐	25**(p)		过量致险值为 $7×10^{-5}$
氯酸盐		NAD	
亚氯酸盐	200(p)		

项　目	指标值 /(mg/L)	旧标准 /(mg/L)	备　注
氯酚类			
2-氯酚			NAD
2,4-二氯酚			NAD
2,4,6-三氯酚	200**	10	过量致险值为 10^{-5}，ATO
甲醛	900		
3-氯-4-二氯甲基-5-羟基 -2(5H)-呋喃酮（MX）			NAD
三卤甲烷类（每一项的浓度与它相对应的指标值的比率不能超过 1）			
三溴甲烷	100		
一氯二溴甲烷	100		
二氯一溴甲烷	60**		过量致险值为 10^{-5}
三氯甲烷	200**	30	过量致险值为 10^{-5}
氯化乙酸类			
氯乙酸			NAD
二氯乙酸	50(p)		
三氯乙酸	100(p)		
水合三氯乙醛	10(p)		
氯丙酮			NAD
卤乙腈类			
二氯乙腈	90(p)		
二溴乙腈	100(p)		
氯溴乙腈			NAD
三氯乙腈	1(p)		
氯乙腈（以 CN 计）	70		
三氯硝基甲烷			NAD

* （p）——临时性指标值，该项目适用于某些组分，对这些组分而言，有一些证据说明这些组分具有潜在的毒害作用，但对健康影响的资料有限；或在确定日容许摄入量（TDI）时不确定因素超过 1000 以上。

** 对于被认为有致癌性的物质，该指导值为致癌危险率为 10^{-5} 时其在饮用水中的浓度（即每 100000 人中，连续 70 年饮用含浓度为该指导值的该物质的饮用水，有一人致癌）。

& NAD——没有足够的资料用于确定推荐的健康指导值。

ATO——该物质的浓度为健康指导值或低于该值时，可能会影响水的感官、嗅或味。

附表 C.3　　　　　　饮用水中常见的对健康影响不大的化学物质的浓度

化学物质	备　注	化学物质	备　注
石棉	U	锡	U
银	U		

注　U——对于这些组分不必要提出一个健康基准指标值，因为它们在饮用水中常见的浓度下对人体健康无毒害作用。

附表 C.4　　　　　　　　　　　　　　　**饮用水中放射性组分**

项目	筛分值/(Bq/L)	旧标准/(Bq/L)	备　　注
总 α 活性	0.1	0.1	如果超出了一个筛分值，那么更详细的放射性核元素分析
总 β 活性	1	1	必不可少。较高的值并不一定说明该水质不适于人类饮用

附表 C.5　　　　　　　　　**饮用水中含有的能引起用户不满的物质及其参数**

项目	可能导致用户不满的值[a]	旧标准	用户不满的原因
物理参数			
色度	15TCU[b]	15TCU	外观
嗅和味	—	没有不快感觉	应当可能接受
水温	—		应当可以接受
浊度	5NTU[c]	5NTU	外观；为了最终的消毒效果，平均浊度≤1NTU，单个水样≤5NTU
无机组分			
铝	0.2mg/L	0.2mg/L	沉淀，脱色
氨	1.5mg/L		味和嗅
氯化物	250mg/L	250mg/L	味道，腐蚀
铜	1mg/L	1.0mg/L	洗衣房和卫生间器具生锈（健康基准临时指标值为 2mg/L）
硬度（以 $CaCO_3$ 计）	—	500mg/L	高硬度：水垢沉淀，形成浮渣
硫化氢	0.05mg/L	不得检出	嗅和味
铁	0.3mg/L	0.3mg/L	洗衣房和卫生间器具生锈
锰	0.1mg/L	0.1mg/L	洗衣房和卫生间器具生锈（健康基准临时指标值为 0.5mg/L）
溶解氧	—		间接影响
pH 值	—	6.5～8.5	低 pH 值：具腐蚀性；高 pH 值：味道，滑腻感；用氯进行有效消毒时最好 pH 值＜8.0
钠	200mg/L	200mg/L	味道
硫酸盐	250mg/L	400mg/L	味道，腐蚀
总溶解固体	1000mg/L	1000mg/L	味道
锌	3mg/L	5.0mg/L	外观，味道
有机组分			
甲苯	24～170μg/L		嗅和味（健康基准指标值为 700μg/L）
二甲苯	20～1800μg/L		嗅和味（健康基准指标值为 500μg/L）
乙苯	2～200μg/L		嗅和味（健康基准指标值为 300μg/L）
苯乙烯	4～2600μg/L		嗅和味（健康基准指标值为 20μg/L）
一氯苯	10～120μg/L		嗅和味（健康基准指标值为 300μg/L）
1,2-二氯苯	1～10μg/L		嗅和味（健康基准指标值为 1000μg/L）

续表

项目	可能导致用户不满的值[a]	旧标准	用户不满的原因
1,4-二氯苯	0.3～30μg/L		嗅和味（健康基准指标值为 300μg/L）
三氯苯（总）	5～50μg/L		嗅和味（健康基准指标值为 20μg/L）
合成洗涤剂	—		泡沫，味道，嗅味
消毒剂及消毒 副产物氯	600～1000μg/L		嗅和味（健康基准指标值为 5mg/L）
氯酚类			
2-氯酚	0.1～10μg/L		嗅和味
2,4-二氯酚	0.3～40μg/L		嗅和味
2,4,6-三氯酚	2～300μg/L		嗅和味（健康基准指标值为 200μg/L）

a　这里所指的水准值不是精确数值。根据当地情况，低于或高于该值都可能出现问题，故对有机物组列出了味道和气味的上下限范围。

b　TCU，色度单位。

c　NTU，散色浊度单位。

附录 D　中国、美国、WHO 和欧盟饮用水标准比较

项目	中国"标准"	WHO"准则"	美国"标准"	欧盟"指令"
常规检验项目				
感官性状和一般化学指标				
色	色度不超过 15 度，并不得呈现其他异色	15	15	用户可以接受且无异味
浑浊度	不超过 1 度（NTU）[①]，特殊情况下不超过 5 度	5（单一样品），1（均值）	1NTU（任何时候），0.3NTU（95%样品）	用户可以接受且无异常
嗅和味	不得有异嗅、异味	可接受	3	用户可以接受且无异常
肉眼可见物	不得含有			
pH 值	6.5～8.5	<8	6.5～8.5	6.5～9.5
总硬度（以 CaCO₃ 计）	450mg/L	—		
铝	0.2mg/L	0.2mg/L	0.05～0.2mg/L	0.2mg/L
铁	0.3mg/L	0.3mg/L	0.3mg/L	0.2mg/L
锰	0.1mg/L	0.1mg/L	0.05mg/L	0.05mg/L
铜	1.0mg/L	1.0mg/L	1.0mg/L（感官） 1.3mg/L（采取措施）	2.0mg/L
锌	1.0mg/L	3.0mg/L	5.0mg/L	—
挥发酚类（以苯酚计）	0.002mg/L	—	—	—
阴离子合成洗涤剂	0.3mg/L	—	—	—
硫酸盐	250mg/L	250mg/L	250mg/L	250mg/L

项目	中国"标准"	WHO"准则"	美国"标准"	欧盟"指令"
氯化物	250mg/L	250mg/L	250mg/L	250mg/L
溶解性总固体	1000mg/L	1000mg/L	500mg/L	—
耗氧量	3mg/L，特殊情况下不超过5mg/L	—	—	5.0mg/L
氨	—	1.5mg/L	—	0.5mg/L
毒理学指标				
砷	0.05mg/L	0.01mg/L	0.05mg/L	0.01mg/L
镉	0.005mg/L	0.003mg/L	0.005mg/L	0.005mg/L
铬（六价）	0.05mg/L	0.05mg/L	0.1mg/L	0.05mg/L
氰化物	0.05mg/L	0.07mg/L	0.2mg/L	0.05mg/L
氟化物	1.0mg/L	1.5mg/L	4.0mg/L	1.5mg/L
铅	0.01mg/L	0.01mg/L	0.015mg/L	0.01mg/L
汞	0.001mg/L	0.001mg/L	0.002mg/L	0.001mg/L
硒	0.01mg/L	0.01mg/L	0.05mg/L	0.01mg/L
硝酸盐（以 N 计）	20mg/L	50mg/L（NO_3^-）	100mg/L	50mg/L
亚硝酸盐	—	3mg/L（NO_2^-）（急性） 0.2mg/L（慢性）	1mg/L（以 N 计）	0.5mg/L
石棉	—	—	700 万根/L	—
四氯化碳	0.002mg/L	0.002mg/L	0.05mg/L	—
氯仿	0.06mg/L	0.2mg/L	—	—
细菌学指标				
细菌总数	100CFU/mL	—	—	无异常变化（22℃）
总大肠菌群	每 100mL 水样中不得检出	每 100mL 水样中不得检出	每月样品阳性数≤5%	0 个/100mL
粪大肠菌群	每 100mL 水样中不得检出	每 100mL 水样中不得检出	—	0 个/100mL
游离余氯	在与水接触 30min 后应不低于 0.3mg/L，管网末梢水不应低于 0.05mg/L（适应于加氯消毒）	—	—	—
贾第鞭毛虫	—	—	灭活 99.9%	—
病毒	—	—	灭活 99.9%	—
隐孢子虫	—	—	灭活 99%（2002.1.1）	—
异养菌生物平板计数	—	—	500 菌落/mL	—
军团菌	—	—	0（目标值）	—

续表

项目	中国"标准"	WHO"准则"	美国"标准"	欧盟"指令"
放射学指标				
总 α 射线放射性	0.06Bq/L	0.06Bq/L	0.555Bq/L	—
总 β 射线放射性	1Bq/L	1Bq/L	0.04mSv/a	—
镭^{226}和镭^{228}	—	—	0.185Bq/L	—
非常规检验项目				
感官和一般化学指标				
硫化物	0.02mg/L	0.05mg/L	—	
钠	200mg/L	200mg/L	—	200mg/L
毒理学指标				
锑	0.005mg/L	0.005mg/L	0.006mg/L	0.005mg/L
钡	0.7mg/L	0.7mg/L	2mg/L	—
铍	0.002mg/L	—	0.004mg/L	
硼	0.5mg/L	0.5mg/L	—	
钼	0.07mg/L	0.07mg/L	—	
镍	0.02mg/L	0.02mg/L	—	0.02mg/L
银	0.05mg/L	—	0.1mg/L	
铊	0.0001mg/L	—	0.002mg/L	
铀	—	0.002mg/L	0.003mg/L	
二氯甲烷	0.02mg/L	0.02mg/L	0.005mg/L	
1,2－二氯乙烷	0.03mg/L	0.03mg/L	0.005mg/L	0.003mg/L
1,1,1－三氯乙烷	2mg/L	2mg/L	0.2mg/L	—
氯乙烯	0.005mg/L	0.005mg/L	0.002mg/L	0.0005mg/L
1,1－二氯乙烯	0.03mg/L	0.03mg/L	0.007mg/L	
1,2－二氯乙烯	0.05mg/L	0.05mg/L	0.1mg/L（反）	
三氯乙烯	0.07mg/L	0.07mg/L	0.07mg/L（顺）	0.01mg/L
四氯乙烯	0.04mg/L	0.04mg/L	0.005mg/L	0.01mg/L
苯	0.01mg/L	0.01mg/L	0.005mg/L	0.001mg/L
甲苯	0.7mg/L	0.7mg/L	1mg/L	—
二甲苯	0.5mg/L	0.5mg/L	10mg/L	—
乙苯	0.3mg/L	0.3mg/L	0.7mg/L	—
苯乙烯	0.02mg/L	0.02mg/L	0.1mg/L	
苯并［·］芘	0.00001mg/L	0.0007mg/L	0.0002mg/L	0.0001mg/L
氯苯	0.3mg/L	0.3mg/L	0.1mg/L	
1,2－二氯苯	1mg/L	1mg/L	0.6mg/L	—
1,4－二氯苯	0.3mg/L	0.3mg/L	0.075mg/L	—

项目	中国"标准"	WHO"准则"	美国"标准"	欧盟"指令"
三氯苯（总量）	0.02mg/L	0.02mg/L	0.07mg/L	—
邻苯二甲酸二（2-乙基己基）酯	0.0008mg/L	0.0008mg/L	0.006mg/L	—
丙烯酰胺	0.0005mg/L	0.0005mg/L	0.0005mg/L	0.0001mg/L
六氯丁二烯	0.0006mg/L	0.0006mg/L	—	—
微囊藻毒素-LR	0.001mg/L	0.001mg/L	—	—
甲草胺	0.02mg/L	0.02mg/L	0.002mg/L	—
灭草松	0.3mg/L	0.3mg/L	—	—
叶枯唑	0.5mg/L	—	—	—
百菌清	0.01mg/L	—	—	—
滴滴涕	0.001mg/L	0.002mg/L	—	—
溴氰菊酯	0.02mg/L	—	—	—
内吸磷	0.03mg/L（感官限值）	—	—	—
乐果	0.08mg/L（感官限值）	—	—	—
2,4-滴	0.03mg/L	0.03mg/L	0.07mg/L	—
七氯	0.0004mg/L	七氯和七氯环氧化物合并计算	0.0004mg/L	
七氯环氧化物	0.0002mg/L	0.00003mg/L	0.0002mg/L	—
六氯苯	0.001mg/L	0.001mg/L	0.001mg/L	—
六六六	0.005mg/L	—	—	—
林丹	0.002mg/L	0.002mg/L	0.0002mg/L	—
马拉硫磷	0.25mg/L（感官限值）	—	—	—
对硫磷	0.003mg/L（感官限值）	—	—	—
甲基对硫磷	0.02mg/L（感官限值）	—	—	—
五氯酚	0.009mg/L	0.009mg/L	0.001mg/L	—
亚氯酸盐	0.2mg/L（适用于二氧化氯消毒）	0.2mg/L	1.0mg/L	—
一氯胺	3mg/L	3mg/L	4mg/L	—
2,4,6-三氯酚	0.2mg/L	0.2mg/L	—	—
甲醛	0.9mg/L	0.9mg/L	—	—

续表

项目	中国"标准"	WHO"准则"	美国"标准"	欧盟"指令"
三卤甲烷	该类化合物中每种化合物的实测浓度与其各自限值的比值之和不得超过 1	该类化合物中每种化合物的实测浓度与其各自限值的比值之和不得超过 1	0.08mg/L	0.01mg/L
溴仿	0.1mg/L	0.1mg/L	0mg/L（目标值）	—
二溴一氯甲烷	0.1mg/L	0.1mg/L	0.06mg/L（目标值）	—
一溴二氯甲烷	0.06mg/L	0.06mg/L	0mg/L（目标值）	—
二氯乙酸	0.05mg/L	0.05mg/L	0mg/L（目标值）	—
三氯乙酸	0.1mg/L	0.1mg/L	0.3mg/L（目标值）	—
卤代乙酸	—	—	0.06	—
三氯乙醛（水合氯醛）	0.01mg/L	0.01mg/L	—	—
氯化氰（以 CN^- 计）	0.07mg/L	0.07mg/L	—	—
二乙基己基己二酸	—	0.08mg/L	0.4mg/L	—
表氯醇	—	0.0004mg/L	0.002mg/L	—
EDTA	—	0.6mg/L	—	—
次氮基三乙酸	—	0.2mg/L	—	—
氧化三丁基锡	—	0.002mg/L	—	—
1,2-二溴-3-氯丙烷	—	—	0.0002mg/L	—
1,1,2-三氯乙烷	—	—	0.005mg/L	—
二噁英	—	—	0.00003mg/L	—
二溴乙烯	—	—	0.00005mg/L	—
六氯环戊二烯	—	—	0.05mg/L	—
多氯联苯	—	—	0.0005mg/L	—
氯	—	5mg/L	4mg/L	—
溴酸盐	—	0.025mg/L	0.01mg/L	0.01mg/L
二氯乙腈	—	0.09mg/L	—	—
二溴乙腈	—	0.1mg/L	—	—
三氯乙腈	—	0.001mg/L	—	—
二氧化氯	—	—	0.8mg/L	—
其他农药	—	29 种	17 种	农药、农药（总）

① NTU 为散射浊度（浑浊度）单位，度。
② "—"指标准未给出该指标的限值。

参 考 文 献

[1] 中国市政工程西南设计研究总院. 给水排水设计手册：第1册　常用资料 [M]. 2版. 北京：中国建筑工业出版社，2000.

[2] 刘征涛，孟伟. 环境化学物质风险评估方法与应用 [M]. 北京：化学工业出版社，2015.

[3] 倪福全，邓玉. 农村饮水水质健康风险评估技术研究与示范 [M]. 北京：科学出版社，2014.

[4] 付垚，陈尧. 村镇供水工程运行管理 [M]. 北京：化学工业出版社，2016.

[5] 曹升乐，王少青，孙秀玲，等. 农村饮水安全工程建设与管理 [M]. 北京：中国水利水电出版社，2007.

[6] 梁好，盛选军，刘传胜. 饮水安全保障技术 [M]. 北京：化学工业出版社，2007.

[7] 赵奎霞. 供水水质净化：第1册　水厂常规处理工艺 [M]. 北京：中国水利水电出版社，2015.

[8] 李圭白，张杰. 水质工程学 [M]. 北京：中国建筑工业出版社，2013.

[9] 黄廷林，丛海兵，柴蓓蓓. 饮用水源水质污染控制 [M]. 北京：中国建筑工业出版社，2009.

[10] 张子贤，袁涛. 水资源与取水工程 [M]. 北京：化学工业出版社，2016.

[11] 宋祖诏，张思俊，詹美礼. 取水工程 [M]. 北京：中国水利水电出版社，2008.

[12] 严煦初. 给水工程 [M]. 4版. 北京：中国建筑工业出版社，2011.

[13] 冯敏. 现代水处理技术 [M]. 2版. 北京：化学工业出版社，2012.

[14] 孙士权. 村镇供水工程 [M]. 郑州：黄河水利出版社，2008.

[15] 李龙国. 村镇供水工程 [M]. 北京：中国水利水电出版社，2014.

[16] 周志红. 农村饮水安全工程建设与运行维护管理培训教材 [M]. 北京：中国水利水电出版社，2010.

[17] 夏军，石卫. 变化环境下中国水安全问题研究与展望 [J]. 水利学报，2016，47（3）：292-301.

[18] 李鹤，刘懿，王蕾. 国外供水系统公私合营模式及对我国农村供水的启示 [J]. 中南民族大学学报（人文社会科学版），2009，29（4）：129-132.

[19] 姚宏，张士超，周小轮，等. 美国某给水厂处理工艺及净水效果 [J]. 环境工程学报，2013，7（2）：422-426.

[20] 赵元. 区域给水管网的水力脆弱性评估 [J]. 合肥工业大学学报（自然科学版），2010，33（6）：886-888.

[21] 李晶，王建平，孙宇飞. 新农村水务PPP模式在我国农村饮水工程建管中的应用研究 [J]. 水利发展研究，2012，12（3）：1-5.

[22] 于慧英. 国外供水行业的管理模式 [J]. 经营与管理，2010（10）：34-35.

[23] 仇付国. 城市污水再生利用健康风险评价的理论与方法研究 [D]. 西安：西安建筑科技大学，2004.

[24] 王永杰，贾东红，孟庆宝，等. 健康风险评价中的不确定性分析 [J]. 环境工程，2003，21（6）：66-69.